SSEC
中石化上海工程有限公司
石油化工装置仪表工程设计
吴德荣　主编
U0178208
華東理工大學出版社
EAST CHINA UNIVERSITY OF SCIENCE AND TECHNOLOGY PRESS
·上海·

图书在版编目(CIP)数据

石油化工装置仪表工程设计 / 吴德荣主编. 一上海：华东理工大学出版社，2020.10
工程硕士实践教学用书. 化工设计
ISBN 978-7-5628-6278-9

Ⅰ.①石… Ⅱ.①吴… Ⅲ.①石油化工—化工仪表—工程设计—研究生—教材 Ⅳ.①TE967

中国版本图书馆 CIP 数据核字(2020)第 165375 号

项目统筹 / 薛西子
责任编辑 / 吴蒙蒙
装帧设计 / 戴晓辛 徐 蓉
出版发行 / 华东理工大学出版社有限公司
地址：上海市梅陇路 130 号，200237
电话：021-64250306
网址：www.ecustpress.cn
邮箱：zongbianban@ecustpress.cn
印 刷 / 广东虎彩云印刷有限公司
开 本 / 787 mm × 1092 mm 1/16
印 张 / 19.25
字 数 / 474 千字
版 次 / 2020 年 10 月第 1 版
印 次 / 2020 年 10 月第 1 次
定 价 / 88.00 元

全国工程硕士教指委“加强实践基地建设，提升实践教学质量”课题立项支持
上海市教委“专业学位研究生实践教学基地建设（中石化上海工程有限公司）”课题立项支持

SHIYOU HUAGONG ZHUANGZHI YIBIAO GONGCHENG SHEJI

编　委　会

主编　吴德荣

编委（按姓氏笔画排序）

丁兰蓉　　王江义　　叶文邦　　孙　冀

孙治祥　　杨　荻　　李　冰　　肖海荣

沈江涛　　沈惠明　　宋　扬　　陈　新

罗翔明　　俞旭波　　夏庭海　　殷家云

崔文钧　　管晓君

序

为了适应我国经济建设和社会发展对高层次专业人才的需求，培养具有较强专业能力和职业素养、能够创造性地从事实际工作的高层次工程人才，国务院学位委员会于 1997 年第十五次会议审议通过了《工程硕士专业学位设置方案》，由此拉开了我国工程硕士专业学位研究生教育的序幕。

15 年来，我国工程硕士专业学位教育获得了快速发展，培养高校不断增加、培养规模迅速扩大、培养领域不断拓展。从上海的情况来看，目前有 11 所高校开展工程硕士研究生培养，涉及现有 40 个工程领域中的 35 个，共有 150 个工程领域授权点。随着工程硕士专业学位研究生教育的发展，国外的办学模式、办学理念及实践教材被不断引进国内。同时，国内各地区、各部门积极推进工程硕士培养的实践教学环节改革，已取得了一定成效。但总体而言，目前工程硕士专业学位研究生的实践应用能力与实际岗位需求仍有一定差距，高校的实践教学工作仍需大力加强，特别紧迫的是要构建起具有特色、符合岗位需求的实践教材和课程体系，更好地指导和开展工程硕士专业学位研究生实践能力的培养与教学。

为此，上海市学位办组织相关高校从事工程硕士教育的专家和管理干部，多次召开加强实践教学的工作研讨会，旨在推动高校在构建实践教材和课程体系方面取得积极进展，以不断满足工程硕士专业学位研究生培养的实践教学需求。华东理工大学作为全国首批工程硕士培养单位之一，根据多年工程硕士培养的经验，结合行业岗位的实际要求，与中石化上海工程有限公司合作编写了这本工程硕士实践教学用书。该书具有实践性强、应用面广、内容通俗易懂的特点，可供相关领域工程硕士研究生开展实践学习时选用，也可为广大从事工程实践的工程技术人员提供相关参考。

2012 年正逢华东理工大学建校 60 周年，很高兴看到华东理工大学能够结合学校学科特色，与企业合作编写“工程硕士实践教学用书”，这在提升工程硕士实践教学水平、提高工程实践能力方面是一次有益的探索。相信经过努力，华东理工大学在工程硕士实践教学方面必然会取得更多的成就，工程硕士培养质量会更上一层楼。

上海市教委高教处

2012 年 10 月

前　言

中石化上海工程有限公司(以下简称上海工程公司)的前身是上海医药工业设计院,创建于1953年。六十多年来,公司不断发展壮大的历程铸就了企业深厚的文化底蕴,在诸多工程技术领域创下了永志史册的“全国第一”。众多创新成就在各个领域跻身先进行列,为我国国民经济发展做出了积极贡献。

上海工程公司本次受全国工程硕士教指委、上海市教委和华东理工大学的委托,负责编写工程硕士实践教学用书《石油化工装置仪表工程设计》。上海工程公司集六十多年企业工程建设实践与理念为一体,组织多名设计大师和国家注册资深设计专家,融入了多年工程建设的智慧和经验,吸收了工程技术人员的最新创新成果,依据既注重基本理论,更着力实践应用的原则,使教材基于理论,源于实践,力求将专家、学者、行家里手在长期工程实践活动中积累的心得体会和经验介绍给广大的青年学子,借此希望能对工程硕士培养教育和工程实践企业基地建设工作有所启发、借鉴和指导。

全书共10章,主要介绍石油化工装置中的仪表选型,控制室、机柜室,在线分析系统及分析小屋,仪表供电,仪表供气,仪表防爆、防护、防雷和接地,仪表控制系统,仪表安全相关系统,仪表安装与安装材料等。本书资料翔实,内容丰富,具有应用性强、章节分明、解释准确等特点,既可作为相关领域工程硕士实践教学用书,亦可供从事石油化工建设项目工程经济的技术人员参考。

本书的出版获得全国工程硕士教指委“提升实践教学质量,培养社会需求人才”课题和上海市教育委员会“专业学位研究生实践教学基地建设”课题立项支持,在此表示感谢。同时,编者在编写过程中参考了许多文献,引用了一些行业资料和数据,亦在此向相关作者致谢。本书编委会的各位专家在编制过程中付出了辛勤的劳动和努力,在此表示衷心的感谢!

由于石油化工装置仪表工程设计博大精深,涉及的知识浩如烟海,且在工程建设实践中不断充实、完善和发展,因此书中的不足之处在所难免,希望广大师生、同行专家和其他读者提出宝贵的意见和建议,以便我们提高水平,不断改进。

编　者

2020年3月

前言

目　录

第1章　绪论 …… 1

1.1　自动化仪表在石化装置中的地位和作用 …… 1

1.2　自动化仪表工程设计 …… 1

1.2.1　工程设计的总目标 …… 1

1.2.2　工程设计的内容及其用途 …… 2

1.2.3　工程设计的基本任务 …… 2

1.2.4　工程设计的基本职责范围 …… 3

1.3　仪表专业在工程设计中常用的标准 …… 3

1.4　工程设计阶段与其他相关专业的设计联系 …… 4

第2章　仪表选型 …… 5

2.1　总则 …… 5

2.2　温度仪表 …… 6

2.2.1　一般要求 …… 6

2.2.2　就地温度计 …… 6

2.2.3　远传温度检测 …… 8

2.2.4　温度计套管 …… 10

2.2.5　温度变送器 …… 15

2.3　压力(差压)仪表 …… 15

2.3.1　一般要求 …… 15

2.3.2　就地压力表 …… 15

2.3.3　远传压力(差压) …… 17

2.4　流量仪表 …… 18

2.4.1　一般要求 …… 18

2.4.2　差压式流量计 …… 19

2.4.3　转子流量计 …… 30

2.4.4　速度式流量计 …… 32

2.4.5 容积式流量计 …… 36
2.4.6 质量流量计 …… 36
2.4.7 固体流量计和流量开关 …… 38
2.5 物位仪表 …… 38
2.5.1 一般要求 …… 38
2.5.2 就地物位仪表 …… 38
2.5.3 远传测量物位仪表 …… 41
2.5.4 物位开关 …… 51
2.6 阀门 …… 52
2.6.1 常用种类 …… 52
2.6.2 调节阀 …… 54
2.6.3 开关阀 …… 68
2.6.4 自力式调节阀 …… 68
2.6.5 阀门选型要求 …… 69
2.7 过程分析仪表 …… 75
2.7.1 一般要求 …… 75
2.7.2 气体分析仪 …… 76
2.7.3 液体分析仪 …… 79
2.8 可燃和有毒气体检测器 …… 81
2.8.1 可燃气体检测器 …… 81
2.8.2 有毒气体检测器 …… 82
第3章 控制室、机柜室 …… 84
3.1 简介 …… 84
3.1.1 中心控制室 …… 84
3.1.2 现场控制室 …… 85
3.1.3 现场机柜室 …… 88
3.2 控制室、机柜室设计要求 …… 89
3.2.1 建筑与结构要求 …… 90
3.2.2 室内平面布置和面积 …… 92
3.2.3 采光和照明 …… 93
3.2.4 采暖、通风、空气调节和环境条件 …… 94
3.2.5 设备的安装和固定 …… 94
3.2.6 健康、安全和环保 …… 95
3.2.7 通信和电视监视系统 …… 96
3.2.8 进线方式及保护措施 …… 96

第 4 章　在线分析系统及分析小屋 …… 100

4.1　在线分析系统 …… 100

4.1.1　采样系统 …… 101

4.1.2　采样预处理系统 …… 106

4.1.3　回收系统 …… 107

4.1.4　常用在线分析仪系统 …… 109

4.1.5　在线分析系统的工程设计及实施 …… 113

4.2　分析小屋 …… 116

4.2.1　一般原则 …… 116

4.2.2　结构 …… 117

4.2.3　配电 …… 118

4.2.4　采暖通风和空调系统 …… 118

4.2.5　安全措施 …… 120

4.2.6　公用工程 …… 122

4.2.7　分析小屋的工程设计及实施 …… 123

4.3　在线分析仪管理系统 …… 126

4.3.1　一般要求 …… 126

4.3.2　系统构成 …… 126

4.3.3　单一装置的分析管理方案 …… 128

第 5 章　仪表供电 …… 129

5.1　供电范围和方式 …… 129

5.1.1　仪表及控制系统 …… 129

5.1.2　仪表辅助设施 …… 129

5.1.3　供电方式 …… 130

5.2　仪表电源种类 …… 130

5.2.1　GPS …… 131

5.2.2　UPS …… 131

5.2.3　24 V(DC)电源 …… 131

5.3　负荷等级 …… 132

5.3.1　一级负荷 …… 132

5.3.2　一级负荷中特别重要的负荷 …… 132

5.3.3　二级负荷 …… 132

5.3.4　三级负荷 …… 132

5.4 供电系统设计 …… 133
5.4.1 电源配置原则 …… 136
5.4.2 普通交流电源供电系统 …… 136
5.4.3 不间断交流电源供电系统 …… 136
5.4.4 24 V(DC)电源供电系统 …… 138
5.4.5 供电器材选择和安装 …… 140
5.4.6 供电系统的配线 …… 141

第6章 仪表供气 …… 144

6.1 气源质量要求 …… 145
6.1.1 干燥度要求 …… 145
6.1.2 洁净度要求 …… 151
6.2 供气系统 …… 152
6.2.1 气源压力 …… 152
6.2.2 耗气量计算 …… 152
6.2.3 安全供气设计 …… 154
6.2.4 供气方式 …… 155
6.2.5 吹气测量 …… 157
6.3 供气管路 …… 157
6.3.1 供气管路的敷设 …… 157
6.3.2 气动阀门供气连接 …… 158
6.3.3 供气管路材质 …… 159
6.3.4 供气管径 …… 159

第7章 仪表防爆、防护、防雷和接地 …… 160

7.1 仪表防爆 …… 160
7.1.1 爆炸性气体环境 …… 160
7.1.2 爆炸性粉尘环境 …… 162
7.1.3 爆炸性环境内电气设备保护级别的选择 …… 163
7.1.4 爆炸性环境内仪表设备防爆形式的选择 …… 164
7.1.5 爆炸性环境内防爆仪表设备类别和组别的选择 …… 166
7.1.6 本质安全电路的设计 …… 167
7.1.7 爆炸性环境内防爆仪表工程 …… 169
7.2 仪表防护 …… 171
7.2.1 仪表防护等级 …… 171
7.2.2 仪表及其测量管路的防护 …… 173

7.3 防雷 …… 177
7.3.1 仪表系统防雷的设计原则和基本内容 …… 177
7.3.2 电涌防护器的设置 …… 179
7.3.3 仪表设备及电缆的屏蔽 …… 182
7.3.4 仪表系统的防雷接地 …… 184
7.4 仪表系统接地 …… 187
7.4.1 仪表系统接地类别 …… 187
7.4.2 保护接地 …… 188
7.4.3 工作接地 …… 188
7.4.4 屏蔽接地 …… 189
7.4.5 本安接地 …… 189
7.4.6 防静电接地 …… 189
7.4.7 防雷接地 …… 189
7.4.8 接地连接系统 …… 189
7.4.9 接地连接方法 …… 190
第8章 控制系统 …… 192
8.1 DCS …… 193
8.1.1 DCS的基本架构 …… 194
8.1.2 DCS的功能 …… 195
8.1.3 DCS硬件配置 …… 196
8.1.4 DCS软件配置 …… 198
8.1.5 DCS工程设计与集成 …… 198
8.2 IDM …… 204
8.2.1 IDM的基本配置 …… 205
8.2.2 IDM的功能 …… 206
8.2.3 IDM的工程设计与集成 …… 210
8.3 PLC …… 211
8.3.1 基本结构 …… 212
8.3.2 应用特点 …… 214
8.3.3 产品分类 …… 215
8.3.4 PLC工程设计 …… 216
8.4 CCS …… 220
8.4.1 CCS配置 …… 221
8.4.2 CCS的优点 …… 222
8.4.3 关键控制回路 …… 222

8.4.4 CCS 控制目标 …… 223
8.4.5 CCS 工程设计 …… 223
8.5 现场总线 …… 225
8.5.1 现场总线主要特点 …… 225
8.5.2 FFCS、PFCS 与 DCS …… 226
8.5.3 FF H1 现场总线设计 …… 226
8.5.4 PROFIBUS 现场总线 …… 237
8.5.5 FCS 工程设计及实施 …… 242
第 9 章 安全相关系统 …… 243
9.1 SIS …… 244
9.1.1 简介 …… 244
9.1.2 SIS 基本架构 …… 246
9.1.3 SIS 技术要求 …… 247
9.1.4 SIS 工程设计与实施 …… 253
9.2 GDS …… 258
9.2.1 简介 …… 258
9.2.2 GDS 基本配置 …… 258
9.2.3 GDS 功能和技术要求 …… 261
9.2.4 GDS 工程设计与实施 …… 261
第 10 章 仪表安装与安装材料 …… 263
10.1 仪表安装 …… 263
10.1.1 仪表配管 …… 263
10.1.2 仪表配线 …… 270
10.1.3 仪表和电缆的保护 …… 275
10.1.4 非设备/管道安装 …… 275
10.2 安装材料 …… 277
10.2.1 配管材料 …… 277
10.2.2 配线材料 …… 278
10.2.3 保护类材料 …… 282
10.2.4 安装材料统计 …… 283
参考文献 …… 288

第 1 章　绪　论

目前石化工厂的建设正朝着大型化、一体化、信息化和智能化方向发展，因此对自动化仪表工程设计提出了更高的要求。现场仪表的智能化，给组态、调校、管理带来了方便。现场仪表采用 4～20 mA 叠加数字信号的 HART 通信智能化仪表，控制系统采用分散控制系统(Distributed Control System，DCS)并配置智能设备管理系统，属于现阶段主流、成熟的自动化仪表应用水平。随着现场总线技术的成熟，越来越多的用户倾向于采用现场总线控制系统(Fieldbus Control System，FCS)。采用全数字格式的底层现场仪表，信号处理和基本控制模块下移到现场仪表，现场仪表和控制系统采用双向平衡传输通信的总线方式，已在不少石化装置甚至大型的联合石化装置成功应用。例如，赛科 90 万吨乙烯联合装置，运用了 2 500 个 H1 网段、14 000 多台 FF 总线仪表。通过获取现场智能设备信息和采用先进的数据处理手段，实现设备的远程调校、诊断、维护、管理，以降低维护成本和为企业信息化管理提供基础数据，实现企业管理控制一体化。

1.1　自动化仪表在石化装置中的地位和作用

石化装置为典型的流程工业装置，生产过程中主要监控的参数为温度、压力、流量、液位、物料成分等。这些参数稳定与否直接影响装置的安全运行和产品质量。为达到对以上过程参数的实时监控，必须采用检测仪表、控制阀和控制系统，三者缺一不可。实际生产中，现场检测仪表将检测到的过程参数信号通过电缆传输至安装在中心控制室的控制系统，其中仅用于指示的参数信号通过人机界面显示，需要控制的参数信号则经预设在系统内的控制对策和控制逻辑运算后，发出指令给相关控制阀执行开关动作。自动化仪表检测、控制和执行的三大典型功能，相当于人的眼睛、大脑和手脚所执行的功能，对石化装置来说其重要性不言而喻，是生产装置能够长周期安全稳定运行的保障。

对一个现代化的工厂来说，先进、可靠和合理配置的自动化仪表系统，是企业实现安全、平稳、高效、低耗生产的保证，同时为企业实现管控一体化、经营管理信息化，提高市场竞争力奠定良好的基础。

1.2　自动化仪表工程设计

1.2.1　工程设计的总目标

① 为工艺生产过程实现稳定、可靠、高质量的参数监测、控制、报警、联锁和顺序控制提供

先进的软件和硬件设备，以及友好的人机接口界面。

② 采用先进的控制系统为企业提供每个生产装置、公用工程和辅助设施的生产运行数据、产品产量及质量、原料和公用工程消耗等报告。

③ 采用机组监控系统，实现对大型机组的平稳、高效运行和安全保护，以及在线性能诊断和故障预维护。

④ 选用高性能、高可靠性的仪表设备及相应的控制系统，并进行合理配置，使由仪表和控制系统故障引起的装置非计划停车减至最少。

⑤ 选用高可靠性和高可用性安全仪表系统，保障装置操作人员的安全、保护装置生产设备和环境。采用气体监测报警系统，及时检测到可燃、有毒气体的泄漏并报警，避免危险事故发生，为企业的安全、健康、环境保护提供可靠保障。

⑥ 为企业实现信息化管理设置生产操作实时(历史)数据库平台，提供生产管理和经营管理所需的装置运行基础数据。

1.2.2 工程设计的内容及其用途

工程设计是将实现生产过程自动化、生产过程数据采集传送、智能仪表设备运行数据分析的各种方案，用设计文件和设计表格、图纸的方式表达出来的全部工作过程。设计文件、表格和图纸的用途有：

① 作为上级部门审批的技术文件，以便上级部门对该建设项目进行审批。

② 采购部门采购仪表设备、材料的技术依据。

③ 施工建设单位进行施工安装、调试的依据。

④ 工厂稳定运行、维护、维修的技术依托文件。

由此可见，工程设计工作对工程建设起着决定性的作用。所以在做工程设计时，设计人员必须遵守国家法律、法规，执行国家和行业标准规范，根据工艺要求，结合装置特点精心设计。设计阶段主要分为可行性研究、基础设计、详细设计和竣工图设计。在不同设计阶段完成不同内容深度要求的设计文件。

1.2.3 工程设计的基本任务

按照上游专业(通常是工艺专业)所提要求，对生产过程中的温度、压力、流量、物位、成分等需监控变量的检测、自动调节、遥控、顺序控制和安全保护等方案进行合理、优化设计；同时，对工厂或装置的水、气、蒸汽和原料及成品的计量进行设计。主要涉及以下内容：

① 生产过程自动化系统，如 DCS/FCS、SIS、IDS、GDS、PLC；

② 过程检测仪表；

③ 控制室、现场机柜室的规模和内部功能；

④ 仪表电源、仪表气源和仪表伴热热源要求；

⑤ 现场仪表、控制系统设备的安装和接线，以及安装材料等；

⑥ 随设备成套供应的控制系统和仪表与主控制系统(如 DCS、SIS)的连接。

要求设计人员在设计工作中，按一系列技术标准和规定，根据现有同类型工厂或试验装置的生产经验及技术资料，使设计建立在可靠的基础上，并对工程的情况、国内外自动化水平、仪表的制造质量和供应情况、当前生产中的一些技术革新情况等内容进行调查研究，从实践中取得第一手资料，以正确地判断，然后做出合理的设计。另外，在设计中还要认真贯彻执行国家现行经济政策，在仪表和控制系统产品的定位上，提高国产化力度。对自动化水平的确定，还要注意提高综合经济效益。随着科学技术的飞速发展，过程控制系统和检测仪表也在不断更新，形成了专业知识更新快的专业特点。因此，设计人员在工作中除了应用好所掌握的专业知识外，还应该密切关注本专业技术发展动向，不断学习新知识，提高技术水平。

1.2.4 工程设计的基本职责范围

① 负责工艺生产装置及公用工程和辅助设施用的各种检测仪表、在线分析仪表、控制系统及安全仪表系统的设计。

② 负责工艺生产装置及公用工程和辅助设施在控制系统、安全仪表系统中实施的连续控制、顺序控制、信号报警和联锁功能的设计。

③ 负责仪表所用的辅助设备（如盘、箱、台等）及附件，仪表的电气材料、安装材料的选型设计。

④ 负责控制、检测仪表所采用的防腐、防毒、防冻、保温、防堵、防尘、防水、防震、防辐射、防爆、防火、防干扰、防雷等安全技术措施的设计。

⑤ 负责控制室、机柜室、分析小屋的设计。

⑥ 负责仪表和控制系统施工建设用图纸设计。

⑦ 负责提出仪表询价、采购用的仪表数据表及技术规格书。

⑧ 配合有关专业编写随机组带来的仪表和控制系统的设计要求和询价及采购技术文件。

⑨ 估算和控制本专业的设计工时消耗。

⑩ 编写本专业的工程项目设计完工报告和 ISO 9000 质量管理的相关文件。

⑪ 做好与相关外专业的协作工作。

⑫ 为工程项目施工、试车等提供技术服务。

⑬ 编制本专业完工后的技术总结报告。

1.3 仪表专业在工程设计中常用的标准

(1) 国内标准规范

① 国家标准 GB XXXX；

② 行业规范 SH XXXX，HG XXXX。

(2) 国际标准

① American National Standard Institute (ANSI)；

② American Petroleum Institute (API)；

③ American Society of Mechanical Engineers (ASME)；

④ Deutsche Industry Norm (DIN)；

⑤ International Electrotechnical Commission Standards (IEC)；

⑥ Instrument Society of American (ISA)；

⑦ International Organization for Standardization(ISO)。

1.4 工程设计阶段与其他相关专业的设计联系

完成一个优质的工程设计，需要不同专业的设计人员密切配合、共同努力。通常，一个完整的工程设计所需配备的专业有：工艺（工业炉、给排水、热力、空压冷冻）、配管、外管、设备、机泵、仪表及自动控制、电气、电信、土建、暖风、工程经济（概算）等。这些专业相互关联，大多数专业之间有条件地交接。

仪表工程设计质量和进度控制是否得当，将直接影响整个工程项目的质量和进度。

第2章 仪表选型

在石油化工装置生产中，现场检测仪表的地位十分重要。它既是自动控制系统正常工作的前提，也是工艺流程安全、稳定运转的保障。合理正确的仪表选型能够有效降低项目投资与运行成本，减少环保三废排放，保障人员安全，延长装置运行周期。不合理甚至错误的仪表选型不仅会造成经济与环保方面的损失，严重时可能带来安全上的风险，导致人员伤亡。因此，在工程设计阶段的仪表选型设计非常重要，正确的仪表选型可以为装置投运后能准确监控装置运行提供保障。

本章主要介绍仪表选型的基本原则和注意事项，针对一些常规仪表，如温度、压力、流量、物位、过程分析、气体检测等测量仪表，以及调节阀、开关阀等执行元件，介绍其分类、原理和选型原则。

仪表选型工程设计主要遵守的规范为SH/T 3005—2015《石油化工自动化仪表选型设计规范》，完成的设计文件为"仪表规格书"。

2.1 总则

过程检测仪表的选型，首先要明确仪表的具体功能，是用于温度、压力、流量、物位、组分的测量，还是用于管道内流体的流量调节或切断关闭；是仅需要在现场指示、操作，还是需要在控制室内进行远程指示、动作。其次，在具体选型时应根据工艺要求的操作条件、设计条件、精确度等级、工艺介质特性、检测点环境、配管材料等级规定及安全环保要求等因素确定，并满足工程项目对仪表选型的总体技术水平要求。仪表选型应安全可靠、技术先进、经济合理。

仪表选型在性能要求上应根据测量用途、测量范围、范围度、精确度、灵敏度、分辨率、重复性、线性度、可调比、死区、永久压损、输出信号特性、响应时间来考虑，除以上这些仪表本身的测量特性之外，还应根据控制系统要求、安全系统要求、防火要求、环保要求、节能要求、可靠性及经济性等因素来综合考虑。

安全系统要求方面，由于近年来国内外对系统的安全性能要求划分日益细致和规范，对于有一定安全等级要求的系统，其检测单元、逻辑控制单元与执行单元往往还会有安全等级方面的要求，并会要求仪表提供平均失效概率(PFD_{avg})等数值用于安全回路的验算，因此用于安全仪表系统的检测和控制的仪表还要满足这方面的要求。

防火要求方面，应按实际需求考虑，类似阀门这类的执行单元，国内外有专门的防火、耐火规范要求。对划分了具体防火区域的，并要求在火灾环境中仍要具备一定工作能力的仪表设备，都应该进行相应的防火设计。

设计选用的仪表必须是经国家授权机构批准并取得制造许可证的合格产品，不得选用未经工业鉴定的研制仪表，除特殊要求外，仪表宜选用供货商的标准系列产品。

在爆炸危险区内应用的电子式仪表应取得国家授权防爆认证机构颁发的防爆合格证；计量仪表应取得国家授权机构颁发的计量器具型式批准证书；属于消防电子产品的火灾仪表应取得公安部消防产品合格评定中心颁发的中国国家强制性产品认证证书（即 CCCF 认证）或产品型式认可证书。

仪表的计量单位应为 GB 3100—1993《国际单位制及其应用》规定的法定计量单位。

远传用的测量与控制仪表应优先采用电子式。应首选测量与控制信号为 4～20 mA(DC) 带 HART 协议的智能化现场仪表，其次可选用信号为 4～20 mA(DC) 的非智能现场仪表，也可选用 FF、Profibus 等现场总线仪表和工业无线仪表。

当选用气动调节阀及特殊场合需采用气动测量与控制仪表时，传输信号应为 20～100 kPa(G)。

在爆炸危险场所安装的电子式仪表应根据防爆危险区划分选用本安型、隔爆型或无火花型等防爆仪表，防爆设计应执行 GB 3836.1—2010《爆炸性环境 第 1 部分：设备 通用要求》及其系列标准。

在现场安装的电子式仪表，防护等级应不低于 GB/T 4208—2017《外壳防护等级（IP 代码）》规定的 IP65；在现场安装的气动仪表及就地仪表，防护等级应不低于 IP55；在仪表井、阀门井及水池内安装的仪表，防护等级应为 IP68。

2.2 温度仪表

2.2.1 一般要求

温度仪表主要用于管道、设备内的温度指示，温度仪表的测量单位，应采用摄氏度（℃）。热力学温标单位开[尔文]（K）仅用于涉及绝对温度的计算方面。

温度仪表的操作温度，对于就地温度计应为量程的 30％～70％；对于温度变送器，应为量程的 10％～90％。

当操作温度不低于设计温度的 30％时，仪表的量程应覆盖设计温度。

2.2.2 就地温度计

1. 双金属温度计

就地温度仪表宜选用万向型（可调角型）双金属温度计，温度测量范围宜为－80～500 ℃，满量程精确度为±1.5％。

双金属温度计是利用固体受热产生几何位移作为测温信号的一种固体膨胀式温度计。

双金属温度计的感温元件通常是由两种或多种膨胀系数不同的金属绕成的螺旋结构。螺旋形的双金属感温元件一端固定，另一端连接指针轴。当被测物体温度变化时，两种金属由于膨胀系数不同，使螺旋管曲率发生变化，通过指针轴带动指针偏转，在标度盘上指示对应的温度。

按指示装置与检测元件的连接位置，双金属温度计可分为轴向型(角型)、径向型(直型)、万向型(可调角型)，详见图 2-1。

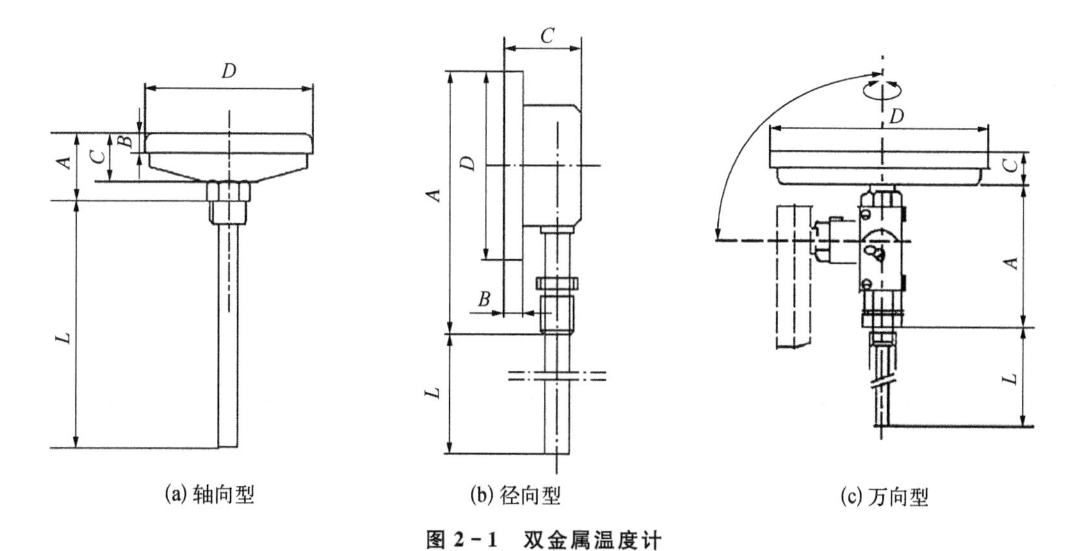

图 2-1　双金属温度计

2. 压力式温度计

在工艺管道及设备有振动、介质低温、现场环境高温或需要远程指示等场合，宜选用带毛细管远传的压力式温度计，温度测量范围宜为－200～700 ℃，满量程精确度为±1.5%。毛细管的长度应不超过 10 m 且应带有铠装层，毛细管材质应为不锈钢。

压力式温度计是依据封闭系统内部工作物质的体积或压力随温度变化的原理工作的，如图 2-2 所示。

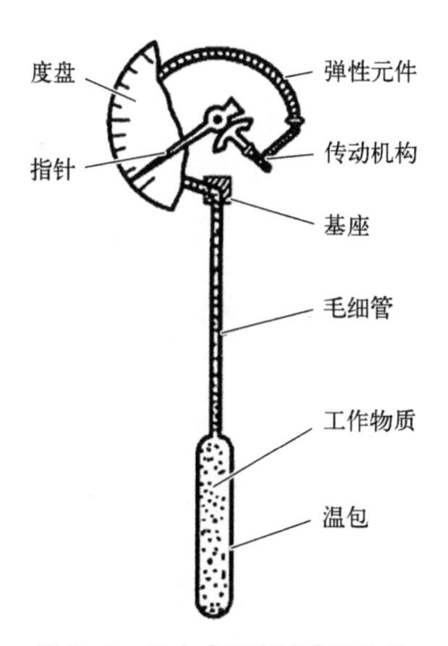

图 2-2　压力式温度计典型结构

仪表封闭系统由温包、毛细管和弹性元件组成，温包内充有工作介质。在测量温度时，将温包插入被测介质中，受介质温度影响，温包内部工作介质的体积或压力发生变化，经毛细管将此变化传递给弹性元件(如弹簧管),弹性元件变形,自由端产生位移,借助于传动机构,带动指针在度盘上指示出温度数值。

3. 其他要求

双金属温度计和压力式温度计应配温度计套管。当仅用于设备标定、临时测温的场合,也可单配温度计套管,并配螺纹盖及 150 mm 长的不锈钢链。温度计套管的设计应满足 2.2.4 节中的相关要求。

双金属温度计和压力式温度计的表盘直径一般宜为 ϕ100 mm,但在照明条件较差、安装位置较高及观察距离较远的场合,宜为 ϕ150 mm。表盘外壳宜为不锈钢,面板宜为白底黑字,并应带防爆玻璃。

当需要就地测量管道或设备表面温度时,可采用表面型双金属温度计或表面型压力式温度计。

2.2.3 远传温度检测

1. 热电阻

(1) 简介

温度测量精确度要求较高、反应速度较快、无振动的场合,宜选用热电阻。

热电阻是利用电阻与温度呈一定函数关系的金属导体或半导体材料制成的感温元件。制造热电阻的金属材料主要有铂、铜和镍等,半导体主要有锗、碳、热敏电阻等。

石油化工装置中最常用的是铂热电阻——Pt100(Pt100 表示在 0 ℃时,铂热电阻的期望电阻值为 100 Ω)。

(2) 引线方式

热电阻的引出线方式可以为 2 线制、3 线制、4 线制,一般宜采用 3 线制(图 2-3)。

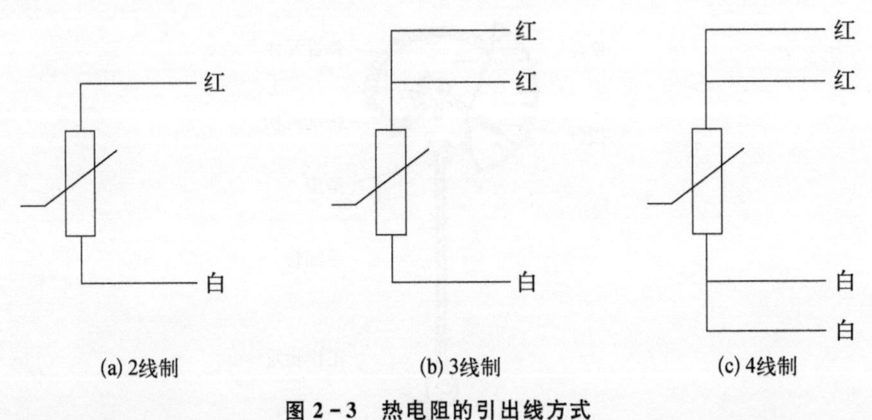

图 2-3 热电阻的引出线方式

(3) 允差等级

铂热电阻的允差等级有 AA、A、B、C 四级,常用的为 A 级和 B 级(表 2-1)。

(4) 固定形式

铂热电阻的固定形式有绕线式和薄片式。

绕线式热电阻是将热电阻丝缠绕固定在感温元件骨架上,再经过复杂的工艺加工而成;薄片式热电阻在石油化工装置中一般不采用。

表 2-1 铂热电阻允差等级

允差等级	有效温度范围(线绕元件)/℃	允差值/℃
AA	−50～250	±(0.1+0.001 7｜t｜)
A	−100～450	±(0.15+0.002｜t｜)
B	−196～600	±(0.3+0.005｜t｜)
C	−196～600	±(0.6+0.01｜t｜)

注：t 为被测温度，｜t｜为 t 的绝对值。

2. 热电偶

(1) 简介

温度测量范围大、有振动的场合，宜选用热电偶。

热电偶的测温原理：两种不同导体 A 和 B 串接成一个闭合回路，若结合点 1(测温端)和 2(冷端)出现温差，则回路中就会有电流产生。这种因温差而产生热电势的现象称为"热电效应"。在热电极材料一定的情况下，热电势仅取决于冷热两端的温度差，因此热电偶作为测温敏感元件，可用热电势作为测温信号。

(2) 分度号

不同导体的组合组成了不同分度号的热电偶，可用于不同的测量工况，常用的热电偶分度号有 K、N、E、J、T、S、R、B 等，可按表 2-2 选用。

表 2-2 热电偶分度号选用表

测温元件名称	分度号	常用测温范围/℃	允差值		
			允差级别	温度范围/℃	允差值/℃
镍铬-镍硅 镍铬硅-镍硅	K N	0～1 200	1 级	−40～375 375～750	±1.5 ±0.004｜t｜
			2 级	−40～333 333～1 200	±2.5 ±0.007 5｜t｜
			3 级	−167～40 −200～−167	±2.5 ±0.015｜t｜
镍铬-铜镍 (康铜)	E	0～750	1 级	−40～375 375～800	±1.5 ±0.004｜t｜
			2 级	−40～333 333～900	±2.5 ±0.007 5｜t｜
			3 级	−167～40 −200～−167	±2.5 ±0.015｜t｜
铁-铜镍(康铜)	J	0～600	1 级	−40～375 375～750	±1.5 ±0.004｜t｜
			2 级	−40～333 333～750	±2.5 ±0.007 5｜t｜

续表

测温元件名称	分度号	常用测温范围/℃	允差值		
			允差级别	温度范围/℃	允差值/℃
铜-铜镍(康铜)	T	−200～350	1 级	−40～125 125～375	±0.5 ±0.004 | t |
			2 级	−40～133 133～375	±1 ±0.007 5 | t |
			3 级	−67～40 −200～−67	±1 ±0.015 | t |
铂铑 10 -铂 铂铑 13 -铂	S R	0～1 300	1 级	0～1 100 1 100～1 600	±1 ±[1+0.003(t−1 100)]
			2 级	0～600 600～1 600	±1.5 ±0.002 5 | t |
铂铑 30 -铂铑 6	B	0～1 600	2 级	600～1 700	±0.002 5 | t |
			3 级	600～800 800～1 700	±4 ±0.005 | t |

注：t 为被测温度，| t | 为 t 的绝对值。

(3) 冷端补偿

此外，由于热电偶的标准数据都是在冷端为 0 ℃情况下测得的，而在实际工业测量中，冷端温度不可能恒定在 0 ℃，因此，在热电偶测量中，不仅需要保持冷端温度恒定，而且要对冷端温度进行相对于 0 ℃时的热电势进行补偿，目的是将测到的热电势折算到冷端温度为 0 ℃时的标准状态。

热电偶的冷端温度补偿应在温度变送器上实现，当未设置温度变送器时，应在控制系统 mV 信号输入卡(TC 卡)上完成。热电偶与温度变送器或 mV 信号输入卡之间应配补偿电缆。

2.2.4 温度计套管

1. 选型要求

除了测表面温度、定子温度、轴承温度等特殊场合，或者需要快速响应的测温元件以外，管道、设备内的测温元件通常都会带有温度计套管。

温度计套管的结构通常有锥形、直管形和梯形三种，如图 2 - 4 所示。一般首选锥形单端整体钻孔型套管。

温度计套管的过程连接应首选法兰连接，压力等级和法兰规格应符合配管材料等级规定。

温度计套管的插入深度应保证测温元件的端点位于被测介质温度变化的灵敏区域。在管道内安装时，插入深度宜位于管道直径的 1/3～1/2 处，并应至少插入管道内 50 mm，当管道的管径过小时，可适当地扩大管径；在容器内安装时，插入深度距容器内壁宜至少 150 mm，但对

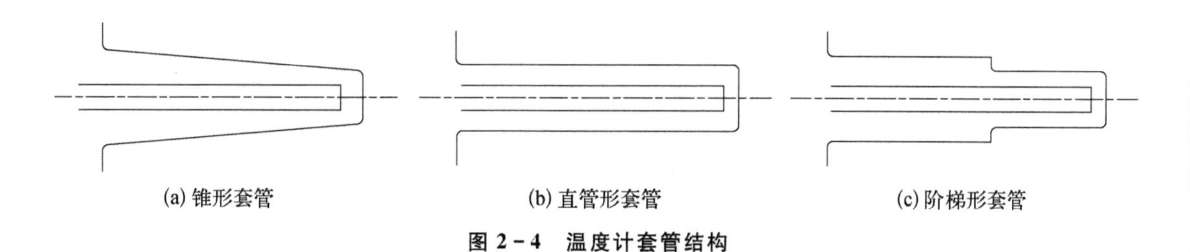

图 2-4 温度计套管结构

于带有设备内件的容器，插入深度可适当缩短。

温度计套管材质的选用应满足温度测量范围及防腐蚀、防磨蚀等要求，并应优于设备或管道材质，设计时可按表 2-3 选择相应的材质。

表 2-3 温度计套管常用材质及其适用场合

材质	最高使用温度/℃	适用场合
316SS 不锈钢	800	一般腐蚀性介质及低温场合
15 铬钢及 12CrMoV 不锈钢	800	耐高压，适用于高压蒸汽场合
Cr25Ti 不锈钢、Cr25Si2 不锈钢	1 000	高温钢，适用于硝酸、磷酸等腐蚀性介质及磨损较强的场合
GH39 不锈钢	1 200	高温场合
Inconel 600＃合金钢	600～1 200	加热炉、裂解炉、焚烧炉等的炉膛，高压氧气场合
耐高温工业陶瓷及氧化铝	1 400～1 800	耐高温，但气密性差，适用于高温、不耐压场合
莫来石刚玉及纯刚玉	1 600	适用于高温、测量环境有一定防腐性的场合
蒙乃尔合金或哈氏合金	200	富氧气场合
蒙乃尔合金	200	氢氟酸场合
镍 Ni	200	浓碱(纯碱、烧碱)场合
钛 Ti	150	湿氯气、浓硝酸场合
锆 Zr、铌 Nb、钽 Ta	120	耐腐蚀性能要求超过钛、蒙乃尔、哈氏合金的场合
铅 Pb	常温	10％硝酸、80％硫酸、亚硫酸、磷酸的场合

2. 尾频计算

(1) 简述

在工艺流体温度、压力、流速较高或管径较大场合，对温度计保护套管应依据 ASME PTC 19.3 TW 标准做振动频率及应力符合性计算(通常被称为尾频计算)，当振动频率及应力不符合该标准要求时，应对温度计保护套管的结构尺寸或材质进行调整以满足要求。

尾频计算十分复杂，涉及套管的受力分析、结构分析、共振分析、材料选择等，通常由温度计保护套管的供货厂家来完成。

(2) 套管的受力分析

套管在管道内受流体作用,会受到弯曲应力、静态压力、剪切力等,详见表 2-4。

表 2-4 套管的受力情况

- 弯曲应力
  - 稳态应力(S_D)
  - 动态应力
    - 动态横向应力(S_L)
    - 动态流向应力(S_d)
- 压力(静态)
  - 径向压力(S_r)
  - 切向压力(S_t)
  - 轴向压力(S_a)
- 剪切力(可忽略)

作用在套管上流体的动态冲击力,被分解成顺着流体流动方向的流向力和垂直于流体流动方向的横向力。套管的静态应力和动态应力均为纵向弯曲应力的形式,对于锥形套管和直管形套管,峰值应力点在套管的根部外表面上,对于阶梯形套管,峰值应力点在套管的根部外表面和缩径端。

除了弯曲应力以外,还有径向压力 S_r、切向压力 S_t、轴向压力 S_a 和流体冲击的剪切力作用在套管上。剪切力相对于其他应力很小,可以忽略。

由于套管在弯曲应力的作用下会产生振动,当该振动频率与安装条件下自然频率(f_n^c)接近时,会产生共振效应,并造成损坏、断裂等后果,因此尾频计算主要针对的就是套管的弯曲应力(图 2-5)。

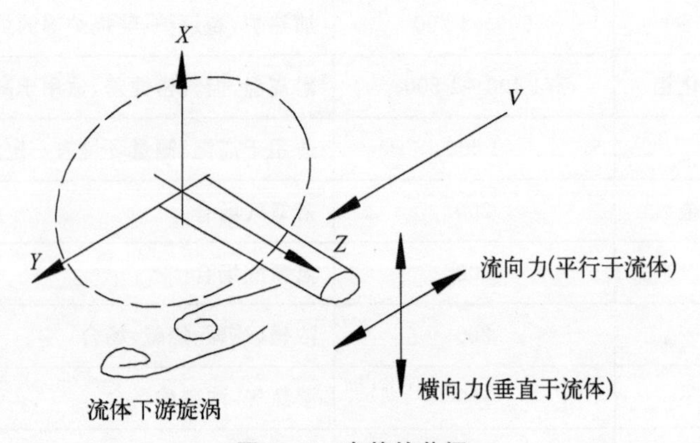

图 2-5 套管的共振

根据套管在管道内的弯曲应力受力方向——横向和纵向,应该分别进行频率的验算。

(3) 共振频率的激发区域

套管受到的横向力会产生频率为旋涡脱离频率(f_s)的振动,套管受到的纵向力会产生频率为 $2f_s$ 的振动,振动幅度与套管受到的流体作用力和放大系数(F_M)成正比,一旦达到共振条件,即 f_s 或 $2f_s$ 接近 f_n^c 时,放大系数会急剧增加。

因此,尾频计算就是验算旋涡脱离频率(f_s)和套管自然频率(f_n^c),并通过改变套管材料、结构等手段来避免共振的产生。

套管自然频率(f_n^c)与套管本身的结构、材质有关,并通过一系列的系数修正而得,套管的材质和结构确定后,其值也就确定了。

旋涡脱离频率(f_s)则主要与流体流速有关,按式(2-1)计算:

$$f_s = Sr \times \frac{V}{B} \tag{2-1}$$

式中 Sr——斯特劳哈尔数(Strouhal Number),与管道雷诺数 Re 有关;

V——流体流速;

B——套管顶端外径。

由此可见,共振的激发区域可通过流体流速来表示(图2-6):

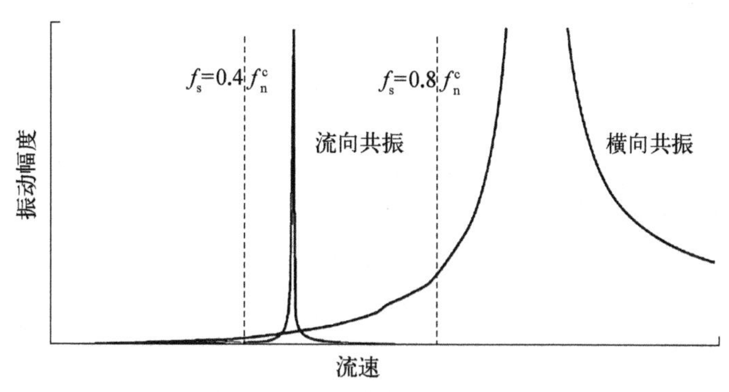

图2-6 共振激发区域

(4) 尾频计算的简要流程

① 进行斯克鲁顿数(Scruton Number, N_{Sc})判断,按式(2-2)计算:

$$N_{Sc} = \pi^2 \varepsilon (\rho_m / \rho) [1 - (d/B)^2] \tag{2-2}$$

式中 ε——本质阻尼系数,如 ε 为未知,可设 ε=0.000 5;

ρ_m——套管密度,kg/m³;

ρ——物料密度,kg/m³;

Re——雷诺数;

d——套管内径,mm。

当 $N_{Sc}>64$,$Re<10^5$ 时,横向和纵向共振都被抑制,可以忽略,此时 f_s 无限制;

当 $N_{Sc}>2.5$,$Re<10^5$ 时,纵向共振被抑制,可以忽略,此时只要求 $f_s<0.8f_n^c$;

当 $N_{Sc}\leqslant 2.5$,$Re\geqslant 10^5$ 时,横向和纵向共振都应考虑。

② 进行流向共振时循环受力情况判断

首先计算流向共振状态下的流速 V_{IR},按式(2-3)~式(2-6)计算:

$$V_{IR} = \begin{cases} \dfrac{Bf_n^c}{2Sr}\left(1 - \dfrac{22\mu}{B\rho V}\right) + \dfrac{22\mu}{B\rho} & 22 \leqslant Re < 1\,300 \\ \dfrac{Bf_n^c}{2Sr}\left[1 - \dfrac{a(R)}{Sr}\log_{10}\left(\dfrac{Bf_n^c}{2SrV}\right)\right] & 1\,300 \leqslant Re < 5 \times 10^5 \\ \dfrac{Bf_n^c}{2Sr} & 5 \times 10^5 \leqslant Re < 5 \times 10^7 \end{cases} \tag{2-3}$$

$$a(R)=0.0285R^2-0.0496R \tag{2-4}$$

$$R=\log_{10}(Re/Re_0) \tag{2-5}$$

$$Re_0=1\,300 \tag{2-6}$$

然后假设流体处于流向共振流速 V_{IR} 时，计算是否能通过动态应力限制评估（将 $V=V_{IR}$ 代入动态应力评估公式进行计算，计算过程见步骤③）。

能通过时，尾频计算通过的要求是 $f_s<0.8f_n^c$。

不能通过时，再判断是否能同时满足以下条件：

- 流体为气相；
- f_s 处于 $(0.4\sim0.6)f_n^c$ 区域只存在于开车、停车或其他很罕见情况下；
- 正常操作流量下的动态应力限制可以通过；
- 流体不会引起套管材料属性改变而降低疲劳抗性；
- 套管损坏的潜在风险是可以接受的。

能同时满足时，则要求：$f_s<0.8f_n^c$，且 f_s(steady state)$<0.4f_n^c$ 或 $0.6f_n^c<f_s$(steaty state)$<0.8f_n^c$，即允许 f_s 临时通过 $(0.4\sim0.6)f_n^c$ 区域，式中 f_s(steady state)表示在操作稳态流量下的旋涡脱离频率。

以上任何一个判断条件不能满足时，则要求：$f_s<0.4f_n^c$，即 f_s 不允许到达 $(0.4\sim0.6)f_n^c$ 区域。

③ 操作流速下的应力限制评估

首先对静态应力进行评估，来自流体静压和非周期应力的稳态负荷，在套管下游，沿轴向在根部的外表面产生一个最大应力点 S_{max}，设计时按式(2-7)计算：

$$S_{max}=S_D+S_a \tag{2-7}$$

根据等效应力准则(Von Mises 准则)，S_{max}、S_r、S_t 应满足下式，其中 S 是套管材料的最大允许应力，按式(2-8)计算：

$$\sqrt{\frac{(S_{max}-S_r)^2+(S_{max}-S_t)^2+(S_t-S_r)^2}{2}}\leqslant 1.5S \tag{2-8}$$

其次对动态应力限制进行评估，峰值动态应力 $S_{0,max}$ 的限制，按式(2-9)计算：

$$S_{0,max}=K_t(S_d^2+S_L^2)^{\frac{1}{2}}<F_T\cdot F_E\cdot S_f \tag{2-9}$$

式中 $S_{0,max}$——峰值动态应力；

F_E、F_T——分别为环境系数和温度修正系数；

S_f——允许疲劳应力；

K_t——应力集中系数，按式(2-10)计算

$$K_t=\begin{cases}1.1+0.033(A/b) & A/b<33\\ 2.2 & A/b\geqslant 33\end{cases} \tag{2-10}$$

在缺少套管根部焊口详细尺寸的情况下，取 $K_t=2.2$；

螺纹连接的套管，K_t 最小取 $K_t = 2.3$。

3. 压力限制

套管除了尾频计算外，对流体设计压力也要进行必要的核实，见式(2-11)：

$$p < \min(p_C, p_t, p_f) \tag{2-11}$$

式中 p——流体的设计压力；

p_C——套管允许的静态外部压力；

p_t——套管允许的端部压力；

p_f——套管法兰的允许压力。

2.2.5 温度变送器

远传温度检测元件热电阻、热电偶都无法直接输出 4～20 mA 的标准信号，因此在现场侧或控制室侧还需要配置温度变送器，将热电阻或热电偶的测量信号变换为标准的 4～20 mA 信号。

温度变送器可具有量程、分度号可组态功能，以及自动检测功能，当测温元件断偶、断线(开路)时，输出信号状态应能通过组态选择"超量程"或"欠量程"故障模式。

对于热电偶信号，其冷端补偿可在温度变送器上完成。

2.3 压力(差压)仪表

2.3.1 一般要求

压力仪表应采用法定计量单位：帕(Pa)、千帕(kPa)和兆帕(MPa)。

从物理学角度看，任何一个物体上受到的压力都应包括大气压力和被测介质的压力(一般称为表压)两部分。作用在被测物体上这两部分压力的总和称为绝对压力，按式(2-12)计算：

$$p_{绝} = p_{表} + 大气压 \tag{2-12}$$

普通的工业压力表测量的都是表压值，测量绝对压力的压力表常被称为绝压表。

测量稳定压力时，正常操作压力应为量程的 1/3～2/3；测量脉冲压力时，正常操作压力应为量程的 1/3～1/2；使用压力变送器时，操作压力宜为仪表校准量程的 60%～80%。

2.3.2 就地压力表

1. 波登管压力表

波登管压力表又称弹簧管压力表，是石油化工装置中最常用的就地压力表，其测量元件是波登管(又称弹簧管)。

波登管是环形的横截面为椭圆形的管道。压力介质在管中通过，并使椭圆形截面变为近似正圆形。由于弯曲的管环存在张力，而管子的末端不加固定，因此发生了位移，这样位移就成为对压力的测量表现。

波登管压力表通常用于 40 kPa 或以上的压力指示，也可用于负压测量(图 2-7)。

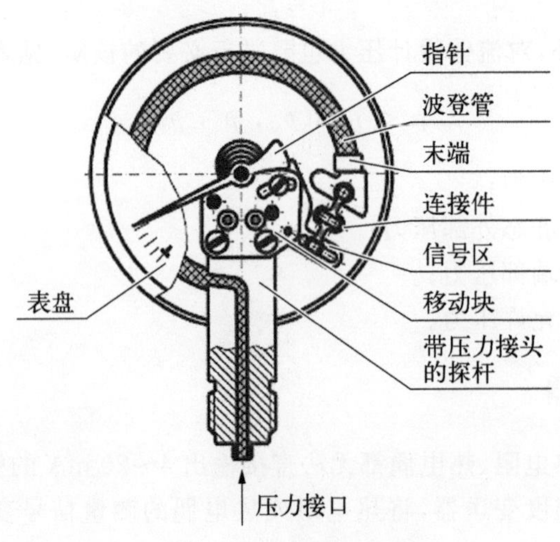

图 2-7　波登管压力表

2. 化学密封压力表

化学密封压力表的测量元件也是波登管，但是在波登管和物料之间有一层隔膜，故在国内有时又被称为隔膜式压力表。波登管内是填充油，隔膜的材质则应根据测量介质的特性选择。

化学密封压力表通常用于 40 kPa 或以上，黏稠、易结晶、含有固体颗粒或强腐蚀性等介质的压力指示，但不可用于负压。

3. 膜盒式压力表

膜盒式压力表的测量原理是基于波纹膜盒或矩形膜盒在被测介质的压力作用下，其自由端产生相应的弹性变形，再经齿轮传动机构的传动并给予放大，由固定于齿轮轴上的指针将被测值在度盘上指示出来。

膜盒式压力表通常用于 40 kPa 以下的微压或微负压测量(图 2-8)。

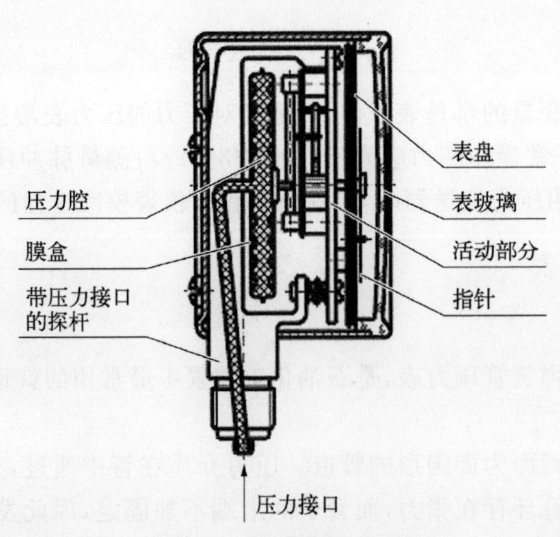

图 2-8　膜盒式压力表

4. 膜片式压力表

膜片式压力表有一块圆形、环绕的膜片装置，它们或夹在两片法兰中间，或焊接在压力介质作用的一面。膜片受压变形后，直接机械带动连接件、指针动作，指示压力。膜片的材质则应根据测量介质的特性选择。

膜片式压力表一般可用于各种量程，同时也适用于黏稠、易结晶、含有固体颗粒或强腐蚀性等介质的压力指示(图 2-9)。

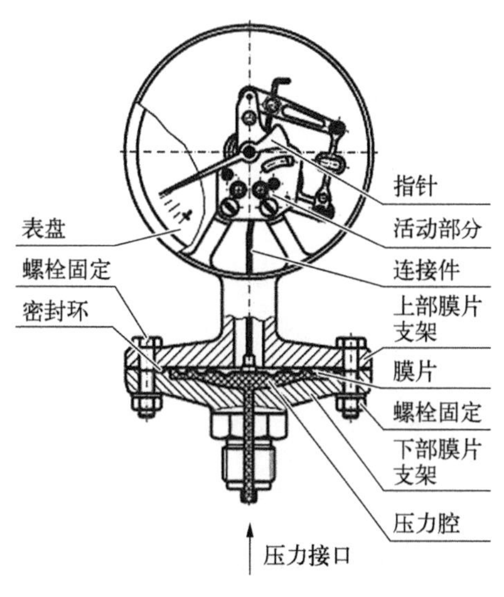

图 2-9 膜片式压力表

5. 就地差压表

就地差压表一般采用双波纹管结构，当高、低压侧的压力不等时，两波纹管分别产生相应的位移，并带动齿轮传动机构传动并给予放大，使指针偏转后指示出两侧之间的差压值。

6. 其他要求

一般测量用的压力表、膜盒压力表及膜片压力表的精确度宜为 1.6 级。精密测量和校验用压力表的精确度宜为 0.5 级、0.2 级或 0.1 级。

用于特殊介质如乙炔、氨及含氨介质、氧气、硫化氢及含硫介质时，应选用专用的压力表。用于蒸汽测量时，压力表应带冷凝圈或冷凝弯。

安装于振动场所或振动部位时，应选用耐振压力表。耐振方法可以采用表盘内充填充液或加阻尼器。

量程(刻度)超过 6.9 MPa(G)的压力表，应有泄压安全装置。量程(刻度)为 6.9 MPa(G)及以下的压力表，当工艺设计压力有可能超过压力表爆破压力时，压力表应带过压保护装置。

2.3.3 远传压力(差压)

1. 压力(差压)变送器

压力(差压)变送器一般由压力传感器和信号变送器两部分组成。

压力(差压)变送器选型时应考虑到介质的特性、测量的范围、现场的防爆要求等多方面因素。

压力(差压)变送器通常采用离线安装,通过仪表引压管将介质引出至压力变送器的传感器膜盒,进行测量。对黏稠、易结晶、含有固体颗粒或腐蚀性介质时,应选用膜片密封带毛细管式压力(差压)变送器,毛细管长度不宜超过 15 m,必要时应设置吹气、冲洗装置。差压变送器用于液位测量时,也可将其直接安装在设备的取压下口。

对于测量微小压力、微小负压的场合,如常压储罐顶部的压力测量等,宜选用差压变送器。

2. 压力开关

压力开关的应用场合较少,一般用于爆破膜报警、水喷淋系统报警、HVAC 控制系统报警、仪表箱柜或建筑内的正压压力低报警。

压力开关的接点应为密封型,宜选用 DPDT 型干接点。

2.4 流量仪表

2.4.1 一般要求

1. 流量测量单位

流量测量单位的选择应符合下列规定:

① 体积流量用 m^3/h、L/h;

② 质量流量用 kg/h、t/h;

③ 标准状态下,气体体积流量用 m^3/h(在 0 ℃,0.101 325 MPa 下)。

2. 流量仪表精确度的选择

用作能源计量的流量计,应符合 GB 17167—2006《用能单位能源计量器具配备和管理通则》的规定,其精确度等级应符合表 2-5 的规定。

表 2-5 对能源计量器具精确度等级的要求

计量器具名称	分 类 及 用 途	精确度等级[①]
各种衡器	进出用能单位燃料的静态计量	0.1
	进出用能单位燃料的动态计量	0.5
	用于车间(班组)、工艺过程技术经济分析的动态计量	0.5～2.0
油流量仪表(装置)	进出用能单位的液体能源计量	原油、成品油:0.5
		重油、渣油:1.0
	用于车间(班组)、重点用能设备及工艺过程控制计量	1.5
	用于贸易结算计量	成品油:0.2
		原油:0.2
气体、蒸汽流量仪表(装置)	进出用能单位的气体、蒸汽能源计量	煤气:2.0
		天然气:2.0
		蒸汽:2.5
	用于贸易结算计量	备注[②]

续表

计量器具名称	分类及用途		精确度等级①
水流量仪表（装置）	进出用能单位的水量计量	$DN\leqslant250$ mm	2.5
		$DN>250$ mm	1.5
温度仪表	用于液态、气态能源计量的温度测量		2.0
	与气体、蒸汽质量计算相关的温度测量		1.0
压力仪表	用于液态、气态能源计量的压力测量		2.0
	与气体、蒸汽质量计算相关的压力测量		1.0
其他含能工质	（如压缩空气、氧、氮、氢等）		2.0

注：① 表中所列的精确度等级应为测量回路的系统精确度等级。
② 详见 GB/T 18603—2014《天然气计量系统技术要求》。

2.4.2 差压式流量计

差压式流量计是目前工业生产过程中应用最广的流量计，它由节流装置和差压流量变送器组成，节流装置又包含了节流件、取压装置和上下直管段。流体流经节流件时，在节流件上下游侧形成静压差，该静压差与流经节流件的流体流量之间有确定的函数关系。当流体物性、节流件类型、取压方式及管道几何尺寸等条件已知时，通过测量该静压差，可确定流体流量。对于差压式流量计的选型，关键就在于如何选择节流装置。

最常用的节流装置有标准孔板、喷嘴和文丘里喷嘴、文丘里管三大类，它们有大量的试验数据支持，并由 ISO 5167：2003 *Measurement of fluid flow by means of pressure differential devices inserted in circular cross-section conduits running full* 加以规范，在工业生产过程中应用极为广泛。GB/T 2624《用安装在圆形截面管道中的差压装置测量满管流体流量》是 ISO 5167：2003 在我国的等效标准。本套标准共分四个部分，分别介绍了一般原理和要求、孔板、喷嘴和文丘里喷嘴、文丘里管。

1. 标准孔板

(1) 外形结构

一般流体的流量测量，宜选用带手柄的同心、方边（直角）加斜边（45°±15°角）孔板，见图 2-10。孔板外形结构的各尺寸要求如下：

① 节流孔的厚度 e 在 $0.005D$ 与 $0.02D$ 之间，D 为管道内径；

② 孔板的厚度 E 在 e 与 $0.05D$ 之间（当 50 mm$\leqslant D\leqslant$64 mm 时，厚度 E 可以达到 3.2 mm）。

③ 节流孔直径 d 在任何情况下 $d\geqslant12.5$ mm。直径比 $\beta=d/D$ 应始终满足 $0.1\leqslant\beta\leqslant0.75$。

对于测量双向流体的孔板，孔板不应切斜角，即选用全方边（直角）孔板，此时孔板的厚度 E 应等于节流孔的厚度 e，因此有必要限制差压，以防止孔板变形。

(2) 取压口

对于每一块孔板，至少应在某一个标准位置上安装一个上游取压口和一个下游取压

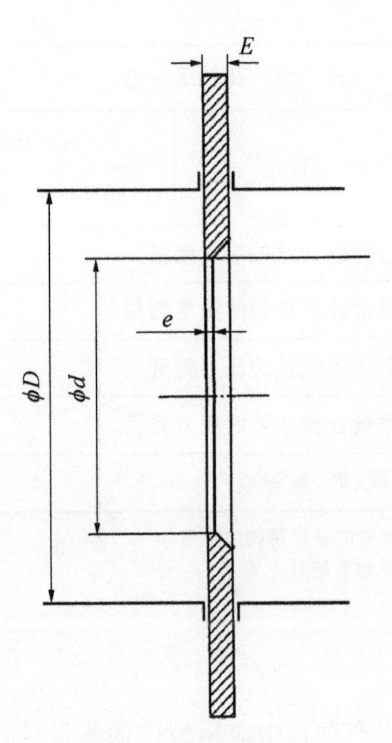

图 2-10 标准孔板

口，即 D 和 $D/2$、法兰或角接取压口。

① D 和 $D/2$ 取压（径距取压）（图 2-11）

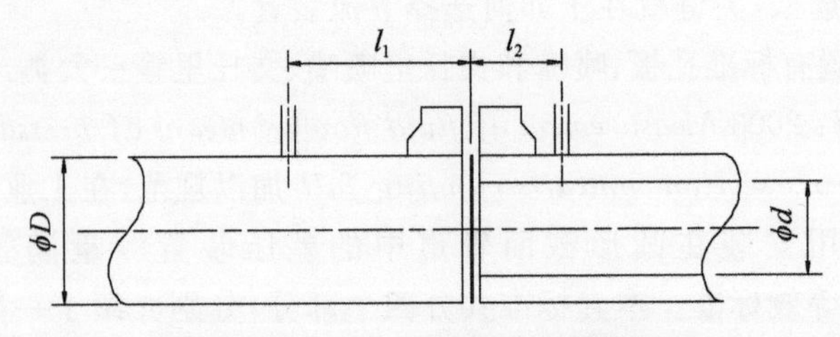

图 2-11 D 和 $D/2$ 取压（径距取压）

对于 D 和 $D/2$ 取压（径距取压）口孔板，上游取压口的间距 l_1 名义上等于 D。下游取压口的间距 l_2 名义上等于 $0.5D$。间距 l_1 和 l_2 均从孔板的上游端面量起。

D 和 $D/2$ 取压（径距取压）口直径应小于 $0.13D$ 且小于 13 mm。上游与下游取压口的直径应相同。

② 法兰取压（图 2-12）

对于法兰取压口孔板，上游取压口的间距 l_1 名义上等于 25.4 mm，并从孔板的上游端面量起。下游取压口的间距 l_2 名义上等于 25.4 mm，并从孔板的下游端面量起。

法兰取压口直径应小于 $0.13D$ 且小于 13 mm。上游与下游取压口的直径应相同。

③ 角接取压（图 2-13）

角接取压口可以是单独钻孔取压口或者是环隙。

(3) 选用规定

当 50 mm(2″)$\leqslant D \leqslant$300 mm(12″)时，宜采用法兰取压方式，且应同时符合下列条件：

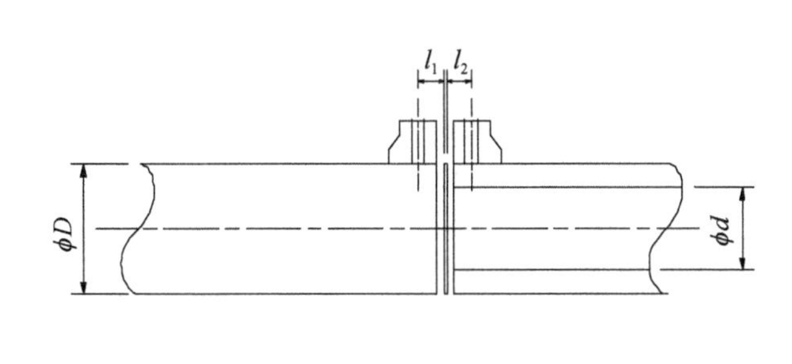

图 2-12　法兰取压

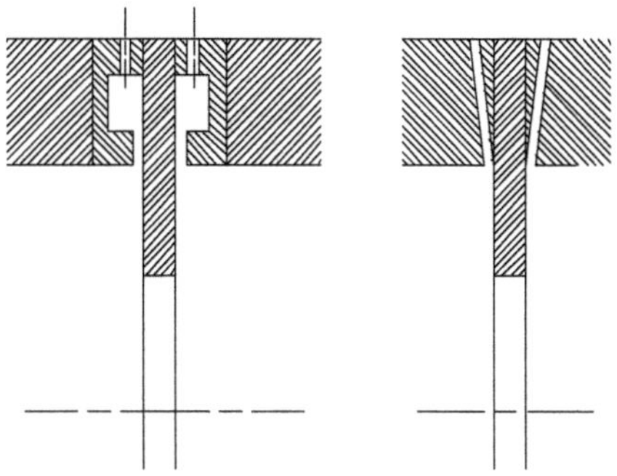

(a) 环隙取压　　(b) 单独钻孔取压

图 2-13　角接取压

① $d \geqslant 12.5$ mm;

② $0.1 \leqslant \beta \leqslant 0.75$;

③ $Re_D \geqslant 5\,000$ 且 $Re_D \geqslant 170\beta^2 D$。

当 350 mm(14″)$\leqslant D \leqslant$1 000 mm(40″)时,宜采用 D 和 $D/2$ 径距取压方式,且应同时符合下列条件:

① $d \geqslant 35$ mm;

② 当 $0.1 \leqslant \beta \leqslant 0.56$ 时,$Re_D > 5\,000$;

③ 当 $\beta > 0.56$ 时,$Re_D > 16\,000\beta^2$。

孔板法兰应符合 ASME B16.36 标准,压力等级最低应为 ASME CL300,孔板的材质最低等级应为 316SS。

(4) 扩展应用

标准孔板的应用范围要求 $D \leqslant 50$ mm,但是 ISO 针对 ISO 5167 特殊应用场合的技术报告——ISO/TR 15377 *Measurement of fluid flow by means of pressure-differential devices — Guidelines for the specification of orifice plates, nozzles and Venturi tubes beyond the scope of ISO 5167*,提供了当管径 25 mm$\leqslant D <$50 mm 时的应用条件,这些条件应同时满足:

① 管道内壁表面应是经过良好处理的,如拉制铜管、黄铜管、玻璃管、塑料管、拉制钢管或经良好镗磨的钢管,钢管至少应为不锈钢,粗糙度应符合 ISO 5167-2 的相关要求;

② 应采用角接取压方式,推荐采用环隙取压;

③ $0.5 \leqslant \beta \leqslant 0.7$,($0.23 \leqslant \beta < 0.5$ 的应用也是可能的,但是 $d <$12.5 mm 时不确定度会显著增加)。

2. 喷嘴和文丘里喷嘴

(1) 外形结构

GB/T 2624 中介绍了两种标准喷嘴——ISA1932 喷嘴和长径喷嘴,以及文丘里喷嘴。

长径喷嘴又分为两种:高比值喷嘴($0.25 \leqslant \beta \leqslant 0.8$);低比值喷嘴($0.20 \leqslant \beta \leqslant 0.5$)。当 $0.25 \leqslant \beta \leqslant 0.5$ 时,可采用任意一种喷嘴。

ISA1932 喷嘴和长径喷嘴的尺寸略有区别,其典型外形如图 2-14 所示;文丘里喷嘴的典型外形如图 2-15 所示。

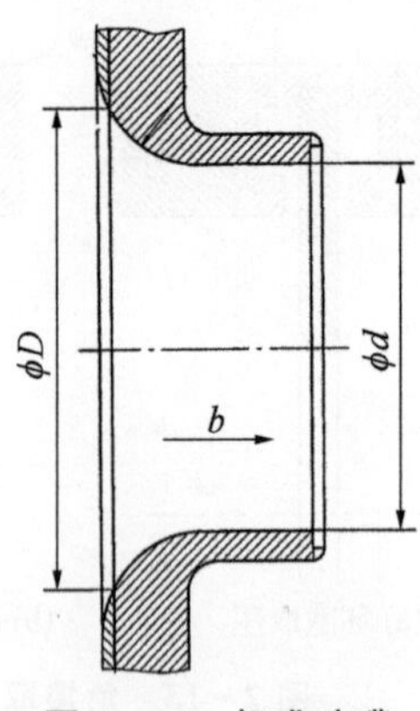

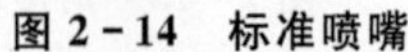
图 2-14　标准喷嘴

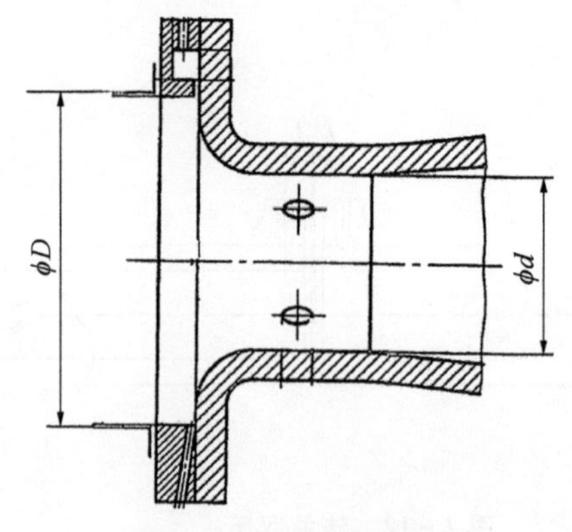

图 2-15　文丘里喷嘴

(2) 取压口

① ISA1932 喷嘴取压原则：

a. 上游应采用角接取压(单个取压口或环隙)。

b. 下游可采用角接取压(单个取压口或环隙)，或取压口轴线与喷嘴上游端面之间的距离应$\begin{cases}\leqslant 0.15D(\beta\leqslant 0.67)\\ \leqslant 0.20D(\beta>0.67)\end{cases}$。

c. 取压口的直径应小于 $0.13D$ 且小于 13 mm。

② 长径喷嘴取压原则：

a. 上游取压口的轴线应相距喷嘴入口端面 $D^{+0.2D}_{-0.1D}$。

b. 下游取压口的轴线应相距喷嘴入口端面 $0.50D\pm 0.01D$，但对于 $\beta<0.3188$ 的低比值喷嘴，其下游取压口的轴线应相距喷嘴入口 $1.6d^{+0}_{-0.02D}$。

c. 取压口的直径应小于 $0.13D$ 且 13 mm。

③ 文丘里喷嘴取压原则：

a. 上游角接，下游喉部。

b. 上游取压口应是角接取压口，取压口可位于管道上、管道法兰上或夹持环上。

c. 喉部取压口应至少有 4 个单个取压口，连通到环室、均压环或者(如果是 4 个取压口)"三重 T 形结构"上，不得采用环隙或间断隙。

d. 文丘里喷嘴喉部中单个钻孔取压口的直径应小于或等于 $0.04d$，且应为 2～10 mm。

(3) 选用规定

当被测介质为干净的流体、测量精确度要求不高且要求永久压损很低时，宜选用喷嘴或文丘里喷嘴。

当选用喷嘴时，应同时符合下列条件：

① 50 mm(2″)$\leqslant D\leqslant$500 mm(20″)；

② $0.3\leqslant\beta\leqslant 0.8$；

③ $0.3\leqslant\beta<0.44$ 时，$7\times 10^4\leqslant Re_D\leqslant 10^7$；

④ $0.44\leqslant\beta\leqslant 0.8$ 时，$2\times 10^4\leqslant Re_D\leqslant 10^7$。

当选用长径喷嘴时，应同时符合下列条件：

① 50 mm$\leqslant D\leqslant$630 mm；

② $0.2 \leqslant \beta \leqslant 0.8$；

③ $10^4 \leqslant Re_D \leqslant 10^7$；

④ $Re_D/D \leqslant 3.2 \times 10^{-4}$（在上游管道中）。

当选用文丘里喷嘴时，应同时符合下列条件：

① 65 mm$\leqslant D \leqslant$500 mm；

② $d \geqslant$50 mm；

③ $0.316 \leqslant \beta < 0.775$；

③ $1.5 \times 10^5 \leqslant Re_D \leqslant 2 \times 10^6$。

3. 文丘里管

(1) 外形结构

经典文丘里管有三种：铸造收缩段经典文丘里管、机械加工收缩段经典文丘里管、粗焊铁板收缩段经典文丘里管。

经典文丘里管是由入口圆筒段、圆锥收缩段、圆筒喉部和圆锥扩散段组成的。

经典文丘里管的外形如图 2-16 所示，$7° < \varphi < 15°$。

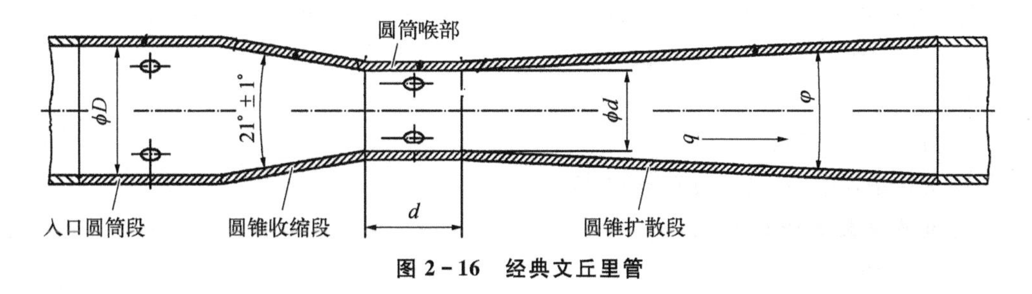

图 2-16　经典文丘里管

(2) 取压口

上游 $0.5D$，下游喉部($0.5d$)。

上游和喉部取压口应采用单个管壁取压口的形式，用环室或均压环相连；或者如有 4 个取压口，则用“三重 T 形”结构相连。

如果 d 大于或等于 33.3 mm，这些取压口的直径应为 4～10 mm，此外上游取压口的直径绝不应大于 $0.1D$，喉部取压口的直径绝不能大于 $0.13d$。

如果 d 小于 33.3 mm，喉部取压口的直径应为 $0.1d \sim 0.13d$，上游取压口的直径应为 $0.1d \sim 0.1D$。

应至少有 4 个取压口供上游和喉部压力测量。取压口的轴线应与经典文丘里管的轴线相交，应相互形成相等的角度，并包含在垂直与经典文丘里管轴线的平面中。

对于“铸造”收缩段经典文丘里管，位于入口圆筒段上的上游取压口与入口圆筒段和圆锥收缩段的延长部分的相交面之间的距离应为：

① $0.5D \pm 0.25D$(100 mm$< D <$150 mm)；

② $0.5D^{0}_{-0.25D}$(150 mm$< D <$800 mm)。

对于机械加工收缩段和粗焊铁板收缩段经典文丘里管，上游取压口与入口圆筒段和圆锥收缩段(或它们的延长部分)的相交面之间的距离应为 $0.5D \pm 0.05D$。

对于所有形式的经典文丘里管，喉部取压口贯穿处的轴线所在的平面与收缩段和圆筒喉部(或它们的延长部分)的相交面之间的距离应为 $0.5d \pm 0.02d$。

(3) 选用规定

当被测介质为干净的流体、测量精确度要求较高且要求永久压损很低时,宜选用文丘里管。

当选用铸造收缩段经典文丘里管时,应同时符合下列条件:

① 100 mm(4″)$\leqslant D \leqslant$800 mm(32″);

② $0.3 \leqslant \beta \leqslant 0.75$;

③ $2\times10^5 \leqslant Re_D \leqslant 2\times10^6$;

④ 在上述条件下,流出系数 $C=0.984$。

当选用机械加工收缩段经典文丘里管时,应同时符合下列条件:

① 50 mm(2″)$\leqslant D \leqslant$250 mm(10″);

② $0.4 \leqslant \beta \leqslant 0.75$;

③ $2\times10^5 \leqslant Re_D \leqslant 1\times10^6$;

④ 在上述条件下,流出系数 $C=0.995$。

当选用粗焊铁板收缩段经典文丘里管时,应同时符合下列条件:

① 200 mm(8″)$\leqslant D \leqslant$1 200 mm(48″);

② $0.4 \leqslant \beta \leqslant 0.7$;

③ $2\times10^5 \leqslant Re_D \leqslant 1\times10^6$;

④ 在上述条件下,流出系数 $C=0.985$。

4. 标准节流装置的计算

(1) 计算公式

标准节流装置的基本计算如下:

$$q_m = \frac{C}{\sqrt{1-\beta^4}} \varepsilon \frac{\pi}{4} d^2 \sqrt{2\Delta p \rho} \tag{2-13}$$

$$q_v = \frac{q_m}{\rho} \tag{2-14}$$

式中 q_m——质量流量,kg/s;

q_v——体积流量,m^3/s;

C——流出系数,为不可压缩流体确定的表示通过装置的实际流量与理论流量之间关系的系数。对不同的一次装置,只要这些装置几何相似,并且流体的雷诺数相同,则 C 的数值都是相同的;

$1/\sqrt{1-\beta^4}$——渐进速度系数;

$\frac{C}{\sqrt{1-\beta^4}}$——流量系数;

ε——膨胀系数,当流体不可压缩时(液体),ε 等于 1,当流体可压缩时(气体),ε 小于 1;

除了文丘里管的情况以外,C 与 Re 有关,而 Re 本身与 q_m 有关。在这种情况下,C 和 q_m 的最终值都必须利用迭代法获得。Re 为雷诺数,惯性力与黏性力之比的无量纲参数。

$$Re_D=\frac{v_1 D}{\gamma_1}=\frac{\frac{4q_v D}{\pi D^2}}{\frac{\mu_1}{\rho}}=\frac{4q_m}{\pi\mu_1 D}=Re_d\beta \tag{2-15}$$

式中　Re_D——上游管道雷诺数；

Re_d——一次装置节流孔或喉部雷诺数；

v——流速，m/s，按式(2－16)计算：

$$v=\frac{q_v}{\frac{\pi D^2}{4}}=\frac{4q_v}{\pi D^2} \tag{2-16}$$

γ——运动黏度，m^2/s，按式(2－17)计算：

$$\gamma=\frac{\mu}{\rho} \tag{2-17}$$

μ——动力黏度，Pa·s。

(2) β 的计算

① 迭代计算

流体的 q_m、ρ、D、μ 都为工艺给出的已知条件，Δp 为设定值，因此由公式(2－13)和公式(2－14)可得：

$$\frac{4q_m}{\pi D^2\sqrt{2\Delta p\rho_1}}=\frac{C\varepsilon\beta^2}{\sqrt{1-\beta^4}}=\text{定值 }A \tag{2-18}$$

公式(2－18)的左边均为已知量；公式(2－18)的右边 β 为需要求的变量，C 和 ε 均是和 β 有关的变量，此时需要通过迭代计算的方式来求得 C、ε、β。

② 孔板相关参数的计算

孔板的流出系数 C 根据 Reader-Harris/Gallagher 公式(2－19)计算：

$$\begin{aligned}C=&0.596\,1+0.026\,1\beta^2-0.216\beta^8+0.000\,521\left(\frac{10^6\beta}{Re_D}\right)^{0.7}+\\&(0.018\,8+0.006\,3A)\beta^{3.5}\left(\frac{10^6}{Re_D}\right)^{0.3}+(0.043+\\&0.080e^{-10L_1}-0.123e^{-7L_1})(1-0.11A)\frac{\beta^4}{1-\beta^4}-\\&0.031(M_2'-0.8\,M_2'^{1.1})\beta^{1.3}\end{aligned} \tag{2-19}$$

式中，$L_1=l_1/D$ 为孔板上游端面到上游取压口的距离除以管道直径得出的商；$L_2'=l_2'/D$ 为孔板下游端面到下游取压口的距离除以管道直径得出的商；$M_2'=\frac{2L_2'}{1-\beta}$；$A=\left(\frac{19\,000\beta}{Re_D}\right)^{0.8}$。

若 $D<71.12$ mm，应把尾项 $0.011(0.75-\beta)\left(2.8-\frac{D}{25.4}\right)$ 加入公式(2－19)中。

L_1 与 L'_2 的取值见表 2-6。

表 2-6　L_1 与 L'_2 的取值

取压方式	L_1	L'_2
角接取压	0	0
径距取压(D,$D/2$)	1	0.47
法兰取压	$25.4/D$	$25.4/D$

孔板的膨胀系数 ε 按式(2-20)计算：

$$\varepsilon = 1-(0.351+0.256\beta^4+0.93\beta^8)\left[1-\left(\frac{p_2}{p_1}\right)^{1/k}\right],\ p_2/p_1 \geqslant 0.75 \tag{2-20}$$

式中　k——等熵指数；

p_2——孔板下游压力，$p_2 = p_1 - \Delta p_{\text{loss}}$；

Δp_{loss}——孔板的永久压损。

孔板的永久压损 Δp_{loss} 按式(2-21)计算：

$$\Delta p_{\text{loss}} = \frac{\sqrt{1-\beta^4(1-C^2)}-C\beta^2}{\sqrt{1-\beta^4(1-C^2)}+C\beta^2}\Delta p \approx (1-\beta^{1.9})\Delta p \tag{2-21}$$

③ 喷嘴

喷嘴的流出系数 C 按表 2-7 计算。

表 2-7　喷嘴的流出系数

类　型	流　程　系　数　C
ISA 1932 喷嘴	$C = 0.990\,0 - 0.226\,2\beta^{4.1} - (0.001\,75\beta^2 - 0.003\,3\beta^{4.15})\left(\frac{10^6}{Re_D}\right)^{1.15}$
长径喷嘴	$C = 0.996\,5 - 0.006\,53\sqrt{\frac{10^6\beta}{Re_D}}$
文丘里喷嘴	$C = 0.985\,8 - 0.196\beta^{4.5}$

喷嘴的膨胀系数 ε 按式(2-22)计算：

$$\varepsilon = \sqrt{\left(\frac{k\tau^{2/k}}{k-1}\right)\left(\frac{1-\beta^4}{1-\beta^4\tau^{2/k}}\right)\left(\frac{1-\tau^{(k-1)/k}}{1-\tau}\right)} \tag{2-22}$$

式中，$\tau = p_2/p_1$。

喷嘴的永久压损 Δp_{loss} 按式(2-23)计算：

$$\Delta p_{\text{loss}} = \frac{\sqrt{1-\beta^4(1-C^2)}-C\beta^2}{\sqrt{1-\beta^4(1-C^2)}+C\beta^2}\Delta p \tag{2-23}$$

文丘里喷嘴的相对压力损失 ξ 见式(2-24)：

$$\xi = \frac{\Delta p'' - \Delta p'}{\Delta p} \tag{2-24}$$

式中　$\Delta p'$——不安装文丘里喷嘴时上游>1D与下游>6D处的压差；

$\Delta p''$——安装文丘里喷嘴时上游>1D与下游>6D处的压差。

④ 文丘里管

经典文丘里管的流出系数 C 为定值，按表 2-8 取值。

表 2-8　经典文丘里管的流出系数 C

类　　型	流出系数 C
"铸造"收缩段经典文丘里管	0.984
机械加工收缩段经典文丘里管	0.995
粗焊铁板收缩段经典文丘里管	0.985

文丘里管的膨胀系数 ε 按式(2-25)计算：

$$\varepsilon = \sqrt{\left(\frac{k\tau^{2/k}}{k-1}\right)\left(\frac{1-\beta^4}{1-\beta^4\tau^{2/k}}\right)\left(\frac{1-\tau^{(k-1)/k}}{1-\tau}\right)} \tag{2-25}$$

文丘里管的相对压力损失 ξ 按式(2-26)计算：

$$\xi = \frac{\Delta p'' - \Delta p'}{\Delta p} \tag{2-26}$$

式中　$\Delta p'$——不安装文丘里管时上游>1D与下游>6D处的压差；

$\Delta p''$——安装文丘里管时上游>1D与下游>6D处的压差。

5. 限流孔板

限流孔板一般有两种使用工况：非阻塞流工况和阻塞流工况。

(1) 非阻塞流工况

非阻塞流工况的限流孔板，要求其流量与孔板上压差为对应关系，即工艺给予一定差压时，孔板所通过的流量也为一对应的给定值，反之，当工艺要求通过某一流量值时，孔板会分担对应的管路压降。

限流孔板用于非阻塞流时，其结构与计算和标准孔板类似，可借用标准孔板的计算方法进行估算。在 HG/T 20570.15—1995《管路限流孔板的设置》中也分别按气体、蒸汽和液体给出了计算公式，可作为参考。

气体、蒸汽计算按式(2-27)计算：

$$q_m = 43.78 \cdot C \cdot d_0^2 \cdot p_1 \sqrt{\left(\frac{M}{ZT}\right)\left(\frac{k}{k-1}\right)\left[\left(\frac{p_2}{p_1}\right)^{\frac{2}{k}} - \left(\frac{p_2}{p_1}\right)^{\frac{k+1}{k}}\right]} \tag{2-27}$$

式中　q_m——流体的质量流量，kg/h；

C——孔板流量系数；

d_0——孔板孔径，m；

D——管道内径，m；

p_1——孔板前压力，Pa；

p_2——孔板后压力或临界限流压力，取其大者，Pa（临界限流压力 p 的推荐值：饱和蒸汽，$p=0.58p_1$；过热蒸汽及多原子气体，$p=0.55p_1$；空气及双原子气体，$p=0.53p_1$）；

M——分子量；

Z——压缩系数，根据流体对比压力 p_r、对比温度 T_r 查气体压缩系数图求取；

T——孔板前流体温度，K；

k——绝热指数，$k=C_p/C_V$；

C_P——流体定压热容，kJ/(kg・K)；

C_V——流体定容热容，kJ/(kg・K)。

液体的计算见公式(2-28)：

$$q_V=128.45\cdot C\cdot d_0^2\sqrt{\frac{\Delta P}{\gamma}} \tag{2-28}$$

式中 q_V——工作状态下的体积流量，m^3/h；

C——孔板流量系数；

d_0——孔板孔径，m；

ΔP——通过孔板的压降，Pa；

γ——工作状态下的相对密度，(与 4 ℃水的密度相比)。

降压限流孔板选型的关键是在压降很大的情况下，为了避免使限流孔板的管路出现阻塞流，需要设计多级孔板。

阻塞流的出现常见于气体或蒸汽工况，根据经验，限流孔板后压力(p_2)小于前压力(p_1)的 55%左右时，限流孔板将进入阻塞流的状态，此时的限流孔板压降与其流量再无对应关系。因此，当 $p_2<0.55p_1$ 时，不能用单块孔板，要选择多级孔板，其板数要保证每板的板后压力大于板前压力的 55%。

多级孔板的板数 n 及各板开孔孔径可按下面程序推导(图 2-17)：

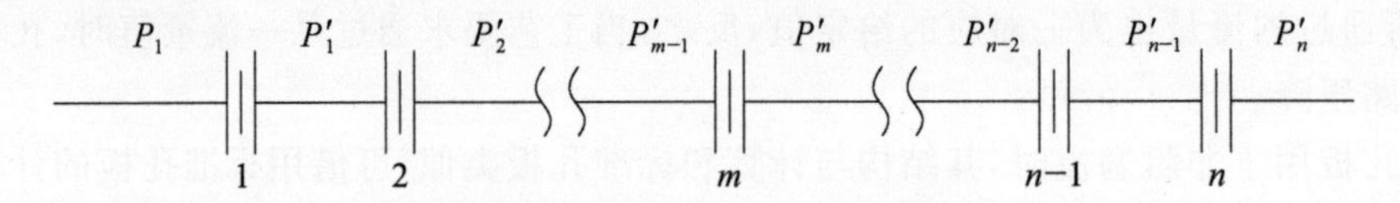

图 2-17 n 块多级孔板示意图

假设每块限流孔板均卡在即将发生阻塞流的情况下，则有

$$p'_1=0.55p_1$$

$$p'_2=0.55p'_1$$

$$\cdots\cdots$$

$$p'_n=0.55p'_{n-1}$$

$$p'_n=(0.55)^n p_1$$

$$n = \lg(p_2/p_1)/\lg 0.55 = -3.85\lg(p_2/p_1) \tag{2-29}$$

n 为总板数，向上圆整后重新分配各板前后压力，再按式(2-30)求取某一板的板后压力：

$$p'_{\mathrm{m}} = (p_2/p_1)^{/1/n} \cdot p'_{m-1} \tag{2-30}$$

根据每块孔板前后压力，计算出每块孔板孔径，计算方法同单板孔板，n 圆整后，重新分配各板前后压力。

(2) 阻塞流工况

阻塞流限流孔板多用于气相、蒸汽管道的限流，要求在上游压力保持稳定的状态下，无论孔板下游压力如何波动，限流孔板通过的流量均为定值。

阻塞流限流孔板的厚度 t 与孔径 d 之比一般为 1～6，此时孔板的流出系数 C 稳定在 0.839 32。

气相阻塞流孔板的计算公式(2-31)如下：

$$q_{\mathrm{m}} = 0.224\,35Cd^2Y_{\mathrm{CR}}F_{\mathrm{TP}}p_1\sqrt{\frac{G}{\frac{9}{5}T_1 + 492}} \tag{2-31}$$

式中 q_{m}——质量流量，kg/h；

C——流出系数，阻塞流时 $C=0.839\,32$；

d——孔径，mm；

p_1——上游静压力，kPa(A)；

T_1——上游温度，℃；

Y_{CR}——临界流系数见式(2-32)

$$Y_{\mathrm{CR}} = \left[\frac{k}{z}\left(\frac{2}{k+1}\right)^{(k+1)/(k-1)}\right]^{\frac{1}{2}} \tag{2-32}$$

z——气体压缩系数；

k——气体等熵指数；

F_{TP}——系数，$F_{\mathrm{TP}}\approx 1$，具体计算见式(2-33)

$$F_{\mathrm{TP}} = 1 + \frac{k}{2}\left(\frac{2}{k+1}\right)^{(k+1)/(k-1)}\beta^4 \tag{2-33}$$

6. 非标准节流装置选型规定

非标准节流装置包括限流孔板、偏心孔板、圆缺孔板、平衡流量计、内藏孔板差压变送器、楔形流量计、均速管流量计等，其选型应符合制造厂标准并符合下列规定：

① 限流孔板：仅用于工艺流体的限流、减压，不能用于流量测量。

② 偏心孔板：当管径大于 DN100(4″)，被测介质黏度低且含有固体微粒，在孔板前后可能积存沉淀物时，可选用偏心孔板。

③ 圆缺孔板：当管径大于 DN100(4″)，测量低黏度液体介质、含有气体或气体中含有凝液的介质、液体中含有固体颗粒的介质时，可选用圆缺孔板。

④ 平衡流量计：当被测介质为干净的气体、液体或蒸汽，雷诺数为 $200\sim1\times10^7$，要求测

量精确度较高、范围度较大、直管段长度低时，可选用平衡流量计。

⑤ 内藏孔板差压变送器：当测量无悬浮物的洁净气体、液体、蒸汽的微小流量，对测量精确度要求不高、范围度要求不大、管道通径 $DN \leqslant 40$ mm 时，可选用内藏孔板差压变送器。当测量蒸汽时，蒸汽的最高温度应不大于 120 ℃。内藏孔板差压变送器宜成套带直管段，直管段长度应符合制造厂标准。

⑥ 楔形流量计：当测量高黏度、低雷诺数(最低至 500)的流体时，可选用楔形流量计。

⑦ 均速管流量计：当测量洁净的气体、蒸汽和黏度小于 0.3 Pa・s 的洁净液体的流量，管道通径在 $DN100 \sim DN2000$ 范围内，要求永久压力损失低且测量精确度要求不高时，可选用均速管流量计。

用于流量测量的非标准节流装置应进行实际流量标定。

7. 差压流量变送器

差压流量变送器即为用于流量测量的差压变送器。

差压流量变送器的量程宜从 6 kPa、10 kPa、16 kPa、25 kPa、40 kPa、50 kPa 系列值中选取，在满足测量要求的前提下，宜选用 25 kPa。

2.4.3 转子流量计

1. 测量原理

转子流量计的检测件是一根由下向上扩大的垂直锥管和一只随着锥管上下移动的浮子，其工作原理如图 2-18 所示。

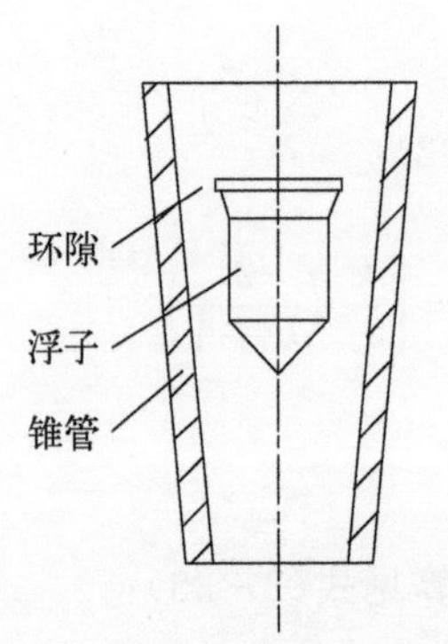

图 2-18 转子流量计工作原理图

流体自下而上流过浮子时，浮子受重力、浮力及上下游差压形成的向上推力作用，使浮子能够在流体中保持浮动状态。

转子稳定时的力平衡公式为

$$V(\rho_t - \rho_f)g = \Delta p \cdot A \tag{2-34}$$

式中 ρ_t——转子的密度；

ρ_f——流体的密度；

V——转子的体积；

Δp——转子前后的压差；

A——转子的最大截面积。

转子稳定时的流量方程为

$$q_V = \alpha\varepsilon A_0 \sqrt{\frac{2\Delta p}{\rho_f}} \tag{2-35}$$

式中　A_0——环隙面积，对应转子高度 h，$A_0=ch$，c 是转子和锥管的几何常数；

α——流量系数；

ε——膨胀系数。

综合力平衡公式(2－34)和流量方程(2－35)，可得到下列等式：

$$q_V = \Phi h \sqrt{\frac{2V(\rho_t-\rho_f)g}{\rho_f A}} \tag{2-36}$$

式中　Φ——仪表常数，$\Phi=\alpha\varepsilon c$。

当所测流体确定，转子和锥管都确定后，Φ 为常数，此时流量 q_V 和转子高度 h 为对应关系，根据转子高度就可得出流体的流量。

2. 选型规定

当要求就地流量指示和/或带远传报警、测量，测量范围较小且对精确度要求不高时，宜选用转子流量计。转子流量计包括玻璃管转子流量计、金属管转子流量计、夹套型金属管转子流量计和吹洗转子流量计。

转子流量计的通径宜为 $DN15\sim DN150$(带内衬时宜为 $DN25\sim DN150$)，压力等级宜为 $PN10$、$PN20$ 及 $PN50$。

用于就地指示的转子流量计精确度不宜低于 2.5 级，用于远传的转子流量计精确度不宜低于 1.5 级。

正常流量宜为满量程的 60%～80%，工艺最小流量和最大流量应该在满量程的 10% 和 90%之间。

转子流量计的本体材质应相等或高于管道材质，浮子的材质应优于 316SS，也可根据工艺介质的腐蚀性采用蒙耐尔、哈氏 C 及钛等材质。

当被测介质内含有少量铁磁性物质时，应在转子流量计前加装磁过滤器；当被测介质为气体、蒸汽或脉动液体时，转子流量计应配有阻尼机构。

转子流量计应垂直安装，流体自下而上流过。

玻璃管转子流量计适用于小流量的洁净空气、惰性气体及水等介质，且最高操作压力应低于 415 kPa(G)、最高操作温度应低于 90 ℃；玻璃管转子流量计不得用于易燃、易爆、有毒、脏污及腐蚀性工艺介质；玻璃管转子流量计的压力等级应为 $PN10$。

金属管转子流量计适用于易燃、易爆、有毒、腐蚀性工艺介质内不含铁磁性、纤维及磨蚀性物质的流体的小流量测量；当测量强腐蚀性工艺介质时，锥形管可带 PTFE、PFA 等内衬，内衬材质宜与配管内衬材料等级相同。

当被测介质易冷凝、结晶或汽化时，可选用夹套型金属管转子流量计，夹套中通以加热或冷却介质；夹套型金属管转子流量计的最大通径宜为 $DN80$。

当测量液位、压力、差压及流量带吹洗要求时，宜选用吹洗转子流量计，且应成套带有流量调节针阀及稳压/恒流装置；吹洗转子流量计的最大通径宜为 $DN25$。

2.4.4 速度式流量计

1. 涡轮流量计

(1) 测量原理

涡轮流量计是一种流体测量装置,流动流体的动力驱使涡轮叶轮旋转,其旋转速度与体积流量近似成比例。通过流量计的流体体积示值是以涡轮叶轮的旋转数为基准的。

(2) 选型规定

涡轮流量计的选型应符合下列规定:

① 对于洁净的气体或黏度不大于 5 mPa·s 的洁净液体的流量测量,当精确度要求高,范围度要求不大于 10∶1 时,宜选用涡轮流量计;

② 对于大管径流量测量,当要求压力损失小且精确度要求不高时,可选用插入式涡轮流量计;

③ 对于液体测量,涡轮流量计应水平安装并使液体充满管道。

2. 涡街流量计

(1) 测量原理

当非流线型旋涡发生体置于流体流动的管道中时,沿着非流线型旋涡发生体的表面形成一个边界层并逐步增长。由于动量不足和存在一个反向的压力梯度,于是流体发生分离,并形成一个固有的不稳定剪切层。最后剪切层卷起成为旋涡,交替地从非流线型旋涡发生体的两侧分离向下游扩散。这一系列旋涡被称作冯·卡门涡街。旋涡成对分离的频率与流体流速成正比。由于分离过程是可再现的,因此可以用来测量流量(图 2-19)。

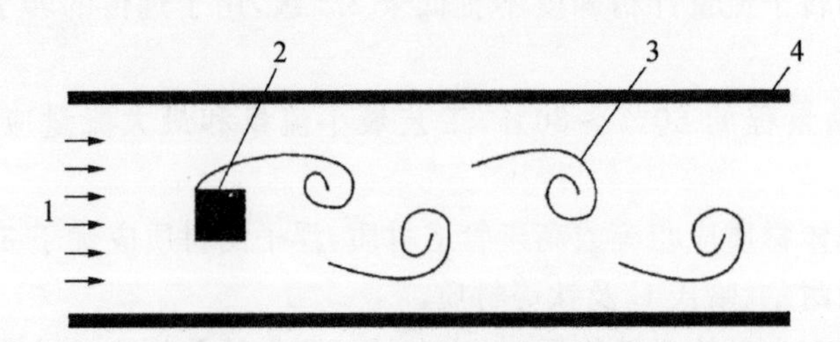

图 2-19 卡门涡街原理示意图

1—流体流向;2—旋涡发生体;3—旋涡;4—管道

根据斯特劳哈尔数定义,其描述了旋涡分离频率 f_s、非流线型旋涡发生体的特征尺寸 d 和流体速度 V 的关系,见式(2-37):

$$Sr=\frac{f_s l}{V}=\frac{f_s d}{V} \tag{2-37}$$

式中 Sr——斯特劳哈尔数;

f_s——旋涡分离频率,Hz;

l——特征长度,此处为旋涡发生体直径 d,m;

V——流速,此处指通过旋涡发生体两侧面积处的流速,m/s;

对于确定的非流线型旋涡发生体形状,斯特劳哈尔数在很大雷诺数范围内保持基本恒定。这表明斯特劳哈尔数与流体的密度、压力、黏度和其他物理参数无关。因此,流体流速与旋涡分离的频率及涡街脉冲频率成正比，见式(2-38)：

$$V=\varepsilon\times f_s \tag{2-38}$$

其中，$\varepsilon=\dfrac{d}{Sr}$，为常数。

而工况条件下体积流量由式(2-39)给出：

$$q_V=A\times V=\frac{A\times d}{Sr}\times f_s \tag{2-39}$$

式中　A——考虑了管道及流量计配置影响的等效流通面积。

涡街流量计的 K 系数按式(2-40)计算：

$$K=\frac{Sr}{A\times d}=\frac{f_s}{q_V} \tag{2-40}$$

因此，可得到涡街流量计的体积流量计算公式(2-41)：

$$q_V=\frac{f_s}{K} \tag{2-41}$$

(2) 选型规定

涡街流量计的选型应符合下列规定：

① 对于单相、洁净、无脉动及无振动的流体，且雷诺数为 $1\times10^4\sim7\times10^6$，黏度小于 20 mPa·s，液体测量精确度要求不高于 1.0 级、气体和蒸汽测量精确度不高于 1.5 级时，宜选用涡街流量计；

② 对于大管径的流量测量，当精确度要求不高时，可选用插入式涡街流量计；

③ 当配管不能满足直管段长度要求时，可选用旋进式涡街流量计；

④ 涡街流量计的传感器宜采用压电式或电容式，对于大口径测量，也可采用超声式；

⑤ 测量振动场合的流体流量，应选用抗振型涡街流量计，其抗振强度不宜低于 $2g$。

3. 电磁流量计

(1) 测量原理

当液体在磁场中运动时，根据法拉第定律产生感应电动势(图 2-20)。如果磁场垂直于流动液体的电绝缘管道，而液体的电导率又不太低，则装在管壁上的两个电极之间可测得一个电压，该电压同磁通量密度、液体的平均流速及两个电极之间的距离成正比。这样，就可以测得液体的流速，进而测得液体的流量。

电磁流量计由检测流过液体流速的一次装置和把一次装置产生的低电平信号转换成工业仪表可以接受的标准化信号的二次装置所组成，产生一个同体积流量(或者平均流速)成正比的输出信号。它仅仅限于用来测量导电的且非磁性的液体。

(2) 选型规定

电磁流量计的选型应符合下列规定：

① 电磁流量计适用于测量电导率不低于 5 μs/cm 的导电介质，包括碱液、盐液、纸浆、矿浆、水煤浆等，以及除脱盐水和凝液之外的其他水溶液；

② 电磁流量计可用于测量强腐蚀、脏污、黏稠和含气体的液体，也可用于测量双向流体；

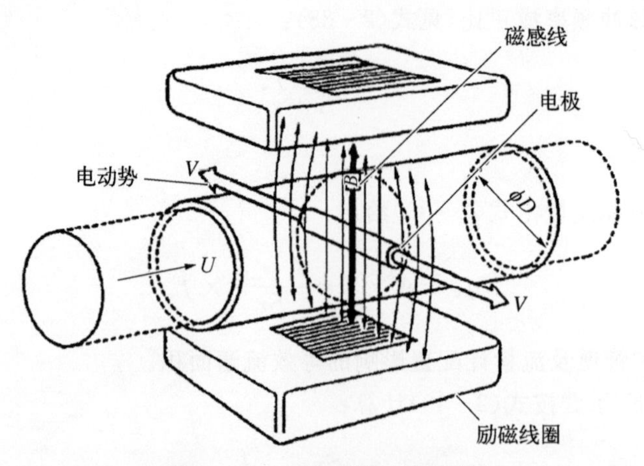

图 2-20 电磁流量计原理图

B—磁通密度；D—测量管内径；V—流量信号(电动势)；U—液体平均轴向流速

③ 无磨蚀性介质的流速范围宜为 0.5～10 m/s，有磨蚀性介质的最大流速应小于 3.5 m/s；

④ 电极材质应根据被测介质的腐蚀性选择 316LSS、哈氏 C、铂、钛、钽等合金；

⑤ 衬里材质应根据被测介质的腐蚀性及温度选择 PFA、PTFE、ETFE、聚氨酯、氯丁橡胶、天然橡胶及工业陶瓷等绝缘材料；

⑥ 电磁流量计应良好接地，对于金属管道应采用内置接地电极接地，对于非金属管道或带内衬的金属管道宜采用接地环接地；

⑦ 用电磁流量计测量流量时，应使液体充满管道，以保证电极浸入液体。

4. 超声波流量计

(1) 测量原理

当超声波束在液体中传播时，液体的流动将使声波的传播时间、频率，或者连续声波的相位产生微小变化，并且这些变化与液体的流速产生函数关系，通过对这些不同变化值的测量，可以反推出液体的流速，并依此发展出了时差法、多普勒法、相位差法等不同类型的超声波流量计。

超声波流量计声波的发射和接收分别通过换能器实现，换能器的安装方式如图 2-21 所示。

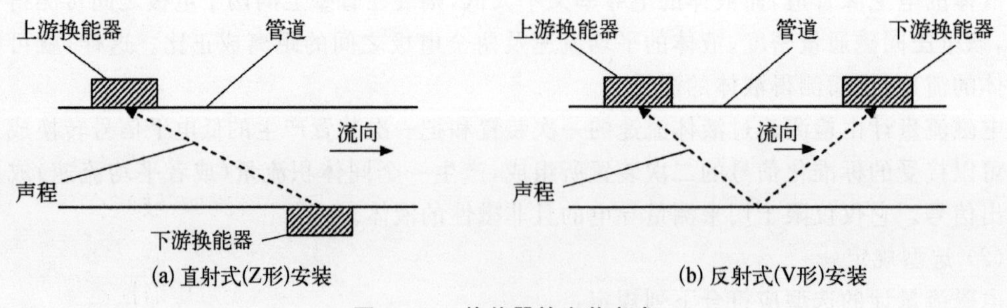

图 2-21 换能器的安装方式

(2) 选型规定

超声波流量计的选型应符合下列规定：

① 超声波流量计适用于可导声的流体，特别适合于大口径管道、非导电性及强腐蚀性、放射性等恶劣工况的流量测量；

② 洁净流体宜采用时差法测量，液体中含固体颗粒或气泡的流体宜采用多普勒法测量；

③ 贸易计量、大范围度及低雷诺数流体的测量应采用多声道(多于2声道)超声波流量计；

④ 管道夹持式超声波流量计仅用于低精确度、非关键性流体的测量。

5. 靶式流量计

(1) 测量原理

靶式流量计的测量原理是，在测量管中安放一靶板(安装在测量管内的流量检测元件，又简称为靶，见图2-22)，通过检测流体通过测量管时对靶板的作用力来确定流体流量。

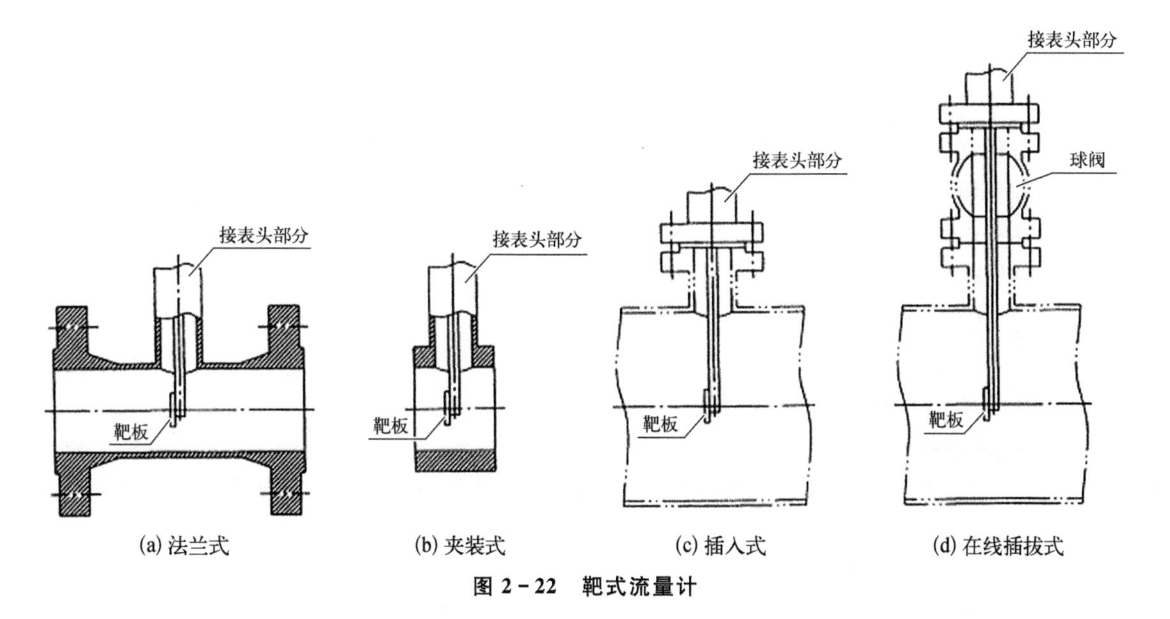

图2-22 靶式流量计

靶力 F 即为被测流体流过靶板时靶板受到的力，可以通过式(2-42)计算：

$$F = \frac{\rho q_V^2}{\left(1.253\alpha\gamma \frac{D^2 - d^2}{d}\right)^2} \tag{2-42}$$

式中 D——测量管内径，m；

d——靶板直径，m；

q_V——体积流量，m^3/s；

ρ——流体密度，kg/m^3；

α——流量系数，无量纲，与测量管直径、靶板直径、被测介质流速、被测介质性质和传感器的性能有关，通过检测获得，用于流量计选型及生产；

γ——流束膨胀系数，无量纲，对于不可压缩性流体 $\gamma=1$，对于可压缩性流体 $\gamma<1$。

(2) 选型规定

靶式流量计的选型应符合下列规定：

① 对于黏度较高或含少量固体颗粒的液体流量测量，当要求精确度不高于1.0级、范围度

不大于 10∶1 时,可选用靶式流量计。

② 靶式流量计应安装在水平管道上。

2.4.5 容积式流量计

容积式流量计(又称正位移流量计)包括椭圆齿轮流量计、双转子流量计、腰轮流量计、刮板流量计等,其选型应符合下列一般规定:

① 容积式流量计适用于黏度较高、低速、清洁、无气泡液体的贸易计量或高精确度计量。

② 容积式流量计的精确度可根据需要选用计量级(0.2 级)和控制级(0.5 级)。

③ 用于贸易计量和高精确度计量时,容积式流量计应带有温度补偿。

④ 容积式流量计不适用于液体流速高、差压大、有强烈波动及禁用润滑剂的场合。

⑤ 本体材质宜与管道材质相同,内件材质宜采用表面硬化处理的不锈钢,用于测量有毒液体时,转子应采用磁性轴承。

⑥ 当介质含有少量气体时,上游应带有脱气器;当介质含有少量固体颗粒时,上游应带有过滤器,以保证固体颗粒直径小于 100 μm;当流体流速过高或变化过快时,应采用整流器。

⑦ 容积式流量计的最大压损应符合工艺允许最大压降。

⑧ 容积式流量计应安装在水平管道上并应使流体充满管道。

2.4.6 质量流量计

1. 科里奥利质量流量计

(1) 测量原理

科里奥利质量流量计通过(直接或间接)测量流动流体施加在测量管上的科里奥利力来测量出质量流量。测量管可以是单管也可以是平行双管,可以是直管也可以是弯管(图 2-23)。

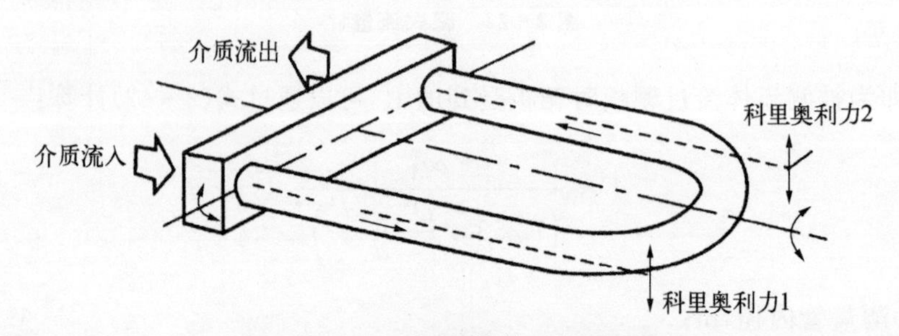

图 2-23 U 形测量管的工作原理图

(2) 选型规定

科里奥利质量流量计的选型应符合下列规定:

① 科里奥利质量流量计宜用于液体、高密度气体、浆料及多相流体的贸易计量或高精确度计量,可同时输出质量流量、密度及温度值;

② 科里奥利质量流量计可测双向流体和微小流量;

③ 科里奥利质量流量计可根据需要选用计量级(0.2 级)和控制级(0.5 级);

④ 在测量易结晶、冷凝、凝固的流体时,宜选用带蒸汽夹套伴热的科里奥利流量计;

⑤ 科里奥利质量流量计的最大压损应符合工艺允许最大压降;

⑥ 科里奥利质量流量计一般不需要温度、压力及密度补偿。

2. 热式质量流量计

(1) 测量原理

① 毛细管热式质量流量计(CTMF 流量计)

CTMF 流量计(图 2-24)在旁路毛细管上设置加热器和两个温度传感器,在流体静止的条件下,两个传感器测得的温度相同,当流量增大时,热量从上游传感器传向下游传感器,由一个桥路判读两者的温差,并由一个放大器提供流量输出信号。两个传感器之间的温差与质量流量存在函数关系。

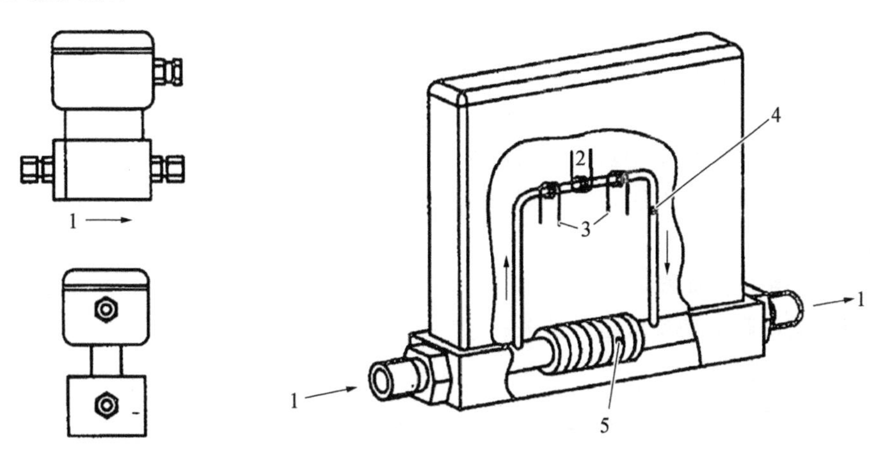

图 2-24 典型的 CTMF 流量计

1—流动方向;2—加热器;3—温度传感器;4—旁通回路;5—层流元件

② 插入式和(或)管道式热式质量流量计(ITMF 流量计)

典型的 ITMF 流量计由两个温度传感器组成。如图 2-25 所示,一定量的加热功率 P 施加至其中一个传感器上,使其温度升高至被测值 T_2,另一个传感器测量气体温度 T_1。根据被加热传感器和气体的温差 ($\Delta T = T_2 - T_1$) 和加热功率 P 就可以确定气体的质量流量。

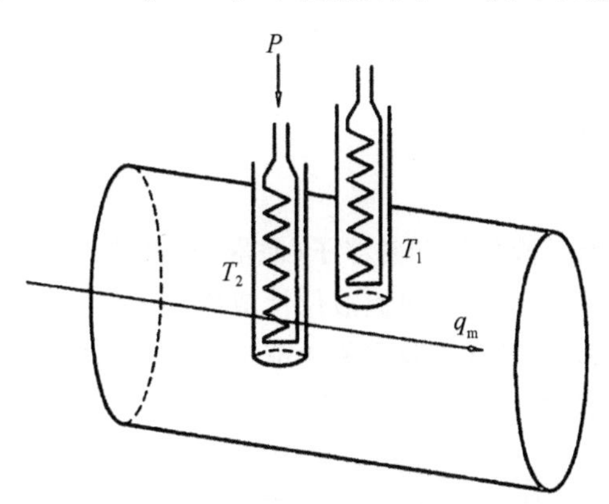

图 2-25 典型的 ITMF 流量计工作原理

(2) 选型规定

热式质量流量计的选型应符合下列规定:

① 热式质量流量计适用于低密度(小分子量)、单组分或固定比例混合、洁净的气体

测量；

② 热式质量流量计不适用于多相流体及双向流体的测量；

③ 热式质量流量计需要较长的直管段，制造厂应提供所需的主管段长度要求。

2.4.7 固体流量计和流量开关

1. 固体流量计

固体流量计宜选用冲量式流量计和皮带秤。

冲量式流量计的选型应符合下列规定：

① 冲量式流量计适用于在封闭管道内的粉料、粒料及块状固体流量的测量；

② 冲量式流量计的安装，应确保物料自由落体下落，不得有任何外加力作用于被测物料上。

皮带秤可分为电子皮带秤与核子皮带秤，其选型应符合下列规定：

① 电子皮带秤宜选用全密封型电阻应变式称重传感器；

② 核子皮带秤应符合 GBZ 125—2009 规定的放射卫生防护要求。

2. 流量开关

流量开关宜用于下列场合：

① 淋浴器或洗眼器的流量指示开关；

② HVAC 控制系统；

③ 消防水喷淋系统。

2.5 物位仪表

2.5.1 一般要求

液位测量结果可以用液位百分比(%)表示，也可以直接用液位读数(mm 或 m)表示。

液位百分比一般用于装置内的设备、容器，而水池或就地液位指示则一般直接给出液位读数。对于大型储罐、水库等，也可通过补偿、计算模块直接提供液体的容量值(m^3)。

2.5.2 就地物位仪表

1. 一般要求

就地物位仪表包括玻璃板液位计和磁浮子(磁翻板)液位计，选型应符合下列一般规定：

① 就地液面或界面指示应选用玻璃板液位计或磁浮子液位计；

② 就地液位计的量程应覆盖整个液位测量范围并包括高低报警点和联锁点，当单台就地液位计无法覆盖整个液位范围时，可使用多台液位计串联，多台液位计的可视重叠区应至少为 50 mm；

③ 为了减少设备开口，可使用旁通管，旁通管尺寸宜为 *DN*80；

④ 对于在环境温度下易冻、易凝固、易结晶的介质，应选用带蒸汽伴热夹套式并带保温罩；

⑤ 当介质操作温度大于或等于 150 ℃时，应带高温防护罩；

⑥ 当介质操作温度低于 0 ℃或易造成结霜时，应选用防霜式并带防冻罩。

2. 玻璃板液位计

(1) 外形结构(图 2 - 26)

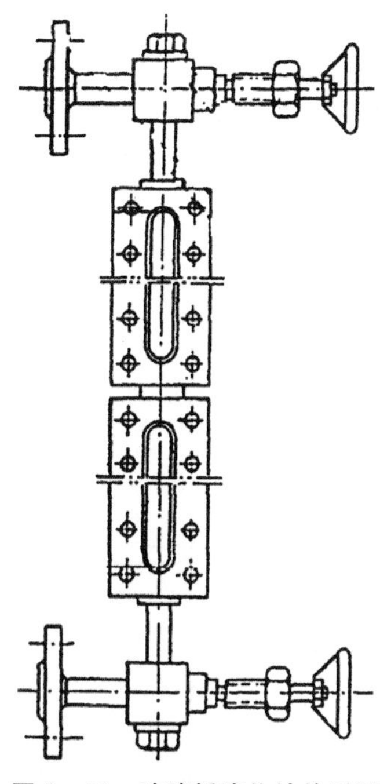

图 2 - 26　玻璃板液位计外形图

玻璃板液位计有透射式和反射式,并可根据物料不同配置蒸汽夹套或衬里。

(2) 选型规定

玻璃板液位计的选型应符合下列规定:

① 洁净、透明、低黏度和无沉积物介质的液位指示选用反射式玻璃板液位计;在界面指示、重质油品及高黏度、操作温度 150 ℃以上的凝液、含固体颗粒、脏污、酸、碱等场合,应选用透光式玻璃板液位计。当介质较黏稠、脏污或安装场合光线不足时,选用的透光式玻璃板液位计应带照明。

② 反射式最低压力等级应达到 *PN*100@315 ℃,透光式最低压力等级应达到 *PN*50@315 ℃。

③ 单台玻璃板液位计的最大长度应不大于 2 000 mm,当测量范围大于 2 000 mm 时,可采用几台玻璃板液位计上下串联重叠安装。设备开口法兰间距宜采用 500,800,1 100,1 400,1 700,2 000 mm 系列值,也可采用步进尺寸为 100 mm 的整数值。单台玻璃板液位计在设备或旁通管上的开口尺寸宜为 *DN*20～*DN*50。

④ 玻璃板液位计在连接仪表侧(上、下两个)应使用 *DN*20 锥形阀,该阀采用可拆卸阀座,配有钢球自封装置及手轮,当液位计玻璃板突然破裂、通液阀工作介质压力不低于 0.3 MPa 时,钢球应自动关闭通液阀,使工作介质不外喷(允许慢滴)。通常放空、排污尺寸为 *DN*15,并加堵头。设计中应保证不使用旁通管的情况下可以调试仪表。

⑤ 当玻璃板液位计用于腐蚀性介质测量时,玻璃板应配云母层。

⑥ 玻璃材料选用硼硅酸盐可用于 350 ℃及以下,选用水合硅酸铝可用于 315～398 ℃,选

用石英可用于 398 ℃以上，也可根据制造厂标准选用，玻璃板应带金属保护。

⑦ 玻璃板液位计出厂之前要进行 1.5 倍设计压力的水压测试，并能通过以最高工作压力的 1.5 倍为试验压力历时 3 min 的压力测试，测试中不应产生泄漏和损坏现象。

⑧ 当介质温度超过 200 ℃时，单台玻璃板液位计的长度不得超过 1 400 mm，且玻璃板不得超过 3 节。

3. 磁浮子液位计

(1) 原理及结构

磁浮子液位计又称磁翻板液位计，以磁浮子为液位感测元件，并通过磁浮子与其他部件的磁耦合作用实现现场显示液位，并可根据要求配置变送器输出标准远传液位信号，或是配置磁液位开关输出液位报警信号。

磁浮子液位计的安装形式有侧装式和顶装式，如图 2－27 所示。常用的为侧装式。

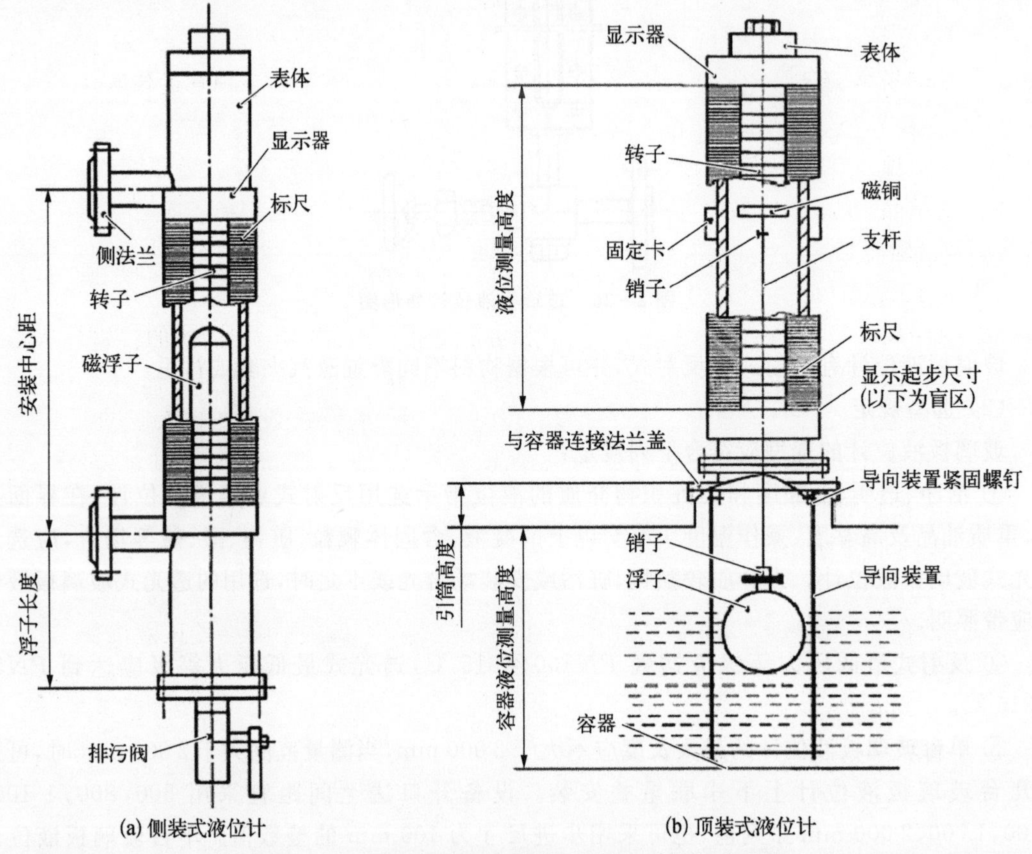

图 2－27　侧装式和顶装式磁浮子液位计结构示意图

磁浮子液位计也可以根据设计要求提供保温、夹套、衬里等。

(2) 选型规定

磁浮子液位计的选型应符合下列规定：

① 高压、低温(温度小于－45 ℃)或有毒性介质的场合，宜选用磁浮子液位计。

② 测量液位介质密度小于 400 kg/m³、测量界面介质密度差小于 150 kg/m³、介质黏度高于 600 mPa・s、介质温度高于 350 ℃的场合，不宜选用磁浮子液位计。

③ 法兰安装中心距应不大于 4 500 mm。法兰安装中心距宜以 100 mm 为步进单位，应选用侧-侧连接方式，安装中心距小于或等于 3 000 mm 的法兰尺寸宜为 *DN*50，安装中心距大于 3 000 mm 的法兰尺寸宜为 *DN*80。法兰压力等级应符合配管和设备规定。放空、排污尺寸宜为 *DN*15。

2.5.3 远传测量物位仪表

1. 差压液位变送器

(1) 选型规定

差压液位变送器即用于液位测量的差压变送器，其选型应符合下列规定：

① 液位测量宜选用差压液位变送器。界面测量可选用差压液位变送器，但应确保上部液面始终高于上部取压口。

② 当量程（差压）小于 5 kPa、密度变化超过设计值 ±5% 时，不宜选用差压液位变送器。

③ 易燃易爆、有毒性、气相在环境温度下易冷凝等场合，宜选用毛细管远传双法兰差压液位变送器。

④ 腐蚀性、较黏稠、易汽化、含悬浮物等液体的测量，宜选用平法兰式差压液位变送器。

⑤ 易结晶、易沉淀、高黏度、易结焦、易聚合等液体的测量，宜选用插入式法兰差压液位变送器。当精确度要求不高时，还可采用吹气或冲液法配合差压变送器测量液位，但吹气或冲液介质不得与工艺介质发生有害作用。

⑥ 对于在环境温度下气相可能冷凝、液相可能汽化、容器内为高温高压的，当采用普通差压变送器测量液位时，应根据工况分别设置冷凝容器、隔离容器、平衡容器等。

⑦ 当用差压液位变送器测量锅炉汽包液位时，应采用温度补偿型双室平衡容器。

⑧ 差压液位变送器应带迁移功能，迁移量应至少为量程上限的 100%，其正、负迁移量应在选择仪表量程时确定。

(2) 差压液位计算

① 液面测量

差压液位测量的基本原理是当所测物料的密度不变时，液柱高度与差压液位变送器所测得的高度是一一对应的。

如图 2-28 所示，测罐内液位时，差压液位变送器测得的差压 $\Delta p = p_{正} - p_{负}$。变送器正

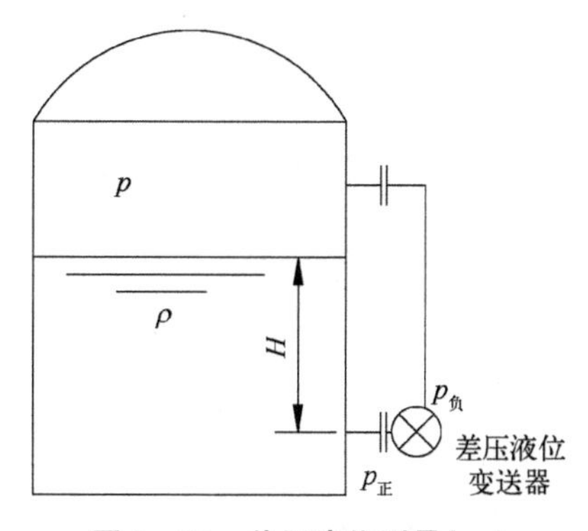

图 2-28 差压液位测量(一)

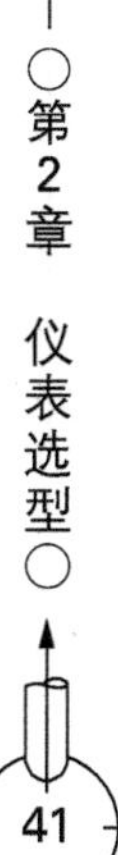

压口测得压力 $p_{正}=p+\rho gH$；变送器负压口直通罐内气相空间，不会有液柱存在，$p_{负}=p$。其中，p 为罐内的操作压力，ρ 是液体密度，g 是当地重力加速度。

因此，$\Delta p=p_{正}-p_{负}=p+\rho gH-p=\rho gH$。$\rho$ 和 g 一定时，测量 Δp 即可得到液位到设备下取压口的高度 H。当罐内无液位时，$\Delta p=0$ 代表液位 $H=0$。

② 正迁移液位测量

当差压液位变送器无法直接安装在设备下取压口上时，需将变送器装在附近的地面或平台，一般需保证变送器低于下取压口。

如图 2-29 所示测量液位时，$p_{正}=p+\rho gH+\rho gh$；$p_{负}=p$。

因此：$\Delta p=p_{正}-p_{负}=p+\rho gH+\rho gh-p=\rho gH+\rho gh$。

当设备内无液位，$H=0$ 时，因为下取压口到变送器之间的引压管内有 h 高度的液柱存在，所以变送器仍能测得差压 $\Delta p=\rho gh\neq 0$。因此，液位测量值需做正迁移，迁移量为 ρgh，即 $\Delta p=\rho gh$ 时代表液位 $H=0$。

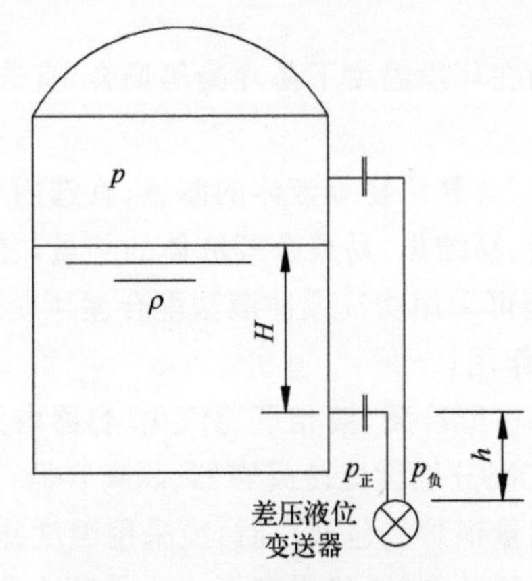

图 2-29 差压液位测量(二)

③ 负迁移液位测量

如图 2-30 所示，采用毛细管填充的方式测量液位，上、下取压口到变送器内均采用硅油填充引压，ρ_1 是硅油密度，为已知定值，$p_{正}=p+\rho gH+\rho_1 gh_2$，$p_{负}=p+\rho_1 gh_1+\rho_1 gh_2$。

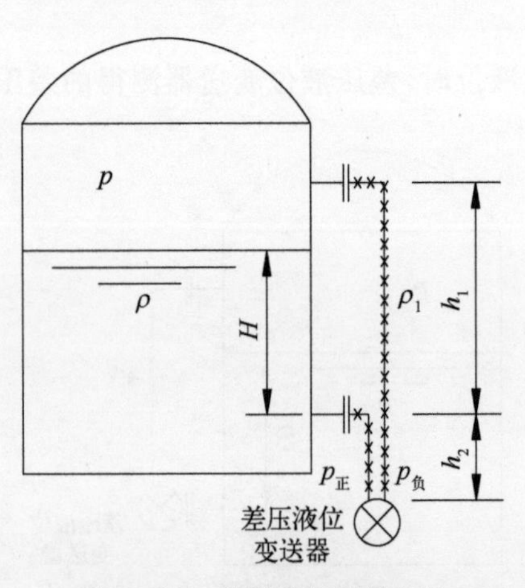

图 2-30 差压液位测量(三)

因此：$\Delta p = p_{正} - p_{负} = \rho g H - \rho_1 g h_1$。

当设备内无液位，$H=0$ 时，$\Delta p = -\rho_1 g h_1$，为负压，因此液位测量值需做负迁移，迁移量为 $\rho_1 g h_1$，即 $\Delta p = -\rho_1 g h_1$ 时代表液位 $H=0$。

④ 界面测量

差压液位变送器测量界面时，应保证下取压口始终浸没在重相液体内，上取压口始终浸没在轻相液体内。

如图 2－31 所示，测量重相和轻相液体之间的界面高度 H_3，ρ_1 是重相密度，ρ_2 是轻相密度，则 $p_{正} = p + \rho_2 g H_1 + \rho_2 g H_2 + \rho_1 g H_3$，$p_{负} = P + \rho_2 g H_1 + \rho_2 g H_2 + \rho_2 g H_3$。

因此，得到 Δp 与 H_3 对应关系：$\Delta p = p_{正} - p_{负} = \rho_1 g H_3 - \rho_2 g H_3 = (\rho_1 - \rho_2) g H_3$。

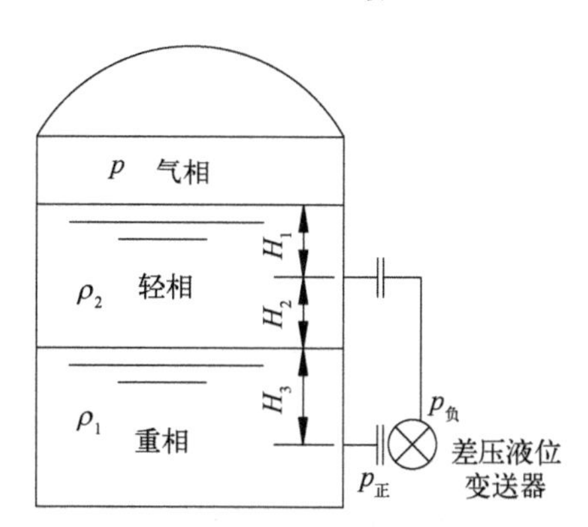

图 2－31 差压界面测量

2. 浮筒液位计

(1) 测量原理

浮筒液位计(图 2－32)包括一个浮筒元件，浮筒元件悬挂在悬挂器(扭力管或弹簧)上，与变送器/开关的电子表头相连。设计时浮筒元件的比重大于所在液体的比重，即使它完全浸入液体中，也会对悬挂器施加向下的力。当容器中的液体上升并覆盖元件时产生浮力，这个浮力与元件所替换的液体等重。变送器头会感知元件的悬挂重力明显减少，而且浮筒元件的悬挂重力与周围液位的高度成比例，变送器电子表头内的电子器件能给出液位的读数。

浮筒液位计有内浮筒式和外浮筒式，内浮筒直接安装在容器内，外浮筒则通过根部阀在设备侧面引出一个连通容器，将浮筒装在该连通容器内。

浮筒液位计可以采用侧装，也可以采用顶装。

(2) 选型规定

① 测量范围为 0～2 000 mm、相对密度为 0.5～1.5 的液位连续测量或位式测量，或者相对密度差为 0.2 或以上的界面连续测量或位式测量，宜选用浮筒液位计或开关。

② 真空、负压或液体易汽化的液位或界面测量，宜选用浮筒液位计或开关。

③ 清洁液体的测量，宜选用外浮筒式液位计，采用“侧－侧”法兰连接，法兰尺寸宜为 $DN50$，表头可旋转，法兰间的中心距为 350，500，800，1 100，1 400，1 700，2 000 mm 系列值，也可采用步进尺寸为 100 mm 的整数值，浮筒式液位开关可采用 350 mm 或 500 mm。

④ 易凝结、易结晶、强腐蚀性、有毒性的介质的测量，应选用内浮筒式液位计。

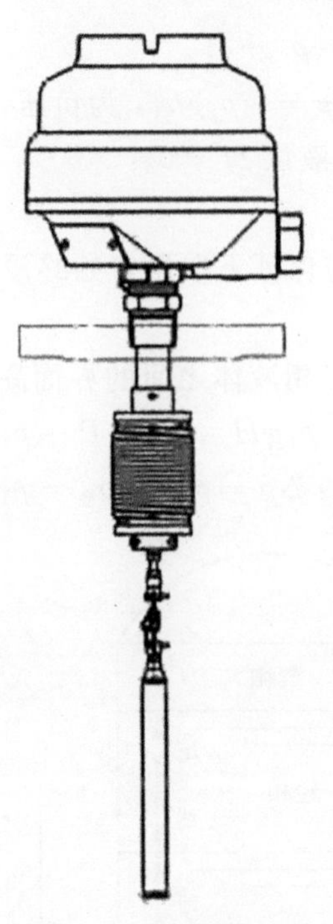

图 2-32　浮筒液位计

⑤ 当内浮筒式液位计用于被测液体扰动较大的场合时，应加装防扰动管。

⑥ 被测介质的最高温度高于 200 ℃时，浮筒液位计应带散热片；最低温度低于 0 ℃时，应带延伸管。

⑦ 外浮筒液位计应带有排污阀，排污阀尺寸应为 *DN*15。

3. 电容物位计(图 2-33)

图 2-33　电容物位计

(1) 测量原理

当一个容器中安装了液位传感电极时，便形成了电容器，电极的金属杆充当了电容器的一个极板，而储罐壁(或者非金属容器中的参考电极)充当了电容器的另一个极板。随着液位的上升，围绕在电极周围的空气或气体被另一个不同介电常数的物料所替换。极板之间介电常数发生了变化，电容器的电容值也发生变化。RF(射频)电容液位计检测到这个变化，并把它转换成继电器的动作或成比例的输出信号。

(2) 选型规定

① 腐蚀性液体、沉淀性流体及其他工艺介质的液位连续测量和位式测量，可选用电容物位计或开关。

② 易黏附电极的导电液体的测量，不宜采用电容物位计。

③ 电容物位计应抗电磁干扰。

④ 电容物位开关宜水平安装，连续测量的电容物位计宜垂直安装。

4. 超声物位计(图 2-34)

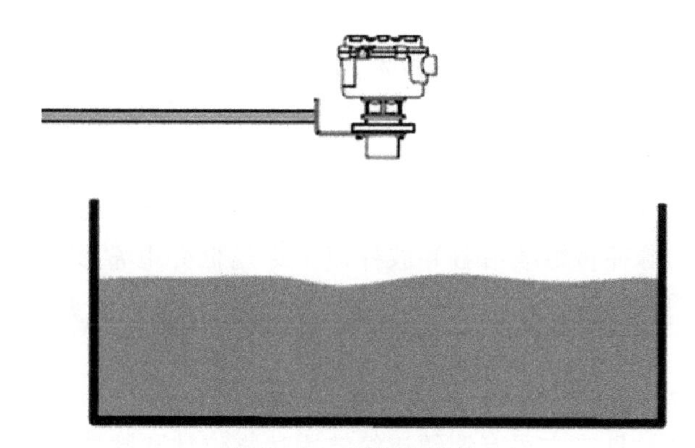

图 2-34 超声物位计

(1) 测量原理

超声物位变送器安装在储罐顶部，将超声波脉冲向下发射到储罐内。以音速传播的脉冲被液面反射回变送器。变送器对发射信号和接收的回波信号之间的时间差进行测量，根据公式“距离=(音速×时间差)/2”，可以计算出液面距离。

(2) 选型规定

① 腐蚀性、高黏性、易燃性及有毒性的液体的液位、液-液分界面、固-液分界面的连续测量和位式测量，可选用超声物位计或开关。

② 超声物位计适用于能充分反射声波且传播声波的介质。

③ 超声物位计不得用于真空场合，不宜用于含蒸汽、气泡、悬浮物的液体和含固体颗粒物的液体，也不宜用于含粉尘的固体粉料和颗粒度大于 5 mm 的粒料。

④ 内部存在影响声波传播的障碍物的工艺设备，不宜采用超声物位计。

⑤ 检测器和转换器之间的连接电缆，应采取抗电磁干扰措施。

5. 雷达物位计

(1) 测量原理

雷达物位计分为导波雷达物位计和非接触式雷达物位计，如图 2-35 和图 2-36 所示。

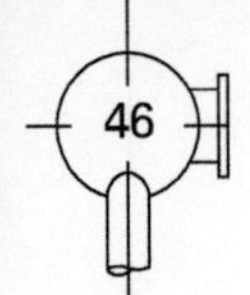

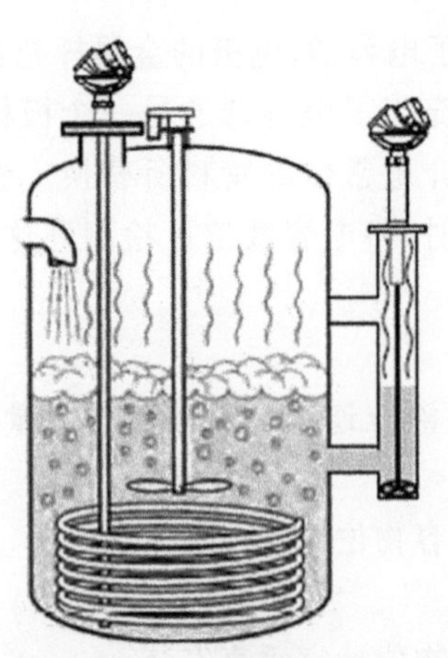

图 2-35　导波雷达物位计

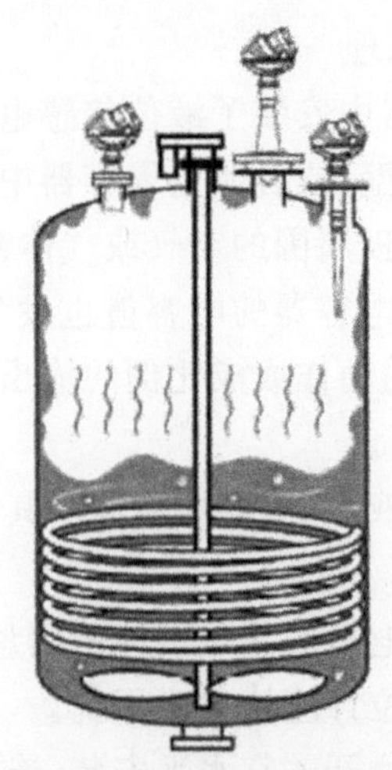

图 2-36　非接触式雷达物位计

① 导波雷达物位计

导波雷达物位计采用时域反射(TDR)技术,低能脉冲微波以光速沿导波杆/缆向下发送,在导波杆/缆与液位(空气/液体界面)的交点,有相当大比例的微波能量通过导波杆/缆被反射回变送器。变送器对发射信号和接收的回波信号之间的时间差进行测量,根据公式"距离=(音速×时间差)/2",并对照应用场合的测量参照高度(通常为储罐或旁通管底部),即可计算出液位。

因为有一定比例的脉冲将继续沿着导波杆向下穿过低介电常数的流体,所以可检测到来自第一个液位下方的两液体界面的第二次回波。由于这一特点,导波雷达液位计也可以测量液-液界面。

② 非接触式雷达物位计

非接触式雷达物位计目前主要有调频连续波雷达物位计和脉冲波雷达物位计两种。

a. 调频连续波雷达物位计

调频连续波雷达物位计使用一个频率变化的发射器,重复扫频一个特定的频率范围,同时接收器对料面回波连续取样,并和现在正发送的频率进行比较。如图 2-37 所示,在任何时刻,发射器和接收器之间的频率差和反射面的距离成正比。经快速傅立叶转换分析(Fast Fourier Transform, FFT),将时域转换为频域分析,转换公式如下:

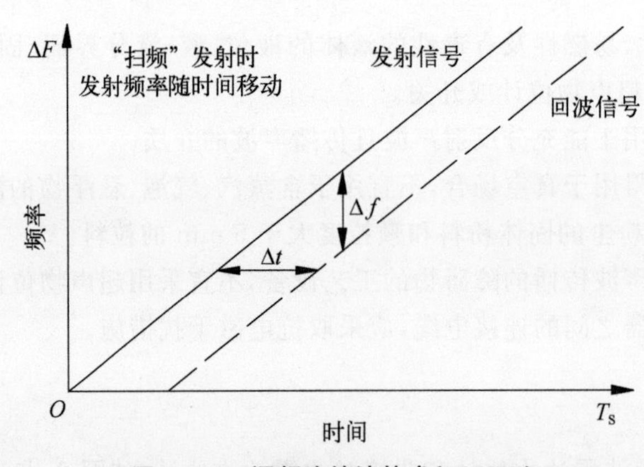

图 2-37　调频连续波技术(FMCW)

$$\frac{\Delta F}{T_S}=\frac{\Delta f}{\Delta t},\ \Delta t=\frac{2L}{C}\quad\Rightarrow\quad L=\frac{T_S\times\Delta f\times C}{2\Delta F}\tag{2-43}$$

式中 Δf ——频差；

Δt ——回波时间延迟；

ΔF ——扫频范围，带宽；

T_S ——扫频时间；

C ——光速；

L ——反射面距离。

调频连续波雷达物位计准确度高，成本高，功耗也较大，通常为四线制。

b. 脉冲波雷达物位计

脉冲波雷达物位计原理与导波雷达物位计相似，雷达发送微波信号，信号在产品液面反射回测量仪。变送器对发射信号和接收的回波信号之间的时间差进行测量，根据公式“距离=(音速×时间差)/2”，并对照应用场合的测量参照高度(通常为储罐或旁通管底部)，即可计算出液位。

(2) 选型规定

① 大型固定顶罐、浮顶罐、球形罐中储存原油、成品油、沥青、液化烃、液化石油气、液化天然气、可燃液体及其他介质的液位连续测量或计量，宜选用非接触式雷达物位计，也可选用导波式雷达物位计。

② 储罐或容器内具有泡沫、水蒸气、沸腾、喷溅、湍流、低介电常数(1.4～2.5)、带有搅拌器或有旋流介质的液位或界面的连续测量或计量，宜选用导波式雷达物位计。

③ 应根据测量精确度要求选用控制级或计量级雷达物位计，用于液体介质的控制级满量程精确度不宜低于±0.5%，计量级精确度不宜低于±3 mm；用于固体介质的测量精确度不宜低于±2.5 mm。

④ 雷达物位计宜选用24 V(DC)或220 V(AC)外供电型，变送器输出信号宜为4～20 mA带 HART 协议或总线信号。

⑤ 非接触式雷达物位计的天线(平面式、抛物面式、喇叭式、水滴式、杆式)和导波式雷达物位计的导波杆/缆的结构形式及材质的选型应根据储罐类型、介质特性、测量范围、测量精度、储罐内温度及压力等因素综合确定。

⑥ 被测介质的液位或界面波动较大、干扰因素大、低介电常数(1.4～2.5)等场合，应选装导波管(防扰管)。

⑦ 用于罐区储罐的雷达物位计宜带有罐旁指示表。

⑧ 用于精确计量的导波式雷达物位计宜带有多点平均温度计。

⑨ 内部有影响微波传播的障碍物的储罐或介电常数低于1.4的介质的测量不得选用雷达物位计。

⑩ 储罐的界面测量不得选用非接触式雷达物位计。

6. 伺服液位计

(1) 测量原理

如图 2-38 所示，伺服液位计使用一个双向伺服电机。伺服电机由平衡检测器控制，平衡检测器可持续测量部分浸入流体中的浮筒的浮力。当浮筒部分浸入液体中，在平衡状态下，浮筒所受重力与浮力之差与钢丝对其的拉力相等。一旦液位上升或下降,浮力会发生变化,此时平衡检测器控制双向伺服电机的内置电路,使得测量鼓转动,提升或降低浮筒使其恢复到平衡状态。

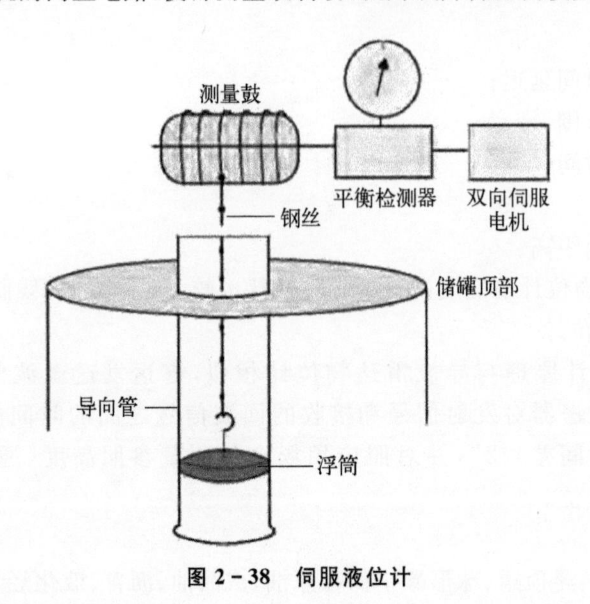

图 2-38 伺服液位计

伺服液位计一般为顶装,为避免浮筒移动或转动(尤其是有内浮顶的罐),浮筒通常都是安装在设备的导向管(稳液管)内。

用于大型油库、油罐的计量时,伺服液位计通常还需要带温度补偿,温度补偿信号来自库、罐内的多点平均温度计。

(2) 选型规定

伺服液位计的选型应符合下列规定:

① 大型固定顶罐、浮顶罐、球形罐中储存原油、成品油、液化石油气、液化天然气、可燃液体及其他介质的液位连续测量或计量,宜选用带有导向管的伺服液位计。

② 应根据测量精确度要求选用控制级或计量级伺服液位计,控制级精确度不宜低于±5 mm,计量级精确度不宜低于±3 mm。

③ 伺服液位计宜选用 220 V(AC)外供电型,变送器输出信号宜为 4～20 mA 带 HART 协议。

④ 用于罐区储罐的伺服液位计宜带有罐旁指示表及标定腔。

⑤ 压力储罐上安装的伺服液位计宜在缩径腔和一次仪表之间设切断球阀,用于维修。

⑥ 黏度高的介质的测量不应选伺服液位计。

7. 磁致伸缩液位计

(1) 测量原理

磁致伸缩液位计测量两种交叉的磁场,一个磁场在浮子上,另一个磁场在导杆上。如图 2-39 所示,浮子随着液位变化可自由地沿导杆上下浮动。电子装置沿着导杆发送低电流脉冲,当脉冲所产生的磁场到达浮子所产生的磁场时,会产生扭力进行“扭转”,这样便产生扭应力波(机械波),对波进行检测和计时即完成测量。

(2) 选型规定

磁致伸缩液位计的选型应符合下列规定:

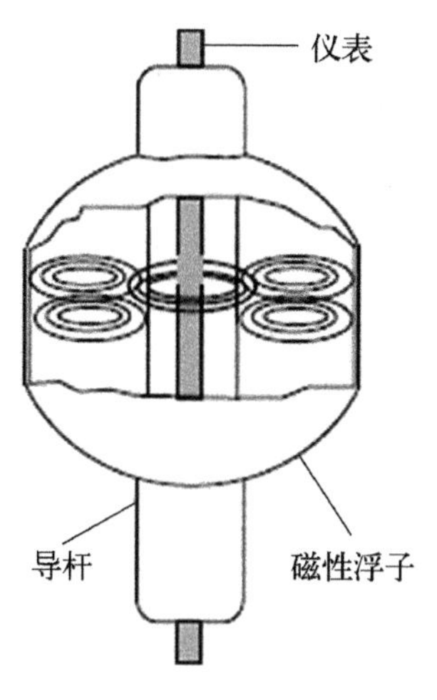

图 2-39　磁致伸缩液位计

① 磁致伸缩液位计适用于常压或有压容器，介质比密度大于或等于 0.7，干净的非结晶介质，且要求测量精确度较高场合的液位或界面测量。

② 磁致伸缩液位计宜选用 220 V(AC)外供电型，变送器输出信号宜为 4～20 mA 带 HART 协议。

③ 磁致伸缩液位计不宜用于介质黏度高于 600 mPa·s、操作温度高于 350 ℃的场合。

④ 磁致伸缩液位计可带有多点温度计。

8. 静压式液位计

(1) 测量原理

静压式液位计测量的是传感器处的静压力，根据密度一定时，液柱高度与静压力值的对应关系来算出液柱高度。静压式液位计多采用顶部投入式安装，见图 2-40。

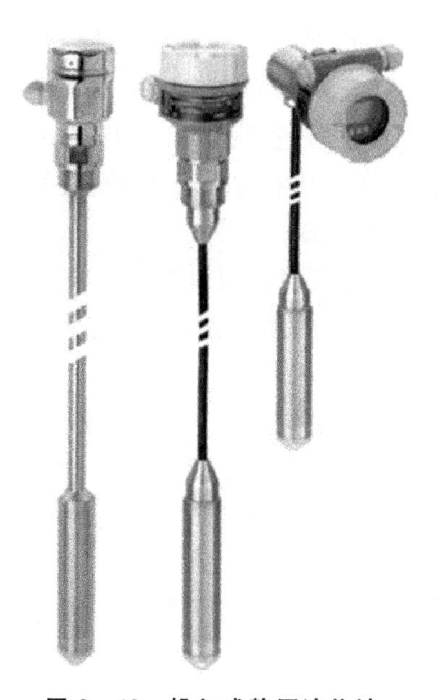

图 2-40　投入式静压液位计

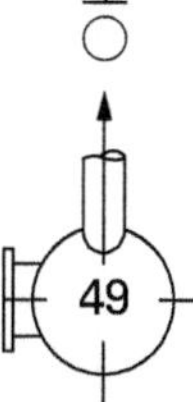

（2）选型规定

静压式液位计的选型应符合下列规定：

① 对于水池、水井及常压水罐的液位测量，宜选用静压式液位计。

② 静压探头和延伸电缆宜在水池、水井及常压水罐的底部固定。

③ 测量有腐蚀或脏污的介质，静压探头应具有防腐蚀及防脏物黏附措施。

9. 放射性物位计

（1）测量原理

放射性物位计通常又称为核液位计，包括一个屏蔽的放射性同位素源和一个检测器。前者连在容器或导波管的一侧，而后者放在另一侧。由放射源放射伽马射线，并且集中穿过储罐壁、储罐内介质和远处的储罐壁进入探测器，根据伽马射线从放射源到检测器的吸收量，来测量物位（图 2－41）。

图 2－41　放射性物位计

（2）选型要求

放射性物位计的选型应符合下列规定：

① 对于高温、高压、高黏度、易结晶、易结焦、强腐蚀、易爆炸、有毒性或低温等液位和粉料、粒料等固体料位的非接触式连续测量，当其他液位仪表不能使用时，可选用放射性物位计。

② 放射源的强度应根据测量和安全性要求进行选择。现场的射线剂量当量应符合 GBZ 125—2009《含密封源仪表的放射卫生防护要求》规定的 1 级防护要求，放射源类型宜选用铯 137（Cs137），也可选用钴 60（Co60）。

③ 放射源的种类，应根据测量要求和被测对象特点、容器材质及壁厚等因素进行选择。

④ 为避免由于放射源衰变而引起的测量误差，提高运行的稳定性和减少校验次数，测量仪表应有衰变补偿功能。

⑤ 放射源应考虑防火，并装在专用容器内，专用容器外壳材质不劣于 316SS。放射源应有隔离射线装置。

⑥ 放射源宜带有遥控气动或电动源闸，当气源、电源或遥控线路故障时，源闸应能自动关闭。

放射性物位计的放射源和探测器宜选用下列组合：

① 点形放射源和棒形（或缆形）探测器；

② 棒形放射源和点形探测器；

③ 棒形放射源和棒形(或缆形)探测器。

2.5.4 物位开关

1. 一般要求

物位开关常用浮球式或音叉式,浮球开关一般为触点输出,音叉开关可以有触点、NAMUR、NPN/PNP等多种输出方式,并需要外部供电。

物位开关适用于公用工程的报警信号,如冷却水、泵密封、润滑油等,当储罐及容器上已设有其他连续物位测量仪表时,可选用物位开关作为报警及联锁。

2. 浮球式开关

(1) 测量原理

浮球开关结构简单,通常安装在储罐的侧面或外部旁通管内,当液体到达开关动作的液位时,根据浮力原理托起浮球。浮球携带一块永磁铁,永磁铁是浮球装置的组成部分,它与在开关箱内的第二块永磁铁相互作用,带动开关动作(图2-42)。

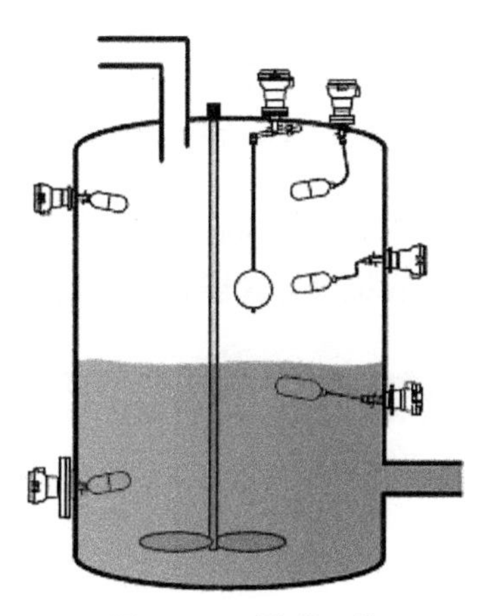

图2-42 浮球开关

(2) 选型规定

浮球式物位开关的选型应符合下列规定:

① 储存清洁液体的储罐及容器的液位、界面报警及联锁,宜选用浮球式物位开关。

② 当浮球式物位开关用于测量界面时,两种液体的相对密度应恒定,且相对密度差应大于0.2。

3. 音叉式开关

(1) 测量原理

音叉开关(图2-43)包括两个尖叉,它们通常由压电晶体装置驱动、以固有频率振动。音叉开关安装在罐体的侧面或者顶部,使用法兰或者螺纹连接件将音叉伸进罐内。在空气中时,音叉以固有频率振动,由检测器电路监测振动频率。当液体覆盖叉体时,其振动频率下降,低压开关的电子装置检测到下降值后会改变开关的输出状态,控制报警器、泵或者阀门的动作。振动音叉开关的工作频率应选择不受正常设备振动干扰的频率,因为干扰可能引起开关故障。

(2) 选型规定

音叉式物位开关的选型应符合下列规定:

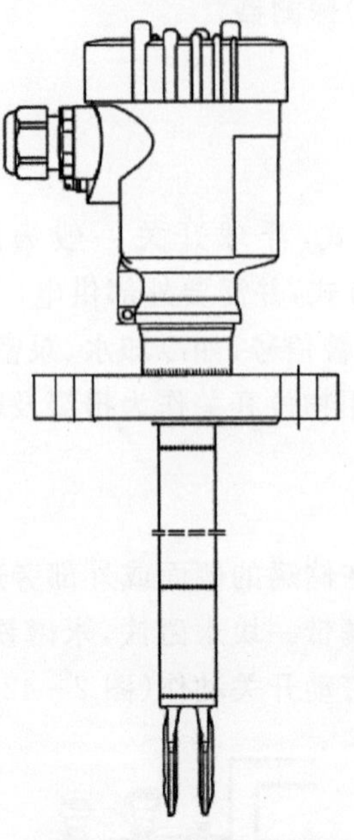

图 2-43 音叉开关

① 无振动或振动小的料仓、料斗内的粒状、粉状物料的料位报警及联锁，宜选用音叉物位开关；

② 储罐内物料对音叉无粘连的液位报警及联锁，宜选用音叉物位开关。

4. 其他

除上述几种物位开关以外，还有振棒开关、电容开关等物位开关，具体需根据不同的工艺要求进行选择，此处不再详述。

2.6 阀门

2.6.1 常用种类

1. 单座阀

单座阀为直行程阀门，通常用于流量的调节，根据阀芯结构和功能不同可以分为多种类型。

单座球形阀(图 2-44)，是 DN200(8″)及以下口径流量调节最常用的阀门。

单座套筒阀(图 2-45)，常用于由于高差压、高流速、闪蒸或气蚀造成的高噪声场合。

角形阀(图 2-46)，常用于高黏度、高压力的流量调节。

2. 蝶阀

蝶阀(图 2-47)为角行程阀门，阀芯为旋转的蝶板，常用于 DN200(8″)及以上大口径管线的流量调节或开关切断。

3. 球阀

球阀(图 2-48)为角行程阀门，阀芯为旋转的阀球。当阀球为全通径时，常用于开关切断；当采用带 V 形切口的阀球时，常用于流量调节。

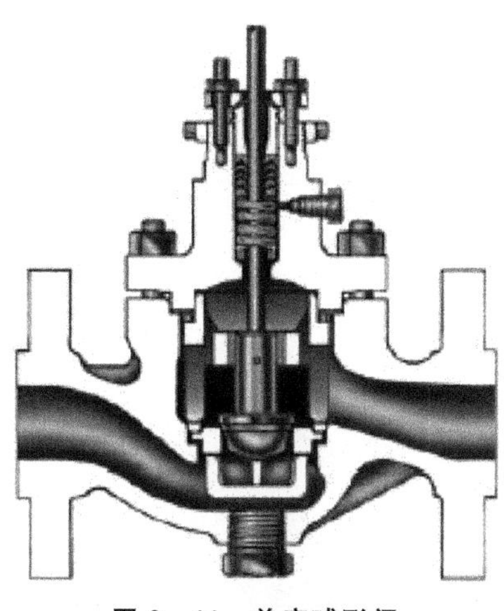

图 2-44 单座球形阀

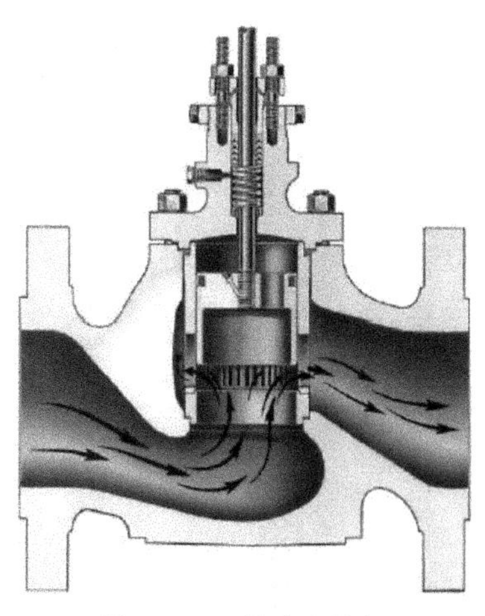

图 2-45 单座套筒阀

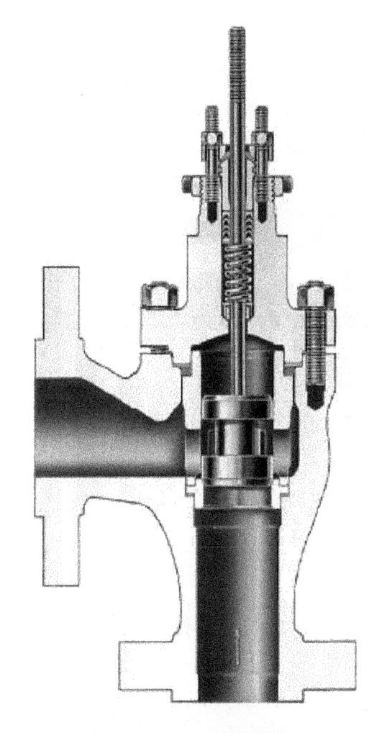

图 2-46 角形阀

图 2-47 蝶阀

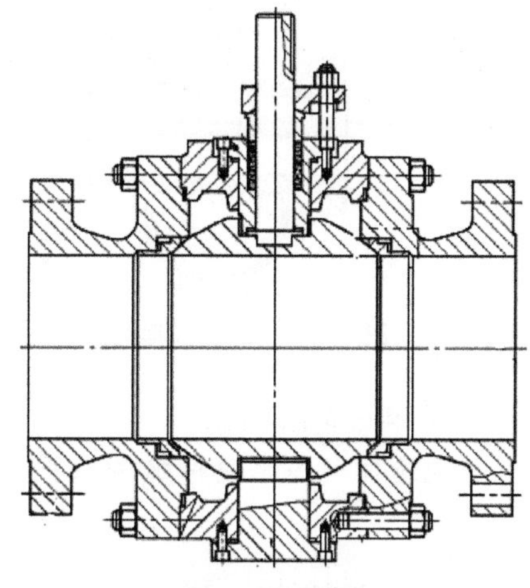

图 2-48 球阀

4. 偏心旋塞阀

偏心旋塞阀(图 2-49)为角行程阀门,常用于口径较大,或含有固体颗粒和黏度较大的场合。

5. 闸阀

闸阀为直行程阀门,通常用于管线开关切断。阀芯元件为上下移动的闸板,根据闸板形式不同,闸阀又可分为楔式和平行式、单闸板式和双闸板式。图 2-50 所示为平行式单闸板阀。

6. 三通阀

三通阀(图 2-51)为直行程阀门,有三个管道连接口,常用于换热器及其旁路出口总管上的温度控制。

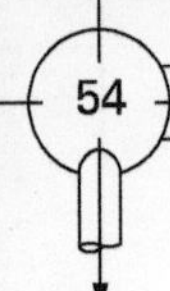

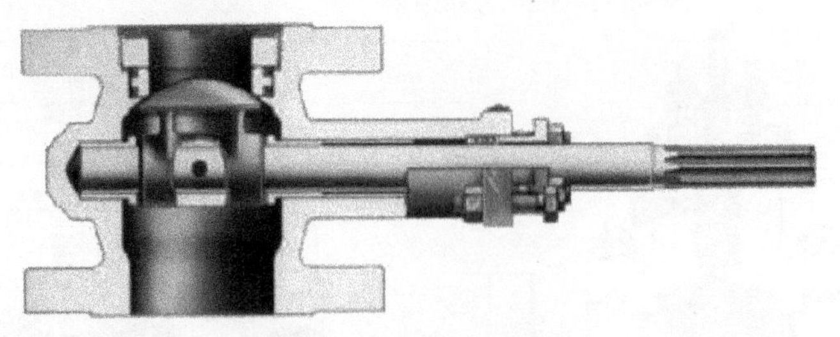

图 2-49 偏心旋塞阀

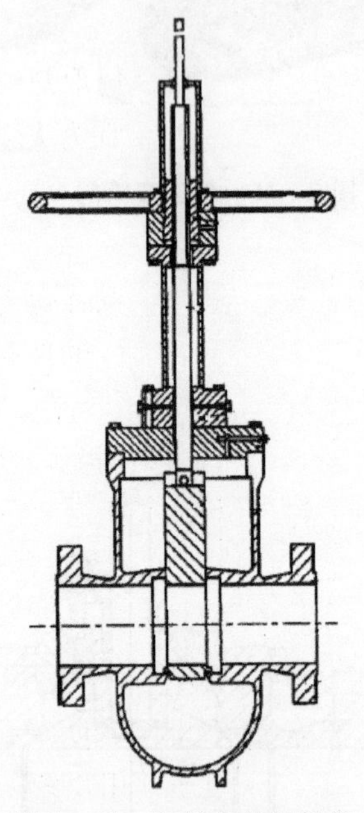

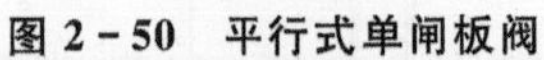

图 2-50 平行式单闸板阀

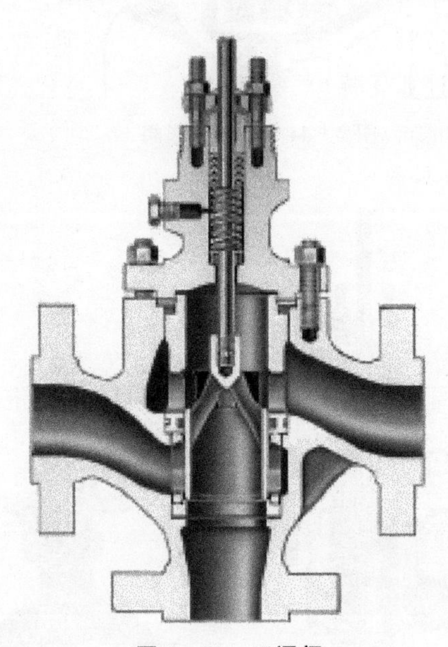

图 2-51 三通阀

7. 其他类型阀门

其他还有一些比较特殊的阀门类型，如轴流式阀门、盘阀等，用于相应有特殊需求的场合。

2.6.2 调节阀

1. 一般要求

调节阀常采用单座阀、蝶阀、偏心旋塞阀、V 形球阀等。此外，在工艺有特殊要求、严酷工况、特殊介质等场合，可根据实际需要，选用三通调节阀、隔膜调节阀、阀体分离式调节阀、波纹管密封调节阀、微小流量调节阀和深冷调节阀等。

调节阀的选型应根据用途、工艺条件、流体特性、管道材料等级、调节性能、控制系统要求、防火要求、环保要求、节能要求、可靠性及经济性等因素来综合考虑，并依此选择阀门类型、尺寸、额定流通能力、固有流量特性，所选定阀门的开度宜处于表 2-9 所规定的范围内。

在任何情况下，$C_{v_{rated}}$ 下直行程调节阀的相对行程不得超过 95%，角行程调节阀的开度不得超过 75°。

表 2-9　调节阀相对行程和开度范围表

流　量	直行程调节阀相对行程 l/L		角行程调节阀开度(全开 90°)	
	线性阀	等百分比阀	蝶形调节阀	其他旋转类调节阀
最大,Q_{max}	≤80%	≤90%	≤60°	≤70°
正常,Q_{nor}	50%～70%	60%～80%	30°～50°	30°～60°
最小,Q_{min}	≥15%	≥30%	≥20°	≥15°

在任何情况下,根据工艺最小流量计算出的流量系数 $C_{v_{min}}$ 所对应的直行程调节阀的相对行程不得低于 10%,角行程调节阀的开度不得低于 10°。

三通调节阀的 $C_{v_{calc}}$ 计算是以流经阀门两路的流量之和作为最大流量,选取热交换器的压力损失作为计算压降,按两通调节阀的计算公式得出。三通调节阀的 $C_{v_{rated}}$ 宜为大于且最接近 $C_{v_{calc}}$ 的系列值。当选定的口径大于管道通径时,取阀门口径等于管道通径。

2. 调节阀的流通能力

调节阀的尺寸包含了阀体和阀芯两个方面,对阀门制造厂来说,每一个阀体尺寸会对应多个尺寸的阀芯,而阀芯尺寸则对应了阀门的额定流通能力 $C_{v_{rated}}$ 值($K_{v_{rated}}$ 值,也是阀门最大的流通能力)。

因此,选择调节阀尺寸时,应首先计算阀门需要的流通能力,并依此来选择额定流通能力,在满足流通能力要求的前提下,再根据管道尺寸选择阀体尺寸。

调节阀的流通能力计算要根据不同工况分别考虑,主要按不可压缩流体和可压缩流体、阻塞流和非阻塞流进行区分。

(1) 正常情况下(非阻塞流)的流通能力计算

阀门的流通能力可以用 C_v 表示,也可以用 K_v 表示。C_v 表示在出入口的压差为 1 psi①时,60℉(15.6 ℃)的清水流过阀的流量,以 gal(美)②/min 表示。C_v 值通常用于说明(调节)阀的容量(流通能力)大小。K_v 表示在出入口的压差为 1 kgf/cm^{2}③时,5～30 ℃的清水流过阀的流量,以 m^3/h 表示。K_v 和 C_v 的换算关系为 $K_v=0.865C_v$。

① 不可压缩流体(液体)的流通能力为

$$C=\frac{Q}{N_1 F_P}\sqrt{\frac{G}{\Delta p}} \tag{2-44}$$

式中　C——阀门的流通能力,可以用 C_v 表示,也可以用 K_v 表示;

N_1——C 用 C_v 表示时 $N_1=0.865$,用 K_v 表示时 $N_1=1$;

Q——液体的体积流量,m^3/h;

F_P——管道几何形状系数,通常预设为 1;

G——与水的相对密度;

Δp——阀前后的压差,$\Delta p=p_1-p_2$(p_1 为阀入口的绝对压力,p_2 为阀出口的绝对压

① 1 psi=6.895 kPa

② 1 gal(美)=3.785 L

③ 1 kgf/cm^2=98 066.5 Pa

力)，bar(A)。

② 可压缩流体(气体、蒸汽)的流通能力为

$$C=\frac{W}{N_6\ F_P Y\ \sqrt{x\ p_1\ \rho_1}}=\frac{W}{N_8\ F_P p_1 Y}\sqrt{\frac{T_1 Z}{xM}}=\frac{Q}{N_9\ F_P p_1 Y}\sqrt{\frac{M T_1 Z}{x}} \quad (2-45)$$

式中 W——质量流量，kg/h；

T_1——阀入口的流体温度，K；

p_1——入口压力，bar(A)①；

ρ_1——入口密度，kg/m^3；

x——压差与入口绝对压力之比，$x=\Delta p/p_1$；

M——流体分子量；

Z——压缩系数，在给定的压力和温度条件下，阀门与管道的口径相等时，压缩系数 Z 可假设为 1.0；

Q——气体的标准体积流量，即气体在 0 ℃、101.3 kPa(A)下的体积流量，Nm^3/h；

N——系数，C 取 C_v 时，$N_6=27.3$，$N_8=94.8$，$N_9=2\ 120$；C 取 K_v 时，$N_6=31.6$，$N_8=110$，$N_9=2\ 460$；

Y——气体膨胀系数，表示流体从阀入口流到"缩流断面"处时的密度变化，见式(2-46)

$$Y=1-\frac{x}{3F_\gamma \cdot x_T} \quad (2-46)$$

式中 F_γ——比热比系数，$F_\gamma=\frac{\gamma}{1.4}$($\gamma$ 为比热比)，流体空气时为 1；

x_T——气体临界压差比系数，其含义为介质为空气时，阀两端压差与阀前压力之比 $\Delta p/p_1$ 会引起阻塞流的起始值。x_T 的值与阀门的开度有关，应由阀门制造厂提供。

式(2-46)仅针对单级单通道的阀门，对于多级多通道阀门 Y 值的计算需进一步细化。

(2) 阻塞流状态下的流通能力计算

当进入阻塞流状态时，阀门的流通能力仅与流体特性和上游压力有关，与下游压力无关，此时，阀门流通能力的计算公式应进行相应调整。

① 不可压缩流体(液体)

不可压缩流体产生阻塞流的原因是当流体通过阀门时，在阀芯处由于通过的截面最小(又称缩流端面处)，因此流速最高，压力最低。当缩流断面处的压力过低(即流速超高)时，阀门进入阻塞流状态(图 2-52)。

判断阻塞流的前提是要引入压力恢复系数 F_L，F_L 代表了流体通过阀门时的静态恢复能力，即无流动限制的流动条件下，阀前、阀后压差与上游和"缩流端面"之间的压差之比的平方根。F_L 是阀门自有的特性，与阀门的结构、流路有关，与阀门的口径无关，但与阀门的开度有关。F_L 越大，恢复能力越小。F_L 的表示如下：

---

① 1 bar=100 kPa，A 表示绝对压力

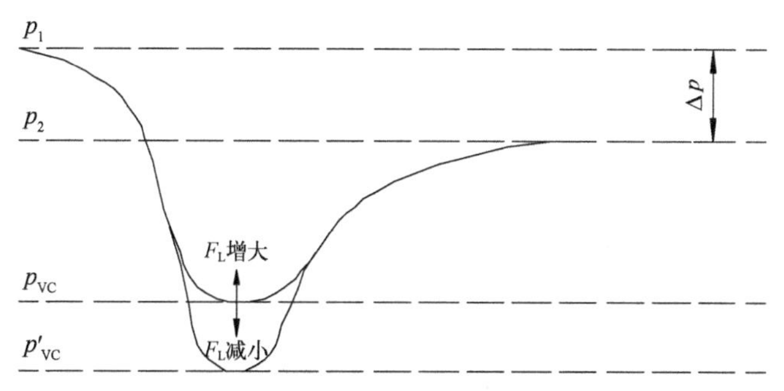

图 2-52　不可压缩流体阻塞流的判断

$$F_L=\sqrt{\frac{(p_1-p_2)}{(p_1-p_{VC})}} \tag{2-47}$$

式中　p_1——阀门上游压力，bar(A)；

p_2——阀门下游压力，bar(A)；

p_{VC}——流体缩流断面处的压力，bar(A)。

由式(2-47)可得到阀门两端的差压：

$$\Delta p=p_1-p_2=F_L^2(p_1-p_{VC}) \tag{2-48}$$

由式(2-48)可见，阀门两端压差增大(通常表现为上游压力 p_1 不变，下游压力 p_2 降低)，缩流断面处压力 p_{VC} 会不断减小。当 p_{VC} 减小到某一个临界值 p'_{VC} 时，阀门即开始出现阻塞流，此时的差压称为最大允许计算差压 Δp_{max}。

当通过阀门流体的操作工况确定时，p'_{VC} 这一临界值可以通过式(2-49)计算得到。

$$p'_{VC}=F_F\times p_V=(0.96-0.28\sqrt{p_V/p_C})\,p_V \tag{2-49}$$

式(2-49)中，p_V 是操作温度下流体的饱和蒸汽压，p_C 是流体的临界压力，F_F 为液体临界压力比系数，计算公式如下：

$$F_F=(0.96-0.28\sqrt{p_V/p_C})=\frac{p'_{VC}}{p_V} \tag{2-50}$$

由于最大允许计算差压 Δp_{max} 就是 $p_{VC}=p'_{VC}$ 时的阀上压降，因此可以根据式(2-51)计算出 Δp_{max}：

$$\Delta p_{max}=F_L^2(p_1-p'_{VC})=F_L^2\left[p_1-(0.96-0.28\sqrt{p_V/p_C})p_V\right] \tag{2-51}$$

显然，对一台结构确定的阀门(即 F_L 确定)，同时物料的上游压力确定(p_1 确定)，物料的温度确定(主要是该温度下的饱和蒸汽压 p_V 确定)，物料的组分确定(临界压力 p_C 确定)，就能计算出阀门最大允许计算压差 Δp_{max}，再与工艺条件要求 Δp 进行比较：当 $\Delta p\geqslant\Delta p_{max}$ 时，产生阻塞流；当 $\Delta p<\Delta p_{max}$ 时，不产生阻塞流。

当阀门进入阻塞流后，公式(2-44)中的 Δp 需要以 Δp_{max} 来替代，即得到式(2-52)：

$$C=\frac{Q}{N_1F_P}\sqrt{\frac{G}{\Delta p_{max}}}=\frac{Q}{N_1F_PF_L}\sqrt{\frac{G}{p_1-F_F\times p_V}} \tag{2-52}$$

式(2-52)中唯一的变量就是 p_1，这也体现了阻塞流工况下的典型特点：阀门的流通能力只与阀前压力 p_1 有关，而与阀后压力 p_2 无关。

② 可压缩流体(气体、蒸汽)

在可压缩流体的流通能力计算公式中，判断阻塞流的关键是气体临界压差比系数 x_T，它由阀门制造厂提供，是阀门自有的特性，与阀门结构与开度有关。

压差与入口绝对压力之比 $x=\Delta p/p_1$，当阀门两端压差增大(通常表现为上游压力 p_1 不变，下游压力 p_2 降低)，x 的值也会逐渐增大，一直到 $x=F_\gamma\cdot x_T$ 时，阀上产生阻塞流，如果流体是空气，则 $F_\gamma=1$。此时，流通能力的计算公式中，x 需要以 $F_\gamma\cdot x_T$ 来替代，于是气体膨胀系数见式(2-53)：

$$Y=1-\frac{x}{3F_\gamma\cdot x_T}=1-\frac{1}{3}=0.667\text{(单级单通道阀门)} \quad (2-53)$$

再将 $x=F_\gamma x_T$ 代入流通能力的计算公式(2-45)进行修正，得：

$$C=\frac{W}{N_6F_PY\sqrt{F_\gamma x_Tp_1\rho_1}}=\frac{W}{N_8F_Pp_1Y}\sqrt{\frac{T_1Z}{F_\gamma x_TM}}=\frac{Q}{N_9F_Pp_1Y}\sqrt{\frac{MT_1Z}{F_\gamma x_T}} \quad (2-54)$$

上式修正的意义在于：当上游压力 p_1 不变，降低下游压力 p_2 时，Δp 增加，x 增加。此过程中，当 $x=\Delta p/p_1<F_\gamma X_T$ 时，不产生阻塞流；当 p_2 降低至 $x=\Delta p/p_1\geqslant F_\gamma X_T$ 时，阀门产生阻塞流，此时计算公式中的 x 用 $F_\gamma x_T$ 来替代，并且 Y 值达到最小，这个时候，只要流体特性确定不变，阀门的流通能力就仅随着上游压力 p_1 而变化(ρ_1 也会随着 p_1 变化)，而与下游压力 p_2 无关，同样体现了阻塞流工况的这一典型特点。

3. 调节阀的流量特性

调节阀的流量特性有等百分比、线性、快开三种。阀门选型过程中，除了对阀门流通能力的计算，还应该合理选择阀门的固有流量特性，不同的流量特性适用于不同的场合。

(1) 等百分比流量特性(图 2-53)

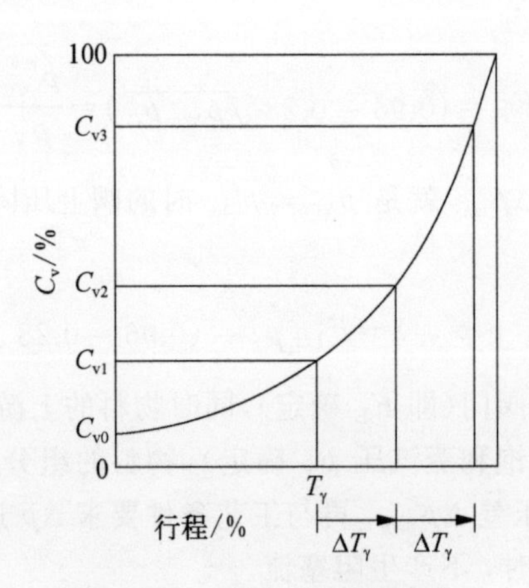

图 2-53 等百分比流量特性

① 定义：相对行程(h)的等值增量产生相对流量系数(ϕ)的等百分比增量的一种固有流量特性，其数学表达式为：

$$\phi = \phi_0 e^{nh} \tag{2-55}$$

式中　ϕ——相对流量系数，即相对行程下的流量系数与额定流量系数之比，见式(2-56)：

$$\phi = C_v / C_{v额} \times 100\% \tag{2-56}$$

h——相对行程，即某一开度时的行程与额定行程之比，见式(2-57)：

$$h = T_\gamma / T_{\gamma额} \times 100\% \tag{2-57}$$

n——曲线图上画出 $\ln\phi$ 对 h 的曲线时固有等百分比流量特性的斜率，见式(2-58)：

$$\ln\phi = \ln\phi_0 e^{nh} = \ln\phi_0 + nh \tag{2-58}$$

当 $\phi = 1$ 时，$h = 1$，即阀门全开时达到额定 C_v，则 $n = \ln(1/\phi_0)$ 为常数，此时得到公式(2-59)：

$$\phi = \phi_0 e^{h\ln(1/\phi_0)} = \phi_0 (1/\phi_0)^h \tag{2-59}$$

② 特征：阀流量系数增加的比率 $(C_{v_{n+1}} - C_{v_n})/C_{v_n}$ 相对于等距的行程变化 (ΔT_γ)，在整个行程内是一定的，即

$$\frac{C_{v2} - C_{v1}}{C_{v1}} = \frac{C_{v3} - C_{v2}}{C_{v2}} \tag{2-60}$$

亦即

$$\frac{C_{v2}}{C_{v1}} = \frac{\phi_2 C_{v额}}{\phi_1 C_{v额}} = \frac{\phi_0 e^{nh_2}}{\phi_0 e^{nh_1}} = e^{n\Delta T_\gamma} = 常数 = \frac{C_{v3}}{C_{v2}} \tag{2-61}$$

③ 适用范围：当整个系统的压力损失基本与调节阀无关、阀前后压差的变化受流量影响较大、系统的特性不明确时，以及液体的压力控制等场合均适用。

在大部分的实际系统里，入口压力会随着流量的增加而减小，所以使用等百分比的特性是合适的。

(2) 线性流量特性(图 2-54)

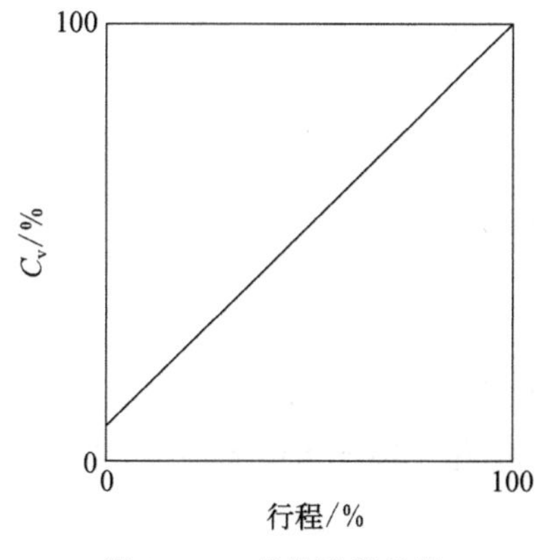

图 2-54　线性流量特性

① 定义：相对行程(h)的等值增量产生相对流量系数(ϕ)等值增量的一种固有流量特性，其数学表达式为：

$$\phi = \phi_0 + mh \tag{2-62}$$

式中　m——直线斜率。

② 特征：阀容量的变化与行程成正比。

③ 适用范围：当整个系统的压力损失基本上取决于调节阀、阀前后的压差与流量无关并保持一定、过程的特性为线性时，以及液位控制时可以选用。

(3) 快开流量特性(图2-55)

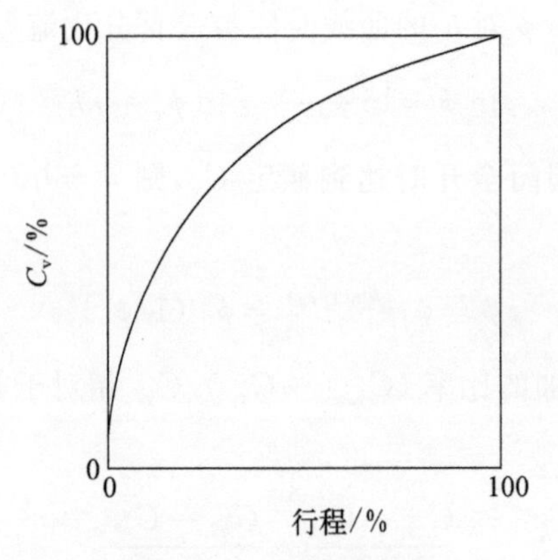

图2-55　快开流量特性

① 特征：接近反向的等百分比特性。

② 适用范围：很少使用，当将调节阀用作开关阀时可以根据实际情况考虑选用。

4. 调节阀的噪声

调节阀的最大噪声应使下游1 m处和管道表面1 m处的最大稳态噪声限值不超过85 dB(A)，用于泄放、放空等脉动或间歇操作的调节阀在上述位置的最大脉冲噪声限值不得超过105 dB(A)，否则应选用低噪声调节阀或采取外部降噪措施。

调节阀噪声的计算较为复杂，同样需要按不可压缩流体和可压缩流体分别考虑，其计算过程如下。

(1) 不可压缩流体

不可压缩流体采用流体动力噪声计算。

① 计算流体的各项参数。

$$x_F = \frac{\Delta p}{p_1 - p_v} \tag{2-63}$$

式中　x_F——压差比。

x_{FZ}被定义为初始空化特性压力比，其含义是当x_F增至足够大时，非空化流将向空化流转变。在此转变过程中，声压级因空化作用开始增大，此时的压差为Δp_k。一般来说，x_{FZ}随行程的变化而变化，见式(2-64)：

$$x_{FZ} = \frac{\Delta p_k}{p_1 - p_v} \tag{2-64}$$

对于普通阀门(当p_1=0.6 MPa时)，见式(2-65)：

$$x_{FZ}=\frac{0.9}{\sqrt{1+3F_d\sqrt{\frac{C}{N_{34}\cdot F_L}}}} \tag{2-65}$$

式中 C——流量系数，即阀门的流通能力；

F_d——阀门类型修正系数，与阀门的开度行程有关；

N_{34}——流量系数常数，C 取 K_v 时等于 1，C 取 C_v 时等于 1.17。

对于多孔多级阀芯阀门（当 $p_1=0.6$ MPa 时），见式（2-66）：

$$x_{FZ}=\frac{1}{\sqrt{4.5+1\,650\cdot\frac{N_O\cdot d_H^2}{F_L}}} \tag{2-66}$$

式中 N_O——多级阀门级数；

d_H——多孔阀门孔径，m。

当 p_1 为其他压力时，特性压力比应进行修正，见式（2-67）：

$$X_{FZP1}=X_{FZ}\left(\frac{6\times10^5}{p_1}\right)^{0.125} \tag{2-67}$$

缩流断面射流直径 D_j（m）为：

$$D_j=N_{14}F_d\sqrt{CF_L} \tag{2-68}$$

式中 N_{14}——流量系数常数，C 取 K_v 时等于 0.004 9，C 取 C_v 时等于 0.004 6。

亚音速流条件下缩流断面射流流速 U_{VC}（m/s）为：

$$U_{VC}=\frac{1}{F_L}\sqrt{\frac{2\,\Delta p_c}{\rho_L}} \tag{2-69}$$

式中 Δp_c——差压，Δp_c 为 $x_F(p_1-p_V)$ 与 $F_L^2(p_1-p_V)$ 中的较小值，Pa。

机械损耗功率（流束功率）W_m（W）为：

$$W_m=\frac{\dot{m}U_{VC}^2F_L^2}{2} \tag{2-70}$$

式中 $\dot{m}$——质量流量，kg/s。

② 根据机械损耗功率、湍流声效系数、空化声效系数及声功率比来计算内部声功率。

内部声功率 W_a（W）为：

$$W_a=(\eta_{turb}+\eta_{cav})W_m r_W \tag{2-71}$$

式中 η_{turb}——湍流声效系数，$\eta_{turb}=10^{-4}\left(\frac{U_{VC}}{c_L}\right)$，其中 c_L 为液体中的声速，m/s；

η_{cav}——空化声效系数，$\eta_{cav}=0.32\eta_{turb}\sqrt{\frac{p_1-p_2}{\Delta p_C}\times\frac{1}{x_{FZP1}}}\mathrm{e}^{5x_{FZP1}}\left(\frac{1-x_{FZP1}}{1-x_F}\right)^{0.5}\times\left(\frac{x_F}{x_{FZP1}}\right)^5(x_F-x_{FZP1})^{1.5}$；

r_W ——声功率比，阀或管件的声功率比见表2-10。

表2-10 阀或管件的声功率比

阀 或 管 件	声功率比 r_W	阀 或 管 件	声功率比 r_W
球形阀，抛物线阀芯	0.25	绕中心轴回转70°的蝶阀	0.5
球形阀，3个V形开口阀芯	0.25	阀板上带凹槽的70°翼形蝶阀	0.5
球形阀，4个V形开口阀芯	0.25	60°平板蝶阀	0.5
球形阀，6个V形开口阀芯	0.25	偏芯旋塞阀	0.25
球形阀，钻60个等径孔的套筒	0.25	90°扇形球阀	0.25
球形阀，钻120个等径孔的套筒	0.25	渐扩管	1

③ 根据内部声功率来计算内部噪声（内部声压级）。

内部声压级 L_{pi} (dB)为：

$$L_{pi}=10\log_{10}\left[\frac{(3.2\times10^9)W_a\rho_L c_L}{D_i^2}\right] \tag{2-72}$$

式中 ρ_L ——流体密度，kg/m³；

D_i ——管道内径，m。

湍流峰频率 $f_{p,turb}$ (Hz)为：

$$f_{p,turb}=Sr\frac{U_{VC}}{D_j} \tag{2-73}$$

上式中 Sr 为射流的斯特劳哈尔数：

$$Sr=\frac{0.02F_L^2\cdot C}{N_{34}x_{FZP1}^{\ 1.5}\cdot d\cdot d_0}\left(\frac{1}{p_1-p_V}\right)^{0.57} \tag{2-74}$$

式中 d ——阀入口管道内径，m；

d_0 ——阀座/阀芯孔径，m。

空化峰频率 $f_{p,cav}$ (Hz)为：

$$f_{p,cav}=6f_{p,turb}\left(\frac{1-x_F}{1-x_{FZP1}}\right)^2\left(\frac{x_{FZP1}}{x_F}\right)^{2.5} \tag{2-75}$$

④ 计算声音中传播的损失。

环形频率 f_r (Hz)为：

$$f_r=\frac{c_P}{\pi D_i} \tag{2-76}$$

式中 c_p ——管道中的声速，m/s，钢铁按5 000 m/s取值。

环形频率下的最低传播损失 TL_{fr} (dB)为：

$$TL_{fr}=-10-10\log_{10}\left(\frac{c_P\rho_P t_P}{c_O\rho_O D_i}\right) \tag{2-77}$$

式中　ρ_P ——管道密度，钢铁按 7 800 kg/m^3 取值；

t_p ——管道壁厚，m；

c_O ——空气中的声速，取 343 m/s；

ρ_O ——空气密度，取 1.293 kg/m^3。

湍流的全部传播损失 TL_{turb} (dB)为：

$$TL_{turb}=TL_{fr}+\Delta TL_{fp,turb} \tag{2-78}$$

式中，$\Delta TL_{fp,turb}$ (dB)为湍流峰值频率到沿管道传播的环形频率的传播损失修正，计算公式如下：

$$\Delta TL_{fp,turb}=-20\log_{10}\left[\left(\frac{f_r}{f_{p,turb}}\right)+\left(\frac{f_{p,turb}}{f_r}\right)^{1.5}\right] \tag{2-79}$$

空化的全部传播损失 TL_{cav} (dB)为：

$$TL_{cav}=TL_{turb}+10\log_{10}\left(250\frac{f_{p,cav}^{1.5}}{f_{p,turb}^{2}}\frac{\eta_{cav}}{\eta_{turb}+\eta_{cav}}\right) \tag{2-80}$$

当 $x_{FZP1}<x_F<x_{FZP1}+0.1$ 时，$\eta_{cav}/\eta_{turb}+\eta_{cav}$ 的下限是 $f_{p,turb}^{2}/250f_{p,cav}^{1.5}$。

⑤ 计算外部噪声。

$L_{pAe,1m}$ 为管壁外 1 m 处声压级，dB。湍流条件下，$x_F\leqslant x_{FZ}$，则有：

$$L_{pAe,1m}=L_{pi}+TL_{turb}-10\log_{10}\left(\frac{D_i+2t_p+2}{D_i+2t_p}\right) \tag{2-81}$$

空化条件下，$x_{FZP1}<x_F\leqslant 1$，则有：

$$L_{pAe,1m}=L_{pi}+TL_{cav}-10\log_{10}\left(\frac{D_i+2t_p+2}{D_i+2t_p}\right) \tag{2-82}$$

(2) 可压缩流体

可压缩流体采用空气动力噪声计算。

① 判断流体状态。

根据缩流断面处压力和下游压力之间极限值的关系不同，将流体状态分为五种(状态Ⅰ～状态Ⅴ，不同的流体状态对应了不同的计算公式，但噪声计算的过程均相同)。

为确定流体状态，需知道以下几个压力的计算。

亚音速流条件下的缩流断面绝对压力 p_{VC} (Pa)为(假定气体压力恢复情况与液体相同)：

$$p_{VC}=p_1-\frac{p_1-p_2}{F_L^2} \tag{2-83}$$

临界流(阻塞流)条件下的缩流断面绝对压力 p_{VCC} (Pa)为：

$$p_{VCC}=p_1\left(\frac{2}{\gamma+1}\right)^{\gamma/(\gamma-1)} \tag{2-84}$$

式中　γ ——比热比。

缩流断面音速流开始时，下游临界压力 p_{2C} (Pa)为：

$$p_{2C}=p_1-F_L^2(p_1-p_{VCC}) \tag{2-85}$$

修正系数 α 为：

$$\alpha=\frac{\left(\dfrac{p_1}{p_{2C}}\right)}{\left(\dfrac{p_1}{p_{VCC}}\right)}=\frac{p_{VCC}}{p_{2C}} \tag{2-86}$$

激波紊流作用(Ⅳ态)开始超越剪切紊流作用(Ⅲ态)影响噪声频谱的那一点称为断点，断点处下游压力 p_{2B} (Pa)为：

$$p_{2B}=\frac{p_1}{\alpha}\left(\frac{1}{\gamma}\right)^{\gamma/(\gamma-1)} \tag{2-87}$$

声效系数为常数的区域(Ⅴ态)开始时的下游压力 p_{2CE} (Pa)为：

$$p_{2CE}=\frac{p_1}{22\alpha} \tag{2-88}$$

控制阀通过把势(压力)能转换成紊流来控制流体。控制阀中的噪声是由这种转换能量中的一小部分产生的，大部分能量都变成热能。产生噪声的不同状态是各种声学现象或气体分子与激波相互作用的结果。随着下游压力 p_2 的降低，阀上差压 Δp 增加，流体的状态也会不断变化(由状态Ⅰ变到状态Ⅴ)，如图 2-56 所示。

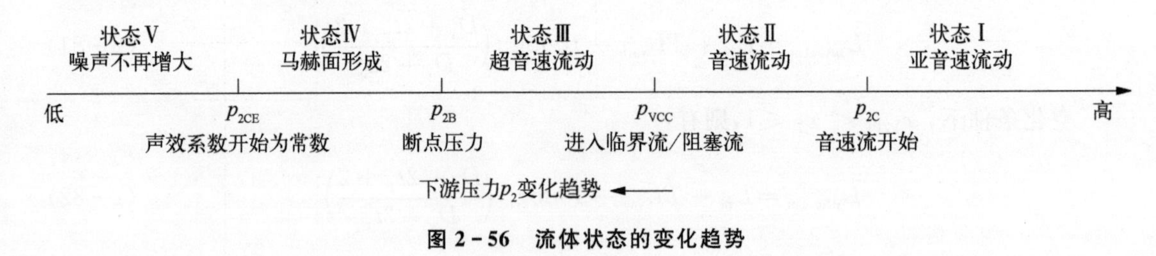

图 2-56　流体状态的变化趋势

状态Ⅰ：$p_2 \geqslant p_{2C}$，流体以亚音速流动，气体被部分再压缩，这与 F_L 有关。此类噪声主要由偶级子声源引起。

状态Ⅱ：$p_{2C} > p_2 \geqslant p_{VCC}$，噪声主要由激波之间相互作用和紊流阻塞流产生。当Ⅱ态接近极限时，再压缩量减小。

状态Ⅲ：$p_{VCC} > p_2 \geqslant p_{2B}$，不存在等熵压缩。流体为超音速流动，剪切紊流占主导地位。

状态Ⅳ：$p_{2B} > p_2 \geqslant p_{2CE}$，马赫面形成，分子碰撞减少，激波紊流作用占主要因素。

状态Ⅴ：$p_{2CE} > p_2$，声效系数为常数。p_2 的进一步降低不会使噪声增大。

② 计算流体的各项参数。

阀门类型修正系数 F_d 为：

$$F_d=\frac{d_H}{d_0} \tag{2-89}$$

式中　d_H ——单流路水力直径，$d_H=\dfrac{4A}{l_w}$，A (m²)为单流路面积，l_w (m)为单流路湿周；

d_0 ——总流路面积的等效直径，$d_0=\sqrt{\dfrac{4N_0A}{\pi}}$，$N_0$ 为阀内件上相互独立且完全相同的流路数。

缩流断面射流直径 D_j（m）为

$$D_j = N_{14} F_d \sqrt{CF_L} \tag{2-90}$$

式中 N_{14} ——常数，当用 C_v 表示时取值 4.6×10^{-3}，当用 K_v 表示时取值 4.9×10^{-3}。

阀门类型修正系数也可以根据表 2 - 11 选择典型值。

表 2 - 11　阀门类型修正系数 F_d 的典型值(全口径阀内件)

阀类型	流动方向	相对流量系数 ϕ					
		0.10	0.20	0.40	0.60	0.80	1.00
球形阀，抛物线阀芯	流开 流关	0.10 0.20	0.15 0.30	0.25 0.50	0.31 0.60	0.39 0.80	0.46 1.00
球形阀，3 个 V 形开口阀芯	任意方向*	0.29	0.40	0.42	0.43	0.45	0.48
球形阀，4 个 V 形开口阀芯	任意方向*	0.25	0.35	0.36	0.37	0.39	0.41
球形阀，6 个 V 形开口阀芯	任意方向*	0.17	0.23	0.24	0.26	0.28	0.30
球形阀，钻 60 个等径孔的套筒	任意方向*	0.40	0.29	0.20	0.17	0.14	0.13
球形阀，钻 120 个等径孔的套筒	任意方向*	0.29	0.20	0.14	0.12	0.10	0.09
蝶阀，绕中心轴回转 70°	任意方向	0.26	0.34	0.42	0.50	0.53	0.57
阀板上带凹槽的 70°翼形蝶阀	任意方向	0.08	0.10	0.15	0.20	0.24	0.30
60°平板蝶阀	任意方向						0.50
偏心旋塞阀	任意方向	0.12	0.18	0.22	0.30	0.36	0.42
90°扇形球阀	任意方向	0.60	0.65	0.70	0.75	0.78	0.98

注：表中只是一些典型值，实际值由制造商标明。

* 流关时限定压力为 p_1-p_2。

③ 根据表 2 - 12 中对应的流体状态和公式，计算缩流断面处总流束功率 W_m、W_{ms} 与内部声功率 W_a。

表 2 - 12　可压缩流体的内部声功率 W_a 计算

变量	状态Ⅰ	状态Ⅱ	状态Ⅲ	状态Ⅳ	状态Ⅴ
U_{VC}	$\sqrt{2\dfrac{\gamma}{\gamma-1}\left[1-\left(\dfrac{p_{VC}}{p_1}\right)^{(\gamma-1)/\gamma}\right]\dfrac{p_1}{\rho_1}}$	c_{VCC}	c_{VCC}	c_{VCC}	c_{VCC}
W_m、W_{ms}	$W_m=\dfrac{\dot{m}\,(U_{VC})^2}{2}$	$W_{ms}=\dfrac{\dot{m}\,(c_{VC})^2}{2}$			

续表

变量	状态Ⅰ	状态Ⅱ	状态Ⅲ	状态Ⅳ	状态Ⅴ
T_{VC}、T_{VCC}	$T_{VC}=T_1\left(\dfrac{p_{VC}}{p_1}\right)^{(\gamma-1)/\gamma}$	$T_{VCC}=\dfrac{2T_1}{\gamma+1}$			
c_{VC}、c_{VCC}	$c_{VC}=\sqrt{\dfrac{\gamma RT_{VC}}{M}}$	$c_{VCC}=\sqrt{\dfrac{\gamma RT_{VCC}}{M}}$			
M_{VC}、M_j、M_{j5}	$M_{VC}=\dfrac{U_{VC}}{c_{VC}}$	$M_j=\sqrt{\dfrac{2}{\gamma-1}\left[\left(\dfrac{p_1}{\alpha p_2}\right)^{(\gamma-1)/\gamma}-1\right]}$			$M_{j5}=\sqrt{\dfrac{2}{\gamma-1}[(22)^{(\gamma-1)/\gamma}-1]}$
$\eta_{1\sim5}$	$10^{-4}M_{VC}{}^{3.6}$	$10^{-4}M_j{}^{6.6F_L^2}$	$10^{-4}\left(\dfrac{M_j{}^2}{2}\right)(\sqrt{2})^{6.6F_L^2}$		$10^{-4}\left(\dfrac{M_{j5}{}^2}{2}\right)(\sqrt{2})^{6.6F_L^2}$
W_a	$\eta_1 r_W W_m F_L^2$	$\eta_2 r_W W_{ms}\left(\dfrac{p_1-p_2}{p_1-p_{VCC}}\right)$	$\eta_{3\sim5} r_W W_{ms}$		
f_P	$\dfrac{0.2U_{VC}}{D_j}$	$\dfrac{0.2M_j c_{VCC}}{D_j}$	$\dfrac{0.35c_{VCC}}{1.25D_j\sqrt{M_j^2-1}}$		$\dfrac{0.35c_{VCC}}{1.25D_j\sqrt{M_{j5}^2-1}}$

表中 U_{VC}——缩流断面中气体速度，m/s；

W_m、W_{ms}——质量流量流动功率，W；

$\dot{m}$——质量流量，kg/s；

T_{VC}、T_{VCC}——缩流断面温度，℃；

c_{VC}、c_{VCC}——缩流断面中的声速，m/s；

M_{VC}、M_j、M_{j5}——缩流断面马赫数；

$\eta_{1\sim5}$——声效系数；

W_a——下游管道辐射声功率，W；

f_P——产生噪声的峰频率，Hz。

④ 将内部升功率转换成内部声压级。

内部声压级 L_{pi} (dB)为：

$$L_{pi}=10\log_{10}\left[\frac{(3.2\times10^9)W_a\rho_2 c_2}{D_i^2}\right] \tag{2-91}$$

下游流体密度 ρ_2(kg/m^3)为：

$$\rho_2=\rho_1\left(\frac{p_2}{p_1}\right) \tag{2-92}$$

下游声速 c_2(m/s)为：

$$c_2=\sqrt{\frac{\gamma RT_2}{M}} \tag{2-93}$$

式中　γ——比热比；

R——通用气体常数，$R=8\,314$ J/(kmol·K)；

T_2——下游温度，可由热力学等焓关系得出，或者 T_2 近似等于上游温度 T_1。

阀出口处马赫数 M_0（M_0 不宜大于 0.3）为：

$$M_0=\frac{4\dot{m}}{\pi D^2\rho_2 c_2} \tag{2-94}$$

式中　D——阀出口直径，m。

⑤ 计算出管壁外 1 m 处 A 加权声压级。

透过管壁的传播损失 T_L (dB)为：

$$T_L=10\log_{10}\left[(7.6\times10^{-7})\left(\frac{c_2}{t_P f_P}\right)^2\frac{G_x}{\left(\frac{\rho_2 c_2}{415G_y}+1\right)}\left(\frac{p_a}{p_s}\right)\right] \tag{2-95}$$

式中　G_x、G_y——频率系数，见表 2-13；

p_a/p_s——比值，当地大气压力修正值；

t_P——管壁厚度，m。

表 2-13　频率系数 G_x 和 G_y 的计算

$f_p<f_0$	$f_p\geqslant f_0$
$G_x=\left(\frac{f_0}{f_r}\right)^{\frac{2}{3}}\left(\frac{f_p}{f_0}\right)^4$	$G_x=\left(\frac{f_p}{f_r}\right)^{\frac{2}{3}}$　$f_p<f_r$ $G_x=1$　$f_p\geqslant f_r$
$G_y=\left(\frac{f_0}{f_g}\right)$　$f_0<f_g$ $G_y=1$　$f_0\geqslant f_g$	$G_y=\left(\frac{f_p}{f_g}\right)$　$f_p<f_g$ $G_y=1$　$f_p\geqslant f_g$

环形频率 f_r (Hz)为：

$$f_r=\frac{5\,000}{\pi D_i} \tag{2-96}$$

式中，常数 5 000 是声音在钢制管道中的名义速度，m/s。

内部管道重合频率 f_0(Hz)为：

$$f_0=\frac{f_r}{4}\left(\frac{c_2}{343}\right) \tag{2-97}$$

式中，常数 343 是空气中声音的传播速度，m/s。

外部重合频率 f_g (Hz)为：

$$f_g=\frac{\sqrt{3}\,(343)^2}{\pi t_P(5\,000)} \tag{2-98}$$

下游管道声压速度修正值 L_g (dB)为:

$$L_g = 16 \log_{10}\left(\frac{1}{1-M_2}\right) \tag{2-99}$$

M_2 为下游管道马赫数,M_2 不宜大于 0.3,见式(2-100):

$$M_2 = \frac{4\dot{m}}{\pi D_i^2 \rho_2 C_2} \tag{2-100}$$

管道外臂处辐射出的 A 加权声压级 L_{pAe} (dB)为:

$$L_{pAe} = 5 + L_{pi} + T_L + L_g \tag{2-101}$$

式中,第一项 5 dB 是跟所有峰频率有关的一个平均修正值。

管壁外 1 m 处 A 加权声压级 $L_{pAe,1m}$ (dB)为:

$$L_{pAe,1m} = L_{pAe} - 10 \log_{10}\left(\frac{D_i + 2t_p + 2}{D_i + 2t_p}\right) \tag{2-102}$$

对于多级、多流路降噪或带有出口渐扩管且马赫数超 0.3 的阀门,应根据相关规范进行更详细的分析计算。

2.6.3 开关阀

1. 一般要求

开关阀常采用全通径球阀、蝶阀、闸阀等。

开关阀因为经常会用于联锁,所以选型时要注意阀门的全开、全关动作时间是否能满足工艺要求。当工艺要求快速切断或打开时,可通过加大执行机构的尺寸与扭力、增加气路放大器等手段来满足要求。

2. 开关阀的尺寸

开关阀没有调节要求,因此阀上的压降越小越好,阀门的口径通常与管道相同,并且阀芯也采用全通径,以尽量减小管路阻力。

2.6.4 自力式调节阀

1. 一般要求

自力式调节阀宜用于调节公用工程介质,如空气、氨气、燃料气、蒸汽、水、润滑油和燃料油等,也可用于调节清洁、无毒、无腐蚀性的工艺介质。自力调节阀的控制精度低于常规的气动、电动调节阀,其优点是无须外部驱动源。

自力式调节阀宜用于下列场合:不需要远程控制;不需要频繁改变调节回路设定值;工艺过程允许被操作变量小范围偏离设定值;不需要紧密关断;需要降低控制回路投资;现场无控制气源和电源(如仪表空气、氯气、电等)。

自力式调节阀应根据不同的作用进行选择:用于调节下游压力时,应选用自力式减压调节阀(图 2-57);用于调节上游压力时,应选用自力式背压(泄压)调节阀;用于调节设备上、下游差压时,应选用自力式差压调节阀;用于调节温度时,应选用自力式温度调节阀;用于调节液位时,应选用自力式液位调节阀;用于调节流量时,应选用自力式流量调节阀。

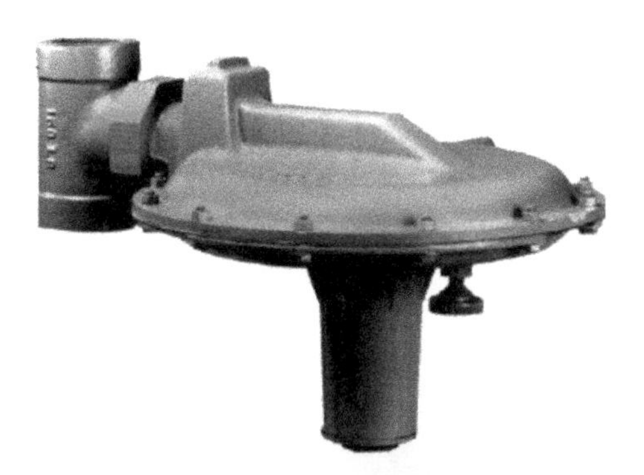

图 2-57　自力式减压调节阀

自力式调节阀常用于调节上游或下游压力，根据取压位置的不同又可分为内部取压和外部取压。

根据动作方式的不同，自力式调节阀可分为直接作用式和先导式，其选型应符合下列规定：直接作用式自力式调节阀宜用于对调节精度要求不高（10％～20％）的场合；先导式自力式调节阀宜用于对调节精度要求较高（＜10％）或流通能力较大的场合。

2.6.5　阀门选型要求

1. 执行机构

（1）执行机构分类

执行机构是将信号转换成相应的运动，改变控制阀内部调节机构（截留件）位置的机构。

执行机构根据其动作方向的不同可分为直行程和角行程执行机构，根据信号或者驱动力的不同又可分为气动、电动、电液执行机构。

气动弹簧薄膜执行机构是最常用的执行机构，其结构简单、动作可靠、维护方便。根据弹簧位置不同，该执行机构有正作用和反作用两种执行方式。当用于直行程时，正作用是指增加气源压力把膜片向下推并使执行机构推杆伸出，反作用是指增加气源压力把膜片向上推并使执行机构推杆缩回（图 2-58）。值得注意的是，此处的正、反作用仅指执行机构本身，推杆的

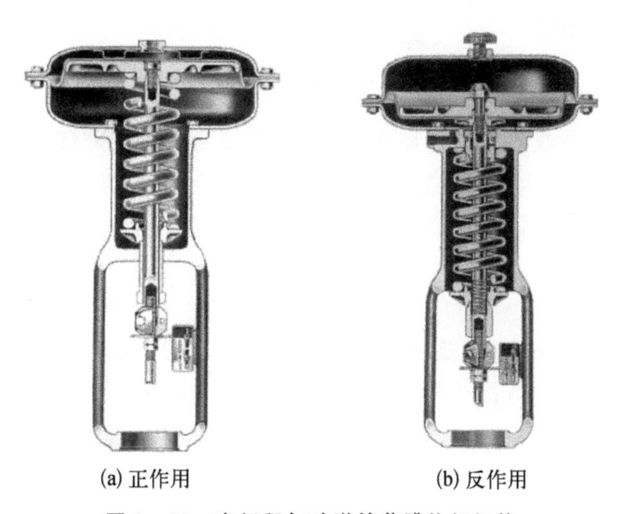

(a) 正作用　　(b) 反作用

图 2-58　直行程气动弹簧薄膜执行机构

伸出和缩回并不代表阀门的打开或关闭，阀门开关位置还与阀芯的安装方式有关。

气缸活塞执行机构是最常用的角行程执行机构，根据气缸数量又分为单气缸执行机构（图 2-59）、双气缸执行机构和多气缸执行机构。气缸活塞执行机构能够提供很大的输出力和驱动速度，它可以是双作用的，以在两个方向上都提供最大的力，也可以是带弹簧复位的，以提供失气打开或失气关闭的工作方式。

图 2-59　单气缸执行机构

电动执行机构（图 2-60）以电能为驱动力，可用于现场缺少气源的工况，通常尺寸小于气动执行机构，现场手动操作方便。

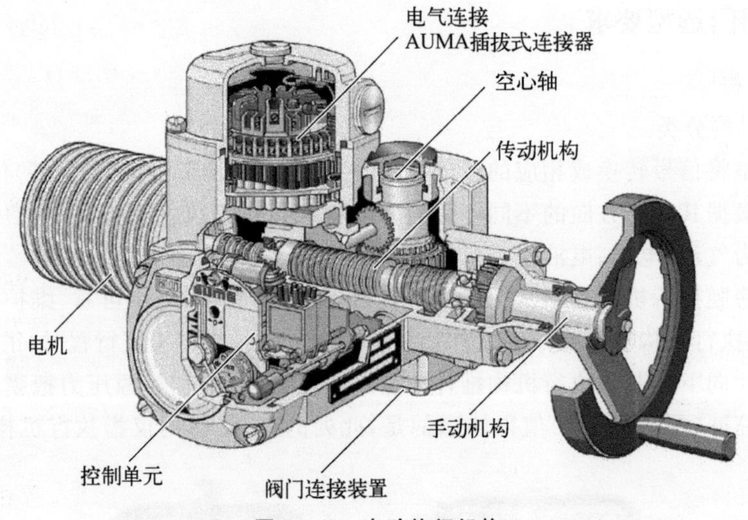

图 2-60　电动执行机构

电液执行机构由一个双作用液压操作的活塞，以及一个驱动液体管线的电动马达组成，如图 2-61 所示，通过控制马达的正反转动，来驱动液体向不同的方向流动，以推动活塞动作，进而驱动阀门。电液执行机构可用于缺少气源但又需要精确控制的阀门。

(2) 选型规定

① 气动执行机构

调节阀应根据阀门压降、口径及对响应速度的要求，合理地选择执行机构的输出力（或力矩），必要时应进行核算。执行机构的输出力应按工艺专业提供的阀门最大关闭差压来确定。执行器的安全系数、尺寸应由制造厂确认，保证不会对阀杆和阀座造成损害。执行机构选型时应基于阀门承受的最大差压，一般使用上游最大设计压力。

开关阀执行机构应能保证阀门在各种工况下（包括最大差压）平稳开启和关闭，执行机构

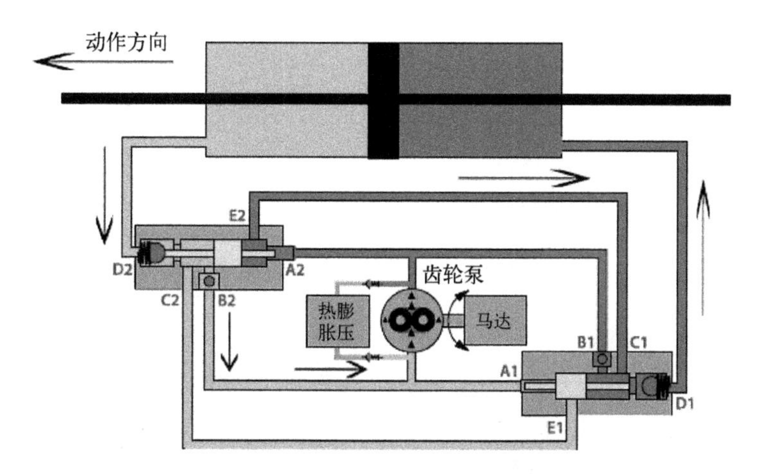

图 2-61　电液执行机构原理图

的输出力矩应至少留有50%的安全系数，即执行机构的输出力矩应为阀门最大扭矩的1.5倍，并且不应损坏阀门，执行机构应有限位保护功能。阀门制造厂应提供阀门最大破坏扭矩，阀轴的强度应至少按执行机构最大扭矩的1.15倍选定。

气动执行机构一般情况下选用弹簧返回气动薄膜执行机构。要求速度较快的开关阀，选择气缸式执行机构，优先选用弹簧返回的单作用气缸，然后选用双作用气缸。

应确定阀门在仪表空气(或其他驱动介质)故障情况下的位置。如果选择气缸式执行机构，阀门应为正作用。

一般情况下，阀门的联锁位置和气源故障位置一致。如果这两种情况下的位置不一样，并且要求电磁阀失电(非励磁)时必须联锁动作，则需要使用储气罐以确保联锁动作。

阀门执行机构的配套电磁阀宜选用24 V(DC)供电、最大功耗不大于4 W、高温(等级H)绝缘耐用型及长期带电型线圈，用于弹簧复位型单作用执行机构的电磁阀宜为2位3通型、通用型及断电排气式，用于双作用执行机构的电磁阀宜为2位4通型或2位5通型。

阀门执行机构的配套限位开关宜为接近式干触点输出或NAMUR输出。

② 电动执行机构

电动执行机构电源应为380 V(AC)、50 Hz三相或220 V(AC)、50 Hz单相。

电动执行机构应为智能型，应包括电动机、接触器、蜗轮蜗杆、手轮、离合机构、控制/联锁单元、显示单元、自保装置、电池、扭矩开关及阀位开关等。

电动执行机构应为非侵入红外设置型，能在现场用红外线遥控器进行各种参数的设置及调整，进行执行器和阀门的故障自诊断，并通过LCD显示阀位(数字百分数)、压力、诊断及故障等信息，当动力电源断电时，LCD显示器仍可显示各种信息。

电功执行机构应具有电动机过热、超扭矩、防冲击、瞬间反相、阀门防卡死等自保措施，并具有自动相位校正、故障报警等功能。

电动执行机构控制及联锁回路的设计应确保来自控制系统或SIS系统的紧急停车信号(ESD)能够对电动执行机构的自保功能及其他控制信号进行超驰。

电动执行机构的手轮为标准配置，离合机构的设计，应确保电动机操作优先于手轮操作，无论何时，电动机一旦启动，手轮操作应自动脱开。

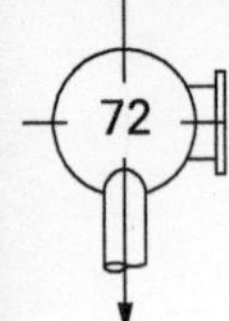

③ 电液执行机构

如果气动薄膜式、气缸式、电动式执行机构都不满足要求，如高推力、快速行程、长行程等场合，可以选择电液执行机构。

2. 上阀盖和填料

(1) 上阀盖

上阀盖是阀体组件的一个零件，用于封闭阀体上的开口，并让阀杆从中穿出，将阀芯与执行机构相连接。上阀盖有普通型、散热型、长颈型、波纹管密封型等(图 2-62)。

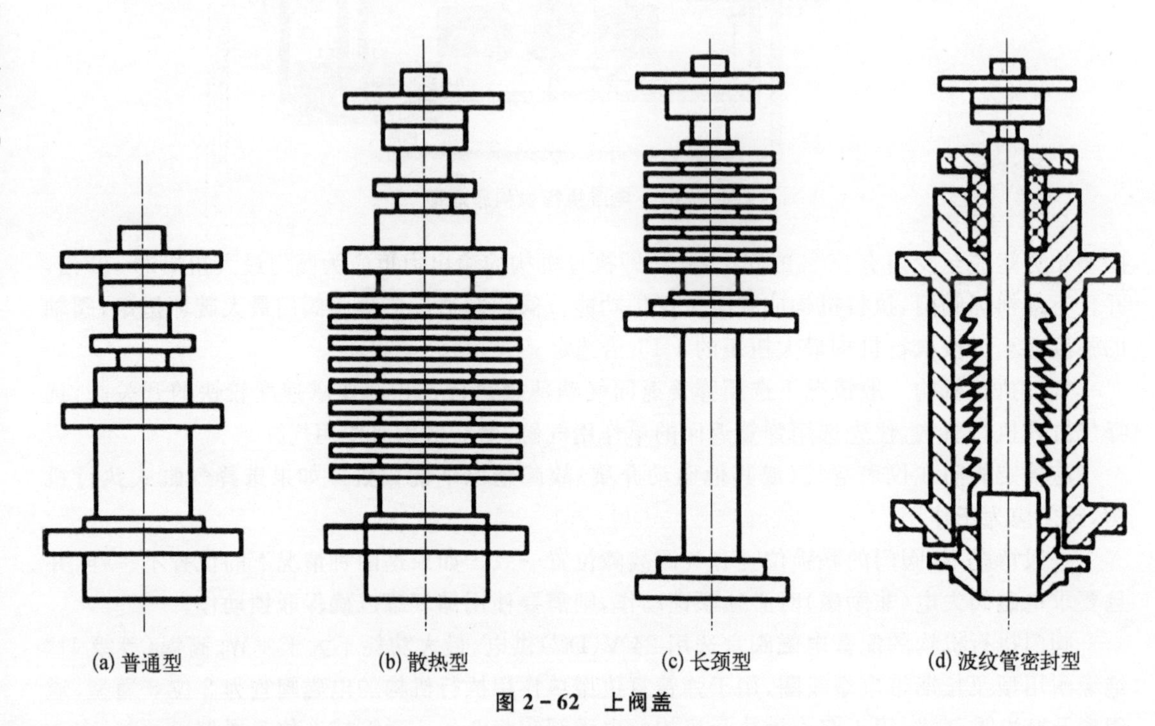

(a) 普通型　(b) 散热型　(c) 长颈型　(d) 波纹管密封型

图 2-62　上阀盖

(2) 填料

填料装于上阀盖的填料函内，其作用是防止介质因阀杆移动而向外泄漏。

普通式填料函依靠上阀盖压紧，结构简单，填料磨损后可通过调整阀盖压紧螺栓重新压紧；弹簧式填料函因为有预紧弹簧的存在，能够提供更好的密封性能；双层式填料函由于有上下两层填料密封，因此泄漏量更小，可用于低温、高温或高毒性介质(图 2-63)。

最常用的填料材料是聚四氟乙烯 V 形环，它的摩擦系数小，密封性能和耐腐蚀性能好，但不耐高温，使用温度一般不超过 200 ℃，而且耐磨性差，导致其使用寿命不长。

在温度较高的场合通常使用石墨填料，它的密封性、润滑性和耐腐蚀性好，化学惰性强，使用温度为−196～600 ℃，但缺点是摩擦力比较大，不能用于如浓硫酸、浓硝酸等强氧化剂。

(3) 上阀盖形式的选择

上阀盖形式的选择应符合下列规定：

① 当介质最高温度在−18～204 ℃内时，应选用普通型阀盖带 V 形 PTFE 填料；

② 当介质最高温度在 204～399 ℃内时，宜选用普通型阀盖带柔性石墨填料，也可选用散热型阀盖带 V 形 PTFE 填料；

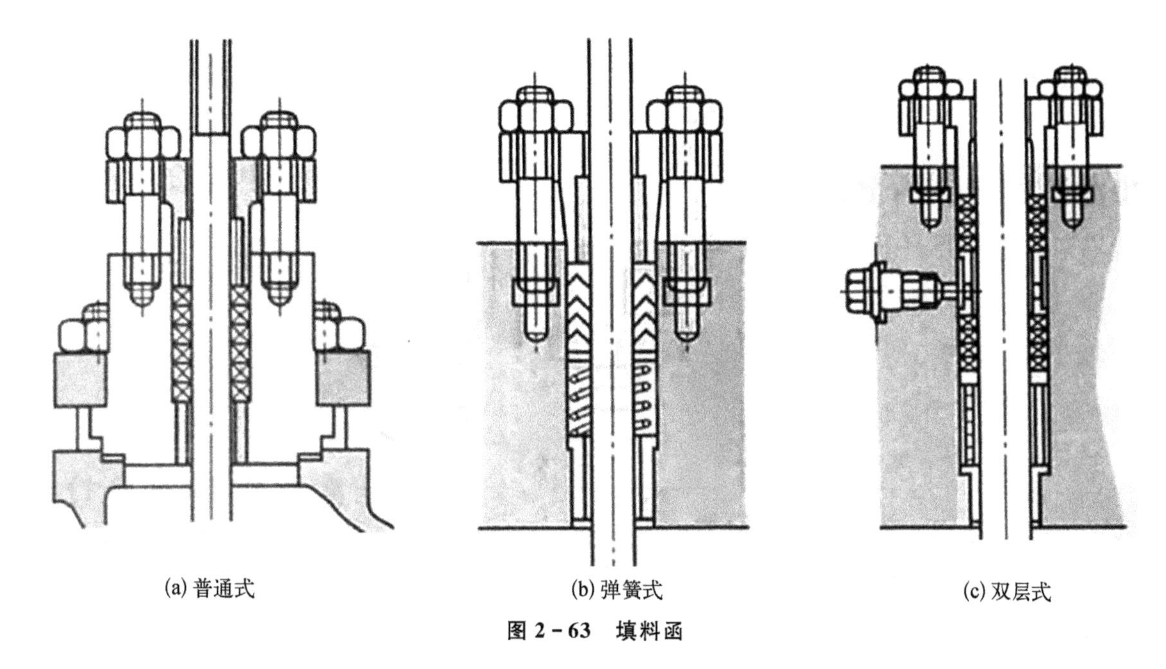
(a) 普通式　　(b) 弹簧式　　(c) 双层式

图 2-63　填料函

③ 当介质最低温度低于 18 ℃时，应选用长颈型阀盖；

④ 当介质最高温度高于 399 ℃时，应选用散热型阀盖；

⑤ 在高毒性、强致癌物等高危害性介质，泄漏量要求很低的场合，应选用波纹管密封型阀盖。带波纹管密封的阀应配有压力表，当波纹管泄漏时应有指示。

3. 阀体和阀内件材料

(1) 阀体

阀体的设计和制造应符合 ASME B16.34 标准或我国等同采用的国家标准。阀体及配件的设计压力、设计温度、材质和耐腐蚀性能不得低于配管材料等级规定，所有承压部件应满足管道设计条件。

阀体材质应符合配管材料等级规定，一般为碳钢或低温碳钢，工艺介质有特殊要求时可选用不锈钢、双相不锈钢或其他特种合金，阀盖、盲端、延长阀盖等与介质接触部件的材质及等级不应低于阀体。

(2) 阀内件

阀内件材质的选择按如下原则：一般情况宜选用 316SS 不锈钢；对于腐蚀性流体，应根据流体的种类、浓度、温度和压力合理选择耐腐蚀材料；在闪蒸、空化或严重冲刷的场合和高温、高差压场合，应选用表面堆焊硬质合金等耐磨材料；阀芯(不包括阀杆)，无论单座还是双座，都应由整体棒材加工或铸造而成，不应使用分段制造或中空的阀芯。

4. 阀门的阀座泄漏量

阀座泄漏量，指的是在规定的试验条件下，流体(可压缩或不可压缩)流过组装后处于关闭状态的阀的流量。该指标体现了阀门关闭后，对上下游流体的阻断能力，通常又称为“内漏”的指标。

(1) 泄漏等级

国内的阀门泄漏等级通常遵循 GB/T 4213—2008《气动调节阀》，其泄漏量的定义是参考

IEC 60534－4：2006 的规定，只是在 V 等级中缺少了气体介质试验的内容。

国内另一个阀门泄漏等级有关的规范 GB/T 17213.4—2015《工业过程控制阀　第 4 部分 检验和例行试验》，等同采用、翻译 IEC 60534－4：2006。

各泄漏等级的阀座的最大允许泄漏量见表 2－14。

表 2－14　各泄漏等级的阀座的最大允许泄漏量（摘自 GB/T 17213.4—2015）

泄漏等级	试验介质	试验程序	阀座最大允许泄漏量
Ⅰ	由用户和制造厂商定		
Ⅱ	L 或 G	1	$5\times10^{-3}\times$阀额定容量
Ⅲ	L 或 G	1	$10^{-3}\times$阀额定容量
Ⅳ	L	1 或 2	$10^{-4}\times$阀额定容量
	G	1	
Ⅳ－S1	L	1 或 2	$5\times10^{-6}\times$阀额定容量
	G	1	
Ⅴ	L	2	$1.8\times10^{-7}\times\Delta p\times D$，(L/h)
Ⅵ	G	1	$3\times10^{-3}\times\Delta p\times$泄漏率系数

注：① Δp(kPa)；D—阀座直径(mm)；L—液体；G—气体。
② 对于可压缩流体，阀额定容量为体积流量时，是指在绝对压力为 101.325 kPa 和绝对温度为 273 K 或 288 K 的标准状态下的测定值。

表 2－14 中的泄漏率系数见表 2－15。

表 2－15　Ⅵ级的泄漏率系数（摘自 GB/T 17213.4—2015）

阀座直径 /mm	泄漏率系数		阀座直径 /mm	泄漏率系数	
	/(mL/min)	每分钟气泡数		/(mL/min)	每分钟气泡数
25	0.15	1	150	4.00	27
40	0.30	2	200	6.75	45
50	0.45	3	250	11.1	—
65	0.60	4	300	16.0	—
80	0.90	6	350	21.6	—
100	1.70	11	400	28.4	

注：如果阀座直径与表列值相差 2 mm 以上，则可在假定泄漏率系数与阀座直径的平方成正比的情况下，通过插值法（内推法）求得泄漏率系数。

(2) 泄漏量的选择

调节阀允许泄漏等级的选择应执行标准 GB/T 4213—2008 或 ANSI/FCI 70－2。除工艺有特殊要求外，调节阀的允许泄漏等级宜选择 GB/T 4213—2008 或 ANSI/FCI 70－2规定的Ⅳ级；当工艺对调节阀有紧密切断（TSO）要求或参与紧急切断联锁时，调节阀的允许泄漏等级应选择 GB/T 4213—2008 或 ANSI/FCI 70－2 规定的 V 级或以上。

开关阀的允许泄漏量一般应符合 GB/T 13927—2008《工业阀门 压力试验》、GB/T 26480—2011《阀门的检验和试验》或 API STD 598—2016 *Valve Inspection and Testing*

中的密封试验规定，也可以引用调节阀的泄漏等级要求，一般至少为Ⅴ级。

5. 防火耐火要求

(1) 阀门耐火测试

介质为烃类或可燃液体时，阀体(不包含除手动执行机构以外的阀门电动、气动、液动执行机构)应有耐火要求。

化工装置阀门耐火测试通常要求遵循 API STD 607—2010 *Fire Test For Quarter-turn Valves and Valves Equiped with Nonmetallic Seats* 的规定。国内也有类似的标准——GB/T 26479—2011《弹性密封部分回转阀门 耐火试验》，该标准修改采用了 ISO 10497-5：2010 *Test of Valves — Fire Type-testing Requirements*。事实上以上三个标准的区别不大。

管道输送的阀门通常遵循的是 API STD 6D(*Specification for Pipeline Valves*)，该系列阀门的耐火测试由另一个规范 API STD 6FA(*Specification for Fire Test for Valves*)来规定。

(2) 阀门防火

除了阀体以外，当工艺安全对紧急切断阀有防火保护要求时，用于紧急切断阀的气动执行机构及其附件应有防火保护措施，首选安装防火保护罩，防火保护罩应符合 UL 1709 标准，能够在 1 093 ℃下抵抗烃类火灾 30 min。

6. 阀门逸散性检测要求

国内阀门逸散性指标主要由 GB/T 26481—2011《阀门的逸散性试验》来规定，该规范修改采用了 ISO 15848-2：2006 *Industrial Valves — Measurement, Test and Qualification Procedures for Fugitive Emissions — Part2: Production Acceptance Test of Valves*。

阀门逸散性检测，针对的是工艺介质从阀门的阀杆密封处或阀体密封处所逸出的泄漏量，所以该泄漏量与阀座泄漏量的含义不同，可理解为阀门"外漏"的指标。

阀门阀杆密封处的密封等级分为 A、B、C 三级(表 2-16)。

表 2-16　阀杆密封处的密封等级

等级	泄漏量值/$\times10^{-6}$(体积)	备　　注
A	≤50	典型结构为波纹管密封或具有相同阀杆密封的部分回转阀门
B	≤100	典型结构为 PTFE 填料或橡胶密封
C	≤1 000	典型结构为柔性石墨填料

2.7 过程分析仪表

2.7.1 一般要求

1. 分类

过程分析仪表又称在线分析仪，不包含便携式和实验室用分析仪，根据所分析介质的相态不同又分为气体分析仪和液体分析仪。

2. 单位

(1) 气体过程分析仪的常用浓度单位应符合下列规定：

摩尔分数：%、10^{-6}、10^{-9}；

体积分数：%、10^{-6}、10^{-9}、mL/L；

质量浓度：kg/m^3、g/m^3、mg/m^3；

质量分数：%、10^{-6}、10^{-9}、g/kg、mg/g。

(2) 液体过程分析仪的常用浓度单位应符合下列规定：

物质的量浓度：mol/L、mmol/L，不得使用当量浓度；

质量浓度：g/L、mg/L、μg/L，不得使用 ppm、ppb；

质量分数：%、10^{-6}、10^{-9}，不得使用%W、ppm W、ppb W。

3. 信号

用于安全联锁的过程分析仪输出信号应为 4～20 mA(DC)或干接点；用于过程控制的过程分析仪输出信号应为 4～20 mA(DC)；用于过程监测的过程分析仪输出信号宜为 4～20 mA(DC)或 MODBUSRTU、以太网 TCP/IP 等通信接口。

2.7.2 气体分析仪

1. 过程气相色谱仪(PGC)

多组分混合气体通过色谱柱时，被色谱柱内的填充剂所吸附或溶解，由于气体分子种类不同，被填充剂吸附或溶解的程度也不同，因而通过柱子的速度产生差异，在柱出口处就发生了混合气体被分离成各个组分的现象。这种采用色谱柱和检测器对混合气体进行先分离后检测的定性、定量分析方法称作气相色谱分析法。

过程气相色谱仪由采样处理、分析单元、显示及控制器三个部分组成。分析单元包括恒温炉、自动进样阀、色谱柱系统和检测器。

根据检测器的类型不同，过程气相色谱仪可用于不同的分析用途。

① 热导检测器(TCD)：测量范围广，几乎可以测量所有非腐蚀性组分，从无机物到有机物，宜用于百分数级(常量)浓度的测量，分析浓度下限通常不宜低于 1×10^{-4}。

② 氢火焰离子检测器(FID)：主要用于对碳氢化合物进行高灵敏度分析，宜用于有机物组分的 10^{-6}级(微量)浓度测量，分析浓度下限不宜低于 2×10^{-8}，也可测量少数可以甲烷化的有机物，如 CO、CO_2 等。

③ 火焰光度检测器(FPD)：宜用于硫化物、磷化物组分的 10^{-6}级(微量)及 10^{-9}级(痕量)组分测量，分析浓度下限不宜低于 1×10^{-8}。

2. 红外线分析仪

红外线是电磁波谱中的一段，介于可见光区和微波区之间，因为它在可见光谱红光界限之外，所以得名红外线。

红外吸收光谱也称为分子振动光谱。当某一波长红外辐射的能量恰好等于某种分子振动能级的能量之差时，才会被该种分子吸收，并产生相应的振动能级跃迁，这一波长便称为该种分子的特征吸收波长。

由于各种分子具有不同的能级，除了对称结构的无极性双原子分子(如 O_2、N_2、H_2)和单原子惰性气体(Ar、Ne、He)以外的有机和无机多原子分子物质在红外线区都有特征吸收波长和对应的吸收系数。

红外线分析仪是利用红外线(一般用在 2～12 μm 光谱内)通过装在一定长度容器的被测气体,然后测定通过气体后的红外线辐射强度 I。根据比尔-郎伯定律,有公式(2-103):

$$I = I_0 e^{-kcl} \tag{2-103}$$

式中 I_0——射入被测组分的光强度;

I——经被测组分吸收后的光强度;

k——被测组分对光能的吸收系数;

c——被测组分的摩尔百分浓度;

l——光线通过被测组分的长度(气室长度)。

红外线分析仪宜用于测量混合气体中的 CO、CO_2、NO、NO_2、SO_2、NH_3、CH_4、C_2H_4、C_3H_8 等及其他烃类及有机物的含量,背景气体应干燥、清洁、无粉尘、无腐蚀性;在样品组成复杂及存在较大背景交叉干扰情况时应避免选用。

红外线分析仪的测量范围宜为 5×10^{-6}%～100%,响应时间宜为 $T_{90}\leqslant10$ s。

3. 氧分析仪

常用的氧分析仪有电化学式氧分析仪、顺磁式氧分析仪和氧化锆式氧分析仪。

(1) 电化学式氧分析仪

电化学式氧分析仪宜用于测量高纯度气体(如氢气、氮气、氩气等)中的 10^{-6}级的氧含量,按电池种类可分为燃料电池式(原电池的一种)和电解池式。

燃料电池式氧分析仪中的电化学反应可以自发地进行,无须外部供电,但由于原电池会消耗失效,因此需要定期更换。燃料电池一般为液态的电解液,通常采用的是碱性燃料电池,因此不适用于酸性气体工况。

电解池式氧分析仪的测量下限比燃料电池更低,可达 10^{-9}级。由于电解池式氧分析仪中的电化学反应不能自发进行,需要外界电源供给电能,其阳极是非消耗型的,一般不需更换。

(2) 顺磁式氧分析仪

顺磁式氧分析仪是根据氧气的体积磁化率比一般气体高得多,在磁场中具有极高顺磁性的原理制成的一类测量气体中氧含量的仪器。

顺磁式氧分析仪宜用于测量百分数级氧含量,一般分为热磁式、磁力机械式、磁压力式三种。

(3) 氧化锆式氧分析仪

氧化锆式氧分析仪从分析原理上讲也是电化学的一种,它属于固体的电解质,通过高温下管内外氧分压不同而形成氧浓度差电池来进行测量。

氧化锆式氧分析仪宜用于测量工业炉烟道气或炉膛气 0～25%的氧含量。当背景气中含烃类、CO、H_2 等可燃性气体(或还原气体)和硫及其他酸雾,并且伴有火苗及强气流冲击时,不宜选用氧化锆式氧分析仪。

4. 热导式气体分析仪

热导式气体分析仪是根据各种物质导热性能的不同,通过测量混合气体热导率的变化来分析气体组成的仪器。

热导式气体分析仪宜用于测量热导率相差较大的双元混合气中某一组分的体积分数,也可用于测量背景气各组分的导热系数相近且与被测组分导热系数有差异的准双元混合气中某一组分的体积分数，主要有 H_2、CO_2、SO_2、Ar 等气体。当被测组分体积分数低，而背景气体组分的体积分数较大时，或者是高纯度气体及测量精确度要求较高的场合，不宜选用热导式气体分析仪。

5. 激光气体分析仪

激光气体分析仪采用的是光谱吸收技术，通过激光能量被气体分子选择性吸收形成吸收光谱来测量气体的浓度。

常用的激光气体分析仪有光纤式和非光纤式，响应速度均小于 1 s，宜用于测量混合气体中的 O_2、CO、CO_2、H_2O、NH_3、HCl、HF、H_2S、CH_4 等。

激光气体分析仪可实现原位测量，可提供反吹口，宜用于一些采样和预处理困难、样品引出危险性大和采样及样品预处理后背景气体组分变化引起气体浓度不准确的工况。

多流路相同组分测量宜选用光纤式激光气体分析仪，多组分测量宜选用非光纤式激光气体分析仪。

6. 微量水分析仪

常用的微量水分析仪有电容式、电解式及晶体振荡式微量水分析仪。电容式微量水分析仪既可用于测量气体，也可用于测量液体，电解式和晶体振荡式微量水分析仪仅能用于测量气体。

(1) 电容式微量水分析仪

当含水介质通过电容器且电容器的几何尺寸一定时，其等效电路上的电容量仅与极板间含水介质的相对介电常数有关，而相对介电常数主要取决于介质中的水分含量(体积分数)，根据此原理可以对含水介质的水分含量进行检测。

电容式微量水分析仪宜用于测量无腐蚀性气体或液体中的微量水分，体积分数测量范围可达 $1\times10^{-7}\sim1\times10^{-2}$；电容式微量水分析仪不宜用于测量含有胺、铵、乙醇、F_2、HF、Cl_2、HCl 及含酸性组分的气体。

(2) 电解式微量水分析仪

电解式微量水分析仪的主要部分是一个特殊的电解池，池壁上绕有两根并行的螺旋形铂丝，作为电解电极。铂丝间涂有水化的 P_2O_5 薄层。在电解过程中，产生电解电流。根据法拉第电解定律和气体状态方程可导出，在一定温度、压力和流量条件下，产生的电解电流正比于气体中的水含量。测出电解电流的大小，即可测得水分含量。

电解式微量水分析仪宜用于测量空气、氮、氢、氧、惰性气体、烃类等混合气体中的微量水分及不破坏 P_2O_5、在电解条件下不与 P_2O_5 起反应和不在电极上起聚合反应的气体中的微量水分，体积分数测量范围为 $1\times10^{-6}\sim1\times10^{-3}$，测量精确度不高，响应迟滞。

(3) 晶体振荡式微量水分析仪

晶体振荡式微量水分析仪的敏感元件是水感性石英晶体，当湿性样品气通过石英晶体时，石英表面的涂层吸收样品气中的水分，使晶体的质量增加，从而使石英晶体的振荡频率降低。然后通入干性样品气，萃取石英涂层中的水分，使晶体的质量减少，从而使石英晶体的振动频率增高。在湿气、干气两种状态下振荡频率的差值，与被测气体中水分含量成比例。

晶体振荡式微量水分析仪性能稳定，灵敏度高，宜用于体积分数测量范围为 $1\times10^{-7}\sim2.5\times10^{-3}$ 的气体中的微量水分测量。

7. 连续排放监测系统(CEMS)

连续排放监测系统的选型应符合下列规定：

① 连续排放监测系统宜用于测量烟气中烟尘颗粒物、SO_2、氮氧化物(NO_x)等的浓度，以及烟气温度、压力、流量、湿度、氧含量等；

② 连续排放监测系统宜采用抽取采样式仪器和/或原位测量式仪器；

③ 抽取采样式仪器宜采用吸收光谱法、发光法和电化学分析法等检测技术；

④ 原位测量式仪器宜采用吸收光谱法、光散射法和电分析法等检测技术；

⑤ 双光程透射式测尘仪宜用于测量烟尘中较高浓度烟尘(0～100 g/m³)；散射式测尘仪宜用于测量烟尘中较低浓度烟尘(0～200 mg/m³)。

2.7.3 液体分析仪

1. 工业 pH 计

工业 pH 计通常用电位法测得 pH。测量电极上有特殊的对 pH 反应灵敏的玻璃触头。当玻璃触头和氢离子 H^+ 接触时，就产生电位。电位是通过悬吊在氯化银溶液中的银丝对照参比电极测到的。

工业 pH 计宜用于水槽、明渠、密封管道或设备内液体的 pH 测量，且液体内应没有对电极有污染(油污或结垢等)的介质。水槽、明渠等敞开容器可选用沉入式 pH 变送器。若溶液对电极有玷污时，应选用自动清洗式 pH 计。当密封管道内溶液压力低于 1.0 MPa 时，宜选用流通式 pH 计。若管道内溶液压力为常压，且对电极有玷污时，宜选用自动清洗式 pH 计。对于清洁液体，工业 pH 计宜选用玻璃电极(最高工作温度达 135 ℃)或银-氯化银电极(最高工作温度达 225 ℃)。若液体中含有较多的且不含氧化性的脏污介质，宜选用锑电极。

2. 氧化还原电位计

氧化还原电位计同样采用电位法测量，常用贵金属(如铂、金)作指示电极、饱和甘汞电极或银-氯化银作参比电极，测定相对于参比电极的氧化还原电位值，然后再换算成相对于标准氢电极的氧化还原电位值作为测量结果。具备毫伏显示功能的 pH 计也可用于氧化还原电位的测量。

3. 工业电导率仪

常用的工业电导率仪有电极式工业电导率仪和电磁感应式工业电导率仪。

电极式工业电导率仪的测量原理与 pH 计类似，宜用于测量 μS/cm 级的低电导率，上限为 10 mS/cm 的洁净介质。用于环保检测时，根据 HJ/T 97—2003《电导率水质自动分析仪技术要求》，地表水、工业污水和市政污水的电导率水质自动分析仪应采用电极法测量。

电磁感应式工业电导率仪宜用于测量高电导率(≥10 mS/cm)的强腐蚀性及脏污介质。

4. 密度计

密度测量宜采用振动式密度计、放射性密度计或科里奥利质量流量计。

振动式密度计或科里奥利质量流量计宜用于测量液体的密度，也可测量气体的密度。

放射性密度计宜用于测量液体的密度，也可用于测量固体的密度，γ 射线放射源宜选用 Cs137，也可选用 Co60。

5. 黏度计

常用的黏度计有振动式黏度计、旋转式黏度计和毛细管式黏度计。

振动式黏度计宜用于测量黏度大于 10 000 mPa・s 的高黏度介质。

旋转式黏度计宜用于测量黏度为 500～10 000 mPa・s 的中黏度介质。

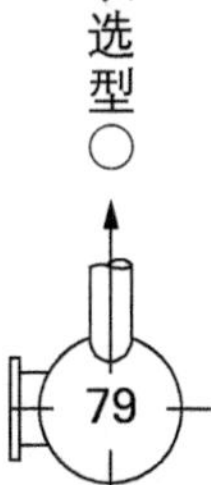

毛细管式黏度计宜用于测量黏度小于 500 mPa·s 的低黏度介质。

6. 常用水质分析仪

水质分析仪常用于环保检测，选用时应遵循相应的环保规范。

(1) 化学需氧量分析仪

化学需氧量(Chemical Oxygen Demand，COD)分析仪，一般用于测量水中有机污染物排放的总量。环保检测中所检测的 COD 值通常是指采用重铬酸盐氧化法所测得的化学需氧量，因此又称为 COD_{Cr}。GB 11914—89《水质 化学需氧量的测定 重铬酸盐法》将其定义为，在一定条件下，经重铬酸钾氧化处理时，水样中的溶解性物质和悬浮物所消耗的重铬酸盐相对应的氧的质量浓度。

重铬酸盐氧化法的分析过程如下：

① 通过重铬酸钾来氧化水样中的还原性物质，又称消解，消解方法有敞口加热消解、密闭加压消解、微波消解等。

② 使用不同的检测手段测量重铬酸钾使用量，检测方法有光度测量法、氧化还原滴定法、库伦滴定法等。

③ 计算出水样中还原性物质消耗氧的量。

目前常用的是密闭加压消解与光度测量。

(2) 总有机碳分析仪

总有机碳(TOC)，指溶解或悬浮在水中的有机物的含碳量(以质量浓度表示)，是以含碳量来表示水体中有机物总量的综合指标。

测量方法是燃烧氧化—非分散红外吸收法，有差减法和直接法两种。差减法测得总碳与无机碳的差值，即为总有机碳；直接法的测量过程中会损失可吹扫有机碳(POC)，故测得的总有机碳值为不可吹扫有机碳(NPOC)。

(3) 水中油分析仪

水中油分析的方法主要有红外分光光度法、非分散红外光度法、重量法、紫外分光光度法及紫外荧光法。由于以上方法中，前四种均需用到萃取剂，且红外分光光度法和非分散红外光度法中的萃取剂四氯化碳为毒性较大物质，因此通常采用紫外荧光法。

紫外荧光法的原理是通过紫外线照射，矿物油中碳氢化合物会产生荧光，其中只有芳香族化合物会发出 350 nm 附近的荧光，因为在水中油所占比例在特定场合一般是稳定的，所以可以根据芳香族化合物的多少来判定水中的总含油量。

水中油分析仪宜用于测量化学水、蒸汽凝液和处理后污水中的 10^{-6} 级含油量。

(4) 溶解氧分析仪

溶解氧指溶解在水中的分子态氧，通常记作 DO，用每升水中氧的毫克数和饱和百分率表示。

溶解氧分析一般采用电化学的方法，可分为隔膜型极谱式和隔膜型伽伐尼电池式两种。

溶解氧分析仪宜用于测量锅炉给水、污水、净水和污水中的氧含量。

(5) 总氮分析仪

根据 HJ 636—2012《水质 总氮的测定 碱性过硫酸钾消解紫外分光光度法》，总氮指在本标准规定的条件下，能测定的样品中溶解态氮及悬浮物中氮的总和，包括亚硝酸盐氮、硝酸盐氮、无机铵盐、溶解态氨及大部分有机含氮化合物中的氮。

总氮分析仪采用的方法是过硫酸钾消解紫外分光光度法：在 120～124 ℃下的碱性介质

条件下，用过硫酸钾作氧化剂，不仅可将水样中的氨氮和亚硝酸盐氮氧化为硝酸盐，还可将水样中大部分有机氮化合物氧化为硝酸盐。采用紫外分光光度法于波长 220 nm 和 275 nm 处，分别测定吸光度 A_{220} 和 A_{275}，计算校正吸光度 $A=A_{220}-2A_{275}$，总氮（以 N 计）含量与校正吸光度 A 成正比。

（6）总磷分析仪

总磷的测定方法一般是将水样用过硫酸钾氧化分解后，用钼锑分光光度法测定。氧化分解方式主要有三种：水样在 120 ℃下 30 min 进行加热分解；水样在 120 ℃以下紫外分解；水样在 100 ℃以下氧化电分解。

（7）氨氮分析仪

氨氮分析仪一般采用电极法和分光光度法。

电极法的测定周期短，但不稳定，一般用于厂里曝气池内部检测，不用于出口环保监测。

分光光度法常用水杨酸分光光度法：在碱性介质（pH=11.7）和硝普钠存在下，水中的氨、铵离子与水杨酸盐和次氯酸离子反应生成蓝色化合物，在 697 nm 处用分光光度计测量吸光度。

（8）浊度计

浊度的基本单位是 FTU，当采用分光光度法测量时，又可表示为散射浊度单位 NTU，其值与 FTU 相同。

浊度的测量方式有透过散射和表面散射两种：透过散射方式是指在光线照射试样时，通过观测透过光与由悬浮物质导致的散射光（一般是前方散射光）的强度比来测定浊度；表面散射方式是指在光线从稳定溢流试样池水面斜上方照射时，通过观测散射光（一般为后方散射光）的强度来测定浊度。

浊度计宜用于测量净水和污水浑浊度。

2.8　可燃和有毒气体检测器

2.8.1　可燃气体检测器

1. 概述

可燃气体指甲类可燃气体或甲、乙类可燃液体气化后形成的可燃气体。可燃气体或可燃液体的具体分类原则在 GB 50160—2016《石油化工企业设计防火标准》中有相关规定。

可燃气体检测器所检测的主要对象是属于第二级释放源的设备或场所。释放源等级的划分原则可见 GB 50058—2014《爆炸危险环境电力装置设计规范》中的相关规定。

可燃气体检测器选用时，应采用经国家指定机构或其授权检验单位的计量器具制造认证、防爆性能认证和消防认证的产品。

可燃气体的测量范围是 0～100%爆炸下限（Low Explosion Limit，LEL）。

2. 可燃气体检测器类型

可燃气体检测器按检测原理通常分为催化燃烧式、红外线吸收式、半导体式等，按采样方式分为扩散式和吸入式。

（1）催化燃烧式

催化燃烧式气体检测器检测的既不是体积分数，也不是爆炸下限体积分数，而是气体在惠斯通电桥上催化燃烧时释放的热量。其基本原理是，虽然各种可燃气体的爆炸下限各不相同(甲烷为5.3%、汽油为1.4%)，但它们在爆炸下限浓度完全燃烧时释放的热量(极限燃烧热Q_{LEL})基本相同(41.9～54.4 kJ)。只要燃烧释放的热量达到了约41.9 kJ，就可以近似认为待测气体体积分数到达了爆炸极限，即100%LEL。此外，在爆炸下限范围内，大多数气体的浓度与其燃烧热呈线性关系增长，只要检测到待测气体的燃烧热占该气体极限燃烧热的比例，就可以得到待测气体的浓度。

各种气体完全燃烧的极限燃烧热虽然相似，但仍然存在差异(在41.9～54.4 kJ波动)，因此实际应用中还需引入校正系数。校正系数是待测气体实际体积分数(%LEL)与仪器显示体积分数值(以校正气体为准，测量显示的体积分数)的比值。由于校正系数不仅与气体本身的特性(如闪点、挥发性不同)有关，还受催化剂选料及制作工艺的影响，因此通常由各气体检测器的厂家提供。

催化燃烧式气体检测器是目前国内应用最广的一种可燃气体检测器，可用于检测除大分子有机物以外的大多数可燃气体。不过受其测量原理限制，要求被测介质中必须含有氧气(不小于10%)，并且当使用场所的空气中含有能使催化燃烧型检测元件中毒的硫、磷、硅、铅、卤素化合物等介质时，应选用抗毒性催化燃烧型检测器。此外，催化燃烧式气体检测器的响应速度较慢，通常要求在30 s内予以响应。

(2) 红外线吸收式

红外线吸收式气体检测器的测量原理可参考红外线气体分析仪，也是利用分子的特征波长进行检测。

红外线吸收式气体检测器宜用于检测由碳氢化合物组成的可燃性气体和强腐蚀性可燃性气体，不宜用于检测H_2、CO等非碳氢化合物气体，在检测器周围不需要助燃氧气。当被检测气体的背景组分复杂，同时有多种不同特征波长的可燃气体存在时，不宜采用红外线吸收式气体检测器。

(3) 半导体式

半导体式可燃气体检测器宜用于检测H_2。

2.8.2 有毒气体检测器

有毒气体指劳动者在职业活动过程中通过机体接触可引起急性或慢性有害健康的气体。在石油化工行业，根据GB 50493—2019《石油化工可燃气体和有毒气体检测报警设计标准》，有毒气体具体是指《高度物品目录》(卫法监发〔2003〕142号)中所列的有毒蒸汽或者有毒气体。常见的有：二氧化氮、硫化氢、苯、氰化氢、氨、氯气、一氧化碳、丙烯腈、氯乙烯、光气(碳酰氯)等。此外，也可参考GBZ/T 223《工作场所有毒气体检测报警装置设置规范》中的相关规定。

有毒气体检测器应根据现场防爆要求选用经国家指定机构或其授权检验单位防爆性能认证的产品，此外，对于《中华人民共和国强制检定的工作计量器具目录》中所列的必须经国家计量器具制造认证的有毒气体检测器，如二氧化硫、硫化氢、一氧化碳等，还必须具有经国家指定机构及授权检验单位进行计量器具制造认证。

有毒气体的测量范围宜为0～300%最高允许浓度(MAC)或0～300%短时间接触允许浓度(PC-STEL)。当现有检测器的测量范围不能满足上述要求时，有毒气体的测量范围可为 0～30％直接致害浓度(IDLH)。

有毒气体检测器主要有电化学式、半导体气敏式、气敏电极式和光离子化式，其选型应符合下列规定：

① 电化学式有毒气体检测器宜用于检测硫化氢、一氧化碳、氯气、氰化氢等气体；

② 半导体气敏式有毒气体检测器宜用于检测硫化氢、一氧化碳、氨气、环氧乙烷、氰化氢、丙烯腈、氯乙烯；

③ 气敏电极式有毒气体检测器宜用于检测氯气、氨气、氰化氢；

④ 光离子化式有毒气体检测器宜用于检测氨气、氯乙烯、苯、甲苯、卤代烷。

第3章 控制室、机柜室

控制室是位于石油化工工厂或生产装置内具有生产操作、过程控制、安全保护、仪表维护、生产管理及信息管理功能的建筑物。根据用途及控制范围，控制室分为全厂性中心控制室、大型联合装置中心控制室、区域性中心控制室、现场控制室等。

机柜室可以位于控制室建筑物内，也可以独立设置在现场离生产装置较近的地方，称为现场机柜室。机柜室用于安装控制系统机柜，维护和临时操作人机界面和相关仪表设备等。在机柜室内可以进行系统调试、装置开/停车、日常维护和非正常情况下的生产操作。

本章主要介绍中心控制室、现场控制室和现场机柜室的功能、选址，以及室内平面布置、建筑和结构、配套设施、安全保护、设备安装和电缆光缆进线等要求。

控制室、机柜室的设计主要遵守 SH/T 3006—2016《石油化工控制室设计规范》。工程设计完成的主要设计文件为“控制室平面布置图”“机柜室平面布置图”。

3.1 简介

3.1.1 中心控制室

中心控制室(Central Control Room, CCR)是石油化工生产工厂生产操作、过程控制、安全保护、先进控制与优化、仪表维护、仿真培训、生产管理及信息管理中心。根据石油化工工程项目规模、特点及生产管理模式，中心控制室一般可分为大型联合装置中心控制室、区域中心控制室及全厂性中心控制室三种。

中心控制室通常可根据以下一些主要内容及要求，进行总图位置及功能的选择和设计：

① 中心控制室的设置应根据石油化工工程项目的规模和特点，并结合管理和生产模式的不同要求确定。

② 中心控制室的位置应选择在非爆炸、无火灾危险的区域，其位置应符合现行 GB 50160《石油化工企业设计防火规范》的内容规定。

③ 对于含有可燃、易爆、有毒、有害、粉尘、水雾或有腐蚀性介质的工艺装置，中心控制室宜位于本地区全年最小频率风向的下风侧。

④ 中心控制室宜布置在生产管理区。

⑤ 中心控制室宜为单独建筑。

⑥ 中心控制室不应靠近运输物料的主干道布置。

⑦ 中心控制室应远离高噪声源。

⑧ 中心控制室应远离振动源和存在较大电磁干扰的场所。

⑨ 中心控制室不应与压缩机室和危险化学品库相邻布置。

⑩ 中心控制室不应与总(区)变电所、高压配电室相邻布置,中心控制室内部变配电室的变压器应设置在中心控制室建筑物外。

⑪ 中心控制室的常规功能房间和辅助房间按如下原则设置,并可根据工程项目规模和操作要求进行调整:

a. 功能房间是指为满足工程项目(装置)的生产操作、过程控制、安全保护、设备维修等功能而设置的房间,宜包括操作室、机柜室、工程师室、空调机室、不间断电源装置(UPS)室、电信设备室、打印机室、备件室等。

b. 辅助房间是指为配合装置生产操作、人员休息等功能而设置的房间,宜包括交接班室、生产调度室、HSE 室、会议室、更衣室、办公室、资料室、休息室、培训室、急救设备间、卫生间等。

c. 当消防控制室需要设置在控制室建筑物中时,应设置消防控制室。

⑫ 中心控制室的功能房间面积应根据控制系统的操作站、机柜和仪表盘等设备数量及布置方式确定。辅助房间的面积应根据相关专业的条件及实际需要确定。对于有爆炸危险的石油化工装置,中心控制室应根据抗爆强度计算、分析结果来设计。全厂性、区域性中心控制室内的操作室吊顶距地面的净高宜为 5～7 m。

中心控制室的设计,上述未明确给出的,应按照 3.2 节有关要求执行。

图 3-1 所示为某大型石化厂区域中心控制室平面布置图。

3.1.2 现场控制室

现场控制室(Local Control Room, LCR)位于石油化工工厂内的独立生产装置、公用工程、储运系统、辅助单元、成套设备的现场,是具有生产操作、过程控制、安全保护等功能的建筑物。

现场控制室一般可根据以下主要内容及要求,进行总图位置及功能的选择、设计:

① 现场控制室宜位于或靠近所属的工艺装置区域,应位于爆炸危险区域外;当位于附加 2 区时,现场控制室活动地板下基础地面应高于室外地面,且高差应不小于 0.6 m。

② 对于含有可燃、易爆、有毒、有害、粉尘、水雾或有腐蚀性介质的工艺装置,现场控制室宜位于本地区全年最小频率风向的下风侧。

③ 现场控制室不宜与变电所共用同一建筑,当受条件限制需共用建筑物时,应采取屏蔽措施,并满足 GB 50160 的规定。

④ 现场控制室应根据管理模式、控制系统规模、功能要求等设置功能房间和辅助房间。

现场控制室宜分隔为操作区和非操作区。对于有爆炸危险的石油化工装置的现场控制室建筑、结构应根据抗爆强度计算、分析的结果设计。

现场控制室的设计,上述未明确给出的,应按照 3.2 节有关规定执行。

现场控制室设计案例,参见图 3-2 和图 3-3。

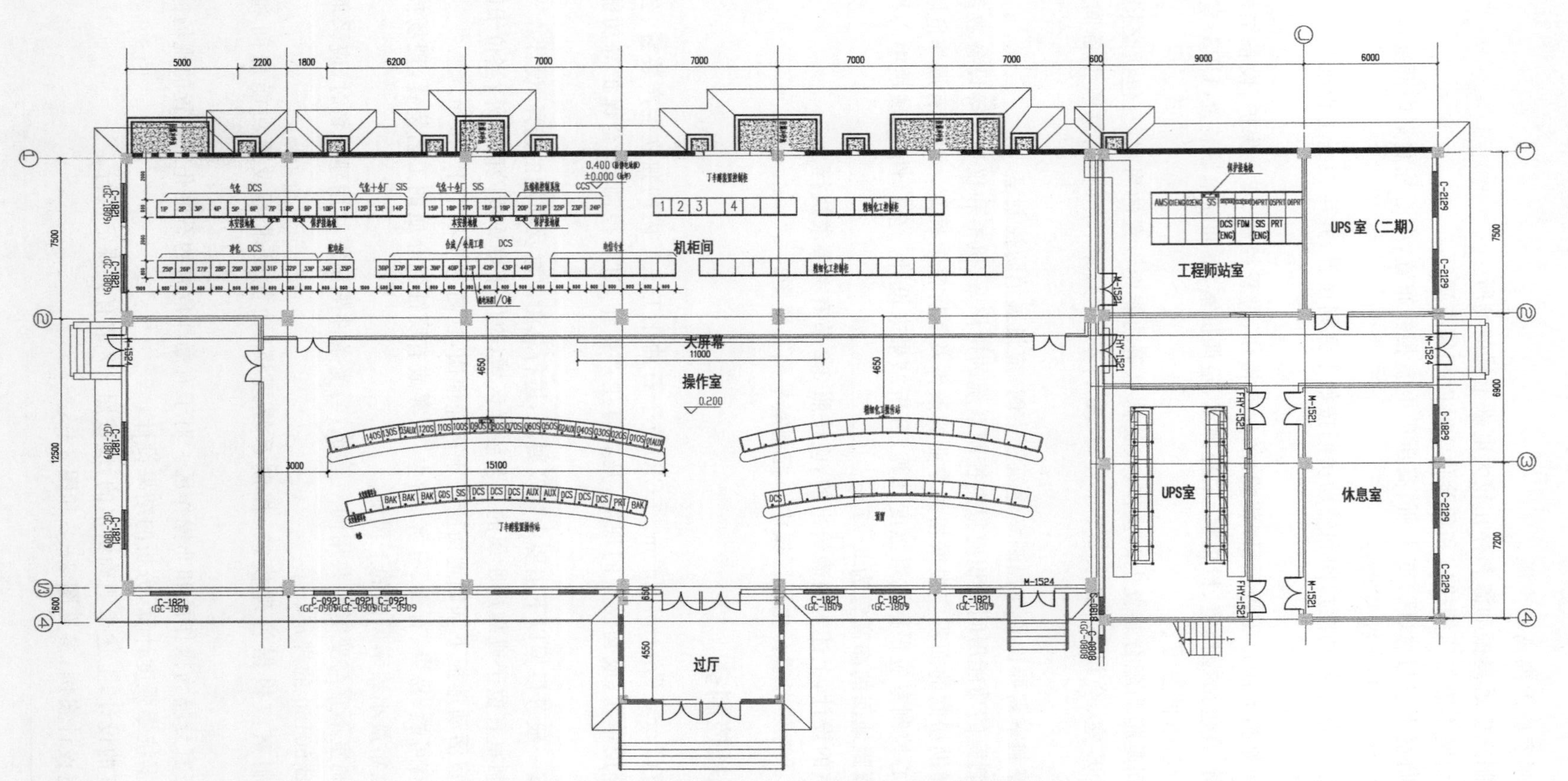

图3-1 某大型石化厂区域中心控制室平面布置图

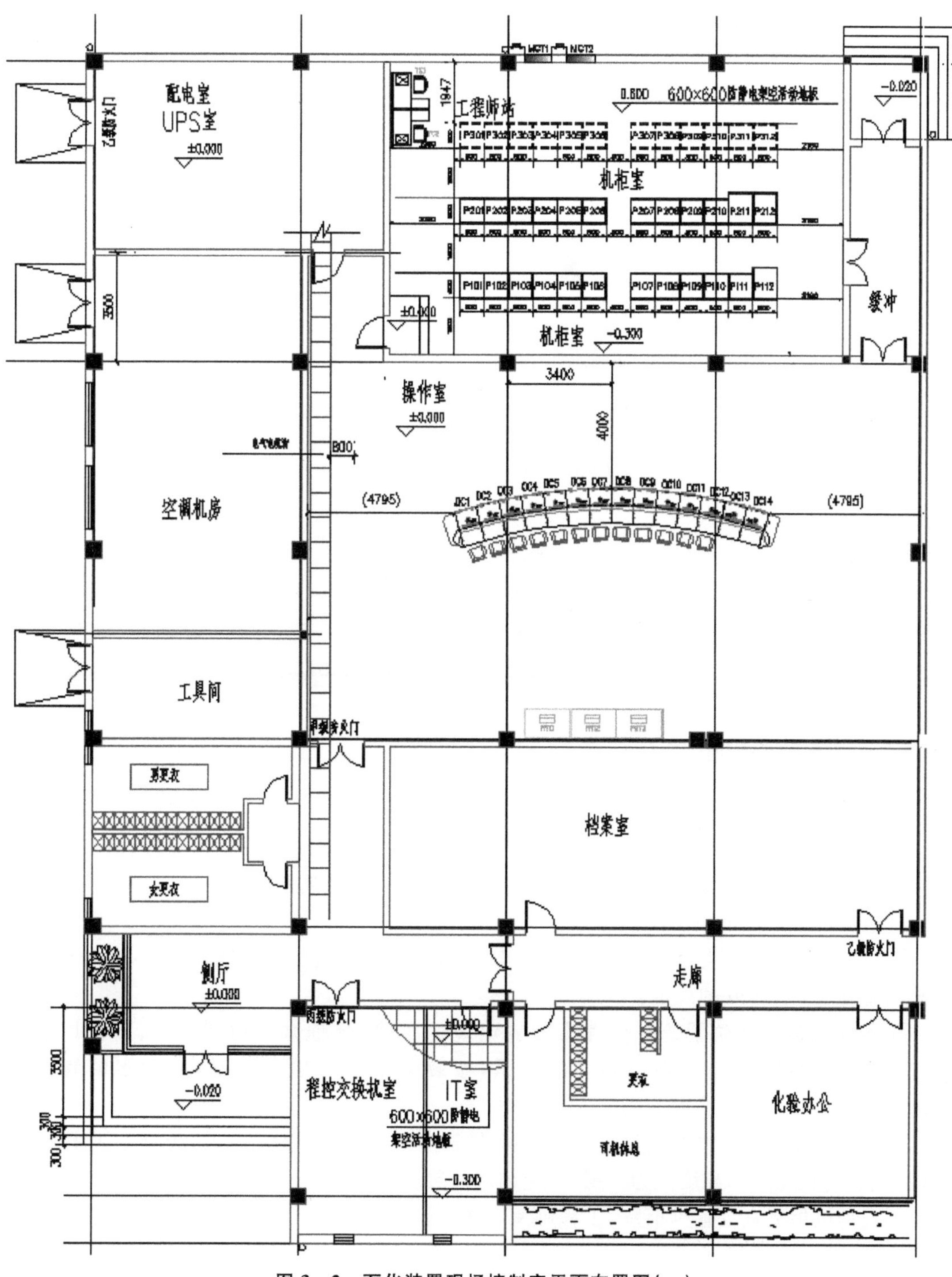

图 3-2 石化装置现场控制室平面布置图(一)

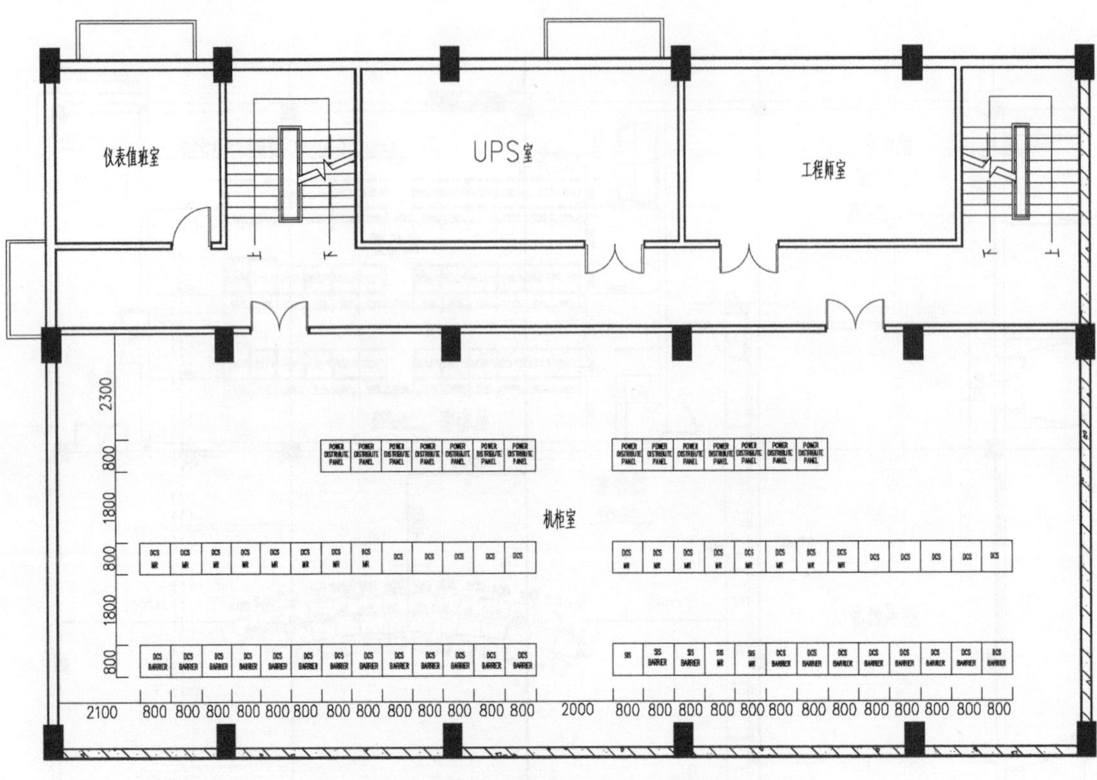

图 3-3 石化装置现场控制室平面布置图(二)

3.1.3 现场机柜室

在对现场机柜室进行总图位置选择和功能设计时,需按照以下基本要求:

① 现场机柜室宜位于或靠近所属的工艺装置区域,应位于爆炸危险区域外;当位于附加 2 区时,现场机柜室的活动地板下基础地面应高于室外地面,且高差应不小于 0.6 m。

② 现场机柜室宜单独设置。

③ 现场机柜室不宜与变电所共用同一建筑,当受条件限制需共用建筑物时,应采取屏蔽措施,并满足 GB 50160 的规定。

④ 现场机柜室的位置选择应考虑装置电缆的布线,合理减少电缆长度。同时,应依据工厂总平面布置及与中心控制室的关系,按装置或生产单元设置,或者多装置联合设置。

⑤ 对于有爆炸危险的石油化工装置,现场机柜室应根据抗爆强度计算、分析结果来设计。抗爆结构现场机柜室的高度宜为一层,不应超过两层。

⑥ 现场机柜室宜设置机柜室、工程师室、UPS 室、外操间、维修室、备件室和空调机室等房间。

现场机柜室的设计,上述未明确给出的,应按照 3.2 节有关规定执行。

现场机柜室设计案例,参见图 3-4。

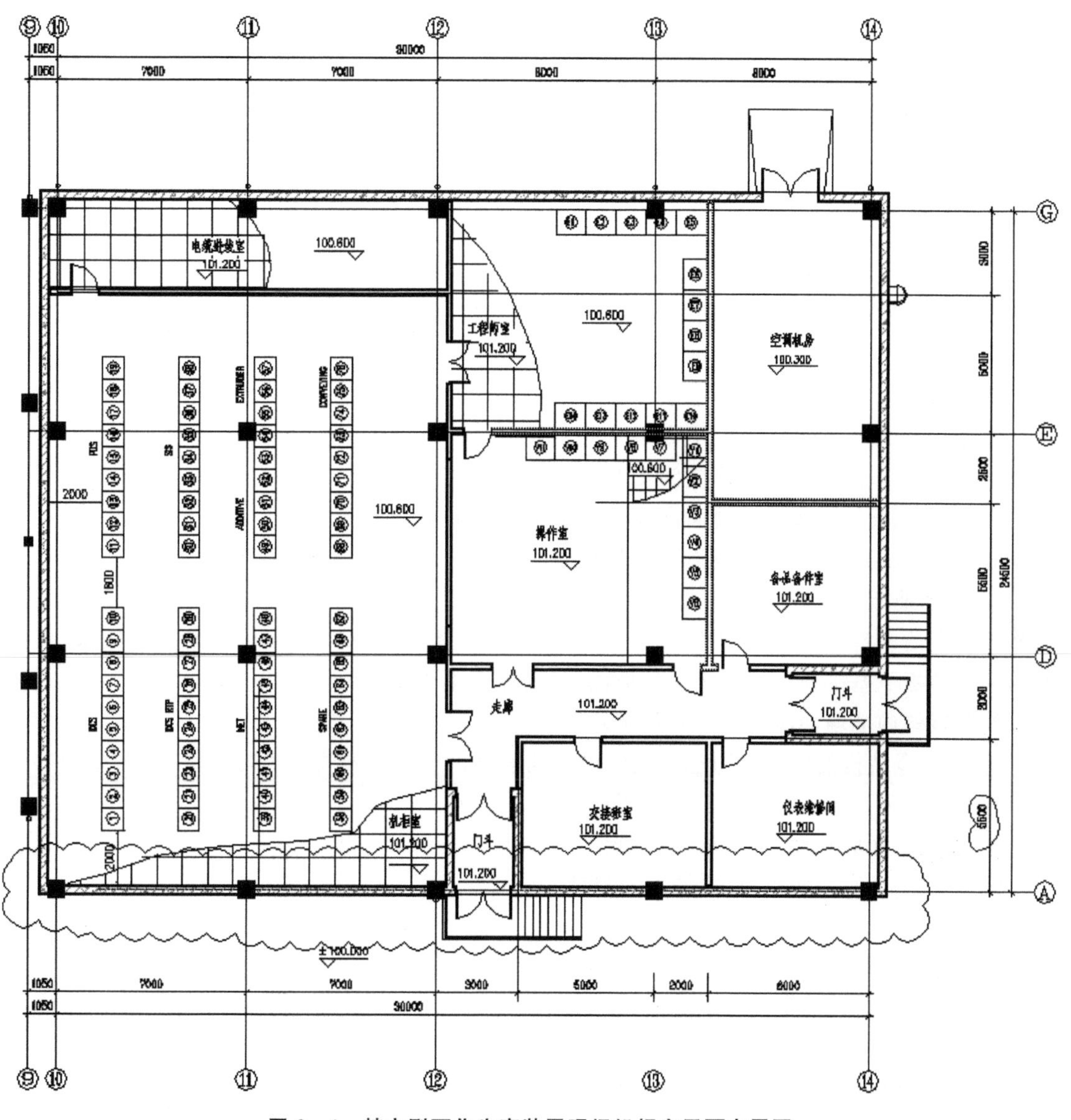

图 3-4　某大型石化生产装置现场机柜室平面布置图

3.2　控制室、机柜室设计要求

在确保自动化仪表及控制系统能够正常、安全工作的同时，还需要考虑为操作人员、管理人员、维护人员等提供一个适宜的工作环境。因而合理确定控制室的建筑面积、造型、内外装修风格，妥善解决防火、防爆、防尘、防毒害、投资费用等问题，是控制室设计过程中必须研究和优化的课题。在控制室设计的不同阶段，应根据设备、功能、要求的变化进行方案的调整、优化，合理选择性价比高的设计方案。

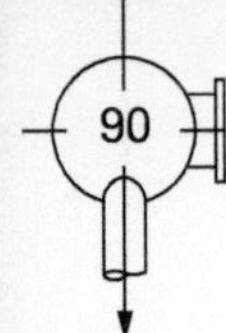

3.2.1 建筑与结构要求

对于有爆炸危险的石油化工装置，控制室、现场机柜室等建筑物应根据安全专业的抗爆强度计算、分析结果来设计和建筑。控制室、现场机柜室等建筑物为抗爆结构时，不应与非抗爆建筑物合并建筑。

为了降低建筑物可能受到的爆炸荷载影响，控制室、现场机柜室等建筑物为抗爆结构时宜为一层，不应超过两层。控制室建筑物耐火等级应为一级。

操作室、工程师室地面宜采用不易起灰尘的防滑建筑材料，也可采用防静电活动地板；机柜室应采用防静电活动地板。防静电活动地板的性能要求应符合以下规定：

① 应采用普通型或重型活动地板；

② 活动地板均布荷载应不小于 23 000 N/m^2；

③ 活动地板表面平面度应不大于 0.6 mm；

④ 活动地板的系统电阻值应为 $1.0\times10^6\sim1.0\times10^{10}$ Ω；

⑤ 活动地板面距离基础地面高度不宜小于 0.3 m，通常为 0.6 m；

⑥ 活动地板下基础地面应为不易起灰尘的建筑材料；

⑦ 活动地板应接地。

控制室活动地板下的基础地面与室外地面高差应不小于 0.3 m；当位于附加 2 区时，控制室的活动地板下基础地面应高于室外地面，且高差应不小于 0.6 m。

控制室的内墙墙面应符合下列规定：

① 非抗爆结构的中心控制室其朝向火灾危险性设备侧的外墙应为防火墙，抗爆结构的中心控制室外墙采用配筋墙或钢筋砼抗爆墙。

② 室内墙面应平整、不积灰、不反光。

③ 墙壁颜色宜为浅色，色泽调和应自然。

④ 地面、墙面和吊顶的颜色应协调一致。

控制室除空调机室以外的区域应做吊顶且应符合下列规定：

① 操作室、工程师室吊顶距地面的净高不宜小于 3.3 m，全厂性、区域性中心控制室内的操作室吊顶距地面的净高宜为 5～7 m。

② 工程师室吊顶距地面的净高不宜小于 3.0 m。

③ 机柜室等吊顶距地面的净高不宜小于 2.8 m。

④ 为满足敷设风管、电缆、管道和暗装灯具的空间要求，吊顶上方的净高应不小于 800 mm。

⑤ 吊顶应采用轻质阻燃材料。

控制室门的设置，应符合下列规定：

① 应满足安全、设备进出方便和易于清洁的要求。

② 通向室外门的数量应根据控制室大小及建筑设计要求确定。

③ 抗爆结构控制室的门应设置隔离前室作为缓冲区。

④ 控制室中的机柜室不应设置直接通向建筑物室外的门。

⑤ 应采用阻燃材料。

控制室、现场机柜室抗爆结构设计是石油化工企业的一个非常重要的内容，是否采用抗爆结构必须经过安全专业的抗爆强度计算、结果分析。以下是某石化企业以往事故爆炸对 CCR

和 FAR 建筑物的影响数据，如表 3－1、表 3－2 所示，可供我们在设计中参考。

表 3－1　某炼油乙烯项目爆炸事故对 CCR 和 FAR 建筑物的影响数据

序号	建筑物名称	抗爆过压/×100 Pa	持续时间/ms	爆炸危险源	建筑物类型	
1	中心控制室	150	109	乙烯装置	抗爆	单层
2	渣油罐区现场机柜间	770	57	加氢裂化和柴油加氢装置	非抗爆	单层
3	炼油循环水现场机柜间	310	155	轻烃回收和柴油加氢装置	非抗爆	单层
4	常减压蒸馏装置现场机柜间	690	44	柴油加氢和加氢裂化装置	抗爆	单层
5	造汽/发电装置现场机柜间	690	172	轻烃回收装置、加氢裂化装置	抗爆	单层
6	硫黄回收/尾气处理现场机柜间	30	2	硫黄回收装置	抗爆	单层
7	空分装置现场机柜间	180	97	轻烃回收装置、乙烯装置	抗爆	单层
8	MTBE/1－丁烯装置现场机柜间	380	60	MTBE 装置、1－丁烯装置	抗爆	单层
9	乙烯装置现场机柜间 1	210	178	MTBE 装置、乙烯装置	抗爆	单层
10	乙烯装置现场机柜间 2	182	220	轻烃回收装置、乙烯装置	抗爆	单层
11	聚烯烃现场机柜间	140	79	MTBE 装置、PX 乙烯罐区(二)装置	抗爆	单层
12	化工循环水厂现场机柜间	600	72	乙烯装置、MTBE 装置、PX 乙烯罐区(二)装置	抗爆	单层
13	净化水现场机柜间	160	16	PX 乙烯罐区(二)装置	非抗爆	单层
14	芳烃联合装置现场机柜间	980	80	PX 装置	抗爆	单层

表 3－2　某乙烯项目爆炸事故对 CCR 和 FAR 建筑物的影响数据

序号	建筑物名称	抗爆过压/×100 Pa	建筑物类型	
1	中心控制室	70	抗爆	两层
2	聚苯乙烯装置现场机柜间	500	抗爆	单层
3	乙苯/苯乙烯装置现场机柜间	500	抗爆	单层
4	聚乙烯装置现场机柜间	500	抗爆	单层
5	聚丙烯装置现场机柜间	500	抗爆	单层

续表

序号	建 筑 物 名 称	抗爆过压/×100 Pa	建筑物类型	
6	乙烯装置现场机柜间 1	500	抗爆	单层
7	乙烯装置现场机柜间 2	500	抗爆	单层
8	丁二烯抽提/芳烃抽提装置现场机柜间	500	抗爆	单层

3.2.2 室内平面布置和面积

控制室的主要功能是生产操作和过程控制，其设计和布置应以实用为主，不应片面追求华丽、美观。

控制室的常规功能房间和辅助房间按如下原则设置，并可根据装置规模和操作要求进行调整：

① 功能房间是指为满足装置的生产操作、过程控制、安全保护、设备维修等功能而设置的房间，宜包括操作室、机柜室、工程师室、空调机室、不间断电源（UPS）室、电信设备室、打印机室、备件室等。

② 辅助房间是指为配合装置生产操作、人员休息等功能而设置的房间，宜包括交接班室、生产调度室、会议室、更衣室、办公室、资料室、休息室、培训室、急救设备间、卫生间等。

③ 当消防控制室需要设置在控制室建筑物中时，应设置消防控制室。

控制室的功能房间面积应根据控制系统的操作站、机柜和仪表盘（柜）等设备的数量以及布置方式确定。辅助房间的面积根据实际需要确定。

控制室内的房间布置，应符合以下规定：

① 操作室宜与机柜室、工程师室相邻布置，并有门相通。

② 机柜室、工程师室与辅助房间相邻时，不宜有门相通。

③ UPS 电源室单独设置时，宜与机柜室相邻布置。

④ 空调机室不宜与操作室、工程师室相邻布置，不应有门直接相通，如受条件限制相邻布置时，应采取减振和隔音措施。空调机室应设通向建筑物室外的门，并应考虑进出设备的需要。

操作室中设备布置应突出人机接口设备（如操作站、辅操台等），需考虑人性化设计和设备外形的统一，应按人机工程学的要求进行设计；操作室应有足够的操作空间，以便于操作人员操作和维护，并预留至少 20％的扩展空间。具体要求如下：

① 操作站可按直线、折线或弧线布置，当操作室包括两个或两个以上相对独立的工艺装置时，操作站宜分组布置。

② 火灾报警、可燃气体和有毒气体报警人机界面宜采用与主控制系统相同规格的操作站，当采用仪表盘布置在操作室时，应与操作室内的其他设备协调一致。

机柜室内的机柜宜按照功能相近和方便配线原则分行、分段布置，其间距应考虑安装、接线、检修所需的足够空间。机柜室内应预留至少 20％的扩展空间：

① 安全栅柜、端子柜、继电器柜宜靠近信号电缆入口侧布置。

② 配电柜宜布置在靠近电源电缆入口侧，220 V（AC）和 24 V（DC）的配电回路应分配在不同的配电柜内。

③ 机柜布置时应避免机柜间连接电缆过多地交叉。

④ 机柜的布置宜按其所控制的工艺流程顺序排列。

⑤ 机柜上方不应正对吊顶的空调出风口。

⑥ 机柜室宜设置门禁系统。

操作室面积的确定，应符合以下规定：

① 对具有两个操作站(台)的操作室，其建筑面积宜为 40～50 m^2，每增加一个操作站(台)面积可增加 5～8 m^2，并可根据所布置的设备数量及布置方式等进行调整。

② 操作站(台)正面距墙(柱)的净距离宜为 3.5～5 m。

③ 操作站(台)背面距墙(柱)的净距离宜为 1.5～2.5 m。

④ 操作站(台)侧面距墙(柱)的净距离宜为 2～2.5 m。

⑤ 多排操作站(台)之间的净距离不宜小于 2 m。

⑥ 当设置大屏幕显示器时，操作站背面距大屏幕的水平净距离不宜小于 3 m。

机柜室面积根据机柜的尺寸及数量确定，并符合以下规定：

① 成排机柜之间净距离宜为 1.6～2 m。

② 机柜侧面距墙(柱)净距离宜为 1.6～2.5 m。

工程师室、UPS 室等的面积应按设备尺寸、工作要求及安装、维护所需的空间确定。电力电缆不宜穿越机柜室、工程师室，当受条件限制时，应采取屏蔽措施。辅助房间的面积一般根据相关专业条件、人员配置数量、功能要求等因素确定。

中心控制室的建筑面积可以适当留有余地，特别是操作室、机柜室面积可以适当大一些，为今后全厂改造新增生产装置控制系统留有安装空间。

3.2.3 采光和照明

抗爆结构的控制室应采用人工照明；非抗爆结构控制室内的操作室、机柜室和工程师室宜采用人工照明；其他区域可采用自然采光。

距地面 0.8 m 工作面上不同区域的照度标准值，应符合以下规定：

① 操作室和工程师室，宜为 250～300 lx。

② 机柜室，宜为 400～500 lx。

③ 其他区域，宜为 300 lx。

灯具的选择与布置，应符合下列规定：

① 照明灯具宜采用荧光灯。

② 操作室不应采用投射型光源。

③ 操作室内光源不应直射显示屏幕和产生眩光。

机柜室内的照明应结合机柜的布置，应能照明机柜内部。不同区域的灯具宜按组分别设置开关，以适应不同区域照明的需要。

控制室应设置应急照明系统，并应符合下列规定：

① 应设置独立应急电源系统，在正常供电中断时，可靠供电 20～30 min。

② 操作室中操作站工作面的照度标准值应不低于 100 lx。

③ 其他区域照度标准值宜为 30～50 lx。

控制室应设置适量的检修用电源插座。

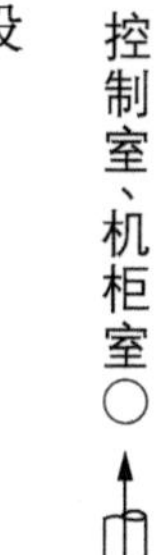

3.2.4 采暖、通风、空气调节和环境条件

控制室应进行温度和湿度控制。控制室的操作室、机柜室、工程师室等室温为冬季20 ℃±2 ℃，夏季26 ℃±2 ℃，温度变化率小于5 ℃/h；相对湿度为50%±10%，湿度变化率小于6%/h。

控制室内的空气应洁净且符合下列要求：

① 空气中粒径小于10 μm的灰尘浓度应小于0.2 mg/m³。

② 空气中的有害物质最高允许浓度为：H_2S，小于0.01 mg/m³；

SO_2，小于0.1 mg/m³；

Cl_2，小于0.01 mg/m³。

③ 空调暖通(HVAC)系统新鲜空气补充率及其循环率应符合HVAC系统设计要求。

控制室地面振动的幅度和频率应满足制造厂对控制系统硬件的机械振动参数限制要求。电磁场条件应满足制造厂对控制系统硬件的电磁场条件要求。控制室的设计应采用防静电措施。设备散热量应按控制系统厂商提供的数据确定，并宜考虑控制系统的扩展。

控制室内的空气调节系统应符合以下规定：

① 空气调节装置运行信号及公共报警信号宜引入控制系统监视。

② 当生产装置停车检修时，仍应保证空气调节装置正常运行所需的水、电供应。

功能房间宜采用空气调节装置供暖。当采用热水采暖时，管道应焊接。机柜间上方房间不应有采暖设施，相邻房间采暖设施应采用焊接方式连接。

3.2.5 设备的安装和固定

采用防静电活动地板时，操作台和机柜应固定在槽钢制作的支撑架上，该支撑架应固定在基础地面上。采用其他地面时，操作台和机柜通过其他预埋件的方式固定在地面上。

常用机柜及桥架操作台的安装和规定示例如下：

机柜安装和固定方法如图3-5所示。

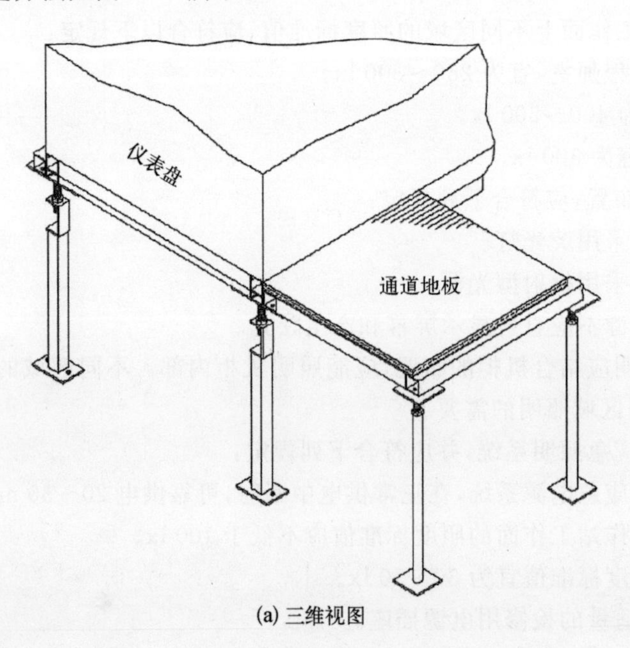

(a) 三维视图

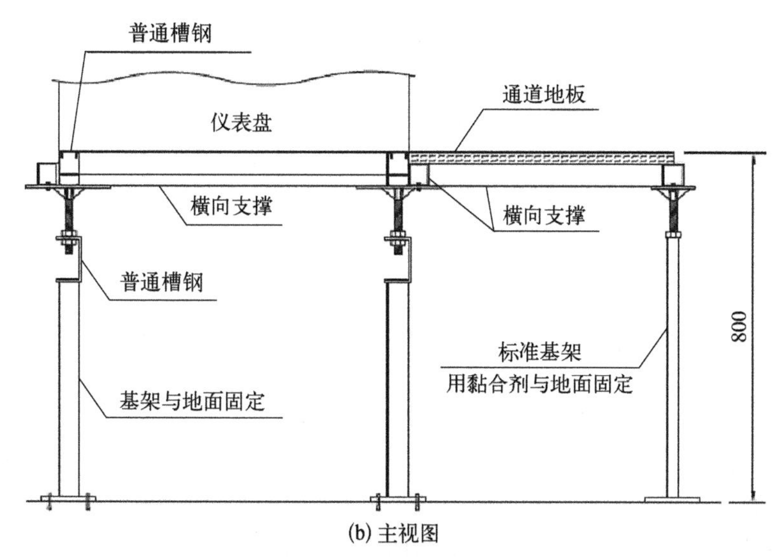

(b) 主视图

图 3-5　机柜安装和固定

桥架的安装和固定如图 3-6 所示。

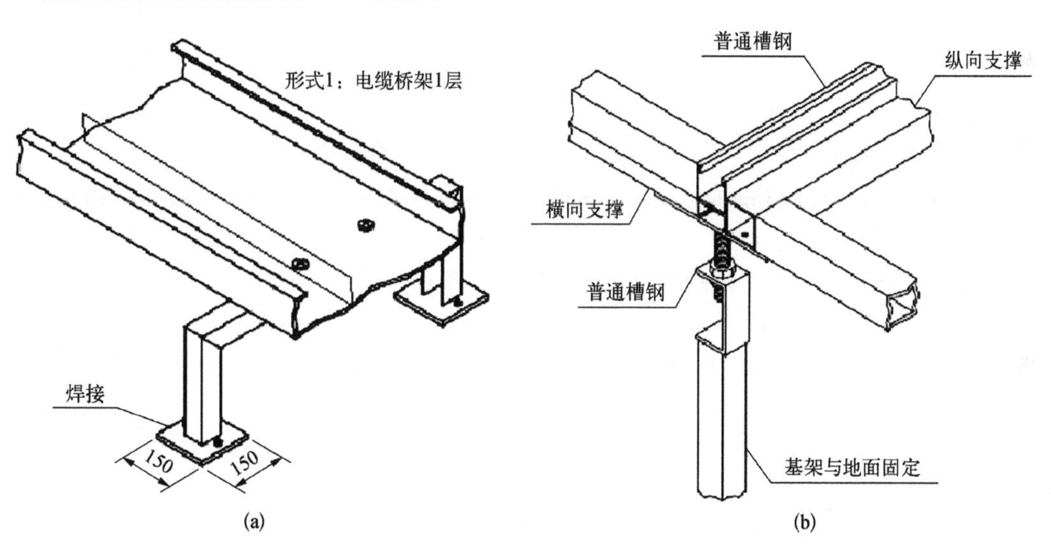

图 3-6　桥架的安装和固定

3.2.6　健康、安全和环保

控制室、现场机柜室内应设置火灾自动报警装置，并符合现行 GB 50116《火灾自动报警系统设计规范》的规定，必要时应能自动或手动切断空调系统进风阀和空调装置电源。在可燃气体或有毒气体可能进入控制室、现场机柜室的地方（如空调新风口、电缆入口等）应设置气体检测报警器。检测报警器的设置应符合现行 GB/T 50493《石油化工可燃气体和有毒气体检测报警设计标准》的规定，其报警信号需与空调新风口入口阀门自动联锁。控制室、现场机柜室内机柜间活动地板下，应设置感温电缆，信号引至 DCS 报警。控制室、现场机柜室内需设置消防设施。

操作室内噪声应不大于55 dB(A)，将操作室内的操作站主机移至机柜室集中安装，采用主机与显示器及操作鼠标分离的方式，也是降低操作区域噪声的一种有效措施，目前在许多大型工程中已有许多成功的案例和经验。

控制室、现场机柜室不允许工艺介质进入或穿过。对于抗爆结构控制室，生活水、采暖水等水管不得穿墙进入。抗爆结构控制室、现场机柜室内部不可设置分析化验室。

3.2.7 通信和电视监视系统

控制室、现场机柜室内应设置行政电话和调度电话，一般情况下也要求设置扩音对讲系统、无线通信系统、电视监视系统。电视监视系统控制终端和显示设备设置在操作室或调度室。

抗爆结构的控制室、现场机柜室等设置无线通信系统时，应该考虑设置无线信号增强设施，以保证与外界的正常通信。

控制室、现场机柜室应设置适量的电话和网络信息插座。

3.2.8 进线方式及保护措施

1. 进线方式

控制室宜采用架空进线方式，电缆穿墙入口处通常采用专用的电缆穿墙密封模块，并满足抗爆、阻燃防火、气密性、水密性、防鼠要求。

当受条件限制或需要时，可采用电缆沟进线方式，并符合以下规定：

① 电缆穿墙入口处洞底标高应高于室外沟底标高 0.3 m 以上，应采取防水密封措施，室外沟底应有排水设施。

② 电缆穿墙入口处的室外地面区域宜设置保护围堰，围堰内充砂。

操作室采用瓷砖地面时，电缆应在电缆沟内敷设，对交流电源电缆应采取隔离措施；活动地板下的信号电缆与交流电源电缆应分开，避免平行敷设，不能避免时，应采取隔离措施；信号电缆与交流电源电缆垂直相交时，电源电缆应置于汇线槽内。

架空进线与地下进线相比利大于弊，架空进线更有利于防水、防污、防鼠。

以下为进线方式设计案例：

架空敷设室外地面上进线方式如图 3-7、图 3-8 所示。

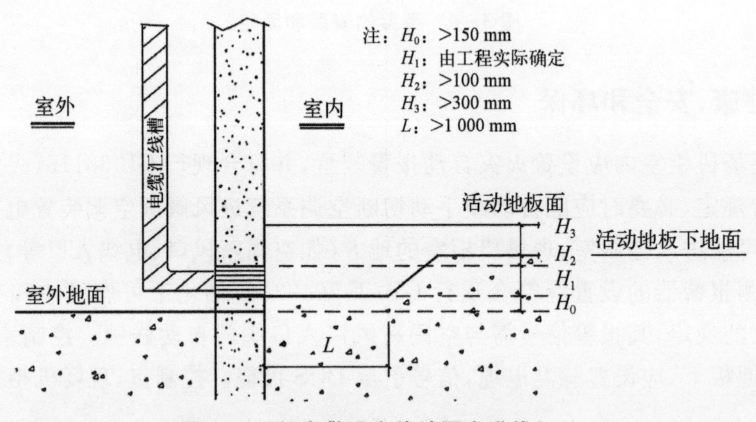

图 3-7 架空敷设室外地面上进线(一)

图 3-8　架空敷设室外地面上进线(二)

架空敷设室外地面下进线如图 3-9 所示。

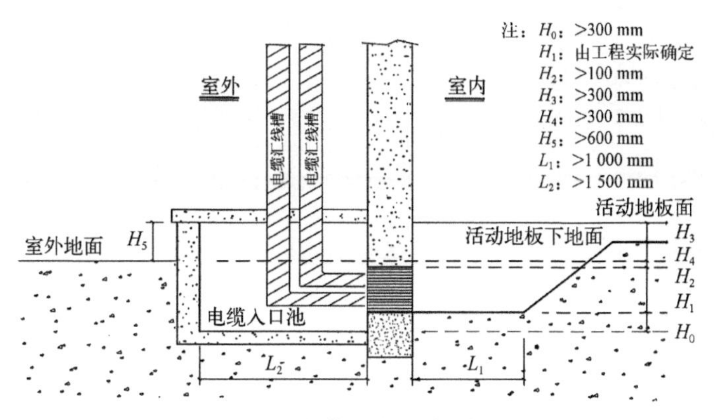

图 3-9　架空敷设室外地面下进线

电缆沟进线方式如图 3-10 所示。

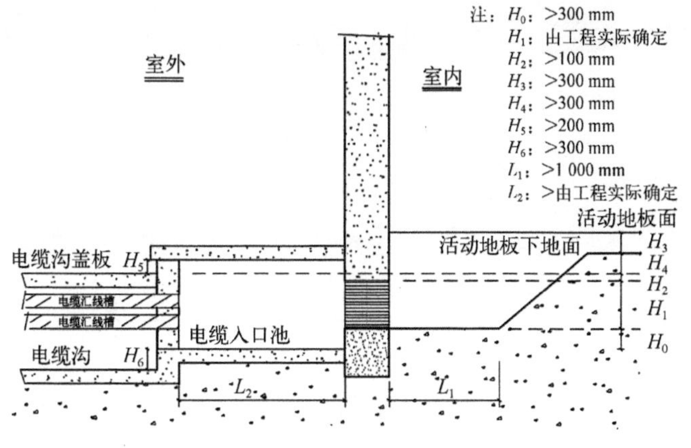

图 3-10　电缆沟进线方式

防爆穿墙模块的布置如图 3-11、图 3-12 所示。

图 3-11　防爆穿墙模块的布置(一)

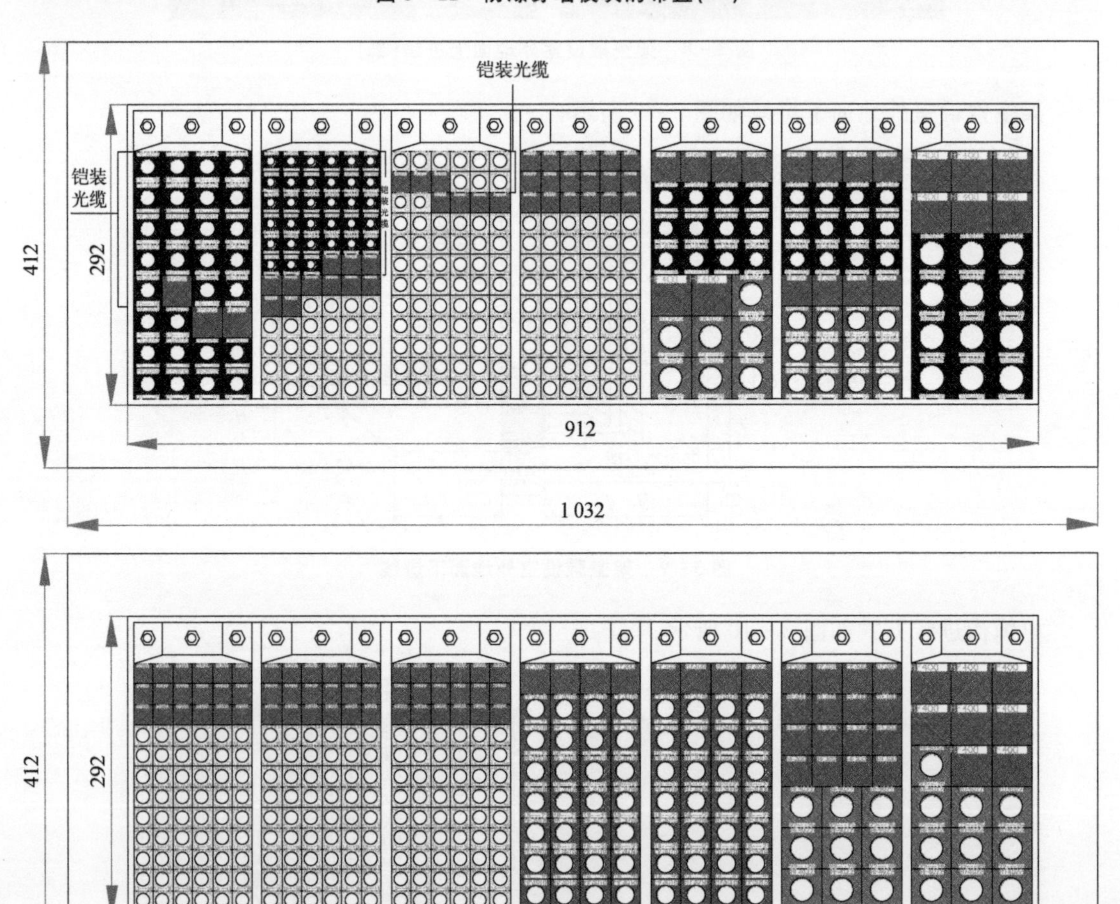

图 3-12　防爆穿墙模块的布置(二)

2. 常用的安全保护措施

控制室、机柜室入口处设置带语音提示功能的人体除静电设施。控制室、机柜室需设置温湿度变送器，将温度和湿度信号引至控制系统进行集中监视。

控制室、机柜室应考虑设置防鼠设施，防止老鼠进入机柜室、控制室，造成线路损坏。

当控制室、机柜室位于火灾、爆炸危险场所时，应采取正压通风措施，并符合下列规定：

① 当控制室、机柜室所有通道关闭时，应能维持在 30～50 Pa 压力。

② 当控制室、机柜室所有通道打开时，通过所有通道向外排的风速应不小于 0.3 m/s。

③ 正压通风系统应考虑备用措施或设置故障声光报警，并采取相应的安全联锁措施。

第4章　在线分析系统及分析小屋

石油化工的生产工艺过程是一个复杂的过程，各种正反应、副反应互相夹杂。相对于温度、压力等间接参数，介质组分含量可以最直接地反映这个复杂过程。因此，各类在线分析仪作为可以直接测量介质组分参数的仪表，在对工艺反应的监控中有着相当重要的地位。但是在线分析仪对所处环境及分析样品的流量、压力、温度等工艺参数往往具有较高的要求，稍有不满足，在线分析仪的结果与实际情况就会产生偏差，影响工艺操作人员对工艺过程的正确判断。为了在线分析仪能够准确地分析过程介质，满足分析仪对于样品及环境的要求，工程设计中往往需要配置在线分析系统及分析小屋。

本章主要讲述在线分析系统全流程各主要单元的配置，确保分析系统可靠稳定运行的设计和安装关键要素，以及常用在线分析仪的分析系统。针对分析小屋部分，主要讲述分析小屋的设计原则和各种配套设施。此外，本章还介绍了线分析仪管理系统的用途、系统构成和配置要求等。

4.1　在线分析系统

不同检测原理的在线分析仪对样品的介质状态要求往往不同。即使是同样的在线分析仪，在不同的介质状态下，使用寿命及检测结果也可能不同。为了使在线分析仪保持长时间的可靠稳定工作，往往需要为不同的在线分析仪定制不同流程的分析系统。

根据 IEC/TR 61831：2011 *On-line analyser systems — Guide to design and installation*，在设计和安装在线分析系统时，为了保证在线分析系统的可靠性，需要重点考虑以下几个因素：

① 采样点的正确定位；

② 样品传输和样品预处理的正确设计；

③ 可靠和纯净的公用工程；

④ 在冷热、潮湿、太阳辐射、雨雪、尘埃和腐蚀等环境下的防护；

⑤ 便于分析系统所有部件的维护；

⑥ 校验和标定装置的正确设计；

⑦ 适当的预防性维护。

本节将按照过程介质从工艺流程中采出，到进入分析仪表，最后从分析仪表排出返回工艺流程的顺序，对分析系统进行介绍。在线分析系统的流程示意见图 4-1。

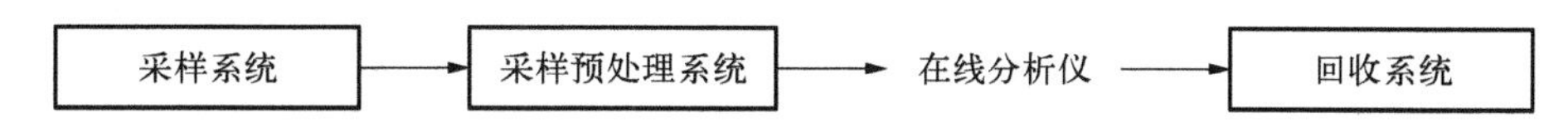

图 4-1　在线分析系统流程示意图

4.1.1　采样系统

采样系统位于分析系统流程的最前段，主要作用为将分析的样品介质自工艺管道中抽取，并通过对样品介质物性的调整，使其满足在线分析仪的进样条件。

采样系统的配置必须考虑样品的代表性、准确性、时效性。代表性是指根据工艺介质的空间分布，优化采样点位置，在有代表性的地点采集有效样品。准确性是指样品组分参数与工艺实际值之间的符合程度。时效性是指在线分析仪结果仅在一定时间段内是有价值的。

采样系统按照作用大致可分三段，即采样点和采样探头、样品传输、样品前处理。

1. 采样点和采样探头

(1) 采样点

采样点是指将样品介质从工艺管道抽取出来的位置。采样点必须考虑样品的代表性。为了使分析的结果可以真实地反映工艺介质的实际状态，采样点的位置应尽可能选择介质混合均匀、流体形态相对平稳的位置。同时考虑到检修维护的方便，采样点的位置应尽可能便于操作。

GB/T 16157—1996《固定污染源排气中颗粒物测定与气态污染物采样方法》中规定：

① 采样位置应优先选择在垂直管段，应避开烟道弯头和断面急剧变化的部位。采样位置应设置在距弯头、阀门、变径管段的下游方向不小于 6 倍直径处和距上述部件上游方向不小于 3 倍直径处。对矩形烟道，其当量直径 $D=2AB/(A+B)$，式中 A、B 为边长。

② 对于气态污染物，由于混合比较均匀，其采样位置可不受上述规定限制，但应避开涡流区。如果同时测定排气流量，采样位置仍按①选取。

③ 采样位置应避开对测试人员操作有危险的场所。

(2) 采样探头

采样探头是一种将介质从工艺采样点处取出的专用设备。根据采样点的位置及介质的物性特点，需要配置合适的采样探头。

根据结构形式不同，采样探头可分为固定式采样探头和可插拔式采样探头。

固定式采样探头主要用于较为纯净的介质，此类介质不易结晶或冷凝，也不含有颗粒物杂质，不易堵塞采样探头。常用的固定式采样探头主要有普通法兰式采样探头和普通探针式采样探头两种。

普通法兰式采样探头如图 4-2 所示。由于工艺管道内的实时样品需要等待短管及切断阀内介质传输完毕后才可以抵达采样法兰，故该类采样探头的滞后时间相对较长。普通法兰式采样探头主要用于液体介质，也可用于对采样滞后时间要求不高的气体介质。

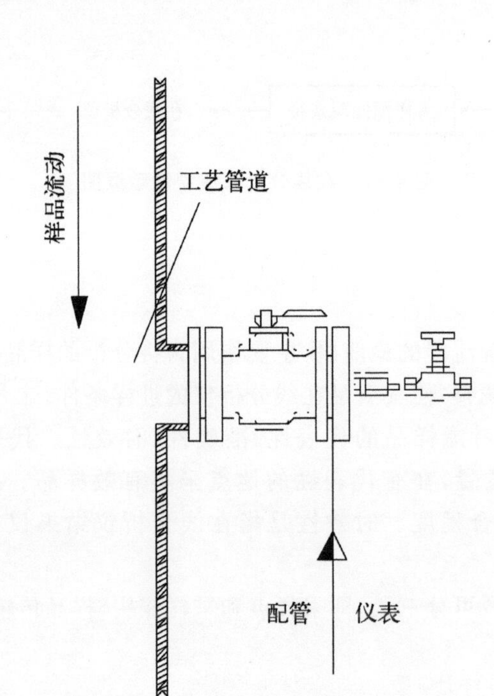

图 4-2　普通法兰式采样探头示意图

普通探针式采样探头如图 4-3 所示。在对采样滞后时间要求较高的场合，探针式采样探头通过探针缩小工艺实时样品至采样探头出口间的传输空间，缩短采样滞后时间。但由于其探针的深入，即使在探头与工艺管道间加装切断阀也无法关闭采样，一旦探头发生阻塞等特殊情况，无法将采样探头取出，故其通常仅适用于较为纯净的介质。

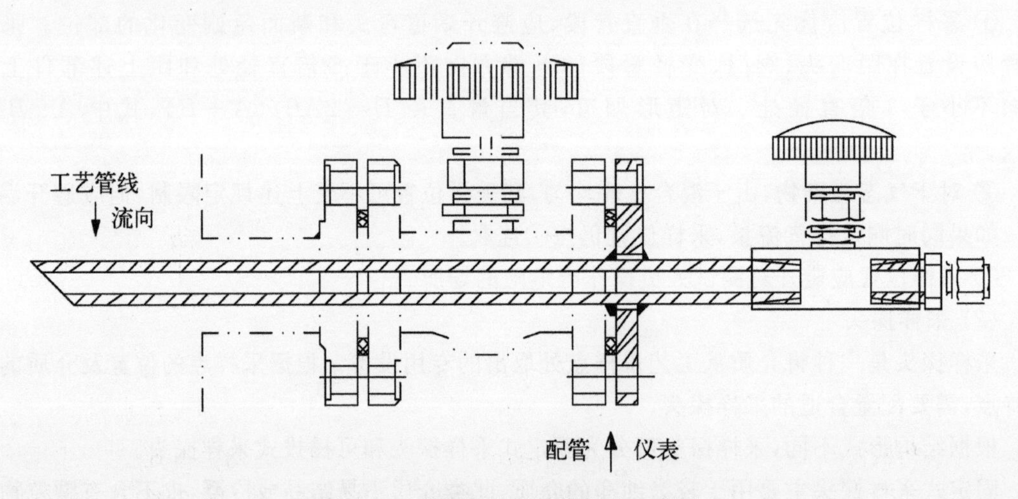

图 4-3　普通探针式采样探头示意图

为了弥补固定式采样探头的弊端，可插拔式采样探头进入了人们的视线。图 4-4 所示是一种结构较为简单的可插拔式采样探头，其通过探针与法兰之间的特殊连接头，达到探针可抽取的目的，同时在探针前端加装阻挡物，防止探针完全抽出从而导致介质泄漏。当探针抽取至无法抽取的状态时，可关闭切断阀，取下探头进行检查。

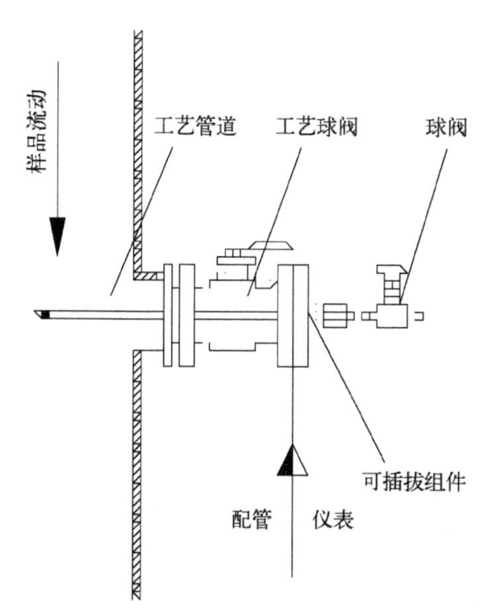

图 4-4　可插拔式采样探头示意图

除了以上这些基本的采样探头之外，面对不同的样品条件，各厂家也开发了一些特殊的采样探头。

图 4-5 所示是一种带摇臂的可插拔采样探头，其目的是防止在探头插拔的过程中，由于介质压力较高，使探针突然飞出，造成人员伤害。

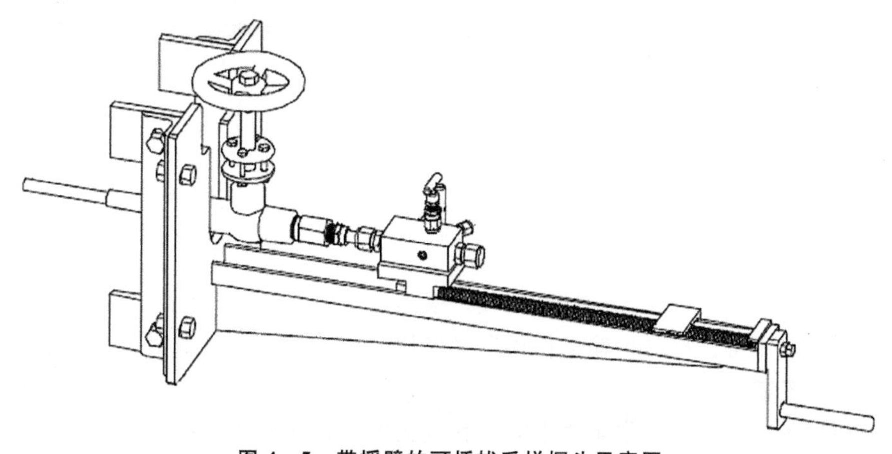

图 4-5　带摇臂的可插拔采样探头示意图

如图 4-6 所示，WELKER 采样探头是一种带自减压功能的可插拔采样探头。其通过探头前端的小孔板使样品介质在采样探针顶端减压，加快了样品在探针内的流速。相对于普通的探针式采样探头，其气态样品的滞后时间更短。同时，其独特的具有专利的液压油罐自动插拔技术可使探针自动进行缓慢的插拔。

图 4-6 所示是一种烟气连续监测系统(Continuous Emissions Monitoring System of Flue Gas，CEMS)的专用采样探头。该探头考虑到烟气介质的特性，探头整体加热，保证样品温度在其露点以上。同时，其集成过滤芯及反吹扫装置将样品中的粉尘颗粒从样品中过滤出，并反吹回烟气管线。

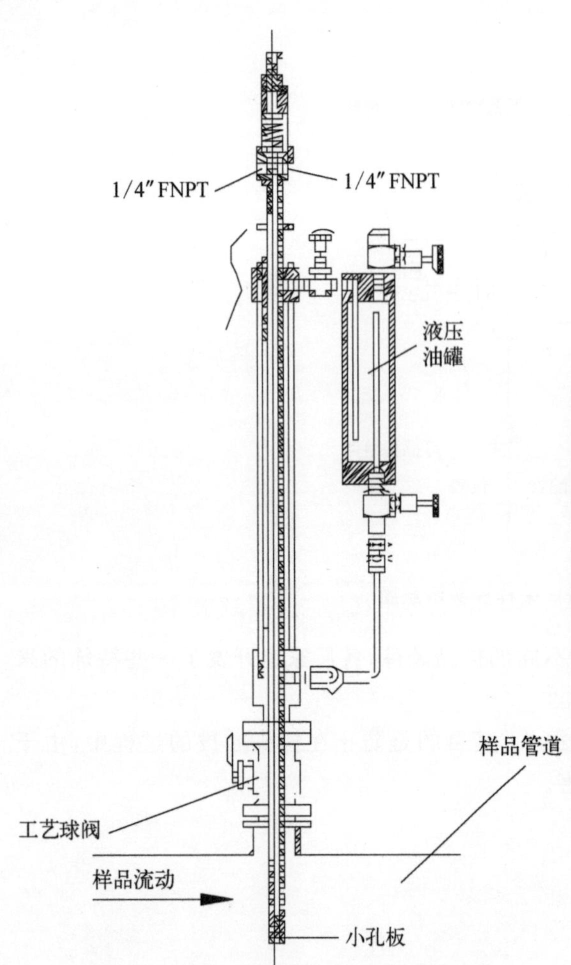

图 4-6　WELKER 采样探头示意图

图 4-7　CEMS 采样探头示意图

2. 样品传输

样品传输用于连接采样探头至样品处理。根据布置的不同，采样点与分析仪的距离可能由十几米至几百米不等。样品传输的作用便是将样品介质传输至样品处理的同时，保证传输介质的时效性和准确性。

在线分析仪的样品传输通常采用中间没有接头的一体化管缆，以减少样品介质在传输过程中与环境空气发生潜在交叉污染的可能性。

(1) 一体化管缆的结构

一体化管缆从内到外的结构依次为工艺管、伴热层（电伴热时为电伴热带，蒸汽伴热时为伴管）、保温系统（热反射带和保温层）及外护套，如图 4-8 所示。

一体化管缆的工艺采样管材质通常为 316 不锈钢。对于一些特殊的介质，考虑到介质的特性，采样管也会采用不同材质，如铜、非金属材质、特殊合金等。例如，在分析气体介质中的总硫时，考虑不锈钢对于硫元素的吸附性，为了分析的准确性，不应采用不锈钢采样管，而应首选对硫元素没有吸附作用的硅钢管。对于一些易凝结的介质，往往还采用冗余的采样管。当停车后吹扫不及时造成采样管堵塞时，无须更换已敷设管缆，直接替换为管缆中备用的采样管即可。

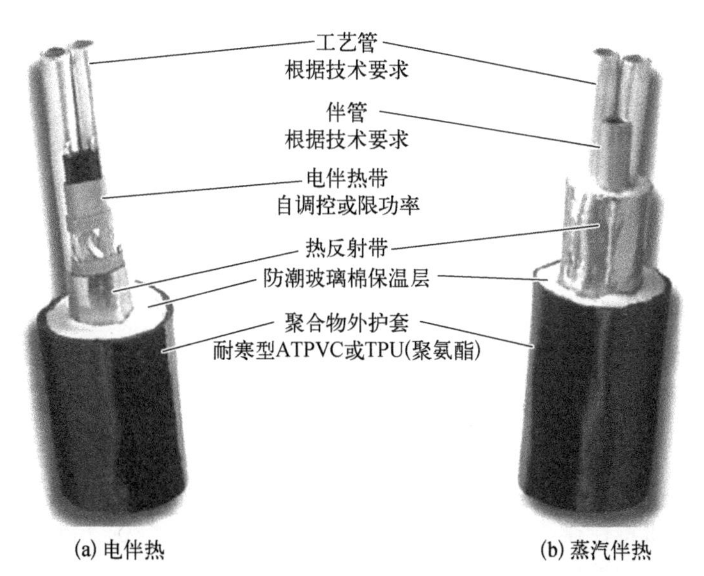

图 4-8　一体化采样管缆实物图

根据环境及样品介质特性，样品传输管缆通常可选择保温、蒸汽伴热或电伴热。例如，对样品主要是水的介质采样，在南方极端最低温度高于 0 ℃的地区，可选用一体化保温管缆；在北方极端最低温度低于 0 ℃的地区，则可采用一体化蒸汽伴热或电伴热管缆。有的样品介质对温度控制要求较高，则必须采用一体化电伴热管缆。

一体化管缆的保温系统由热反射带和保温层组成。热反射带的作用是反射采样管及伴热层所散发出的热量，减小热量的消耗。保温层的作用则是尽可能地抵御外界低温环境的侵袭，减少与外部环境的热交换。良好的保温系统可以有效地减小采样介质及伴热系统的热损失。例如，赛盟（THERMON）公司的一体化管缆，可以在工艺管线温度为 204 ℃、环境温度为 27 ℃且无风的条件下，外护套的表面温度不超过 60 ℃。此外，保温系统选材时需要特别注意氯化物的含量。保温系统的材质中如果氯化物含量较高，则会腐蚀采样管，缩短管缆的使用寿命。

聚氯乙烯(简称 PVC)是一体化管缆的工业标准护套材料。PVC 材料的经济性及适用性均较好。一体化管缆厂家采用的特殊配方 PVC 护套更是可以在－40～105 ℃的环境温度下正常工作。

（2）一体化管缆的设计及选型

以一体化电伴热管缆为例，介绍一体化管缆的设计及选型步骤。

第一步，建立设计参数(采样管、温度)。根据采样管的应用要求，选择采样管的管径、材质，并确定采样管长度；确定一体化管缆安装环境的设计最低环境温度；确定样品介质需要维持的温度。

第二步，确定热损失。根据选择的采样管管径、温差和标准保温厚度，计算热损失。热损失的具体计算方法可参考 IEEE std 515—2017 *IEEE Standard for the testing, design, installation, and maintenance of electrical resistance trace heating for commercial applications*(商用电阻加热示踪的试验、设计、安装和维护)。通常在实际选型时，一体化管缆制造商往往有各自的计算软件用于辅助计算。

第三步，选择合适的电伴热带的输出功率(热量)。根据各家一体化管缆制造商提供的各种伴热带型号对应的维持温度和输出功率曲线，查看样品介质需要的维持温度下，各伴热带对应的输出功率。选择输出功率大于热损失的伴热带型号。

(3) 样品前处理

在实际应用中，会有一些特殊的样品介质，其介质特性会影响介质传输。碰到这种情况，需要在样品传输的前端设置样品前处理。前处理通常具有过滤、减压等功能。例如，在 EVA 装置中超高压介质取样，由于介质压力高达 37.5 MPa，如果超高压介质直接通过采样管缆传输，则无疑对采样管缆提出较高的要求，因此会在样品传输的前端设置减压装置；同时，由于介质中还有油、蜡等易凝结物质，容易凝结堵塞采样管缆，因此在前处理时还需要考虑除油、除蜡措施。

4.1.2 采样预处理系统

在线分析仪对样品进样的流量、压力、温度、纯净度等有一定的要求。样品介质经采样传输至分析仪处，其介质特性往往尚不能满足分析仪的要求。此时，在分析仪前需要设置采样预处理，通过对样品介质的处理满足在线分析仪的进样条件。

为了满足在线分析仪的进样流量要求，在进表前通常设置流量调节设备。在线分析仪的进样流量很小，为了满足样品采样的时效性，通常设置采样旁路来缩短采样滞后时间。为了满足在线分析仪的进样压力要求，当采样压力较高时，可通过设置减压阀来调节进样压力；当采样压力较低时，可通过设置泵或压缩机来缩短采样滞后时间。为了满足在线分析仪的进样温度要求，当采样温度较高时，可设置水冷或风冷设施。当采样介质容易冷凝时，可设置气液分离装置。当同时需要两种样品进样时，可设置采样流路切换设备。

图 4-9 所示是丁醇/2-PH 装置铑分析仪采样预处理系统。该分析仪的目的是分析样品介质中铑元素的含量。采样介质为液体，主要为醇类和醛类。由于含铑元素催化剂在一定温

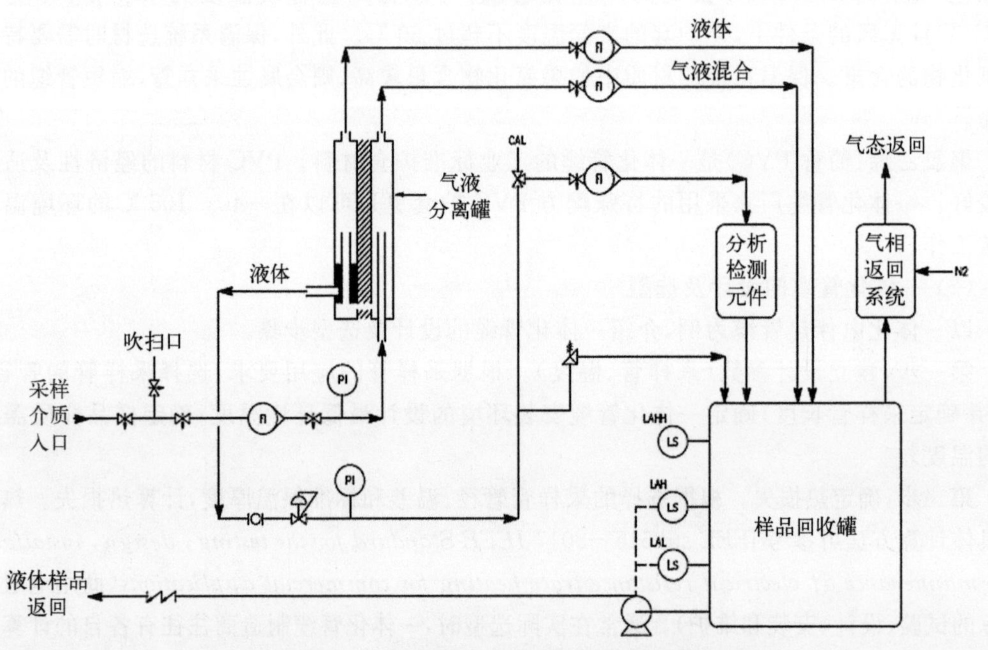

图 4-9　丁醇/2-PH 装置铑分析仪采样预处理系统示意图

度下会析出固体颗粒影响仪表分析，为了保证介质中含铑催化剂样品介质的稳定，对样品预处理进行了整体电伴热。由于采样的液态介质中还有部分气体，所以在预处理第一步通过特制的气液分离罐，该气液分离罐的特殊结构使其还具有采样旁通的功能，可以缩短采样的滞后时间。在气液分离罐后便是减压和稳流设备，用于保证样品介质的压力和流量满足分析仪的要求。

4.1.3 回收系统

为了满足在线分析仪的进样条件，样品介质在经过预处理系统及分析仪后，操作压力已不足以使其返回原采样点。如果样品介质不含有毒有害物质，则其在分析后气体可直接排入大气，液体可排入就近地漏。但是石油化工装置的采样介质通常含有有毒成分，随着国家对环境保护要求的逐步提高，分析回收系统在石化装置中的应用日益广泛。

1. 气体回收系统

目前石化装置普遍使用的在线气体分析仪(如在线色谱分析仪、顺磁氧分析仪等)，样品出口压力需要维持在标准大气压，无法直接返回相对压力较高的工艺过程或火炬系统，且经分析后的样品往往含有可燃/有毒气体，因此需要设置气体回收系统。

常用的气体回收系统采用尾气缓冲罐加回收泵来实现。图 4－10 所示是采用缓冲罐加回收泵的尾气回收系统流程示意图。分析仪出口的低压尾气首先集中排入尾气回收罐。回收罐内的尾气通过回收泵送至高压回收点。同时，回收泵出口与回收罐之间需要设置一条回流线。回流线上配置调节阀，通过调节阀调节回流量的大小保持回收罐内的压力稳定在分析仪所要求的出口压力。分析仪出口的尾气流量较小，单纯地根据分析仪出口尾气流量来进行回收泵选型，难度较大。常见的解决方案是添加一路减压后的工艺气作为回收流量的补充，以降低泵选型的难度。当分析仪的读数参与装置联锁时，通常还会在回收罐上设置一套液封装置，以防回收装置故障时分析仪出口憋压，此时分析尾气可以临时通过液封装置排出。

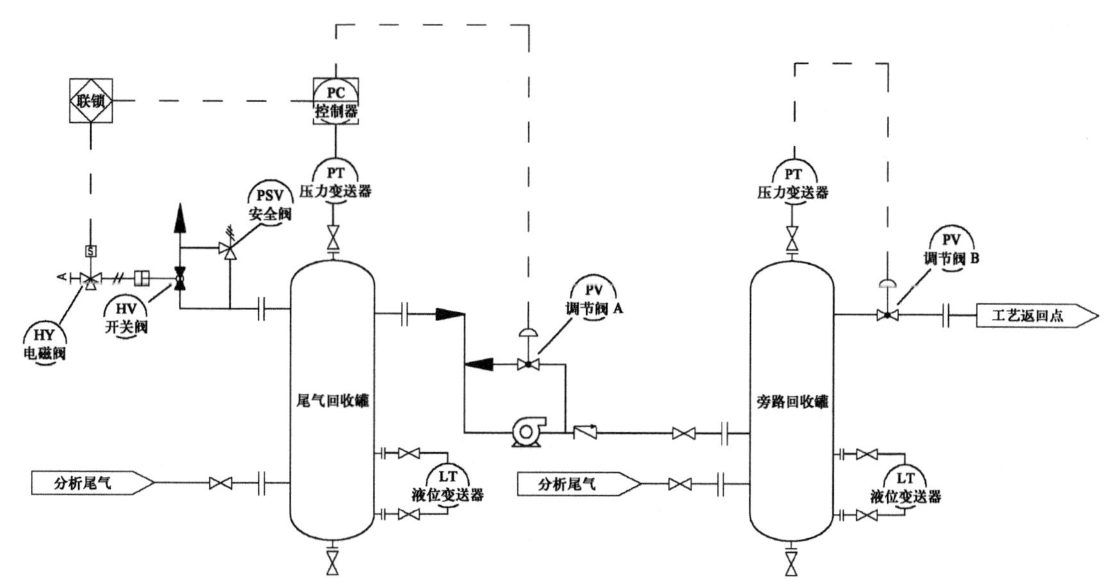

图 4－10　采用缓冲罐加回收泵的尾气回收系统流程示意图

经过实际应用，缓冲罐加回收泵尾气回收系统的使用效果总体还是不错的，但是依旧存在如下问题：

① 由于需要考虑气体在回收罐的停留时间，回收罐的体积一般较大，加上需要配置冗余的回收泵，尾气回收装置需要一定的布置空间。在一些布置空间有限的情况下，这是一个很难平衡的问题。

② 尾气回收装置配置的回收泵属于转动设备，易出现故障，需要定期维护。一旦发生故障将造成分析仪出口憋压，造成读数不准。

不难发现，以上问题的核心在于作为增压设备的回收泵本身所不可避免的操作及维护要求。为此，市场上推出了一种采用文丘里或喷射器作为动力源的尾气回收系统——Parker Vent Master（图 4－11）。

图 4－11　Parker Vent Master 外形图

该产品利用文丘里管出口压力远高于喉部压力的特点，通过合适的选型，采用装置中常见的仪表风、氮气或其他工艺气作为喷射源，在保证喉部吸气压力为标准大气压的同时，使文丘里出口压力稳定在一定值以上。同时，文丘里管结构简单，没有转动部件，不需要维护，是分析尾气回收泵的理想替代品。

2. 液体回收系统

相对于气体回收系统，液体回收系统较为简单。分析后的液体及采样旁通流量液体可统一集中至液体回收罐内，再用泵加压返回至工艺返回点。

比较特殊的是含有挥发性气体的液体回收系统。在采样减压的过程中，挥发性气体会从液体介质中析出，在回收罐中聚集，如没有措施，将造成回收罐压力升高，影响采样流量。为了保证采样流量的稳定，对于含挥发性气体的液体，其回收系统需要配置压力控制系统（图 4－12）。通过在回收罐顶部设置压力调节阀，调节回收罐压力。当挥发性气体不能直接排入大气时，可采用文丘里管或泵将气体加压后回收。

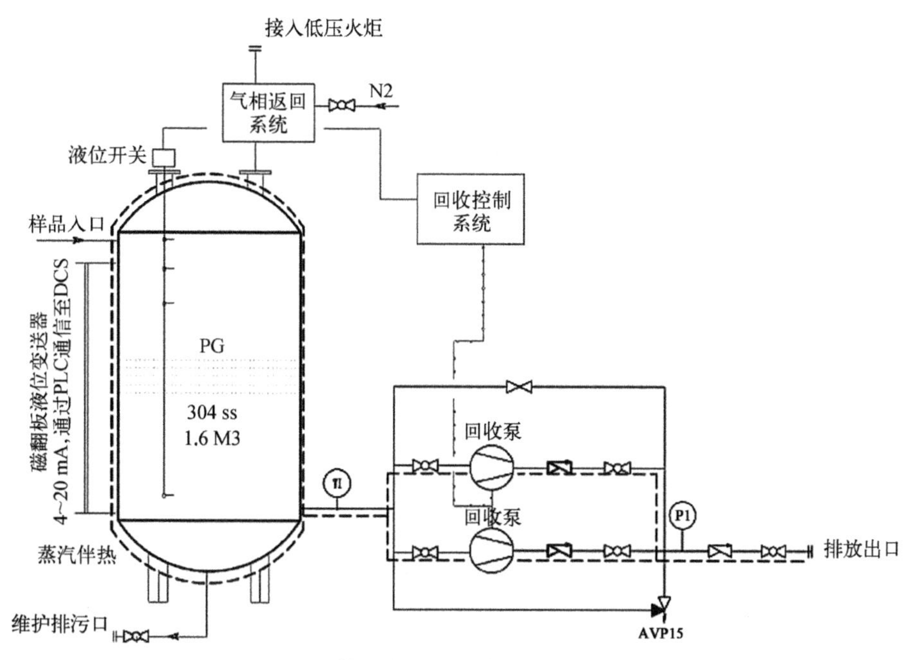

图 4-12　带压力控制的液体回收系统流程图

4.1.4　常用在线分析仪系统

1. 在线气相色谱分析仪

图 4-13 所示为多流路在线气相色谱分析仪系统示意图。色谱分析仪为间歇分析，分析一组样品通常需要数分钟，为了后续样品的时效性，需要设置快速旁路。经过快速旁路的样品进入多流路切换阀组。色谱分析仪出口配置大气平衡阀。当色谱分析仪分析一路样品后，发出信号，控制流路切换阀动作，同时控制大气平衡阀切换至大气位置，保证色谱采样时的背压稳定。在采样结束后，切换大气平衡阀至返回位置，保证没有过量的样品排至大气。

2. 在线顺磁氧分析仪

图 4-14 所示为在线顺磁氧分析仪分析系统示意图。机械式顺磁氧分析仪的测量元件要求样品中不能有水，所以在预处理系统中需要重点考虑样品介质的去水。在采用旁通过滤器除水后，介质进入分析仪前宜增加二级过滤去水。

3. 在线液相色谱分析仪

图 4-15 所示为在线液相色谱分析仪系统示意图。在线液相色谱分析仪与在线气相色谱分析仪不同，分析出口无须设置大气平衡阀。此外，在线液相色谱分析仪的标定比较特殊，它不像气相色谱分析仪通常采用预制的标气钢瓶，而是通过分析系统人工采样部分样品，经过实验室化验后，再将样品作为标液以标定色谱分析仪。

4. 在线 pH 分析仪

由于 pH 电极探头的工作原理，其往往无法承受较高的温度及压力。在高温高压情况下，通常需要为 pH 探头配置分析预处理系统。图 4-16 所示为在线 pH 分析仪系统示意图。样品在经过减温减压，符合分析仪使用要求后，再送至探头所在的流通池，用于正常分析。

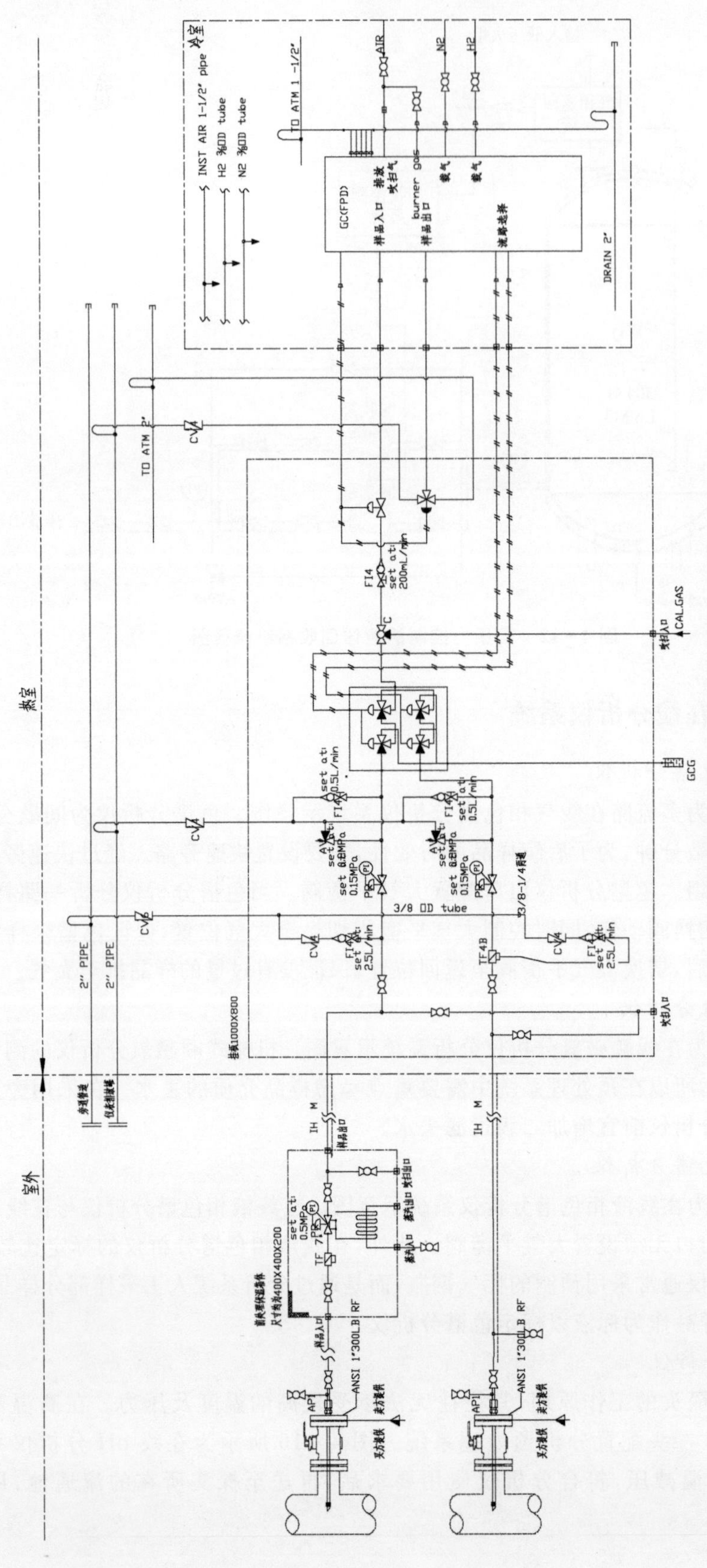

图 4-13 多流路在线气相色谱分析仪系统示意图

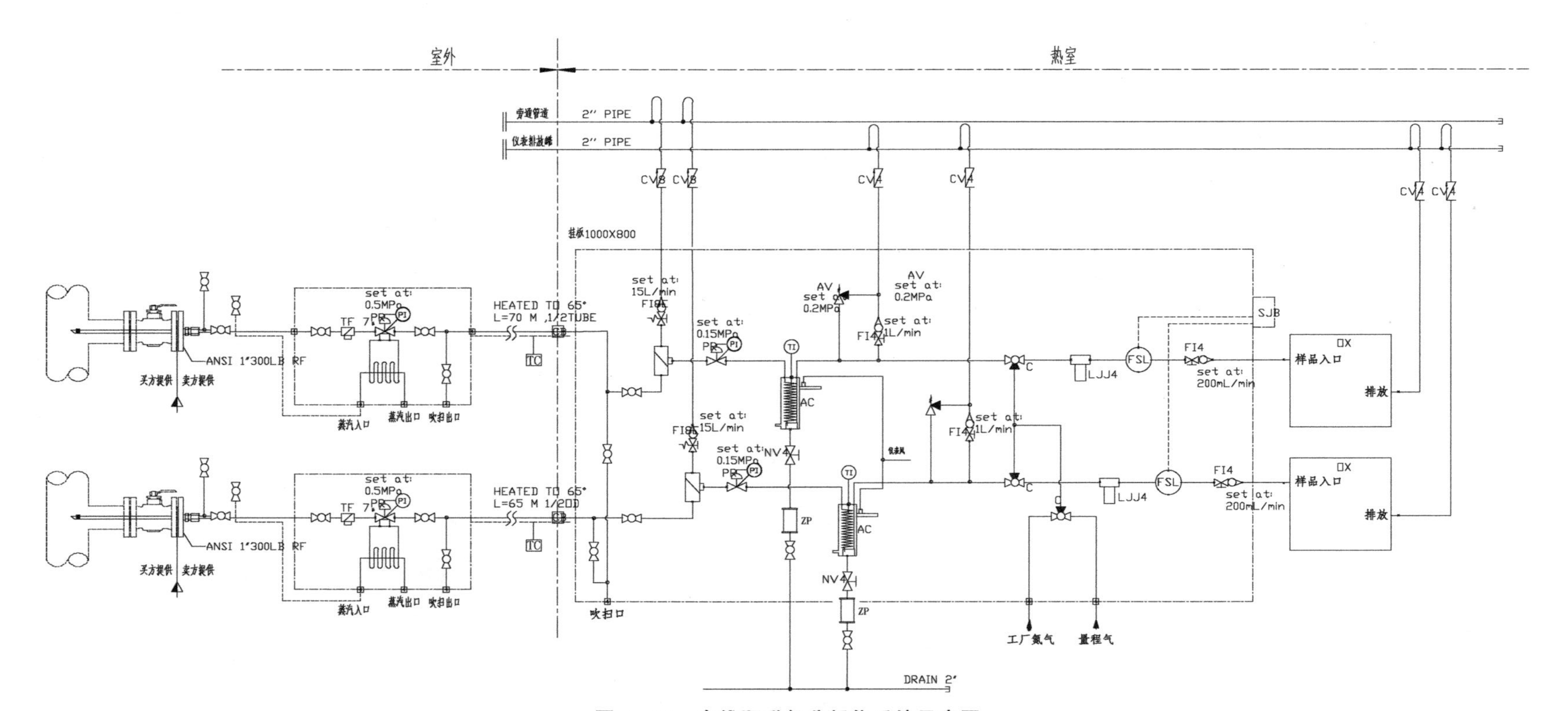

图 4-14 在线顺磁氧分析仪系统示意图

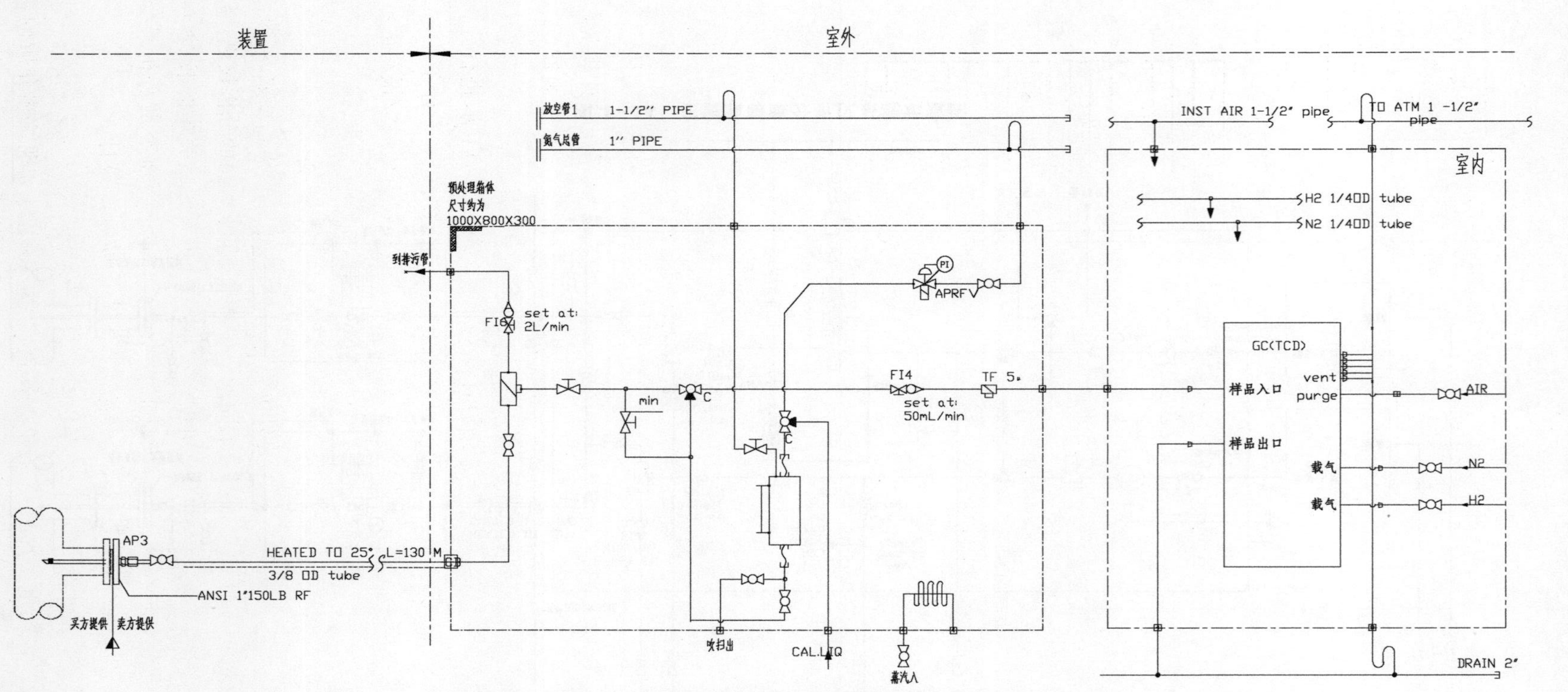

图 4-15　在线液相色谱分析仪系统示意图

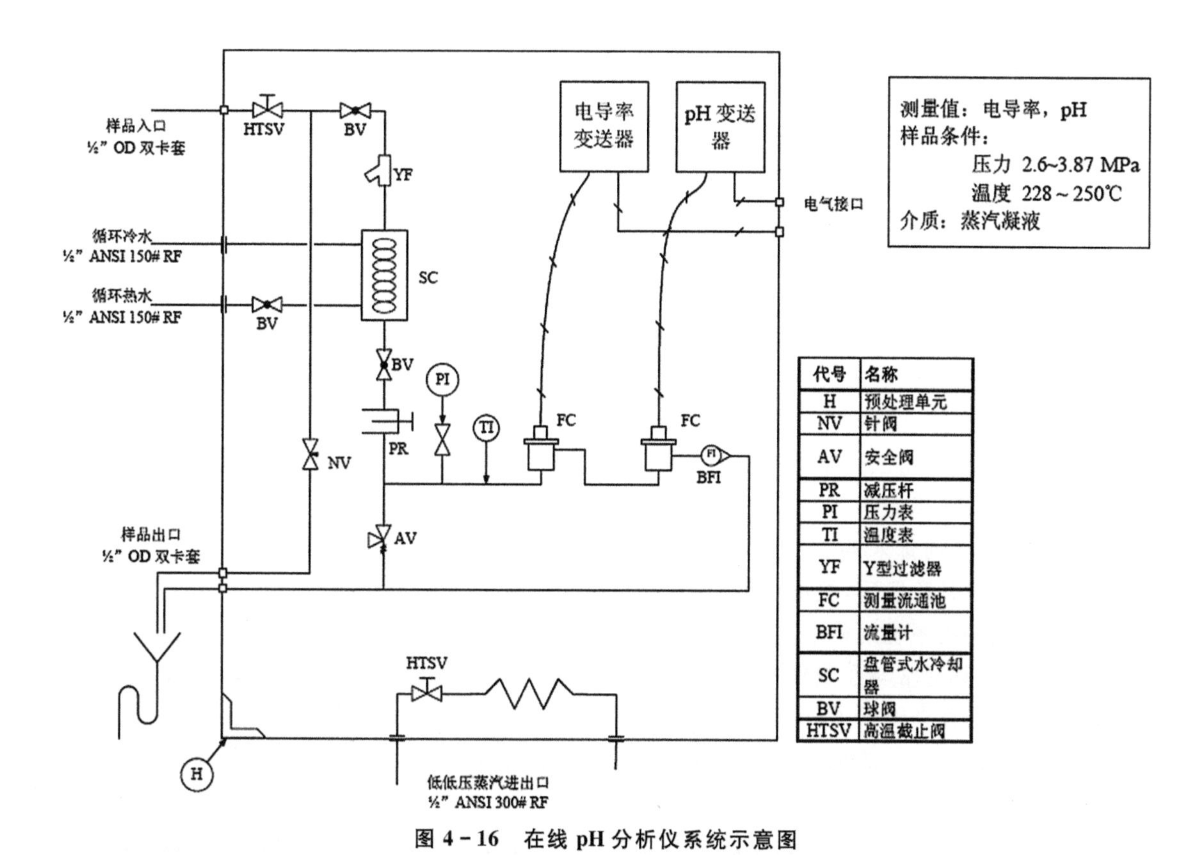

代号	名称
H	预处理单元
NV	针阀
AV	安全阀
PR	减压杆
PI	压力表
TI	温度表
YF	Y型过滤器
FC	测量流通池
BFI	流量计
SC	盘管式水冷却器
BV	球阀
HTSV	高温截止阀

图 4－16　在线 pH 分析仪系统示意图

4.1.5　在线分析系统的工程设计及实施

在线分析系统的工程设计及实施可根据设计阶段分为基础设计和详细设计两个阶段。设计遵循的标准规范主要是 SH/T 3174—2013《石油化工在线分析仪系统设计规范》，完成的设计文件为在线分析系统规格书。通常，在线分析系统没有独立的规格书，其规格要求体现在配套的在线分析仪或分析小屋规格书中。

在基础设计阶段，进行工程设计；在详细设计阶段，工程实施工作启动，进行分析系统询价采购，召开分析系统开工会，确定分析系统工程方案，提交分析系统配套设计条件，完成分析系统工厂验收(Factory Acceptance Test，FAT)、分析系统现场安装及验收及最终的分析系统开车调试。

1. 工程设计

基础设计阶段，由工艺专业提出具体的分析要求，如工艺介质的状态参数、详细组分、需要分析的内容、量程、分析响应时间等。根据不同的分析要求，选择不同的分析仪表，并进一步确定是否需要配置分析系统。确定分析系统初步方案，完成分析系统相关规格书，明确相关的材料设备，并预估工程量。当所选分析仪表满足工艺直接安装时，则无须配置分析系统。当确定所选用的分析仪表需要配置分析系统后，便开始进行分析系统基础设计。

分析系统相关规格书包括如下三个要点：

① 采样系统。首先，确定采样点的位置。采样点应能够充分体现被测介质的组分特性。

其次，确定采样方案。根据不同应用工况，确定采样点是否需要伴热、减压或其他特殊处理。最后，确定传输方案。根据现场环境、介质特性及采样时间要求，确定传输管缆的管径、保温伴热方式，必要时考虑是否设置增压泵。

② 样品预处理系统。确定样品进分析仪前的基础配置，明确是否需要对介质压力和温度进行调节，是否需要设置快速旁路，以及一些对于特定介质的特殊处理要求。

③ 回收系统。根据仪表选型及介质采样返回点参数，确定分析系统是否配置回收系统，以及配置何种规模的回收系统。

依据分析系统相关规格书的配置，汇总基础设计阶段的采样探头类型和数量、传输管线类型和数量、预处理系统数量、回收系统类型和数量、电加热器数量、信号及供电电缆长度等材料设备及工程量，并预估费用。

详细设计阶段，将依托基础设计阶段的分析系统规格书，随着工程设计的深化，对分析系统规格书内容进一步完善。

2. 分析系统询价采购

进入详细设计阶段后，根据上游专业的设计条件，编制在线分析系统询购技术文件，包含请购书和在线分析系统规格书。与在线分析系统规格书一样，在线分析系统通常也无独立的询购技术文件，其通常与在线分析仪或(和)分析小屋组合成一份技术询购文件。完成后的技术询购文件将与商务询价书(由采购负责)一起，作为分析系统的采购依据。

完成询购技术文件的编制工作后，设计需配合采购部门进行询价、招标、订购等工作，以最终确定系统供应商。

除了在线分析系统规格书技术规格书之外，技术询购文件中通常还包括以下描述及说明内容：

① 供货范围。供货范围中详细罗列要求分析系统供应商供货的设备及数量。分析系统的供货范围通常包括分析采样探头、分析前处理、采样传输管缆、分析预处理系统及机柜、回收系统、备品备件、特殊工具等。

② 工作范围。工作范围中详细罗列了要求分析系统供应商提供的一系列服务。分析系统的工作范围通常包括分析系统的设计、制造、组装、检(试)验、包装、运输、现场安装指导及协助开车等。

③ 技术要求。由于技术规格书通常以表格的形式出现，其中对于分析系统的技术规格很难做出详细描述。为了使供货商能够更好地理解设计意图，在询价书的技术要求部分会对分析系统需要特别注意的技术要求进行罗列和详细说明。

④ 质量保证及服务。对供货商的质保期限、服务响应时间及备件供应期提出要求，同时对如人员培训、参加会议等一些非常规服务要求进行详细说明。

⑤ 检验及实验。规定分析系统供应商需要在各阶段进行的检验项目、检验标准及人员要求，保证在项目全周期内的质量可控。在分析系统中标后，通常需要在开工会、资料提交、出厂前、到货后及开车前对分析系统的设计、制造及到货情况进行检验。

⑥ 资料交付进度及要求。规定分析系统制造商报价、中标、出厂三个阶段分别需要提交的资料内容、进度及要求。

3. 分析系统开工会

在结束商务招标，确定分析系统制造商后，为保证分析系统制造商正确理解技术要求，需要召集分析系统制造方、分析仪表制造方、业主方及设计方一起开分析系统开工会。

分析系统制造方需要提出分析系统正常运行需要确定的一系列问题，以及必需的资料内容及时间节点。

分析仪表制造方需要提出分析仪正常运行的样品进样温度、压力、流量及公用工程等技术要求。

业主方需要提出其对分析仪及分析系统的日常维护、备品备件及第三方供货商品牌等要求。

设计方需要对分析系统制造方的报价方案提出修改意见，对分析系统制造方的技术疑问进行解答，明确各方的供货范围及工作界面，并对其修改后的图纸提出进度要求。

分析系统开工会完成后需要提供开工会会议纪要，并由各方签字确认，作为后续设计、方案确定及各类检查的依据。

4. 分析系统工程方案

分析系统开工会后，分析系统制造方按照开工会的要求提交修改后的分析系统工程方案，通常包括分析系统采样探头制造图、分析预处理系统图、分析系统地基尺寸图、分析系统公共工程系统图、分析系统机柜外形尺寸图、分析系统接线图等。设计方需要对分析系统工程方案图纸进行最终确认，以便制造商进行下单制造。

5. 分析系统配套设计条件

在分析系统工程方案确认后，需要依据图纸向各专业提交设计条件。

依据分析系统探头制造图，向工艺、配管专业提交分析采样条件，明确分析采样点的过程连接等级及尺寸，以及是否需要配置采样切断阀。

依据分析系统地基尺寸条件，向结构专业提交基础条件，明确分析系统柜的安装基础。

依据分析系统公用工程系统图及分析系统机柜外形尺寸图，向工艺、配管专业提交分析系统公用工程条件，明确分析系统所需要的公用工程种类、交接面等级尺寸及相对位置。

此外，如果分析系统需要 380 V 供电，则需要向电气专业提交分析系统供电条件。

合理准确地提交分析系统配套设计条件，对分析系统的正常运行非常重要。

6. 分析系统工厂验收

对于重要或复杂的分析系统，在其完成组装准备发货之前，需要业主方、设计方、分析仪表制造方前往分析系统集成地，进行工厂验收(FAT)。

FAT 的内容主要包括：

① 完整性检查。确定分析系统制造方所提供的产品、图纸是否准确，是否与询价供货范围中要求的内容及数量一致。

② 外观检查。确定分析系统制造方所提供的产品外观是否符合要求，是否具有应有的标识。

③ 仪表上电检查。对分析系统进行供电测试，并确认分析仪表可以正常上电开机。

④ 分析系统模拟进样。采用标气及零点气模拟样品进样，对分析系统响应时间进行测试，保证预处理滞后时间满足询价技术要求。

⑤ 信号接线检查。在信号交接端子处用万用表检测信号输出，保证分析系统信号接线牢靠。

FAT 完成后需要提供 FAT 报告，并由各方签字确认。对于 FAT 中发现的问题，分析系统制造方应在产品出厂前完成整改。

7. 分析系统现场安装及验收

分析系统现场到货后，由现场施工队在分析系统制造方的现场指导下，完成分析系统的现场安装。在现场水、电、气等公用工程满足分析系统要求后，进行分析系统现场验收（Site Acceptance Test，SAT）。SAT的测试内容在FAT的测试内容的基础上，增加了与装置系统的信号联调，其他内容与FAT的一致。

8. 分析系统开车调试及维保

在装置开车前，由分析系统制造方派人对分析系统进行开车调试，保证工艺介质采出后分析系统的正常运行。同时在开车后的一定时间内（根据技术协议中规定时间）派专人驻守现场，协助用户维持分析系统的正常运行，并在发生突发状况时提供协助。

4.2 分析小屋

在线分析仪表及其分析系统对工作环境有一定的要求。不同的分析仪表对于环境温度、湿度等的要求不同。

pH计、电解电导率计等具有一定外壳防护等级的在线分析仪表，只要符合危险区域分类和仪表本身对环境及工艺介质的要求，便可直接露天安装。这种方法的优点：① 外壳周围的区域是自然通风的，因此不会在在线分析仪表外壳外积聚爆炸性气体；② 安装成本低。缺点：① 无法为设备或维修人员提供室外环境的保护；② 设备必须在选型中考虑减小环境腐蚀；③ 露天安装的在线分析仪使用寿命通常没有安装在分析机柜、遮蔽物或分析小屋内的长。这种露天安装的方式不适用于在线分析仪需要伴热或经常维护的情况。

常用气相色谱分析仪的工作环境温度为0～50 ℃，防护等级不高于IP54。这通常无法满足大部分石化装置的露天工作要求。为了使在线分析仪表可以在恶劣气候和环境下正常工作，通常采取相应的防护措施。

4.2.1 一般原则

目前石化装置中，无法满足露天工作环境的在线分析仪表的常规防护设施有遮蔽物、分析机柜及分析小屋。

当在线分析仪表的防爆性能符合危险区域分类、环境条件符合在线分析仪要求时，可以使用遮蔽物的方式。遮蔽物有一个可通风的顶棚。遮蔽物如有侧板，则侧板下边缘应至少距离地面0.5 m以上，以保证通风顺畅。分析仪应布置在侧板下边缘以上位置。常用的遮蔽物包括遮阳棚等。遮蔽物可以方便地用于仅需要最小保护的在线分析仪表。在处理高毒性样品时，采用遮蔽物是有利的。其优点是敞开的环境可以提供永久的自然通风，避免泄漏的物质聚集的可能，同时为人员维护提供了一定的环境防护。其缺点是不能改变分析仪表所处环境的危险区域分类，只能提供最低限度的环境保护。

分析机柜体积较小，布置方便，通常用于较为简单的单台或多台在线分析仪的现场防护。分析机柜与分析小屋比较，虽然相对简单，但其配置原则与分析小屋基本一致。它可以如同分析小屋一样提供样品减压、伴热等预处理。露天安装的分析机柜同样需要考虑太阳直射对柜内在线分析仪的影响，应采取必要的温度控制措施。当安装有非防爆在线分析仪的分析机柜需要安置于防爆区域时，则必须采取正压空气吹扫措施。当在线分析仪具有如下情况时，相对于分析小屋的集中安装，更宜采用分析机柜的就地安装形式：

① 集中安装的成本比就地安装更高。

② 工艺要求对分析滞后时间要求极高，而集中安装后会造成采样距离过长，分析滞后时间无法满足要求。

③ 长距离传输样品会加剧预处理难度，对于样品为蜡质、含微量成分等工况，分析小屋在集中在线分析仪的防护措施中，成本最高，但是合理布置的分析小屋对在线分析仪及人员的防护是最高的。在线分析仪造价高昂，需要高度保护，并且定期需要人员维护。将在线分析仪安装在分析小屋内，可以为仪表的操作和维护提供一个可控的环境，降低长期维护成本。这种保护在极端环境条件下是必不可少的。

分析小屋相对于遮蔽物及分析机柜，其体积更大，防护等级更高。多台在线分析仪集中安装于同一分析小屋内具有众多优势：

① 统一安装。

② 集中采用多芯电缆布线。

③ 集中水、电、蒸汽、仪表风、氮气、排净及放空等公用工程配管。

④ 便于采暖通风及空调系统的日常统一维护。

对于分析小屋布局，通常的做法是将在线分析仪集中于分析小屋内墙，而与在线分析仪配套的预处理装置与其背对背隔墙安装，使两者间的距离最小。信号及电源接线箱则安装在分析小屋的其他外墙面。此外，外墙面还要考虑通风、空调机组、气瓶固定支架调换等布置空间。为了防止液体渗入分析小屋，通常将分析小屋安放在高出地面 150～300 mm 的混凝土基础上。混凝土基础平坦整洁，并在小屋边角位置预埋钢板，用于分析小屋的焊接固定。

由专业分析系统集成商或分析仪表供应商提供的预组装分析小屋及分析系统通常是在工厂中安装新的在线分析仪最有效和最经济的方法。它们可以将一台或多台在线分析仪、相关的样品预处理系统及公共工程集成为一个整体。这种方法有很多优点：

① 由专业供应商设计和建造的分析系统通常优于由现场施工承包商在现场搭建的配管系统。

② 减少现场承包商的设计和施工量。

③ 分析系统的组建不受工厂建设现场的天气和劳动条件的影响。

④ 对于分析系统，专业供应商人力通常比现场施工承包商工的人力更熟练，更有经验。

⑤ 分析小屋及分析系统可以在供应商工厂进行全面测试，并在交付现场之前纠正大部分的设计和施工错误。

⑥ 专业供应商以往的设计经验可节省成本并提高可靠性。

⑦ 专业供应商可提供针对性的设计和操作手册，更便于分析系统的后期维护。

4.2.2 结构

分析小屋通常采用金属结构。骨架、底座和屋顶采用型钢焊接而成，具有足够的强度及刚性，保证分析小屋在荷载、起吊、平移和运输时不变形。

考虑到石化装置的复杂环境，分析小屋外墙面及外顶面通常采用不锈钢。而分析小屋屋内环境通常较为理想,内墙及内顶面可采用镀锌钢板,钢板表面采用喷涂处理。屋顶应有一定的倾斜,以防止积水。在分析小屋内部的最低及最高点,为防止气体的局部积聚,应安装合适的通风孔。通风孔应有合适的保护,防止雨水经通风孔倒灌入屋内。

由于部分在线分析仪表的防护等级不能满足现场安装的 IP65 要求,所以分析小屋屋顶必须进行防水设计,以保证能够在风雨天气对安装在其中的在线分析仪表进行有效防护。同时,考虑到施工吊装人员的操作,屋顶面应有一定的承重能力,至少保证两名施工吊装人员在屋顶操作时外屋面钢板不会产生永久变形。对于北方多雪地区,还应考虑雨雪在屋顶聚集的影响。

为了减小分析小屋外环境温度变化对分析小屋内温度产生的影响,内外墙和内外顶之间需要填充阻燃型保温材料,厚度通常为 70～75 mm。如果分析小屋所在地环境温度较低,保温层还需加厚。

分析小屋内部地板通常采用厚 4～6 mm 的防滑金属板,材质为不锈钢或镀锌钢板。当采用镀锌钢板时,表面必须进行喷塑处理。

为考虑人员逃生,分析小屋的门应为外开型,并安装碰撞型逃生安全锁。无论门是否从外部锁闭,内部人员均可迅速地推门撤离。门上需要安装抗碎安全玻璃,以便不进入分析小屋也能从屋外观察屋内的情况。当分析小屋长度大于或等于 6 m 时,应设置两个门。门的标准尺寸为宽 900 mm、高 2 000 mm,能自动关闭。

受公路运输宽度限制,分析小屋的室外宽度为 2.5 m,高度不超过 3 m。对于一些超宽超高的分析小屋,如在北方极寒地区,在线分析仪和预处理系统均需置于分析小屋内的情况,可将分析小屋分为预处理室和分析仪室两部分,分开制造、运输,再在现场组装成一体。

4.2.3 配电

石化装置分析小屋的供电由两部分组成:电伴热、泵、照明、采暖通风设备、维护插座等公用设备,由工业电源供电;在线分析仪表、安全系统等控制联锁设备,由 UPS 电源供电。

工业电源供电由电气专业提供,通常采用 380 V 供电。HVAC 机组、电伴热系统耗电高,不应和其他设备混合配电。需要注意的是,电伴热系统的启动电流相比其运行电流要高很多,所以在选择电伴热系统的空开时,空开容量需要适当放大,否则容易引起电伴热启动时跳电。

UPS 电源由控制系统 UPS 电源柜提供,采用 220 V 供电。

电源接线箱位于分析小屋外部。电源线通过接线箱接入分析小屋内部的配电箱。每台在线分析仪和设备应通过分别供电,并配有独立的熔断保护装置和手动开关。电源总开关应安装于分析小屋外部,以防小屋内出现危险情况时断开供电。

4.2.4 采暖通风和空调系统

石化装置通常都属于防爆危险区。分析小屋属于相对密闭的空间,其内的样品介质如果泄漏,或其外的工艺介质渗透进分析小屋,均会造成爆炸危险或有毒介质在分析小屋内聚集。因此,分析小屋需要配备专门的通风系统。

通风系统有两种:一种是自然通风,另一种是强制通风。

自然通风系统提供对环境的有限控制,其室内的危险区域分类将总与其周围环境的相同。自然通风是永久性的并且不会存在机械故障,其优点是安装更方便、更经济。

强制通风系统采用风机,将新鲜空气自外部引入分析小屋,对分析小屋进行人工通风。强制通风系统应每小时换气不低于5次，以防止爆炸性危险气体在室内聚集。通风空气源最好设在安全区域，如果不能达到此要求，则当安装在分析小屋的设备适用于2区或更恶劣区域时，可以使用2区的空气。供给洁净的空气可延缓可燃/有毒气体的聚集，并加快可燃/有毒气体的排放。洁净的空气也能输送危险气体到设置在关键地方的气体检测器，使泄漏更易被发现。然而，由于空气循环使分析小屋内危险气体量叠加，增大了危险性，因此强制通风系统不推荐使用空气循环。

此外，常用的在线分析仪的工作环境温度通常为0～50 ℃。为了满足这一要求，分析小屋需要配置空调系统来控制分析小屋内的温度保持在一定范围内。

目前，根据项目的预算、分析小屋中在线分析仪表的重要性，以及分析小屋所处区域不同，分析小屋的采暖通风和空调系统设计方案分为两种：防爆空调加轴流风机、HVAC。

1. 防爆空调加轴流风机

防爆空调加轴流风机是一种相对经济的配置方式，但是这种配置方式的分析小屋仅能用于非危险区或2区危险场所。

为了满足在线分析仪的环境温度要求，分析小屋内部温度通常控制在10～30 ℃。夏天，通过防爆空调即可实现。防爆空调根据分析小屋的大小可以选择窗式、壁挂式和柜式三种。冬季北方地区室外温度较低，仅靠防爆空调很难维持分析小屋内的温度，此时可使用蒸汽采暖装置。分析小屋内暖气管道应焊接，以防蒸汽泄漏损坏在线分析仪。暖气散热面的表面温度应不超过防爆危险区允许的温度，并用护罩加以屏蔽，以防人体接触造成烫伤。

防爆轴流风机用于对分析小屋内部进行通风。当分析小屋内可能存在的有害气体的相对密度小于1时，风机应安装于分析小屋上部；当分析小屋内可能存在的有害气体的相对密度大于或等于1时，风机应安装于分析小屋下部。

2. HVAC

HVAC系统全称 Heating Ventilating and Air Conditioning System，其含义是加热、通风和空调系统，其实质是一套具有正压通风和冷暖空调功能的设备。

HVAC系统由HAVC机组、引风筒组件、自重式百叶窗等部件组成，其中，HVAC机组又由防爆冷暖空调、防爆离心风机和控制系统组成。新风量和新风温度由控制系统控制，满足分析小屋正压通风和温度调节的要求。

HVAC的制冷(热)功能由蒸发器来实现。制冷(热)量是根据分析小屋安装地的气候参数、分析小屋的保温材料和保温厚度、新风换气次数、回风量及分析小屋内安装的电器设备的发热量等经过计算后得出的。

HVAC还具有辅助加热功能。辅助加热通常采用不锈钢翅片式电热管加热，表面温度采用温度传感器控制，使电热管达到温度组别T4(135 ℃)的要求。

HVAC的正压通风系统由冗余防爆离心风机、防爆新风调节阀、室内送/回风调节阀、差压测量元件等组成。室内正压按照现行IEC 60079－13的规定为25 Pa。在设计时考虑各种因素，通常控制在25～50 Pa。在分析小屋建立正压时，当室内正压值超过设定值时，自重式百叶窗打开，泄压至设定值时关闭。当分析小屋内部由于开关门等原因短时失压时，机柜通过差压测量元件反馈至机组控制系统，瞬间将分析小屋内压力抬升至正常值。在分析小屋内部由于忘关门或风机故障等原因产生长时间失压时，机组控制系统将启动备用风机并向控制室送出报警信号。

HVAC的机组控制系统由防爆控制器和防爆电器控制箱组成，主要用于实现分析小屋的温度控制、正压调节、失压监测及报警。

4.2.5 安全措施

分析小屋及安装于其内的在线分析仪表、分析系统，对人员、工厂及环境是无害的。分析小屋的安全主要受分析样品中易燃物质、有毒物质、封闭空间、有害污染物质的影响。避免接触分析小屋及分析系统的人员受到烧伤、触电和锋利物的伤害是非常重要的。涉及分析小屋或分析系统安全的规范有GB 29812—2013《工业过程控制 分析小屋的安全》、IEC 61285—2015 *Industrial-Process Control — Safety of Analyser Houses* 等。

分析小屋的布置以尽可能靠近介质采样点为原则。因为介质采样点通常位于石化装置内，所以分析小屋的位置通常很难布置在防爆危险区外。此时，分析小屋需要考虑外部爆炸危险。根据GB 29812—2013《工业过程控制 分析小屋的安全》中规定，这种情况需要考虑正压隔断、安装检测器、报警指示等安全措施。

由于分析仪分析的介质往往包含可燃/有毒气体，而分析仪安装于分析小屋内部，这种情况下，需要考虑分析小屋内部的爆炸危险。根据GB 29812—2013《工业过程控制 分析小屋的安全》中规定，这种情况需要考虑通风换气、控制介质流速、安装检测器、报警指示、联锁动作、张贴警示标志、减少泄漏源等安全措施。

当分析小屋的爆炸危险来自内部的液体时，根据GB 29812—2013《工业过程控制 分析小屋的安全》中规定，这种情况需要考虑在地面设自动排水、连续通风、安装检测器、报警指示、联锁动作、减少泄漏源等安全措施。

当分析小屋的爆炸危险来自上述情况的组合时，则分析小屋的安全措施需要同时满足以上多种措施的要求。

分析小屋常用的安全措施有以下几种：

1. 正压隔断

正压隔断通过HVAC正压通风系统实现，通过供给分析小屋洁净空气，迫使通风设施在室内产生正压，以防止外部大气侵入。

2. 检测器

火灾烟感检测器是分析小屋中必须安装的检测器，安装于分析小屋的屋顶。

为了防止氮气等窒息性气体泄漏，在密闭空间中聚集，进而产生人员窒息风险，分析小屋内必须安装氧含量检测器。氧含量检测器通常的安装高度为人的呼吸高度，约1.5 m。

如果分析小屋内的在线分析仪的样品介质中含有可燃/有毒气体，则需要安装可燃/有毒气体检测器。气体检测器的安装遵循GB/T 50493—2019《石油化工可燃气体和有毒气体检测报警设计标准》中的相关规定：当可燃/有毒气体比空气轻时，安装在分析小屋室内屋顶下约0.2 m处；当可燃/有毒气体比空气重时，安装在分析小屋室内距地面约0.3 m处。此外，如果分析小屋的尺寸较大，超过了气体检测器规定的监测范围，则需要增设相应数量的气体检测器。

当分析小屋的新风口位于防爆危险区时，为了防止潜在的可燃气体随新风进入分析小屋，通常在新风进气口旁设置可燃气体检测器对环境新风进行监测。

3. 报警器

当分析小屋发生各式危险情况时，分析小屋内外的各式报警器将提示现场人员注意安全防范。

分析小屋内外均设置旋光报警器及蜂鸣器，用于提示分析小屋外人员注意危险情况。

分析小屋外设置报警盘，用于提示现场人员具体的报警项，并可通过其测试及复位分析小屋内外的报警器。

4. 安全控制器

由于在线分析仪经常需要人员维护，而分析小屋内在线分析仪的样品介质通常含有可燃/有毒气体，其又属于密闭空间，因此为分析小屋配置安全控制器。安全控制器安装于分析小屋内部的隔爆箱内，采用工业级 PLC 来控制，专门用于分析小屋内各类检测器报警时控制分析小屋内的各类设施进行相应的报警及安全联锁动作。

5. 报警及联锁动作

在分析小屋正压失效，通风失灵的情况下，所有点燃源都应采取安全防范措施。这些点燃源包括火焰、超过点燃温度以上的表面和非防爆电气设备。

安装于 HVAC 新风口的可燃气体检测器，当发生一级报警时，控制盘将发出报警；当发生二级报警时，分析小屋内外声光报警器将发出报警，并关闭 HVAC 新风口阀门。

当分析小屋可燃/有毒气体检测器发生一级报警时，控制盘将发出报警；当发生二级报警时，分析小屋内外声光报警器将发出报警，并打开 HVAC 备用风机，加快分析小屋内部换气，同时关闭分析小屋内的非防爆设备(除非失去该设备将产生更大的危险)。

当氧含量检测器发生报警时，分析小屋内外声光报警器将发出报警，并打开 HVAC 备用风机。

当烟感检测器发生报警时，分析小屋内外声光报警器将发出报警，提醒人员采取安全措施。

此外，各种电源故障、电加热器故障、分析小屋正压失效或温度偏离设定等非正常状态出现时，分析小屋内各检测器测量及状态信号均通过安全控制器通信至装置 DCS，并在发生任一种报警时通过硬线送出公共报警信号，提醒操作员注意。

当分析小屋内不能检测到从周围装置发来的安全警报时，应在分析小屋内设置接收报警功能，例如安装一部电话接到有人值守的地方。

6. 警示标志

所有向分析小屋输送可燃介质的管路应有清楚的标识，在分析小屋外安装易触及的手动或自动关闭阀。

当分析仪或预处理柜外壳内可能存在有毒介质或窒息性气体时，应在壳体上张贴警示标志，提醒维护人员在打开分析仪或预处理柜外壳时提前做好相应的防护措施。

7. 控制介质流速

在线分析仪安装于分析小屋内。在分析小屋内的样品管线，应能限制样品进入分析小屋的流量。在可燃样品可能泄漏的情况下，样品流速应使可燃物质释放量不超过国家标准可接受的 LEL(通常不大于 50%LEL)。在取样管线入口固定安装限流器或过流阀，在返回管道中安装止回阀，把设备失灵造成的可燃物质泄漏减至最小限度。

8. 减少泄漏源

分析系统的设计应尽可能消除或减小可燃/有毒气体和蒸气的排放以及有害液体泄漏的可能性。

为了减少因分析小屋内设备和部件泄漏造成的爆炸危险，只允许测量所需的最小量的可燃样品输送到分析小屋内，改进分析时间特性（减低测量滞后）所需的旁路流量应仅输送到分析小屋外。为了减少偶然泄漏造成的危险，分析小屋内的取样系统部分应尽可能简单，用最小容量体积和最少数量的接头。理想的情况是在线分析仪与对应分析预处理系统隔墙背靠背安装。

可燃样品和可燃辅助气体减压和减流装置（如过流阀、限流阀和孔板等）均应安装在分析小屋外，并在分析小屋外设置切断阀。

为防止分析小屋外的危险环境对分析小屋产生影响，含有可燃气体或蒸气的设备应安置在离分析小屋尽可能远的地方。

9. 自动排水

当分析小屋内的样品具有易挥发的可燃液体时，地面应自动排水，排水口应设置在最低点，以使聚集的液体排出分析小屋外，不会在分析小屋内形成爆炸危险。同时，排水口需要设置水封等，以防止可燃蒸气从排水口回流。

10. 应急设备

分析小屋内应配有灭火器和/或防火毯等应急处理设备。当分析样品或维护试剂中含有有毒、酸性或碱性物质时，应在易于接近的位置处布置洗眼器及淋浴。

4.2.6 公用工程

为了保证在线分析仪、分析系统及分析小屋的正常运行，除供电外，还需要接入各种公用工程。

1. 仪表空气

仪表空气用于在线分析仪本体的防爆正压通风、分析预处理系统的旋风制冷等。

仪表空气通常自装置内仪表空气总管引出，接至分析小屋外。分析小屋总管通常采用不锈钢材质，接口采用法兰连接。进入分析小屋前通过截止阀和冗余的过滤减压装置。

仪表空气总管应架空敷设，并保持一定倾斜度，以便设置低点排污。总管应有足够的容积，以防压力波动影响各设备正常运行。由总管至各设备供气时，支管的取原口应位于水平总管顶部。每条支管均应设置截止阀，以保证某一设备因故障拆卸时不影响其他设备。

2. 氮气

氮气用于在线分析仪和分析系统的吹扫。通常采用工厂氮气，其配置要求同仪表空气。

一些特殊的分析仪，如部分品牌的红外分析仪，其镜片吹扫对氮气的纯度要求极高。如果工厂氮气的纯度无法满足要求，则需要配置专用钢瓶氮气。

3. 低压蒸汽

低压蒸汽用于分析系统伴热和分析小屋内部加热。

不同于仪表空气和氮气，低压蒸汽管线不需要设置过滤器。此外，为防止低压蒸汽不使用时在管道中凝结，需要设置返回管线，并在返回管线中设置疏水器。

4. 载气和标气

在线色谱分析仪在使用时需要配置载气。载气的组分为100%纯度的氢气、氮气或氦气。在线色谱分析仪对载气纯度的要求极高，样品介质需要同载气混合，如果载气不纯，会影响分析结果。在一般的石化装置中，载气通常采用钢瓶进行供气。各类在线气相分析仪均需用标气定期标定。标气的组分根据在线分析仪的量程进行调整，故标气也采用钢瓶进行供气。

载气及标气均在钢瓶出口处设置减压阀，并通过 tube 管配管连接至在线分析仪或分析系统。为便于更换，载气及标气钢瓶均宜放置在分析小屋外，并配有专用钢瓶固定支架及防雨棚。

5. 其他公用工程

除了以上常用公用工程之外，特殊情况下还会使用生活水、凝液、甲烷气等。所有公用工程的配置原则均为可以使在线分析仪及分析系统正常运作。

在正常工作条件下，分析小屋的管道、容器和设备应避免任何开口，以防止危险物质泄漏到分析小屋。管道内的物质和阀的功能应清楚地标识。切断阀应设置在分析小屋外。废气应收集在密闭的系统中或输送到分析小屋外面的设施中。在有故障出现的情况下，所有可能输送大量危险物质进入分析小屋的管路，在分析小屋外和分析小屋入口前端都应设有自动切断阀、节流器或限流装置。

4.2.7 分析小屋的工程设计及实施

分析小屋的工程设计根据设计阶段分为基础设计和详细设计两个阶段。设计遵循的标准规范主要是 SH/T 3174—2013《石油化工在线分析仪系统设计规范》，完成的设计文件为在线分析仪系统及分析小屋技术规格书。

在基础设计阶段，进行工程设计；在详细设计阶段，工程实施工作启动，进行在线分析系统及分析小屋询价采购，召开开工会，确定分析系统及分析小屋工程方案，提交分析系统及分析小屋配套设计条件，完成分析系统及分析小屋工厂验收、现场安装，完成最终的分析仪表、分析系统和分析小屋配套设施的开车调试。

1. 工程设计

在基础设计阶段，根据分析仪表选型、工艺系统配置、装置布置等进行分析小屋初步设计。基础设计阶段的主要目的是预估分析小屋的初步大小，确定分析小屋的总体布置位置，完成分析小屋的相关规格书，明确相关的材料设备并预估工程量。

在分析小屋工程设计的最初阶段，根据装置分析仪表类型、数量及采样点的布置位置，选择相对集中的位置设置分析小屋。根据安装于分析小屋内配置分析仪表的数量，以及分析系统的设备配置，预估分析小屋的外形尺寸及占地面积。由于分析小屋体积大、占地多，为防止影响装置内各设备及管道的布置，必须在基础设计阶段与配管及总图专业确定其安装位置。分析小屋的数量及尺寸确定后，便开始进行分析小屋的初步设计。

分析小屋的规格书通常包括分析系统的相关描述，要点如下：

① 采样系统。确定采样探头、前处理及传输管缆的类型及数量。

② 样品预处理系统。确定分析小屋提供的样品预处理系统数量及简单的配置描述。

③ 分析小屋规格。确定分析小屋的大小及结构方式。

④ 电缆接线规格。确定电缆接线的规格及接线箱的规格数量。

⑤ 采暖通风方案。确定分析小屋的采暖通风设备、屋内压力及温度控制点。

⑥ 安全系统方案。确定分析小屋内气体检测器及其他相关安全设备的配置规格及数量，以及安全系统控制器的配置要求。

⑦ 回收系统方案。确定分析小屋的样品排放及返回方案，确定相关设备配置要求。

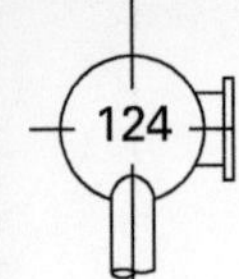

⑧ 公用工程方案。预估分析小屋的公用工程总管数量及规格。

⑨ 载气、标气方案。确定分析小屋配套载气、标气的数量及规格。

根据分析小屋规格书的初步设计方案，确定基础设计阶段的采样探头的类型及数量、传输管缆的类型及数量、预处理系统的数量、分析小屋的尺寸及数量、回收系统的类型及数量、电加热器的数量、信号及供电电缆长度等材料设备及工程量，并预估费用。

在详细设计阶段，随着工程设计的深化，将在分析小屋初步设计方案的基础上，对分析小屋规格书技术方案进一步完善。

2. 分析小屋询价采购

进入详细设计阶段后，根据分析小屋初步设计方案，编制分析小屋询购技术文件，包含请购书和分析小屋规格书。询购技术文件还可集成相关分析仪表。完成后的技术询购文件将与商务询价书(由采购负责)一起，作为分析系统的采购依据。

完成询购技术文件的编制工作后，设计需配合采购部门进行询价、招标、订购等工作，以最终确定系统供应商。

技术询价书中通常还包括以下描述及说明内容：

① 供货范围。供货范围中详细罗列要求分析小屋供应商供货的设备及数量。分析系统的供货范围通常包括分析采样探头、分析前处理、采样传输管缆、预处理系统、分析小屋、采暖通风系统、安全系统、回收系统、标气和载气备品备件、特殊工具等，有时也会包括分析小屋内的分析仪表。

② 工作范围。工作范围中详细罗列了要求分析小屋供应商提供的一系列服务。分析小屋的工作范围通常包括分析系统、分析仪表及分析小屋的设计、制造、组装、检(试)验、包装、运输、现场安装指导及协助开车等。

③ 技术要求。由于技术规格书通常以表格的形式出现，其中对于分析小屋的技术规格很难做出详细描述。为了使供货商能够更好地理解设计意图，在询价书的技术要求部分会对分析系统、分析仪表及分析小屋需要特别注意的技术要求进行罗列并详细说明。

④ 质量保证及服务。对供货商的质保期限、服务响应时间及备件供应期提出要求，同时对如人员培训、参加会议等一些非常规服务要求进行详细说明。

⑤ 检验及实验。规定分析小屋供应商需要在各阶段进行的检验项目、检验标准及人员要求，保证在项目全周期内的质量可控。在分析小屋中标后，通常需要在开工会、资料提交、出厂前、到货后及开车前对分析小屋的设计、制造及到货情况进行检验。

⑥ 资料交付进度及要求。规定分析小屋制造商报价、中标、出厂三个阶段分别需要提交的资料内容、进度及要求。

3. 分析小屋开工会

在结束商务招标，确定分析小屋制造商后，为保证分析小屋制造商正确理解技术要求，需要召集分析小屋制造方、分析仪表制造方、业主方及设计方一起开分析小屋开工会。

分析小屋制造方需要提出分析系统、分析仪表及分析小屋正常运行需要确定的一系列问题，以及必需的资料内容及时间节点。

分析仪表制造方需要提出分析仪正常运行的样品进样温度、压力、流量，以及公用工程等技术要求。

业主方需要提出其对分析仪、分析系统及分析小屋的日常维护、备品备件及第三方供货商品牌等要求。

设计方需要对分析小屋制造方的报价方案提出修改意见，为分析小屋制造方的技术疑问进行解答，明确各方的供货范围及工作界面，并对其修改后的图纸提出进度要求。

分析小屋开工会完成后需要提供开工会会议纪要，并由各方签字确认，作为后续设计、方案确定及各类检查的依据。

4. 分析小屋工程方案

分析小屋开工会后，分析小屋制造方按照开工会的要求提交修改后的分析小屋工程方案，通常包括采样探头制造图、预处理系统图、分析小屋地基尺寸图、分析小屋公共工程系统图、分析小屋外形尺寸图、分析小屋接线图、分析小屋安全联锁因果图、分析小屋用电负荷表等。设计方需要对分析小屋工程方案图纸进行最终确认，以便制造商进行下单制造。

5. 分析小屋配套设计条件

在分析小屋工程方案确认后，需要依据图纸向各专业提交设计条件。

依据采样探头制造图，向工艺、配管专业提交分析采样条件，明确分析采样点的过程连接等级及尺寸，以及是否需要配置采样切断阀。

依据分析小屋地基尺寸条件，向结构专业、配管专业提交基础条件。结构专业负责进行明确分析小屋混凝土基础的施工图，配管专业负责确定分析小屋基础的安装位置。

依据分析小屋公用工程系统图及分析小屋外形尺寸图，向工艺、配管专业提交分析小屋公用工程条件，明确分析小屋所需要的公用工程种类、交接面等级尺寸及相对位置。

依据分析系统用电负荷表，向电气专业提交分析小屋 380 V 供电条件。待电气专业对 380 V 供电电缆的选型完成后，将电缆的型号返回给分析小屋制造方以便其确定配电箱开口等。

合理准确地提交分析小屋配套设计条件，对分析小屋的正常运行非常重要。

6. 分析小屋工厂验收

分析小屋是一套复杂的系统，在其完成组装准备发货之前，需要业主用户、设计方、分析仪制造方前往分析小屋集成地，进行工厂验收(FAT)。

FAT 的内容主要包括：

① 完整性检查。确定分析小屋制造方所提供的产品、图纸是否准确，是否与询价供货范围中要求的内容及数量一致。

② 外观检查。确定分析小屋制造方所提供的产品外观是否符合要求，是否具有应有的标识。

③ 上电检查。对分析小屋进行供电测试，并确认分析仪表、照明、采暖通风系统、安全系统等可以正常上电开机。

④ 模拟进样。采用标气及零点气模拟样品进样，对分析系统、分析仪表响应时间进行测试，保证滞后时间满足询价技术要求。

⑤ 信号接线检查。在信号交接端子处用万用表检测信号输出，保证分析小屋信号接线牢靠。

FAT 完成后需要提供 FAT 报告，并由各方签字确认。对于 FAT 中发现的问题，分析小屋制造方应在产品出厂前完成整改。

7. 分析小屋现场安装及验收

由于分析小屋通常体积较大，其到货后通常立刻由现场施工队在分析小屋制造方的现场指导下进行就位安装。

在现场水、电、气等公用工程满足分析系统要求后，进行分析系统现场验收（SAT）。SAT的测试内容在FAT的测试内容的基础上，增加了与装置系统的信号联调，其他内容与FAT的一致。SAT后分析小屋制造方要提供SAT报告。

8. 分析小屋开车调试及维保

在装置开车前，由分析小屋制造方派人对分析小屋进行开车调试，保证工艺介质采出后分析系统、分析仪表及分析小屋的正常运行。同时在开车后的一定时间内（根据技术协议中规定时间）派专人驻守现场，协助用户维持分析小屋的正常运行，并在发生突发状况时提供协助。

4.3 在线分析仪管理系统

在线分析仪设定参数众多，其维护通常由维护人员在表头前端进行。随着以太网及在线分析仪通信技术的发展，可以通过设置专用网络组建在线分析仪管理系统。在在线分析仪管理系统中，计算机可以作为控制分析仪的终端，实现在线分析仪的远程监控及操作。由于在线色谱分析仪占据了石化装置在线分析仪的主要部分，因此通常所说的全场过程分析管理系统主要指的是全厂在线色谱分析网络。其他在线分析仪如果具有网络功能及相应的软件，同样可以利用现有的色谱分析网络进行远程管理及维护。

4.3.1 一般要求

在线分析仪管理系统需要具有如下特性：集中性、安全性、可拓展性。

分析仪表维护人员需对全场的分析仪表进行维护，所以在线分析仪管理系统需将分布在各装置的在线分析仪的操作及状态参数通过以太网集中记录，再通过以太网传输至分析仪表维护人员操作的计算机。

在现今的石油化工装置中，安全性是非常重要的考虑因素。对外，对连接入过程分析管理系统的计算机及相关操作人员，需要根据不同的权限设置，限制他们可访问及可操作的范围，禁止未经授权的连接读取及修改。对内，对不同的工作人员，需要根据不同的职能进行不同的权限设置。

可拓展性是指，新增装置的在线分析仪表只要满足现有以太网通信协议，就可通过增设硬件连接入现有的过程分析管理系统。

4.3.2 系统构成

全厂在线分析仪管理系统的典型结构如图4－17所示。其基本组成包括以太网、在线分析仪、分析服务器及分析操作站。

以太网是过程分析管理系统的骨架，用于连接在线分析仪关系系统的其他各单元。常规的过程分析管理系统网络通常采用TCP/IP通信传输协议；传输介质根据不同距离选择屏蔽双绞线或光缆；网络节点处采用交换机；通常配有用于与DCS通信的网关接口。考虑到数据传输的安全，网络通常采用冗余配置。

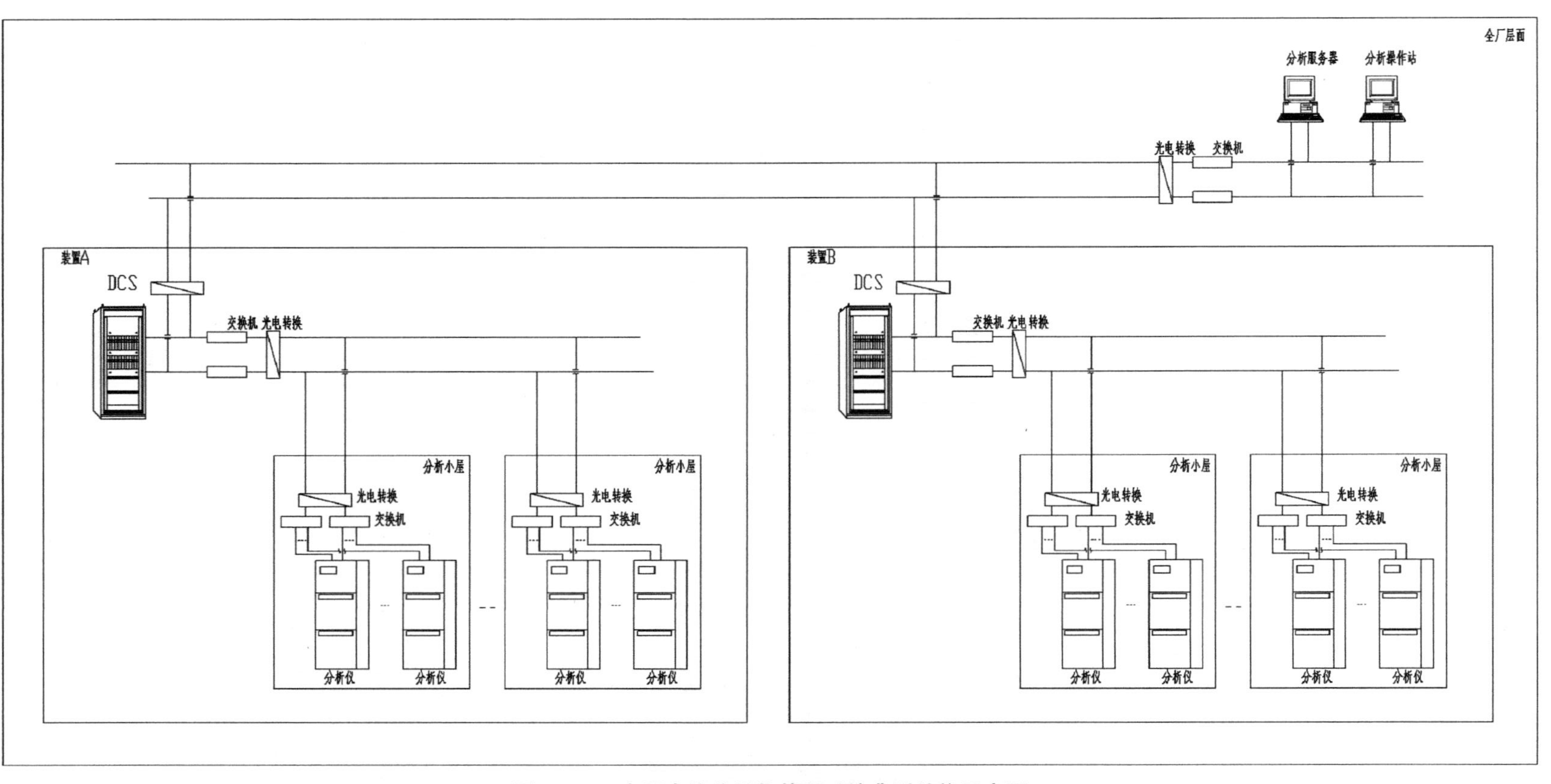

图 4－17　全厂在线分析仪管理系统典型结构示意图

在线分析仪只有提供合适的网络接口才能够连接至过程分析管理系统。在线分析仪需采用 MODBUS 通信应用协议。常规的接口有 RS485 和 RJ45，两者分别用于串口网络和以太网，可通过转换器进行转换。

分析服务器的作用是控制管理网络，并存储连接至过程分析管理网络的在线分析仪表的分析数据及仪表状态参数。分析服务器由服务器主机和分析服务器软件组成。分析服务器软件由各在线分析仪制造商提供。通常只有同一制造商生产的在线分析仪表才能使用同一分析服务器软件。

分析操作站是在线分析仪远程操作和数据浏览的人机接口，必须安装在线分析仪专用的操作软件，并与以太网连接。分析操作站可以通过以太网直接操作或浏览单台在线分析仪的数据，也可以通过分析服务器同时对多台在线分析仪进行操作。在线分析仪操作站软件可以与过程服务器软件安装于同一计算机。同样，在线分析仪操作站由各在线分析仪制造商提供。通常只有同一制造商生产的在线分析仪表才能使用同一在线分析仪操作站。

4.3.3 单一装置的分析管理方案

完整的在线分析仪管理系统往往是全厂性的，而且需要一定的成本投入。但是在仅新建单套装置且原厂没有在线分析仪管理系统的情况下，组建完整的过程分析管理系统难免不够经济。

在这种情况下，通常会选择替代方案。

在单一装置中，往往分析仪表较少，且集中安装于现场分析小屋中。分析小屋配有用于安全控制的 PLC。通过 MODBUS 通信，可将分析小屋内的在线分析仪数据传送至分析小屋 PLC，再由 PLC 将数据传送至 DCS。通过在 DCS 操作站配置专门的分析管理界面，将各在线分析仪的状态及参数集中显示。同时，可以利用 DCS 的历史记录功能，记录各在线分析仪的历史状态和参数。

第5章 仪表供电

多年以来石油化工装置已普遍采用电子式仪表，控制系统的正常工作也离不开合适的工作电源。因此，供电设计是仪表专业设计工作中非常重要的一环，供电设计方案直接影响仪表及控制系统的可靠性和安全性。合理的供电设计方案是生产装置安全、稳定、长周期运行的重要保障。

本章讲述仪表供电范围、供电方式、电源种类，以及供电系统设计原则、供电器材的选用原则和安装、供电系统配线等仪表供电设计的主要内容。

5.1 供电范围和方式

5.1.1 仪表及控制系统

在石油化工装置的工程项目设计中，仪表及控制系统的供电范围主要包括以下内容：

① 基本过程控制系统（如 DCS、PLC、FCS 等）；

② 安全仪表系统(SIS)；

③ 压缩机控制系统(CCS)；

④ 机组监视系统(MMS)；

⑤ 在线分析仪系统(PAS)；

⑥ 可燃气体和有毒气体检测报警系统(GDS)；

⑦ 机柜室和控制室安装的仪表设备；

⑧ 现场检测仪表、报警器、电磁阀。

此外，根据不同工程项目的特定要求，还有一些其他的系统也属于仪表及控制系统的供电范围，如罐区管理系统、装卸车系统、大屏幕控制系统等。

控制系统配套的安全栅、隔离器、继电器、浪涌保护器等一般由控制系统的供应商成套供货，因此这类接口仪表的供电一般也由控制系统成套，并由控制系统供应商进行系统内的供电设计并保证供电质量及售后服务。

5.1.2 仪表辅助设施

在石化装置工程项目设计中，还有一些为仪表或控制系统服务的设施，也需要工作电源，这些设施的供电也属于仪表供电设计范畴。这部分仪表辅助设施的供电范围主要包括以下内容：

① 仪表盘(柜)内的照明、排风扇等供电；

② 仪表维护及检修用电源插座等；

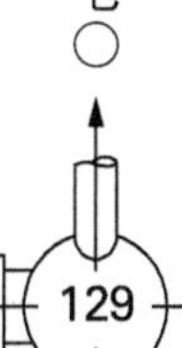

③ 现场分析小屋的照明、通风、恒温、样品预处理、样品电伴热、样品回收等辅助设备的供电；

④ 现场仪表及仪表测量管道的电伴热。

以上这些辅助设施的供电设计若不合理、可靠，很有可能会影响仪表及控制系统的正常工作，给装置的正常生产带来安全隐患。

5.1.3 供电方式

控制系统的供电一般都采用 220 V(AC)电源，通过配电柜直接接入。控制系统的内部卡件一般由控制系统自身的电源供电。由于信号系统的电源模块是系统不可分割的部分，控制系统的制造厂在设计时，为了保证系统本身的可靠性及可用性，系统内部卡板等供电不采用外配电源。

常规的二线制现场仪表一般采用 24 V(DC)的回路供电，由控制系统的卡板进行供电。四线制仪表通常根据项目统一规定或业主的使用习惯采用 220 V(AC)或 24 V(DC)电源进行供电：普通四线制仪表(如质量流量计、电磁流量计等)一般采用 24 V(DC)电源进行供电，功率较大的四线制仪表(如色谱分析仪、红外分析仪之类)一般采用 220 V(AC)电源供电。现场总线的仪表一般通过总线进行供电，四线制总线仪表也需要单独的辅助电源，可以根据项目统一规定或业主的使用习惯采用 220 V(AC)或 24 V(DC)电源进行供电。

用于四线制仪表、接口仪表、电磁阀等的 24 V(DC)电源通常单独设置，安装在直流电源柜内。一些不接入控制系统的现场仪表(如流量计量仪表等)则通过盘装二次仪表进行回路供电。

目前，一些国外主流的仪表供应商正在大力推广无线型仪表，这类仪表的主要优势是无须敷设电缆，但仪表的正常工作还需要电源支持，为了体现无线型仪表不需敷设电缆的优势，此类无线型仪表的供电一般通过自带电池为仪表进行供电(需要定期更换电池)。由于石化装置内多数为爆炸危险区域，因此无线仪表的电池也不同于普通民用电池，一般为仪表厂家设计的专用电池，整个电池供电系统的设计可根据应用区域选用防爆型。有些长距离输送管线上的仪表或个别偏远装置不方便敷设电缆的就地仪表也可采用电池进行供电。

5.2 仪表电源种类

在石油化工装置的工程设计中，根据仪表及控制系统的用电要求，仪表电源主要分为普通交流电源(General Power Supply，GPS)、不间断交流电源(Uninterruptible Power Supply，UPS)及 24 V(DC)电源三种。通常，交流电源采用 220 V，由电气专业供给，仪表专业负责配电设计；直流电源采用 24 V，由仪表专业负责电源选型并进行配电设计。另外还有部分现场仪表设备(如电动阀等)需采用 380 V(AC)电源，这部分仪表设备一般由仪表专业向电气专业提出条件(需求)，由电气专业直接配电。

目前国内还有一些老装置由于早期引进技术采用的是国外常用的电压等级，存在 110 V 等的交流供电电压，某些特殊仪表还有其他电压等级(如 48 V(DC)等)。这些特例均不列入本书的讨论范围。国外项目中，仪表的交流电压需根据项目要求符合当地的电源规格等级。

5.2.1 GPS

GPS根据实际使用情况分为普通市电及隔离电源，普通市电即常规民用电源，由普通市电网络提供。大型石化企业中，多数都配套自有的发电厂，因此大型石化装置的市电网络与普通民用市电电网也有所区别，可靠性及供电质量优于普通民用市电。

隔离电源是普通市电通过电气专业增加隔离变压器，将隔离变压器的输出端与输入端完全隔离，保证电气侧的输入端在出现问题时不会损坏输出侧的仪表设备；同时，隔离变压器还可以对变压器的输入端（市电电网供给的电源电压）起到良好的过滤作用，从而为输出侧的用电设备提供纯净的电源电压，可避免或减少市电网络的电压不稳、干扰、晃电等问题对输出侧的影响。

GPS的质量指标要求如下：

① 输出电压：220 V±22 V；

② 输出频率：50 Hz±1 Hz；

③ 输出瞬时电压降：小于20％。

5.2.2 UPS

UPS即在电源故障的情况下能保证不间断供电的电源，一般用于比较重要的用电设备。不间断交流电源配备有稳压功能的独立旁路电源，当UPS的电源发生故障时，旁路电源能自动投入运行，为用电设备继续供电。

石化装置的工程设计中，由于仪表系统的允许中断供电时间为毫秒级，因此UPS的供电保障功能通常通过蓄电池实现。当正常的供电电源突然中断时，UPS的蓄电池就通过逆变器开始对外供电，保障UPS用电设备的正常工作不受影响。通常，UPS的蓄电池为全密封免维护型。此外，UPS通常配有手动旁路开关，用于蓄电池维护时不影响下游用电设备。

UPS的用户对于电源质量要求相对普通电源较高，通常仪表及控制系统对于UPS的质量指标要求如下：

① 输出电压：220 V±11 V；

② 输出频率：50 Hz±0.5 Hz；

③ 波形失真率：小于5％；

④ 输出瞬时电压降：小于10％；

⑤ 电源瞬断时间：不大于5 ms；

⑥ 后备供电时间（即不间断供电时间）：不小于30 min。

5.2.3 24 V(DC)电源

通常，24 V(DC)电源的质量指标要求如下：

① 输入电压：220 V(AC)±22 V，单相；

② 频率：50 Hz±1 Hz；

③ 输出电压：24 V(DC)（通常输出电压可在24～28 V之间调整）；

④ 纹波电压：小于0.2％；

⑤ 瞬时电压降：小于10％。

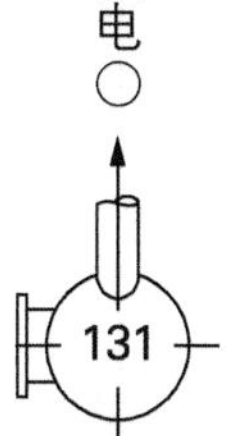

24 V(DC)电源还应该具有以下功能：

① 故障报警功能，当直流电源模块故障时会发出报警信号，提醒相关人员进行维护处理；

② 输出过电流或负载短路时的自动保护功能，当负载恢复正常后，电源模块能快速恢复；

③ 输出隔离和电流负载平衡功能，能采用并联运行的方式构成冗余供电系统。

5.3 负荷等级

SH/T 3082《石油化工仪表供电设计规范》中明确，生产装置的用电负荷根据其对生产装置的影响程度划分为一级负荷、一级负荷中特别重要的负荷、二级负荷和三级负荷。基于仪表和控制系统在生产过程中的重要性及其对供电电源的可靠性、连续性要求，明确其电源为一级负荷中特别重要的负荷；而仪表辅助设施的供电则属于三级负荷。

5.3.1 一级负荷

一级负荷是指在电源突然中断后，将打乱关键的连续生产过程，造成重大经济损失，供电恢复后，需要很长时间才能恢复生产的生产装置，以及为其服务的公用工程的用电负荷。

一级负荷应该采用两个电源(来自不同的源头)进行供电，当其中一个电源发生故障时，另一个电源可以马上接替工作，使负荷不受影响照常工作。

5.3.2 一级负荷中特别重要的负荷

一级负荷中特别重要的负荷是指在电源突然中断后，为避免引起爆炸、火灾、中毒、人身伤亡和关键设备损坏，确保安全停车；或一旦发生事故能及时处理，防止事故进一步扩大，保护关键设备、抢救及撤离工作人员等，而必须保证供电的一级用电负荷。

一级负荷中特别重要的负荷，除有两个电源供电外，还应增加应急电源，并严禁其他负荷接入应急电源供电系统。由于仪表系统的允许中断供电时间为毫秒级，因此应急电源通常采用蓄电池型不间断供电装置，即UPS供电。冗余的两路电源来自不同的地方，这样就可以确保当其中一路电源因为某一原因故障时，另一路电源不会因同一原因失效，从而保证用电设备能不受影响地继续运行。

仪表和控制系统(如DCS、SIS、PLC、GDS等)用电属于一级负荷中特别重要的负荷。

5.3.3 二级负荷

二级负荷是指在电源突然中断后，将造成较大经济损失，供电恢复后，恢复正常生产需较长时间的生产装置，以及为其服务的公用工程的用电负荷。

5.3.4 三级负荷

三级负荷是指所有不属于一级、二级的其他用电负荷。

仪表的辅助设施供电通常属于三级负荷，采用普通电源(GPS)供电。

一般情况下，现场仪表及测量管道的电伴热供电属于三级负荷，采用普通电源供电，但是当现场仪表参与安全联锁时，如果电伴热断电会导致现场仪表无法正常工作或输出错误，影响安全仪表功能，现场仪表及测量管道的电伴热应按一级负荷中特别重要的负荷考虑，采用UPS电源供电。

5.4 供电系统设计

仪表和控制系统的供电设计，主要遵守的规范为SH/T 3082《石油化工仪表供电设计规范》。

在供电系统设计上，仪表专业与电气专业的工作界面是从电气220 V(AC)电源接入仪表配电柜后开始，UPS由电气专业负责设计。仪表供电系统的设计内容包括220 V(AC)配电、24 V(DC)电源和配电，供电设计的方案需兼顾可靠性、可用性及经济性。

供电系统设计完成的设计文件为“仪表供电系统图”，如图5-1所示。该图应表示出控制室、机柜室内所有供电设备与用电设备间的连接关系，标注出各供电设备的输入/输出电源种类、电压等级和容量，各用电设备或仪表的编号(位号)、用电容量或保护电器的额定容量，以及电源线规格及要求等。

进行工程项目供电设计时，首先必须确定整个仪表电源系统的用电容量。进行用电容量统计时，应该将UPS、GPS、24 V(DC)电源分开统计，24 V(DC)电源的用电总容量最后应该按电压转换后包括在UPS电源的统计总量中。仪表UPS供电电源的容量应按仪表及控制系统(包括系统机柜、网络柜、远程I/O柜、辅助柜中的24 V(DC)电源模块、现场仪表等)额定负荷总和的0.8～1.2倍确定；仪表GPS供电电源的容量应按仪表辅助设施(包括仪表盘柜照明、排风扇、仪表维护及检修插座等)额定负荷总和的1.2～1.5倍确定。工程项目实际执行时，由于各专业基本上是平行进行设计工作，因此电源容量的需求(特别是UPS系统)在项目前期就需提交电气专业进行总体规划，这一阶段仪表及控制系统都还未开始采购，无法根据实际用电设备的汇总进行统计，此时，用电容量的统计可以参考同类装置的用电量或者根据设计经验进行估算。

关于仪表交流电源的接地，常用的有TN-C、TN-S、TN-C-S等方式，石化行业仪表接地推荐采用TN-S方式接地。

TN-S接地系统是指在电源线出了变压器后，零线(N)与保护接地(PE)是严格分开的，以后也不再有任何电气连接，如图5-2所示。送出的电源线中，PE线用于专门连接仪表设备的金属外壳，作为保护接地，正常状态无电流，安全可靠，抗干扰性强。这种保护接地系统在低压供电系统中应用很普遍。

区别于TN-S方式的还有TN-C和TN-C-S方式。TN-C接地系统是指采用工作零线兼作接零保护线，又称作保护中性线。后面用电设备的金属外壳接地也接在工作零线上，如图5-3所示。而TN-C-S方式供电系统是指在电气变电所接地系统是TN-C方式，而在电源线送至某处配电柜后，在配电柜内分出PE线作为保护接地线，从配电柜开始PE线和N线分开，且之后不再有任何电气连接，如图5-4所示。配电柜后的接地方式与TN-S方式一致。

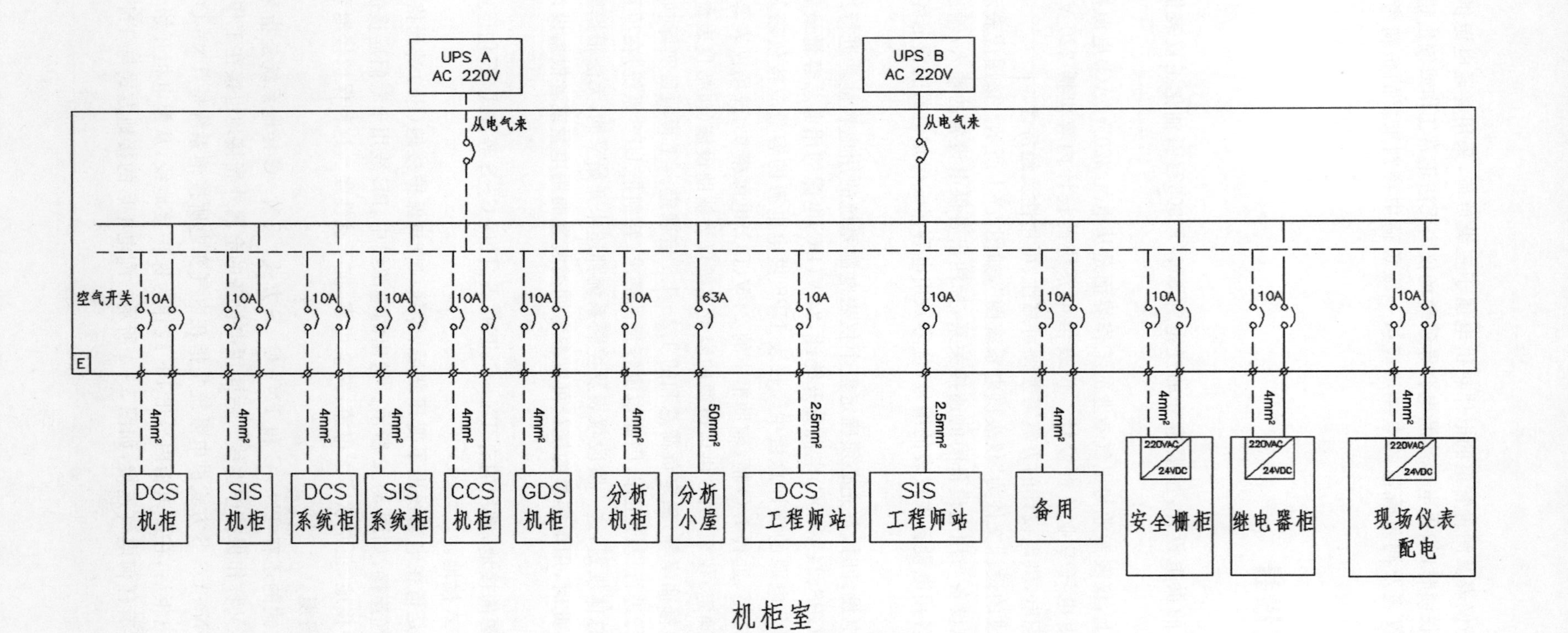
UPS A
AC 220V
UPS B
AC 220V
从电气来
从电气来
空气开关
E
10A
63A
4mm²
2.5mm²
50mm²
220VAC
24VDC
DCS
机柜
SIS
机柜
DCS
系统柜
SIS
系统柜
CCS
机柜
GDS
机柜
分析
机柜
分析
小屋
DCS
工程师站
SIS
工程师站
备用
安全栅柜
继电器柜
现场仪表
配电
机柜室

图5-1 仪表供电系统图

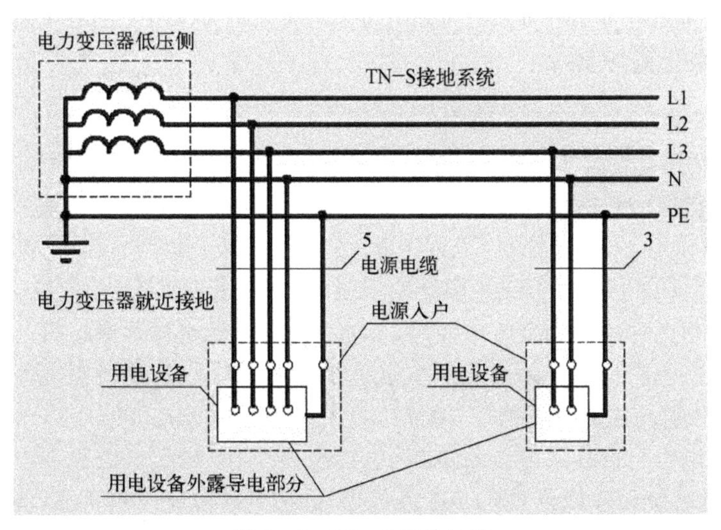

图 5-2 TN-S 接地系统

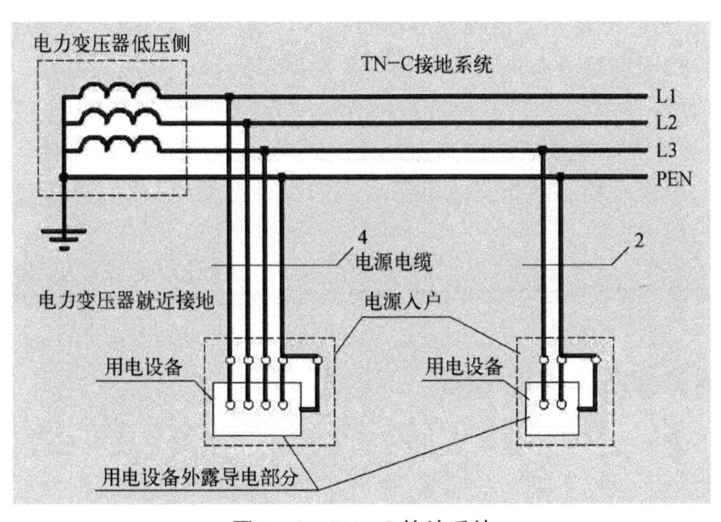

图 5-3 TN-C 接地系统

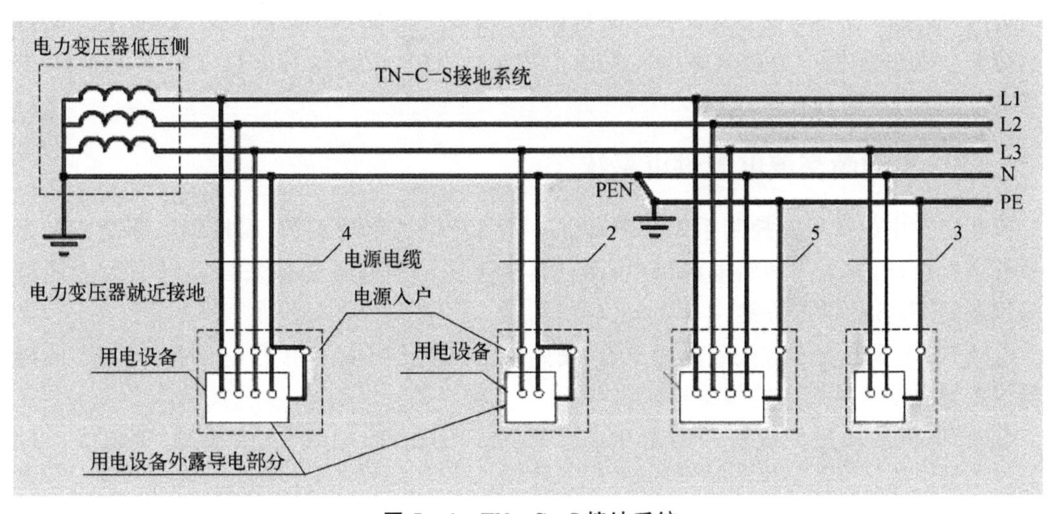

图 5-4 TN-C-S 接地系统

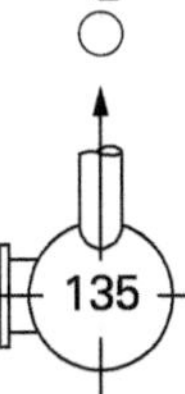

5.4.1 电源配置原则

仪表电源的配置应该遵循下列原则：

① 仪表电源的质量应高于仪表及控制系统对于电源质量的要求。这是指，工程项目中配置的仪表电源电压波动范围、交流电源的频率与波形失真、直流电源的波纹电压、电源瞬断时间、电源瞬间跌落等指标应该比用电仪表及控制系统对于电源的要求更高。如果有仪表或者控制系统对于电源有特殊要求，那么应该单独配备专用的电源设备，其供电质量指标应满足用电仪表及控制系统的要求。

② 当同时采用两种不同的交流电源时，不能将两种交流电源并联运行。

③ 仪表供电系统的配电应采用配电柜或配电箱，UPS 电源、普通交流电源和直流电源等不同的电源应该分别设置配电系统，不得混用。

④ 交流总配电柜至仪表用电设备电源（包括现场仪表）的配电级数不应超过三级。根据 GB 50052《供配电系统设计规范》第 4.0.6 条规定，供配电系统应简单可靠，同一电压等级的配电级数高压不宜多于两级；低压不宜多于三级。仪表供电电压属于低压，故不应超过三级。

⑤ 仪表交流总配电柜和分配电柜均应配备输入总断路器和输出分断路器，双面仪表配电柜的每一面应该分别配置输入总断路器和输出分断路器。每台交流用电仪表设备宜设置独立的电源断路器。

⑥ 仪表及控制系统交流系统配电采用冗余配置时，主电源应分别来自两个不同源头交流电源的输出回路。仪表及控制系统交流电源采用非冗余配置时，仪表电源应均衡接自两个不同交流电源的输出回路。

⑦ 由于 UPS 电源的投资较高，为了降低 UPS 的总投资，仪表用电设备需严格按照重要性区分负荷等级进行供电设计。

5.4.2 普通交流电源供电系统

仪表及控制系统所属分析小屋空调、照明和通风，以及控制系统机柜内的风扇、照明等用电，一般属于三级负荷，供电不需冗余配置，采用 GPS 电源。配电时按用电设备的数量及负载配置空开，并至少预留 20％的备用回路。

此外，装置内有些用电容量较大的分析仪，如果该分析仪不参与联锁或控制，电源故障造成的分析仪短暂停用不会影响整个装置的正常运行，这些分析仪可以按三级负荷考虑，采用 GPS 进行供电，以节约投资成本。

5.4.3 不间断交流电源供电系统

石化装置中的仪表及控制系统通常属于一级负荷中的重要负荷，需按不间断交流电源供电系统进行设计，即采用两路电源供电，而且其中至少一路电源必须来自 UPS。行业规范推荐采用双路 UPS 的供电方案。

① UPS 电源输出侧应配隔离变压器，隔离变压器输出端应采用 TN－S 接地方式，隔离变压器应配置手动旁路用于检修维护。

② UPS 电源输出配线应采用单相 220 V（AC）三线制（相线 L、中线 N、接地线 PE，即 TN－S方式）。

③ 单台 UPS 电源的额定容量不应超过 100 kV · A，仪表总用电负荷超过 100 kV · A

时，仪表电源宜采用 100 kV · A 以下多套 UPS 电源并联供电。

④ 冗余运行的 UPS 电源，其配电系统应分别配置、相互独立。

采用 UPS 的仪表系统供电，通常有以下三种方案：

① 单台 UPS+GPS 的双输出回路供电方案，如图 5－5 所示。电源 1、电源 2 分别接自具有双路电源输入配电装置的不同母线段，当某一路电源发生故障时，另一路电源的配电装置母线段不会同时中断供电。电源 1 通过隔离变压器供电，电源 2 通过 UPS 电源供电。输出 1、输出 2 均为单相 220 V(AC)电源。

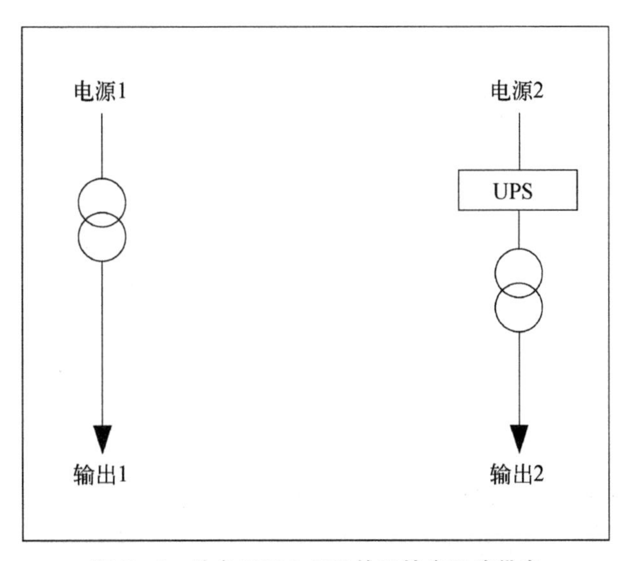

图 5－5　单台 UPS+GPS 的双输出回路供电

② 双 UPS 并联双输出回路供电方案，如图 5－6 所示。电源 1、电源 2 分别接自具有双路电源输入配电装置的不同母线段，某一路电源发生故障时，另一路电源的配电装置母线段不会同时中断供电。UPS1、UPS2 采用在线并联运行方式，电源 1 通过 UPS1 供电，电源 2 通过 UPS2 供电。输出 1、输出 2 均为单相 220 V(AC)电源。

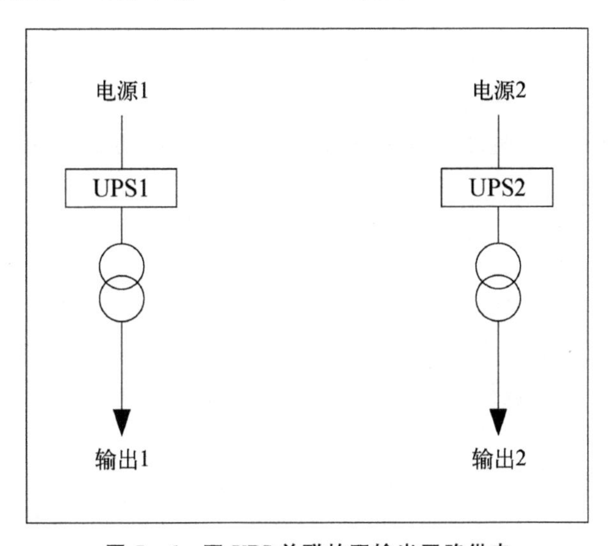

图 5－6　双 UPS 并联的双输出回路供电

③ 多套 UPS 并联的多输出回路供电方案，如图 5-7 所示。电源 1、电源 2、……、电源 n 分别接自具有双路电源输入配电装置的不同母线段，某一路电源发生故障时，另一路电源的配电装置母线段不会同时中断供电。UPS1、UPS2、UPSn 采用在线并联运行方式，电源 1 通过 UPS1 供电，电源 2 通过 UPS2 供电，电源 n 通过 UPSn 供电。输出 1、输出 2、……、输出 n 均为单相 220 V(AC)电源。这一方案一般用于总用量大于 100 kV·A 的装置。

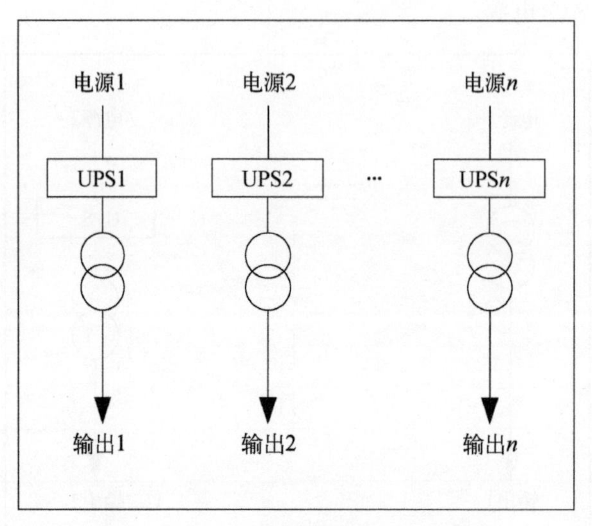

图 5-7　多 UPS 并联多输出回路供电

5.4.4　24 V(DC)电源供电系统

采用 24 V(DC)电源进行供电的原则：

① 24 V(DC)电源的仪表供电系统采用独立设置直流电源，直流电源采用冗余配置，在电源的输出端进行并联，并配置反向二极管。冗余直流电源的两路输入需接自不同的交流电源，如图 5-8 所示。

② 仪表直流供电系统应区分用户用电(如电磁阀等)及系统用电(如安全栅、信号分配器等)，分别通过不同的直流电源进行配电。

③ 仪表直流供电系统向现场仪表供电时，每个供电回路的 24 V 正端线路宜设置独立的熔断器和/或分断器。

24 V(DC)电源系统的设计通常采用每个辅助机柜(如安全栅柜、继电器柜、端子柜等)独立配置电源的方式，而且通常采用双电源模块冗余配置，将两个 24 V(DC)电源模块的输出并联运行构成 1∶1 冗余供电系统，给机柜内的用电设备供电。每个电源模块的容量应大于机柜内所有用电设备的容量之和。这样，即使某个电源模块整体故障，另一个电源模块也可保证机柜内设备的正常运行。这种设计方式是石化行业目前最常用的方案。

用于安全联锁的直流电源，除了应采用并联运行方式构成 1∶1 冗余供电系统外，还需考虑安全仪表系统的功能安全要求，满足安全联锁回路的安全性和可用性要求。

另外一种 24 V(DC)电源系统的配置方式是在电气配电室或仪表机柜室内设计一个独立的 24 V(DC)电源柜，除了仪表控制系统本身的 24 V(DC)供电外，整个装置内所有需要

24 V(DC)电源供电的仪表设备都从直流电源柜中供出，如图 5-9 所示。这种直流电源集中供电的方式多年前经常采用，目前还存在很多现有装置中。近年来，这种供电方案由于其局限性，逐渐被第一种方案所替代。

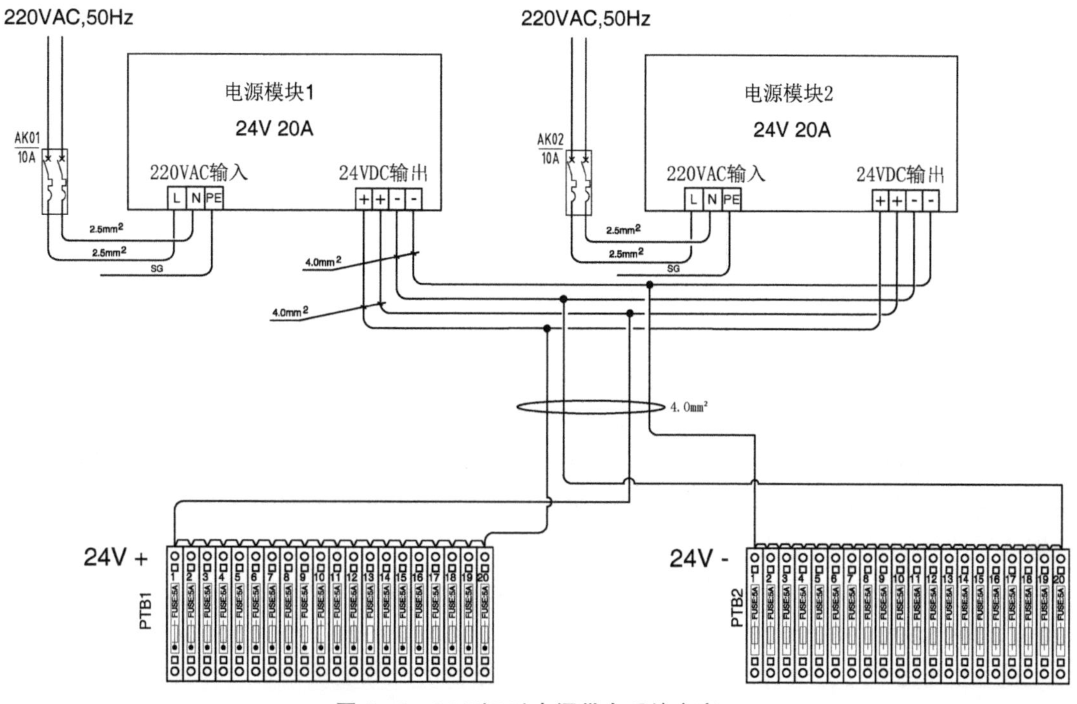

图 5-8　24 V(DC)电源供电系统方案一

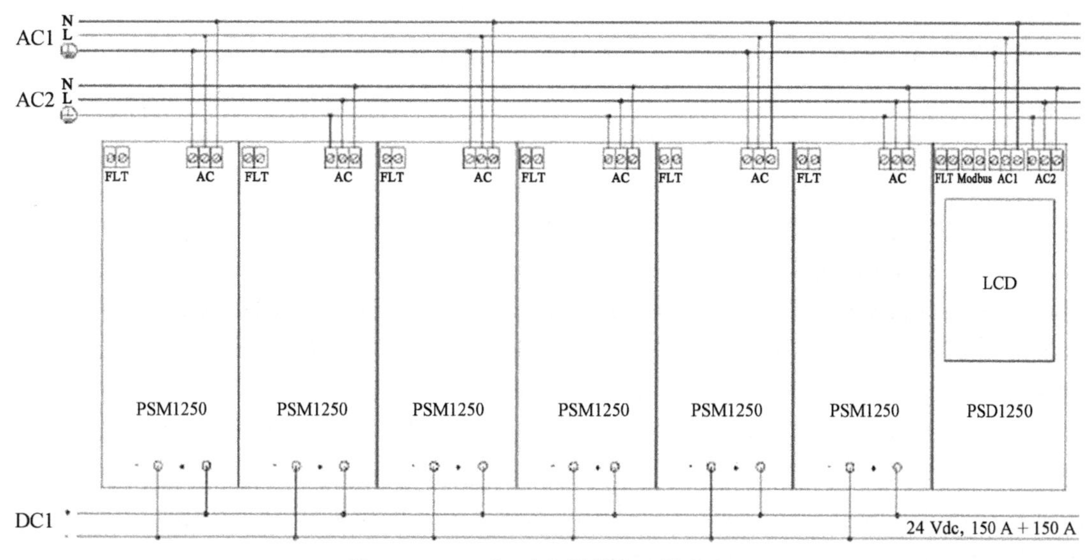

图 5-9　24 V(DC)电源供电系统方案二

此外，还有一种采用 $N+1$ 冗余电源模块的设计，适用于直流电源容量大的应用场合。而所谓 $N+1$ 冗余设计是指：假如满足正常工作需直流电源输出电流为 20 A 的电源模块 5 台，则配置直流电源模块 6 台($N+1$)并联运行，当其中一个电源模块故障时，不会影响电源用户的正常工作，此时用户可以尽快在线更换故障模块，使电源重新回到 $N+1$ 冗余模式。这种需求如果采用 1∶1 冗余电源配置，则需要 10 台电源模块。比较以上两种电源模块的设计方式可以看到，在大电流工况需求时，采用 $N+1$ 模式可以节省投资，当然 $N+1$ 模式也有其缺点，由于所有的电源模块都安装在电源底板上，风险过于集中，一旦底板出现故障，则所有的电源模块都会受影响，可能造成整个装置非计划停车。

5.4.5 供电器材选择和安装

1. 供电器材选择的一般原则

仪表供电系统中选用的供电电器均属于低压配电设备，产品的选用应满足国标 GB 50054《低压配电设计规范》中的有关要求，并符合国家现行有关产品标准：

① 选用配电设备应该适应所在工作场所及其环境条件，包括防护等级、防爆等级及温湿度等环境要求。

② 配电设备的额定频率和额定电压应该与所在回路的频率和标称电压相适应。

③ 配电设备的额定电流应大于所在回路的最大连续负荷计算电流。

④ 配电设备应该满足短路条件下的动稳定与热稳定要求。所谓开关电器的热稳定性是指一定时间内开关电器能够承受的最大热冲击电流值，而开关电器的动稳定性是指开关电器能够承受的瞬间最大电动力冲击电流值。

⑤ 用于断开短路电流的电器，应该满足短路条件下的接通能力和分断能力。

2. 断路器的选择

仪表供电系统中最常用的产品就是断路器，断路器的选择应该满足下列要求：

① 低压断路器应选用空气断路器等非熔断式自动断路器，俗称空气开关，交流单相电源应采用双极断路器，通常 100 A 及以上采用塑壳断路器，63 A 及以下采用微小断路器(MCB)，直流电源可以采用单极断路器(1 A 以下也可直接采用保险丝)。

② 仪表交流配电柜的输入总断路器宜采用长延时特性断路器，以满足供电线路过负载保护要求。长延时动作的断路器，其过电流脱扣器整定电流应大于线路计算电流，一般按大于线路计算电流的 1.1 倍取值。

③ 在多级配电系统中，上级断路器的短延时整定电流应不小于下级断路器短延时整定电流的 1.2 倍，上级断路器的动作时间应大于下级断路器的动作时间。配电回路中短延时动作的断路器，其过电流脱扣器应避开配电线路中短时间出现的负荷尖峰电流，脱扣器的整定电流应按大于或等于线路中负荷尖峰电流的 1.2 倍取值。短延时主要用于保证保护装置动作的选择性，短延时断开时间分为 0.5 s(或 0.2 s)、0.4 s 和 0.6 s 三种。

当配电系统的馈电回路出口处发生短路，应该由馈电回路的断路器执行短路保护，而不能由上级的断路器执行短路保护，这是为了避免事故扩大化，停电的范围增大。为了实现这一点，我们为上一级配电的断路器选配短路短延时保护，而馈电断路器则采用短路瞬时保护。当用电设备发生短路时，馈电断路器的短路保护是瞬时，能立即实现保护操作；而上级配电断路器的短路保护电流整定值更大，且短路保护又配套了短延时保护，它会延迟一段时间才动作。如此一来，确保了用电设备的短路保护由馈电断路器执行。这种保护配合关系就叫作短路保护的选择性。

配电回路中瞬时动作的断路器，一般用于连接最终用电设备，其过电流脱扣器应能承受配电线路中的负荷尖峰电流(或启动尖峰电流)，脱扣器的整定电流应按大于或等于线路中负荷尖峰电流的1.2倍取值；负荷尖峰电流（或启动尖峰电流）I_p 的计算按式(5-1)：

$$I_p = I_q' + I_q(n-1) \quad (5-1)$$

式中 I_p——启动尖峰电流，A；

I_q'——线路中启动电流最大的一台设备的全启动电流，A，其值为该设备启动电流的1.7倍；

$I_{q(n-1)}$——除 I_q' 以外的线路计算电流，A。

④ 各级断路器的短路特性应满足GB 14048.2《低压开关设备和控制设备 第2部分：低压断路器》中的有关要求，且额定短路电流分断能力应不小于3 kA。

3. 供电器材的安装

供电线路中的电器设备及安装附件，应满足安装现场的防爆、防护、腐蚀、环境温度、环境湿度等要求。

配电柜通常应该安装在环境条件良好的室内，如电气的配电室或仪表机柜室等；如确实需要安装在室外，应该尽量避开环境恶劣的场所，并采用适合安装场所环境条件的配电柜或配电箱。现场安装的配电柜或配电箱的防护等级至少应为IP65；如现场安装区域为防爆区，则配电柜或配电箱应选用符合现场防爆区的防爆产品。

由于供电设备属于发热设备，在供电设备安装中应充分考虑散热措施，室内安装的配电柜应带有风扇进行散热，室外安装的配电箱等设备应留有足够的空间进行散热。

供电器材的安装还应该考虑到后期维护所需的操作空间及更换维修的便利性等因素。

5.4.6 供电系统的配线

供电系统的配线，主要指的是电源线截面积计算、电源线选型及敷设。

石化装置的工程设计中，仪表电源配线应该满足下列要求：

① 室内仪表电源线应选用聚乙烯绝缘或聚乙烯绝缘多股铜芯软线。

② 室外仪表电源线应采用聚乙烯绝缘或聚乙烯绝缘三根（相、中、地）多股铜芯软线，敷设时应采用金属穿管或铠装屏蔽等隔离措施。

通常，仪表电源配线的电压等级可选用450/750 V[用于24 V(DC)配电]或0.6/1 kV[用于220 V(AC)配电]。

1. 线路的敷设

电源线路不应在易受机械损伤、有腐蚀介质排放、潮湿或热物体绝热层处敷设，当无法避免上述情况时应采取保护措施。石化装置的电源线敷设通常将线缆放置在电缆桥架内或者通过穿线管进行保护敷设，有些现场下也可在电缆沟内或直接埋地敷设。

由于电源线中的工作电流会对其他信号线中的信号有干扰，电压越高，干扰就越强，因此在设计电源线的走向时，交流电源线与其他信号线应分开敷设，无法分开时，应采取屏蔽及隔离措施。通常在仪表电缆桥架中，220 V(AC)的电源线应采用单独的桥架进行敷设，或者在同一个桥架中与其余信号电缆采用隔板进行隔离。

在满足安全要求的情况下，应尽量保证电缆敷设路径最短。这样可以使线路压降最低，从而降低电缆的截面积，可以节省项目总投资。另外，最短路径的选择也可降低工厂电能的损耗，从而达到节能降耗的目的，增加企业产品的竞争力。

电缆在敷设全路径中改变上下左右的位置时，应该满足电缆允许弯曲半径要求。

电源电缆不宜平行敷设在热力管道的上部。电缆与热力管道之间没有隔板防护时，允许平行敷设的距离应不低于 1 m，交叉敷设的距离应不低于 0.5 m。

当电缆采用直埋方式敷设时，考虑到电缆需承受较大压力及可能会受机械损伤危险，应该具有加强层或带金属铠装。

电缆线路中不应有接头，如特殊情况采用接头时，必须采用满足危险区域划分的防爆产品。

2. 线路压降

因为供电电源线的金属导体本身有电阻，因此必然会存在线路压降。用电设备离供电电源越远，敷设的电源线越长，选用的电源线线径越细，线路压降就越高。工程项目设计中对于线路压降的设计原则是，配电线路上的电压降不应使送到用电设备的供电电压小于其最低工作电压，要确保用电设备能在供电电压减去线路压降后正常工作。

线路压降与电源线的线径成反比，线径越粗，压降越低。然而在工程设计中，不能盲目选择线径粗的电源线，因为线径越粗，电源线的费用就越高，在工程项目的设计过程中需要兼顾可用性及经济性，设计计算电源线时，够用即可。考虑到金属导体的价格和导电性能，目前最常用的电源线为铜导体，下面的计算及说明均以铜导体为基础进行说明。

线路压降计算：

① 交流供电现场仪表电源线传输距离按式(5-2)估算(功率系数按 0.8 考虑)：

$$I \times (2L \times R) \leqslant \Delta \times U \times 0.8 \tag{5-2}$$

式中 L——供电距离，m；

Δ——仪表配电柜到现场仪表的线路允许压降率，%；

I——供电电流，A；

R——供电线路电阻，Ω/m；

U——交流配电柜输出电压，220 V。

当电压为 220 V(AC)时，$I \times (2L \times R) \leqslant \Delta \times 220 \times 0.8$，因此，$L \leqslant 88 \times \Delta/(I \times R)$。

【例 5-1】 交流 220 V 供电现场仪表采用 2.5 mm^2 电源线，线路上电流 2 A，电线电阻为 7.41 Ω/km，电源配电柜到现场仪表的压降率 $\Delta \leqslant 10\%$，计算仪表电源线传输距离。

计算：$L \leqslant 88 \times \Delta/(I \times R) = 88 \times 10\%/(2 \times 7.41 \times 10^{-3}) = 594.6$ m

② 直流供电现场仪表电源线传输距离按式(5-3)估算：

$$I \times (2L \times R) \leqslant \Delta \times U \tag{5-3}$$

式中 L——供电距离，m；

Δ——仪表配电柜到现场仪表的线路允许压降率，%；

I——供电电流，A，可以通过功率除以电压得出 ($I = W/U$)；

R——供电线路电阻，Ω/m；

U——直流供电电压，24 V。

当电压为 24 V(DC)时，$I \times (2L \times R) \leqslant \Delta \times 24$，因此，$L \leqslant 12 \times \Delta/(I \times R)$。

3. 电源线的截面积

电源线的截面积选择不仅需要考虑线路压降问题，还应该考虑在工作情况及短路时间下的导体最高允许温度需满足要求。

仪表用电压等级在电力电压分类中属于低压，根据国标 GB 50217《电力工程电缆设计规范》有关规定，室外仪表电源线的导体截面选择应满足导体在正常工作条件下的最高允许温度不超过 70 ℃，在最大短路电流和短路时间作用下的最高允许温度不超过 160 ℃，电源线的多芯铜导体的最小截面不小于 2.5 mm^2。

计算电源线截面积时，电源线的长期允许载流量应不小于线路上游断路器的额定电流或断路器延时脱扣器整定电流的 1.25 倍。

根据 SH/T 3082《石油化工仪表供电设计规范》，交流供电的电缆导体截面积与允许载流量(A)的对应关系见表 5－1。

表 5－1　导体截面积与允许载流量的关系

导体截面积 /mm^2		2.5	4.0	6.0	10	16	25	35	50	70
允许载流量/A	电缆芯数（二芯）	23	31	40	57	77	102	122	156	189
	电缆芯数（三或四芯）	19	27	35	49	67	89	106	134	166

注：1～3 kV 铜芯聚氯乙烯绝缘电缆在 40 ℃空气中敷设时允许 100％持续载流量。

在石化装置设计中，由于现场设备的供电距离一般较远(200 m 以上)，因此对现场设备的电缆截面积主要考虑压降对于电缆的要求，当电压降满足要求时导体温度基本都能满足要求，因此计算截面积时可不考虑导体温度因素。对于机柜室内供电的设备，由于供电距离较短，因此供电电缆的截面积计算时不仅需要考虑线路压降满足用电设备的要求，还需要考虑导体温度也必须满足要求。

第6章 仪表供气

过程控制仪表的工作需要能源驱动，合适的能源是其正常工作的保证。石油化工装置中驱动气动仪表运行的能源是仪表气源，通常采用经过处理的洁净空气，气源质量的好坏直接影响气动仪表的工作稳定性。因此，仪表供气设计是石油化工装置工程设计中的重要部分。虽然，电动仪表在石油化工装置中的应用相当广泛，但气动调节阀、气动开关阀也是必不可少的仪表设备。同时，气动指示、调节仪也在一些特殊场合发挥作用。此外，仪表气源还用于某些分析仪助燃、吹气法测量、正压通风防爆等场合。合理的仪表供气设计方案是装置用气设备安全运行的可靠保证。

本章主要讲述工程设计中仪表供气的相关设计，包含仪表气源质量要求、供气系统确定及供气管路设计等内容。

仪表供气设计主要遵守的规范为 SH/T 3020《石油化工仪表供气设计规范》。在供气系统设计上，仪表专业主要与空压、配管专业之间存在工作界面，空压专业负责提供质量和用量满足仪表专业要求的气源，配管专业负责将气源通过管道输送到仪表专业指定的地点。

仪表供气设计完成的设计文件为“仪表供气平面布置图”，该图是在设备平面布置图的基础上表示出气源总(干、支)管、分配器和用气设备的位置，如图 6-1 所示。

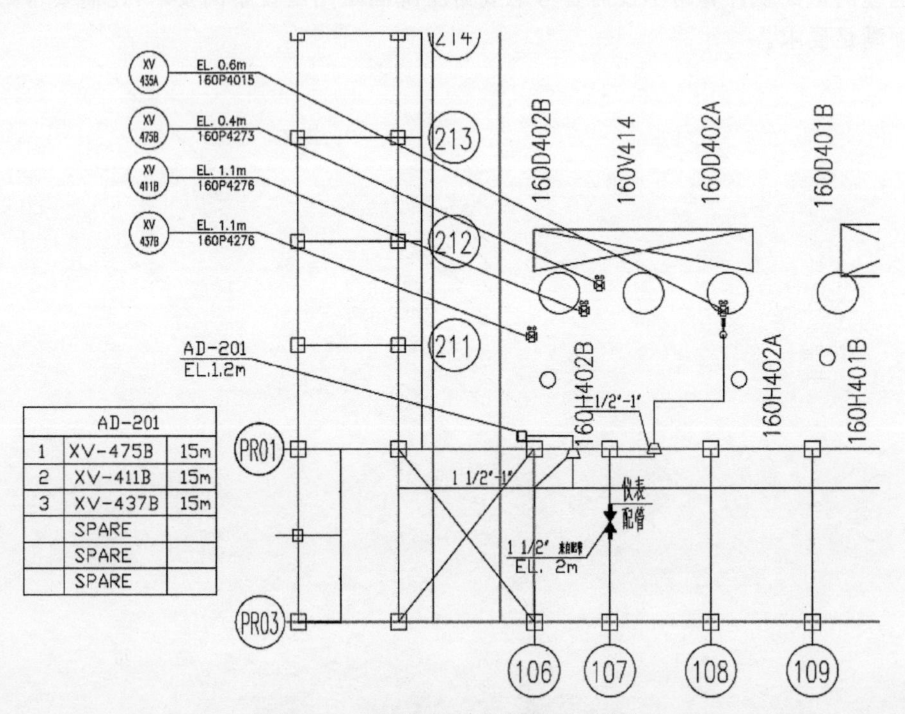

图 6-1 仪表供气平面布置图(局部)

6.1　气源质量要求

在石油化工生产装置中，气源用户对气源质量有着相当高的要求。仪表气源的用气负载不同，对气源质量要求不同。通常，气动指示调节仪、压电式电气阀门定位器对气源的质量要求更高。为确保气源用户的正常工作，仪表气源需采用干燥、洁净、具有可靠稳定的压力供应源的压缩空气。仪表气源质量包含了对露点、含尘、含油、污染物和有害气体的要求。若采用氮气作为备用气源，封闭的厂房应设置低氧检测报警等安全措施。

6.1.1　干燥度要求

露点或露点温度是指在特定压力下，空气中所含的水蒸气开始从空气中析出，凝结成液态水的温度。

露点温度是工程设计中用来限制仪表气源含湿量的参数。仪表气源中不能含有过多的水分，否则当气源在低温工作时，会出现冷凝结露，从而使供气管路和仪表产生故障，降低仪表工作的可靠性。因此，仪表气源含湿量应控制在不引起冷凝结露。对仪表气源露点温度值要设定在：仪表供气系统提供的净化后的带压干气露点应比历史上记录的年(季)极端最低温度至少低 10 ℃。然而，仪表压缩空气装置制造商是采用常压露点为供气装置干燥能力的技术指标，所以要按照露点换算图(图 6 - 2)进行换算。

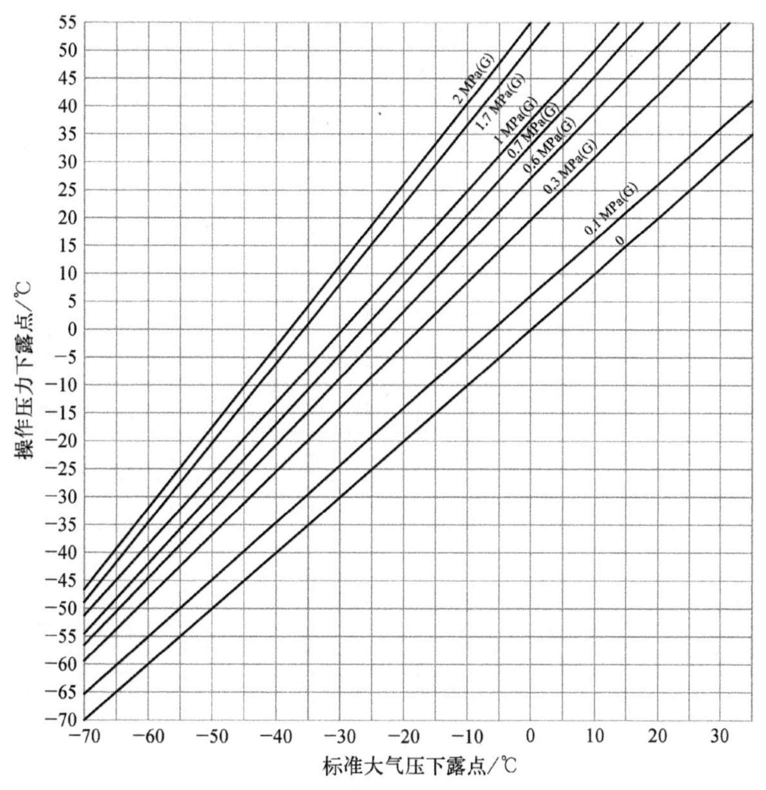

图 6 - 2　露点换算图(SH/T 3020—2013)

空气中微量水含量体积比百万分率与露点温度的换算按式(6-1)：

$$p_{H_2O}=c\cdot p\cdot 10^{-6} \tag{6-1}$$

式中　p_{H_2O}——与某露点温度相应的饱和蒸汽压，kPa；

p——总压力，即标准大气压，以 101.325 kPa 计算；

c——实测含水量(体积比百万分率)，10^{-6}，采用微量水分仪测量。

以 p_{H_2O} 值查表 6-1、表 6-2 可得露点温度。

表 6-1　露点温度与主要湿度换算表(0～60 ℃)

露点/℃	饱和水蒸气气压/Pa	混合比(空气)/(g/kg)	比湿(空气)/(g/kg)	绝对湿度(20 ℃)/(g/m³)	体积比/×10⁻⁶	重量比/×10⁻⁶	相对湿度(20 ℃)/%
0	611.213	3.775	3.761	4.518	6 069	3 775	26.14
1	657.089	4.060	4.043	4.857	6 527	4 060	28.10
2	705.949	4.364	4.345	5.218	7 016	4 364	30.19
3	758.023	4.688	4.666	5.603	7 537	4 688	32.41
4	813.467	5.034	5.009	6.013	8 093	5 034	34.79
5	872.469	5.402	5.373	6.449	8 685	5 402	34.79
6	935.223	5.795	5.761	6.913	9 316	5 795	39.99
7	1 001.93	6.212	6.174	7.406	9 987	6 212	42.84
8	1 072.8	6.656	6.612	7.929	10 701	6 656	45.87
9	1 148.06	7.128	7.078	8.486	11 460	7 128	49.09
10	1 227.94	7.630	7.573	9.076	12 267	7 630	52.51
11	1 312.67	8.164	8.098	9.702	13 125	8 164	56.13
12	1 402.51	8.730	8.655	10.366	14 036	8 730	59.97
13	1 497.72	9.332	9.246	11.070	15 003	9 332	64.05
14	1 598.55	9.970	9.872	11.815	16 029	9 970	68.36
15	1 705.32	10.648	10.535	12.605	17 118	10 648	72.92
16	1 818.29	11.366	11.238	13.440	18 273	11 366	77.75
17	1 937.7	12.127	11.982	14.323	19 497	12 127	82.86
18	2 064.09	12.934	12.769	15.256	20 795	12 934	88.26
19	2 197.57	13.789	13.602	16.243	22 169	13 789	93.97
20	2 338.54	14.695	14.482	17.285	23 625	14 695	100.00
21	2 487.37	15.653	15.412	18.385	25 166	15 653	
22	2 644.42	16.668	16.395	19.546	26 798	16 663	
23	2 810.05	17.742	17.433	20.770	28 524	17 742	

续表

露点/℃	饱和水蒸气气压/Pa	混合比（空气）/(g/kg)	比湿（空气）/(g/kg)	绝对湿度（20 ℃）/(g/m³)	体积比/×10⁻⁶	重量比/×10⁻⁶	相对湿度（20 ℃）/%
24	2 984.70	18.878	18.528	22.061	30 351	18 878	
25	3 168.74	20.080	19.685	23.421	32 283	20 080	
26	3 362.60	21.350	20.904	24.854	34 325	21 350	
27	3 566.71	22.694	22.190	26.363	36 485	22 694	
28	3 781.54	24.114	23.546	27.950	31 768	24 114	
29	4 007.54	25.514	24.947	29.621	41 180	25 614	
30	4 245.20	27.199	26.497	29.621	41 180	25 614	
31	4 495.02	28.874	28.064	33.224	46 422	28 874	
32	4 757.52	30.644	29.733	35.164	49 266	30 644	
33	5 033.22	32.512	31.048 9	37.202	52 271	32 512	
34	5 322.67	34.486	33.336	39.341	55 443	34 486	
35	5 626.45	36.570	35.279	41.587	58 793	36 570	
36	5 945.13	38.770	37.323	43.942	52 331	38 770	
37	6 279.33	41.093	39.471	46.412	66 066	41 093	
38	6 629.65	43.546	41.729	49.002	70 010	43 546	
39	6 996.75	46.137	44.102	51.715	74 174	46 137	
40	7 381.27	48.871	46.594	54.557	78 571	48 871	
41	7 783.91	51.759	49.212	57.533	83 214	51 759	
42	8 205.36	54.808	51.961	60.648	88 116	54 808	
43	8 546.33	58.029	54.846	63.908	93 294	58 029	
44	9 107.57	51.430	57.875	67.317	98 762	61 430	
45	9 589.84	65.023	61.053	70.881	104 538	65 023	
46	10 093.92	68.819	64.388	74.607	110 641	68 819	
47	10 620.62	72.830	67.886	78.500	117 090	72 800	
48	11 170.76	77.070	71.556	82.566	123 907	77 070	
49	11 745.19	81.553	75.404	86.812	131 114	81 553	
50	12 344.78	86.294	79.439	91.244	138 736	86 294	
51	12 970.12	91.309	83.670	95.868	146 800	91 309	
52	13 623.04	96.617	88.105	100.692	155 333	96 617	

续表

露点/℃	饱和水蒸气气压/Pa	混合比(空气)/(g/kg)	比湿(空气)/(g/kg)	绝对湿度(20 ℃)/(g/m³)	体积比/×10⁻⁶	重量比/×10⁻⁶	相对湿度(20 ℃)/%
53	14 303.57	102.237	92.754	105.722	164 368	102 237	
54	15 012.98	108.190	97.628	110.965	173 938	105 190	
55	15 752.26	114.498	102.735	116.430	184 080	114 498	
56	16 522.43	121.187	108.088	122.122	194 834	121 187	
57	17 324.31	128.283	113.698	128.050	206 243	128 283	
58	18 159.59	135.817	119.577	134.223	218 355	135 581	
59	19 028.74	143.820	125.737	140.647	231 222	143 820	
60	19 933.09	152.329	132.193	147.331	244 903	152 239	

表 6-2 露点温度与主要湿度换算表(−75～0 ℃)

露点/℃	饱和水蒸气气压/Pa	混合比(空气)/(g/kg)	比湿(空气)/(g/kg)	绝对湿度(20 ℃)/(g/m³)	体积比/×10⁻⁶	重量比/×10⁻⁶	相对湿度(20 ℃)/%
0	611.153	3.774	4.517	6 068	748.5	904.1	26.13
−1	565.675	3.473	4.159	5 584	688.8	832.0	24.06
−2	517.724	3.194	3.827	5 136	633.5	765.2	22.14
−3	475.068	2.936	3.519	4 721	582.3	703.3	20.36
−4	437.488	2.697	3.234	4 336	534.9	646.1	18.71
−5	401.779	2.476	2.970	3 981	491.1	593.1	17.18
−6	368.748	2.272	2.726	3 653	450.5	544.2	15.77
−7	388.212	2.083	2.500	3 349	413.1	499.0	14.46
−8	310.001	1.909	2.291	3 069	378.5	457.2	13.26
−9	283.995	1.748	2.099	2 811	346.7	418.8	12.14
−10	259.922	1.600	1.921	2 572	317.2	383.2	11.11
−11	237.762	1.463	1.757	2 352	290.1	350.4	10.17
−12	217.342	1.337	1.606	2 150	265.2	320.3	9.294
−13	198.538	1.221	1.467	1 963	242.2	292.5	8.490
−14	181.233	1.115	1.340	1 792	221.0	267.0	7.750
−15	165.319	1.016	1.222	1 634	201.6	243.5	7.069
−16	150.694	0.926 4	1.114	1 489	183.7	221.9	6.444

续表

露点/℃	饱和水蒸气气压/Pa	混合比(空气)/(g/kg)	比湿(空气)/(g/kg)	绝对湿度(20 ℃)/(g/m^3)	体积比/$\times10^{-6}$	重量比/$\times10^{-6}$	相对湿度(20 ℃)/%
−17	137.263	0.843 8	1.015	1 357	167.3	202.1	5.870
−18	124.938	0.767 9	0.923 5	1 235	152.3	183.9	5.343
−19	113.634	0.698 3	0.839 9	1 123	138.5	167.3	4.589
−20	103.276	0.634 6	0.763 3	1 020	125.9	152.0	4.416
−21	93.790 4	0.576 3	0.693 2	926.5	114.3	138.0	4.011
−22	85.110 4	0.522 9	0.629 1	840.7	103.7	125.2	3.639
−23	77.173 5	0.474 1	0.570 4	762.2	94.02	113.6	3.300
−24	69.921 7	0.429 5	0.516 8	690.6	85.18	102.9	2.990
−25	63.300 8	0.388 8	0.467 9	625.1	77.11	93.13	2.670
−26	57.260 7	0.351 7	0.423 2	565.4	69.75	84.24	2.449
−27	51.754 6	0.317 9	0.382 5	511.0	63.04	76.14	2.213
−28	46.739 3	0.287 0	0.345 5	461.5	56.93	68.76	1.999
−29	42.174 8	0.259 0	0.311 7	416.4	51.36	62.04	1.803
−30	38.023 8	0.233 5	0.281 0	375.4	46.31	55.93	1.625
−31	34.252 1	0.210 3	0.253 2	338.2	41.71	50.38	1.465
−32	30.827 7	0.189 3	0.227 9	304.3	37.54	45.34	1.318
−33	27.721 4	0.170 2	0.204 9	273.7	33.76	40.77	1.185
−34	24.905 9	0.152 9	0.184 1	245.9	30.33	36.63	1.065
−35	22.356 3	0.137 3	0.165 2	220.7	27.22	32.88	0.956
−36	20.049 4	0.123 1	0.148 2	197.9	24.41	29.49	0.857 3
−37	17.964 0	0.110 3	0.132 8	177.3	21.87	26.42	0.768 2
−38	16.080 5	0.098 73	0.118 9	158.7	19.58	23.65	0.687 6
−39	14.380 9	0.088 29	0.106 3	141.9	17.51	21.15	0.615 0
−40	12.848 5	0.078 88	0.094 97	126.8	15.64	18.89	0.549 4
−41	11.468 5	0.070 41	0.084 77	113.2	13.96	16.86	
−42	10.226 5	0.062 78	0.075 59	100.9	12.45	15.04	
−43	9.110 11	0.055 93	0.067 34	89.92	11.09	13.40	
−44	8.107 36	0.049 77	0.059 92	80.02	9.870	11.52	
−45	7.207 63	0.044 25	0.053 27	71.14	8.775	10.60	

续表

露点/℃	饱和水蒸气气压/Pa	混合比(空气)/(g/kg)	比湿(空气)/(g/kg)	绝对湿度(20 ℃)/(g/m³)	体积比/×10⁻⁶	重量比/×10⁻⁶	相对湿度(20 ℃)/%
−46	6.401 14	0.039 30	0.047 32	63.18	7.793	9.413	
−47	5.678 94	0.034 86	0.041 97	56.05	6.914	8.351	
−49	4.455 56	0.027 35	0.032 93	43.97	5.424	6.552	
−50	3.940 17	0.024 19	0.029 12	38.89	4.897	5.794	
−51	3.480 56	0.021 37	0.025 73	34.35	4.237	5.118	
−52	3.071 18	0.018 85	0.022 70	30.31	3.739	4.516	
−53	2.706 80	0.016 62	0.020 01	26.71	3.295	3.980	
−54	2.382 96	0.014 63	0.017 61	23.52	2.901	3.504	
−55	2.095 42	0.012 86	0.015 49	20.68	2.551	3.081	
−56	1.840 42	0.011 30	0.013 50	18.16	2.241	2.706	
−57	1.614 52	0.009 911	0.011 93	15.93	1.965	2.374	
−58	1.414 63	0.008 584	0.010 46	13.96	1.722	2.080	
−59	1.237 97	0.007 600	0.009 150	12.22	1.507	1.820	
−60	1.082 03	0.006 642	0.007 998	10.68	1.317	1.591	
−61	0.944 545	0.005 798	0.006 981	9.322	1.150	1.389	
−62	0.823 473	0.005 055	0.006 087	8.127	1.002	1.211	
−63	0.716 990	0.004 401	0.005 299	7.076	0.872 8	1.054	
−64	0.623 457	0.003 827	0.004 608	6.153	0.759 0	0.916 7	
−65	0.541 406	0.003 324	0.004 002	5.343	0.659 0	0.795 1	
−66	0.469 514	0.002 882	0.003 470	4.634	0.571 6	0.690 4	
−67	0.406 613	0.002 496	0.003 005	4.013	0.495 0	0.597 9	
−68	0.351 650	0.002 159	0.002 599	3.471	0.428 1	0.517 1	
−69	0.303 688	0.001 864	0.002 245	2.997	0.369 7	0.446 5	
−70	0.261 892	0.001 608	0.001 936	2.585	0.318 8	0.385 1	
−71	0.225 521	0.001 384	0.001 667	2.226	0.274 5	0.331 6	
−72	0.193 916	0.001 90	0.001 433	1.914	0.236 1	0.285 1	
−73	0.166 491	0.001 022	0.001 231	1.643	0.202 7	0.244 8	
−74	0.142 728	0.000 875 2	0.001 085	1.409	0.173 8	0.209 9	
−75	0.122 168	0.000 749 9	0.000 930	1.206	0.148 7	0.179 6	

6.1.2 洁净度要求

1. 含尘

限制粉尘对于仪表是非常必要的，尤其是仪表阀门的气路通道直径只在毫米级(mm)，如果气源中所含的粉尘颗粒直径大了，势必会造成堵塞，仪表不能正常工作，甚至失灵，影响生产。所以，仪表气源必须经过净化处理，以满足仪表的正常使用要求。

粉尘是从两个方面影响仪表工作的：一是粉尘的含量，二是粉尘颗粒的大小。经净化后的仪表气源，在气源装置出口处，含尘颗粒直径应小于或等于 3 μm，含尘量应小于 1 mg/m^3。

2. 含油

仪表压缩空气是要求禁油的。油在压缩空气中会有两种存在形式：一种是油滴，另一种是油雾。在仪表气源中绝不允许有油滴存在，只允许有极其少量的油雾。油进入仪表气源系统危害是极大的。油脂黏结在仪表附件和管路上很难清除，还会吸附尘埃，堵塞管路，使得仪表无法正常工作。所以，要求仪表压缩空气中不含油，选用无油润滑空压机，以尽量确保系统的清洁，确保仪表调节阀及用气设备的使用寿命。

对于含油量的限制范围，各标准所表述的内容有所差异，见表 6-3。

表 6-3 不同标准中含油量的限制范围

标准名	含油量
GB/T 4830—2015 工业自动化仪表 气源压力范围和质量	≤10 mg/m^3(8×10^{-6}，质量分数)
GB/T 17214.2—2005/IEC60654-2：1979 工业过程测量和控制装置的工作条件 第 2 部分：动力	不含大量的油蒸气、油和其他液体
HG/T 20510—2014 仪表供气设计规范	<1×10^{-6}，质量分数
SH/T 3020—2013 石油化工仪表供气设计规范	≤10 mg/m^3(8×10^{-6}，质量分数)
PIP PCCIA 001 Instrument Air Systems Criteria	最大含油量或碳氢化合物含量应尽可能接近零，且在任何情况下都不得超过 1×10^{-6}
ANSI/ISA-7.0.01—1996 Quality Standard for Instrument Air	润滑油含量应尽可能接近零，在任何情况下，都不得超过 10^{-6}

气源用户对含油量有不同的要求，通常采用 mg/m^3、10^{-6} 或含油等级(表 6-4)表示对气源含油指标的要求。

含油量单位质量比百万分率(10^{-6})和单位体积质量(mg/m^3)的换算公式如下：

$$C=\frac{D}{\rho} \quad (6-2)$$

式中 C——实测含油量，10^{-6}；

D——实测含油量，mg/m^3；

ρ——空气密度，kg/m^3（按指标要求状态下取值，如 25 ℃，101.3 kPa 状态下取值 1.205 kg/m^3）。

表 6-4 含油等级

等级	总含油量（液态油、悬浮油、油蒸气）/(mg/m^3)
0	由设备使用者或制造商制定的比等级 1 更高的要求
1	≤0.01
2	≤0.1
3	≤1
4	≤5

注：① 总含油量是在空气温度为 20 ℃，空气压力为 0.1 MPa(A)，相对湿度为 0 的状态下的值；
② 数值来源：GB/T 13277.1—2008(ISO 8573—1，2001，MOD)《压缩空气 第 1 部分：污染物净化等级》。

3. 含污染物

仪表空气不可含腐蚀性污染物和有害气体。仪表气源中不应含易燃、易爆、有毒及腐蚀性气体或蒸气。因此，在气源装置设计中应正确选择吸入口位置，要保证周围环境条件不受污染，确保仪表空气不含有害物质和腐蚀性的杂质和粉尘。

6.2 供气系统

6.2.1 气源压力

仪表气源压力是根据气源负荷的技术要求而定的，必须满足仪表输入端的供气压力要求。

常用气动仪表类供气压力范围分为：

① 气动仪表(包括气动变送器、电/气转换器等)：140 kPa(G)；

② 定位器(配薄膜执行器)：140～350 kPa(G)；

③ 定位器(配活塞执行器)：350～600 kPa(G)。

根据这个要求，装置的压缩空气站净化装置出口处的总管气源压力范围宜为 700～1 MPa(G)，进装置界区的压力值宜达到 700 kPa(G)。然后，根据不同仪表的供气压力要求，通过仪表所带的过滤减压阀将气源压力降低至仪表的工作压力。

6.2.2 耗气量计算

仪表气源装置设计容量取决于仪表负荷的总耗气量大小，不包括工艺吹扫用气。工艺吹扫用气应独立设置，不可从仪表空气管上取气。在工程设计中，仪表耗气量的计算主要采用经验估算法和汇总计算法。

1. 经验估算法

在设计初期，相对确切的仪表总耗气量求取有困难时，可采取经验估算法对装置总容量进行估算，按式(6-3)估算：

$$Q_s = Q_c[2 + (0.1 \sim 0.3)] \tag{6-3}$$

式中，Q_s 为气源装置计算总容量(标准状态)，$(N \cdot m^3)/h$；Q_c 为仪表稳态耗气量总和(标准状态)，$(N \cdot m^3)/h$；0.1～0.3 为供气管网系统泄漏系数；2 为瞬时耗气量修正系数。

若 Q_C 求取有困难，可采用调节回路数估算，按式(6-4)或按式(6-5)估算：

$$Q_c = (3 \sim 4)C_m \tag{6-4}$$

$$Q_c = (3 \sim 4)V_m \tag{6-5}$$

式中 C_m——调节回路数；

V_m——调节阀台件数。

2. 汇总计算法

仪表耗气总量按式(6-6)汇总计算：

$$\begin{aligned} q_v &= (q_{v1} + q_{v2}) + (q_{v1} + q_{v2}) \times 20\% + (q_{v1} + q_{v2}) \times (1 + 20\%) \times 10\% \\ &= 1.32(q_{v1} + q_{v2}) \end{aligned} \tag{6-6}$$

式中 q_v——仪表耗气量(标准状态)，m^3/h；

q_{v1}——连续用气设备总耗气量(标准状态)，m^3/h；

q_{v2}——间歇用气设备总耗气量(标准状态)，m^3/h；

$q_{v1} + q_{v2}$——实用气量；

$(q_{v1} + q_{v2}) \times 20\%$——备用气量；

$(q_{v1} + q_{v2}) \times (1 + 20\%) \times 10\%$——泄漏气量。

常用用气设备的单台用气量取值见表 6-5。

表 6-5 常用用气设备单台用气量取值

序号	用气设备	用气量/(m^3/h)	备注
1	气动调节阀	1	标准状态
2	气动开关阀	1.7	小于 10″的开关阀，标准状态
		3.4	大于 10″的开关阀，标准状态
3	色谱仪	1.2	标准状态
4	正压通风防爆仪表柜	2～8	标准状态
5	反吹法测量仪表	1～5	标准状态
6	特殊设备		根据其最大耗气量指标

表 6-6 为某工程设计项目仪表负荷总耗气量统计示例。

表 6-6　仪表耗气统计表

仪表空气用气计算表							
连续用气设备耗气量				间歇用气设备耗气量			
仪表类型	单元用气量/(m^3/h)	数量	估计耗气量/(m^3/h)	仪表类型	单元用气量/(m^3/h)	数量	估计耗气量/(m^3/h)
阀门定位器	1	141	141.00	开关阀(大于 10°)	3.4	63	214.20
氧分析仪	60		0.00	开关阀(小于 10°)	1.7	229	389.30
分析小屋	90	1	90.00				
a 连续用气设备总耗气量			231.00	d 间歇用气设备总耗气量			603.50
b 20%备用气量			46.20	e 20%备用气量			120.70
c 泄漏气量[10%($a+b$)]			27.72	f 泄漏气量[10%($d+e$)]			72.42
计算耗气量 $=a+b+c+d+e+f=1\ 101.54\ m^3/h$							

6.2.3　安全供气设计

为了保证装置的正常运行，装置设计应考虑设置备用气源。备用气源的作用是当仪表气源故障时维持气源在短时间内不致中断，为仪表的正常工作提供保障，为仪表气源设备故障处理和维修争取时间。

备用气源可采用：备用空压机组、储气罐等方式。对于压缩机而言，一般采用一备一或二备一的设计方式，应采用自动切换方式。当主空压机出现故障无法正常工作时，备用空压机应即刻联锁启动，以确保气源正常输送。

在控制室应设置供气系统的监测和报警功能，例如：仪表气源装置出口总管，可设置在线露点仪，以及具有气源总管压力指示、低压报警、超低压联锁等功能的安全用气装置，确保整个仪表气源管网正常工作。

当主气源装置发生故障停止供气时，还可以采取备用储气罐方式提供应急供气。储气罐的容量一般由工艺专业选定，根据装置仪表用气总耗气量、储气罐允许的最低空气输出压力及维持供气时间来计算。

储气罐容量计算：

$$V=\frac{q_v t}{60}\times\frac{p_0}{p_1-p_2} \tag{6-7}$$

式中　V——储气罐容积，m^3；

q_v——仪表总耗气量(标准状态)，m^3/h；

t——维持供气时间，min；

p_1——正常操作压力，kPa，通常取 0.7 MPa；

p_2——最低空气输出压力，kPa，通常取 0.55 MPa；

p_0——大气压力，通常 $p_0=101.33$ kPa。

其中，维持供气时间 t 应根据工艺控制及安全联锁的要求来确定。通常由工艺专业提出具体的维持时间，或者在 15～30 min 内取值。

为防止储气罐内空气倒流，需在储气罐进口处设计单向止逆阀。

6.2.4 供气方式

根据不同的供气负载，仪表空气供气方式可分为单元线式、支干线式及环形供气三种。

1. 单元线式供气

单元线式供气多用于耗气量较大或空间位置较远的负荷。如大功率执行器的供气，为了不影响邻近负荷用气，设计时，可直接在气源总管或干管上取源。图 6-3 所示为典型的单元线式供气示意图。

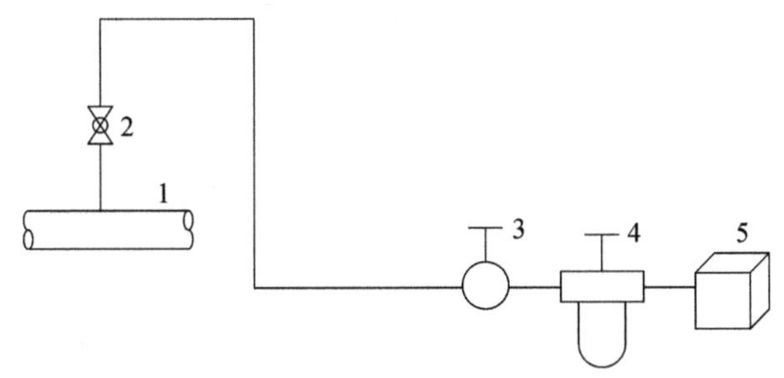

图 6-3 单元线式供气

1—气源总管或干管；2—气源截止阀；3—气源球阀
4—空气过滤器减压阀；5—现场用气设备

2. 支干线式供气

支干线式供气方式多用于负荷较为集中，或者密度较大的仪表群的场合。图 6-4、

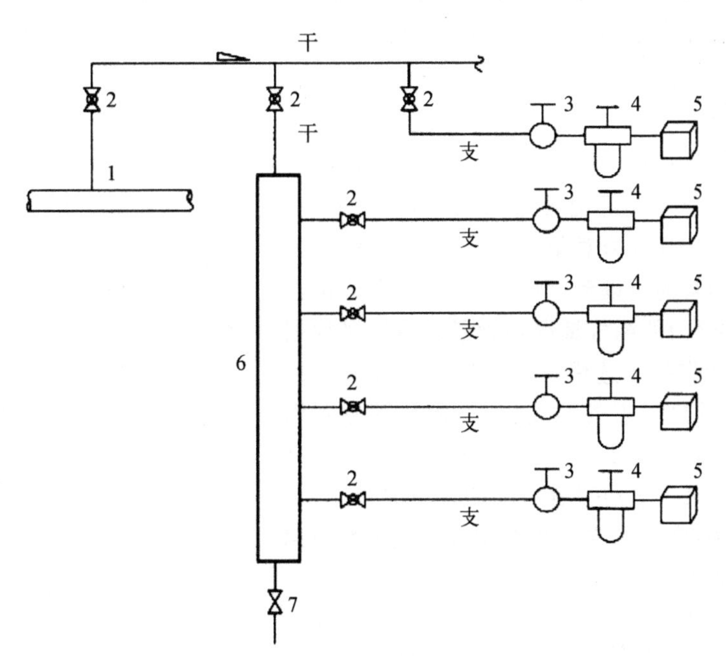

图 6-4 支干线式供气方式(一)

1—气源总管；2—气源截止阀；3—气源球阀；4—空气过滤器减压阀；
5—现场用气设备；6—空气分配器；7—排污阀

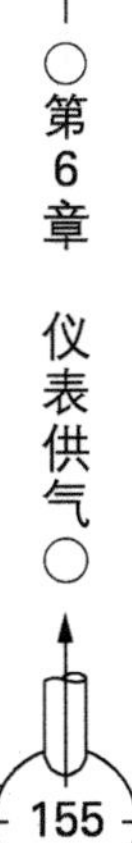

图 6－5为两种常用的支干线供气方式，从气源总管上引出气源干管，并根据用气点的空间和平面的分布情况，配置气源分配器（图 6－4）或直接敷设供气支管到用户（图 6－5）。

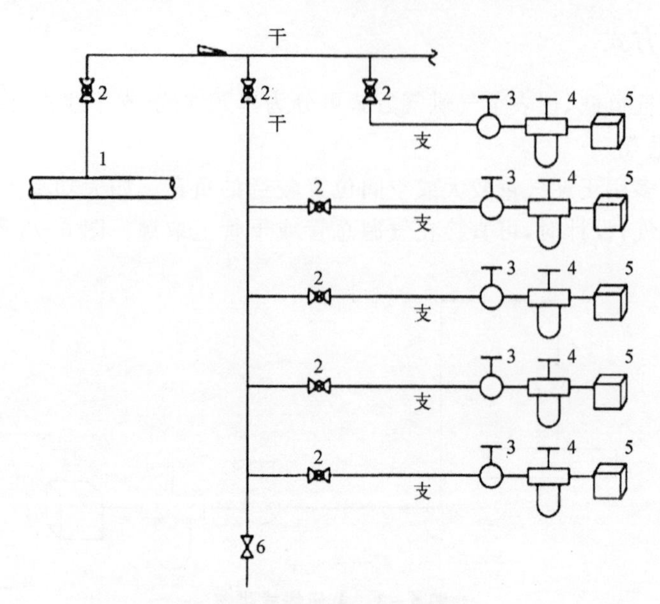

图 6－5　支干线式供气方式(二)

1—气源总管；2—气源截止阀；3—气源球阀；4—空气过滤器减压阀；5—现场用气设备；6—排污阀

通常，气源用户（如气动调节阀、气动开关阀）较为密集区，分组设置气源分配器。其优点是可以减少现场安装施工的工作量和便于日常运行维护。但用气量大的仪表不能一起接入气源分配器，而应该单独从总管或干管直接供气，否则会影响同一分配器其他气源用户的正常运行。

气源分配器是由数个针阀或球阀与管道组成的一个气体分流装置，并在底部配置排污阀，如图 6－6 所示。气源分配器在阀门相对集中的场合运用比较方便，可减少气源钢管的敷设量，节省空间。气源分配器出来的气源管按阀门的耗气量选择管径。设计可根据现场阀门气源分配需求，选用不同供气点的气源分配器，并留有 20％的供气点备用连接，气源分配器到用气阀门的距离建议不超过 20 m。每套气源分配器需设置切断阀，对应每一点应设置单独的气源球阀。

在气源用户相对分散、单个用户用气量较大的应用场合，采用支干线直接供气方案（图 6－5）更为合理。

3. 环形供气

环形供气方式用于对供气压力稳定性较高要求的场合。环形供气方式分为总管环形（图 6－7）和干管环形（图 6－8）两种形式。

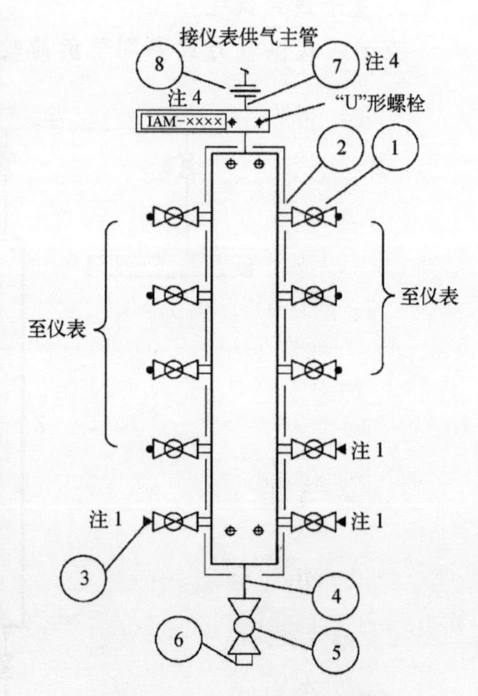

图 6－6　气源分配器示意图

1—气源球阀；2—短管；3—空置供气点丝堵；4—短管；5—排水球阀；6—丝堵；7—短管；8—活接头

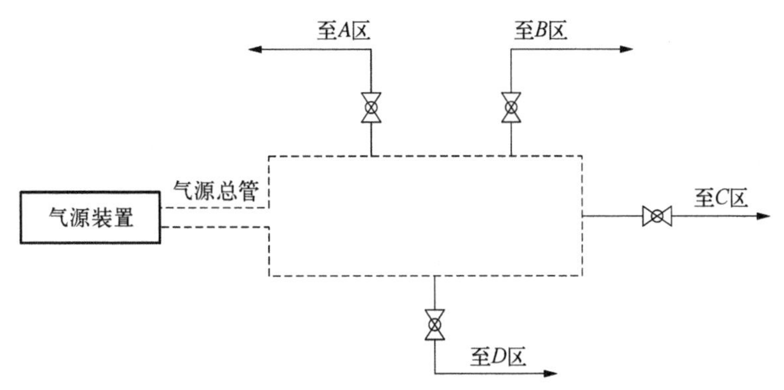

图 6-7　总管环形供气方式(一)

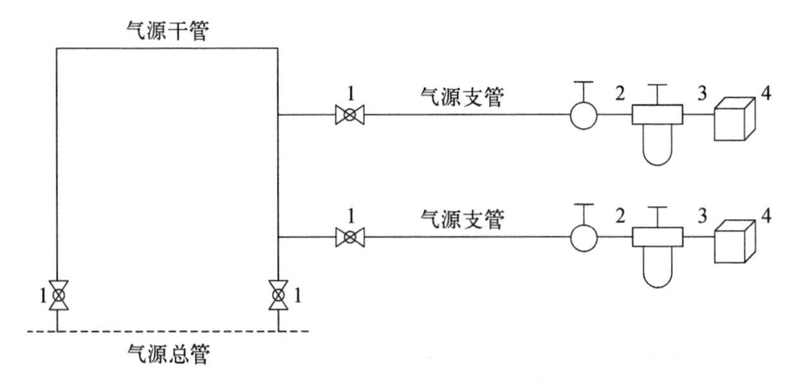

图 6-8　干管环形供气方式(二)

1—气源截止阀;2—气源球阀;3—空气过滤器减压阀;4—现场用气设备

6.2.5　吹气测量

吹气测量是一种非接触的测量方法,如图 6-9 所示。通过吹扫管线向测量引压点通入一定量的稳压气体,一是为了隔离过程测量介质与仪表的接触,二是使仪表测量压力与过程介质压力相同,以满足安全、可靠的测量。吹气测量气源应满足:与被测介质不发生化学反应;清洁、不含固体物质、不污染被测介质;无腐蚀性;流动性好;反吹气源的输入不影响工艺生产过程的进程。通常采用仪表风进行反吹,对于一般气体压力测量,反吹风体积流量为0.03~0.14 m^3/h;对于一般液体压力测量,反吹风体积流量为 0.025 m^3/h。

6.3　供气管路

6.3.1　供气管路的敷设

仪表供气管路应该架空敷设,不宜在地面或地下敷设。供气管路敷设时,要避开高温、易受机械损伤、腐蚀、强烈振动的环境及工艺管路、设备物料排放口等不安全环境。

供气管路应避免 U 形配管,从供气总管或干管引出仪表气源时,取源部位要从水平管道顶部引出并安装气源切断阀,气源切断阀可采用球阀,且在管网的最低点设排污阀,排污阀采用截止阀。

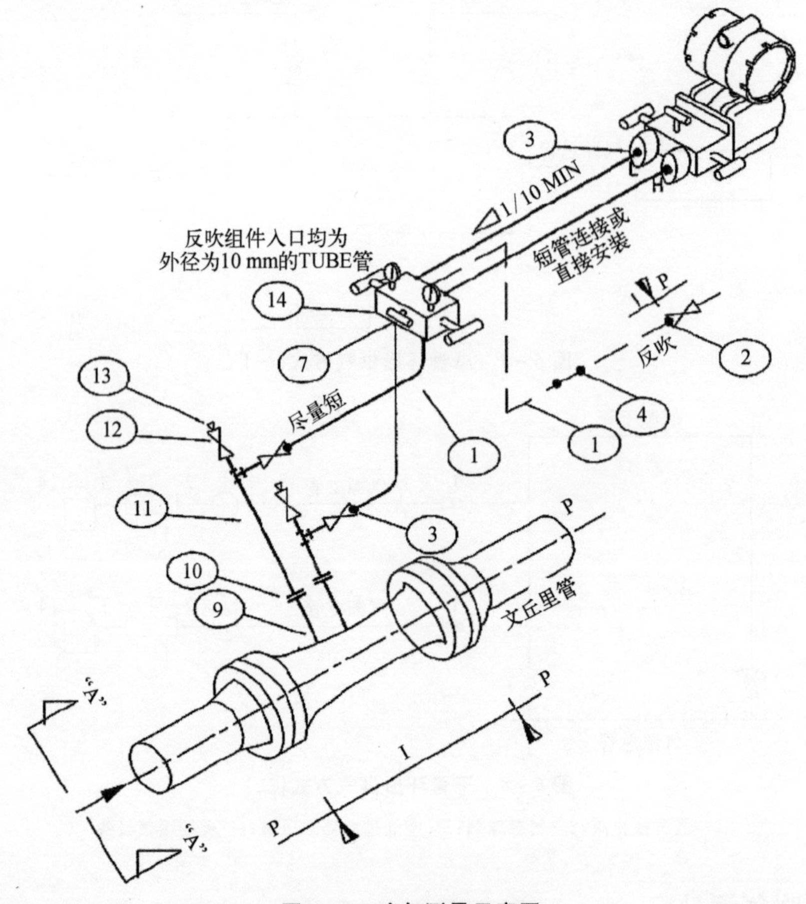

图 6-9　吹气测量示意图

在供气总管或供气干管的末端，要用盲板或者丝堵密封。

当供气系统管道采用镀锌管时，应采用螺纹连接，不可采用焊接连接。

对于从仪表供气总管引出的干管或气源分配器都要留有备用。干管至少留有一点备用，气源分配器留有 20% 的供气点备用连接，并需安装切断球阀。

6.3.2　气动阀门供气连接

从供气支管根部截止阀或球阀到气源用户（气动阀门）的供气管路连接，参见图 6-10。

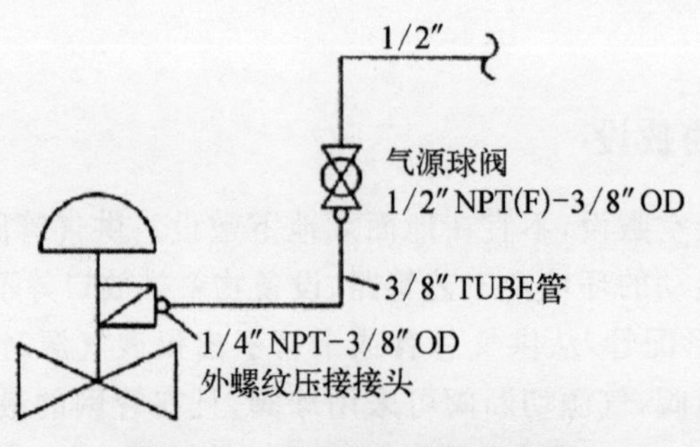

图 6-10　阀门供气连接示意图

仪表空气供入用气设备前，要设置气源球阀，并经过空气过滤器减压阀进行净化稳压处理。气源球阀安装在空气过滤器减压阀的上游，空气过滤器减压阀要靠近现场用气设备，一般由用气设备自带并固定在用气设备上。

6.3.3 供气管路材质

任何单一类型的管道材料或配置都不能满足所有应用。供气管路的材料选用应考虑以下几点：

① 环境因素，如极端气候温度、是否暴露于有腐蚀的场合、是否有振动的可能。

② 安装成本。

③ 材料费。

现场供气总管、干管、支管及空气分配器前的配管，宜选用碳钢或镀锌钢管，其中连接管件要与管道材质一致。气源球阀后及空气过滤器减压阀上游之间的配管，则可根据工况选用不锈钢管或带 PVC 套管的紫铜管，具体选择取决于环境状况。

6.3.4 供气管径

来自装置界区或压缩空气干燥器出口的仪表空气总管由配管专业设计人员进行管道敷设布置。仪表设备用气在总管上取源，位置由仪表设计人员确定，用于向现场用气设备供气。供气管道的尺寸取决于现场用气设备的数量。工程设计中供气配管尺寸取值遵循设计规范，见表 6－7。

表 6－7　仪表供气配管尺寸与用气设备对应表

管　径	*DN*15	*DN*20	*DN*25	*DN*40	*DN*50	*DN*80	*DN*100
	1/2″	3/4″	1″	1～1/2″	2″	3″	4″
供气点数	1～4	5～15	16～25	26～60	61～150	151～250	251～500

对于末端气源球阀的上游侧，供气管径最小采用 *DN*15；

末端气源球阀下游与空气过滤减压阀上游之间的管径可采用：ϕ8 mm×1 mm、ϕ10 mm×1 mm 或 ϕ12 mm×1 mm。

空气过滤减压阀下游端配管可采用：ϕ6 mm×1 mm、ϕ8 mm×1 mm、ϕ10 mm×1 mm 或 ϕ12 mm×1 mm。

对于耗气量、开关时间有特殊要求的气源用户，末端气源球阀上、下游侧的管径按实际需要选择。

第7章　仪表防爆、防护、防雷和接地

为了确保仪表系统的正常运行，保障人身安全和财产安全，合理地采取仪表防爆、防护、防雷和接地等防范措施，掌握并规范其设计具有重要意义。

本章主要讲述在仪表防爆工程方面爆炸性危险环境的分区，爆炸性气体环境的防爆仪表选型与爆炸性气体环境危险区域的划分，爆炸性气体混合物分级分组的关系；爆炸性粉尘环境的防爆仪表选型与爆炸性粉尘环境危险区域的划分，爆炸性粉尘分级和引燃温度的关系；爆炸性环境内防爆仪表工程设计的具体要求和方法。在仪表防护工程方面介绍了仪表外壳的防护、仪表及其测量管路的防护要求和多种防护方法；仪表及其系统的防雷主要讲述雷电感应的防护。除此之外的防雷工程不包含在本章节内容中，在仪表系统防雷和仪表系统接地工程这两个小节，因为防雷接地属于仪表系统防雷工程的一部分，所以在仪表系统接地这一节就不再重复防雷接地的内容。

7.1　仪表防爆

7.1.1　爆炸性气体环境

定义：在大气条件下，可燃气体、可燃液体的蒸气或薄雾与空气形成的混合物被点燃后，能够保持燃烧自行传播的环境。

1. 爆炸性气体环境危险区域的划分

根据爆炸性气体混合物出现的频率和持续时间，气体爆炸危险区域分为0区、1区、2区。

① 0区：连续出现或长期出现爆炸性气体混合物的环境。

② 1区：正常运行时可能出现爆炸性气体混合物的环境。

③ 2区：正常运行时不太可能出现爆炸性气体混合物的环境，或即使出现也仅是短时存在的爆炸性气体混合物的环境。

2. 爆炸性气体混合物的分级、分组

爆炸性气体混合物是按其最大试验安全间隙(MESG)或最小点燃电流比(MICR)分级的，见表7-1。

爆炸性气体混合物是按引燃温度分组的，见表7-2。

可燃性气体或蒸气爆炸性混合物的分级、分组见表7-3。

表 7-1 爆炸性气体混合物分级

级　　别	最大试验安全间隙(MESG)/mm	最小点燃电流比(MICR)
ⅡA	⩾0.9	>0.8
ⅡB	0.5～0.9	0.45～0.8
ⅡC	⩽0.5	<0.45

表 7-2 引燃温度分组

组　　别	引燃温度 t/℃	组　　别	引燃温度 t/℃
T1	$t>450$	T4	$135<t\leqslant 200$
T2	$300<t\leqslant 450$	T5	$100<t\leqslant 135$
T3	$200<t\leqslant 300$	T6	$85<t\leqslant 100$

表 7-3 可燃性气体或蒸气爆炸性混合物的分级、分组举例

序号	物质名称	分子式	级别	引燃温度组别	引燃温度/℃	闪点/℃	爆炸极限(体积分数)/%		相对密度
							下限	上限	
1	甲烷	CH_4	ⅡA	T1	537	气态	5.00	15.00	0.60
2	丙烷	C_3H_8	ⅡA	T2	432	气态	2.00	11.10	1.50
3	己烷	C_6H_{14}	ⅡA	T3	225	−22	1.10	7.50	3.00
4	苯乙烯	$C_6H_5CH=CH_2$	ⅡA	T1	490	31	0.90	6.80	3.60
5	甲醇	CH_3OH	ⅡA	T2	385	11	6.00	36.00	1.10
6	乙醛	CH_3CHO	ⅡA	T4	175	−39	4.00	60.00	1.50
7	丙酮	$(CH_3)_2CO$	ⅡA	T1	465	−20	2.50	12.80	2.00
8	亚硝酸乙酯	CH_3CH_2ONO	ⅡA	T6	90	−35	4.00	50.00	2.60
9	氨	NH_3	ⅡA	T1	651	气态	15.00	28.00	0.60
10	乙烯	C_2H_4	ⅡB	T2	450	气态	2.70	36.00	1.00
11	氰化氢	HCN	ⅡB	T1	538	−18	5.60	40.00	0.90
12	二甲醚	$(CH_3)_2O$	ⅡB	T3	240	气态	3.40	27.00	1.60
13	四氟乙烯	C_2F_4	ⅡB	T4	200	气态	10.00	50.00	3.87
14	甲醛	HCHO	ⅡB	T2	425	—	7.00	73.00	1.03
15	氢	H_2	ⅡC	T1	500	气态	4.00	75.00	0.10

续表

序号	物质名称	分子式	级别	引燃温度组别	引燃温度/℃	闪点/℃	爆炸极限(体积分数)/%		相对密度
							下限	上限	
16	乙炔	C_2H_2	ⅡC	T2	305	气态	2.50	100.00	0.90
17	二硫化碳	CS_2	ⅡC	T5	102	−30	1.30	50.00	2.64
18	硝酸乙酯	$C_2H_5ONO_2$	ⅡC	T6	85	10	4.00	—	3.14

7.1.2 爆炸性粉尘环境

定义：在大气条件下，可燃性物质以粉尘、纤维或飞絮的形式与空气形成的混合物被点燃后，能够保持燃烧自行传播的环境。

1. 爆炸性粉尘环境危险区域的划分

根据爆炸性粉尘环境出现的频繁程度和持续时间，粉尘爆炸危险区域划分为 20 区、21 区、22 区。

① 20 区：空气中的可燃性粉尘云持续地或频繁地出现形成爆炸性环境的区域。

② 21 区：正常运行时，空气中的可燃性粉尘云偶尔出现形成爆炸性环境的区域。

③ 22 区：正常运行时，空气中的可燃性粉尘云一般不可能出现，即使出现，也仅是短时间存在形成爆炸性环境的区域。

2. 爆炸性粉尘的分级

爆炸性粉尘环境中粉尘可分为三级，分级如下：

① ⅢA 级为可燃性飞絮；

② ⅢB 级为非导电性粉尘；

③ ⅢC 级为导电性粉尘。

爆炸性粉尘环境，不再划分粉尘的温度组别，与粉尘云的引燃温度、设备的表面温度及设备表面粉尘层的堆积厚度相关。爆炸性粉尘特性见表 7-4。

表 7-4 爆炸性粉尘特性举例

序号	粉尘种类	粉尘名称	高温表面堆积粉尘层(5 mm)的引燃温度/℃	粉尘云的引燃温度/℃	爆炸下限浓度/($g\cdot m^{-3}$)	粉尘平均粒径/μm	危险性质	粉尘分级
1	飞絮	木质纤维	250	445	—	40～80	非	ⅢA
2	飞絮	木棉纤维	385	—	—	—	非	ⅢA
3	飞絮	烟草纤维	290	485	—	50～100	非	ⅢA
4	飞絮	人造短纤维	305	—	—	—	非	ⅢA

续表

序号	粉尘种类	粉尘名称	高温表面堆积粉尘层(5 mm)的引燃温度/℃	粉尘云的引燃温度/℃	爆炸下限浓度/($g \cdot m^{-3}$)	粉尘平均粒径/μm	危险性质	粉尘分级
5	飞絮	纸纤维	360	—	—	—	非	ⅢA
6	粉类	青色燃料	350	465	—	300～500	非	ⅢB
7	粉类	裸麦粉	325	415	67～93	30～50	非	ⅢB
8	粉类	筛米糠	270	440	—	50～150	非	ⅢB
9	粉类	椰子粉	280	450	—	100～200	非	ⅢB
10	粉类	大麦谷物粉	270	440	—	50～150	非	ⅢB
11	粉类	天然树脂	熔融	370	38～52	20～30	非	ⅢB
12	粉类	硬蜡	熔融	400	26～36	50～80	非	ⅢB
13	粉类	砂糖粉	熔融	360	77～107	20～40	非	ⅢB
14	金属	电石	325	555	—	<200	非	ⅢB
15	金属	铁	240	430	153～204	100～150	导	ⅢC
16	金属	镁	340	470	44～59	5～10	导	ⅢC
17	金属	锌	430	530	212～284	10～15	导	ⅢC
19	燃料	有烟煤粉	235	595	41～57	5～11	导	ⅢC
20	燃料	瓦斯煤粉	225	580	35～48	5～10	导	ⅢC
21	燃料	无烟煤粉	>430	>600	—	100～130	导	ⅢC
22	燃料	木炭粉(硬质)	340	595	39～52	1～2	导	ⅢC

7.1.3 爆炸性环境内电气设备保护级别的选择

1. 设备的保护级别 EPL

定义：根据设备成为点燃源的可能性和爆炸性气体环境或爆炸性粉尘环境所具有的不同特征而对设备规定的保护级别。

① Ga 级：爆炸性气体环境用设备，具有“很高”的保护级别，在正常运行、出现预期故障或罕见故障时不是点燃源。

② Gb 级：爆炸性气体环境用设备，具有“高”的保护级别，在正常运行或预期故障时不是点燃源。

③ Gc 级：爆炸性气体环境用设备，具有“一般”的保护级别，在正常运行时不是点燃源，也可采取一些附加保护措施，保证在点燃源预期经常出现的情况下不会形成有效点燃。

④ Da 级：爆炸性粉尘环境用设备，具有“很高”的保护级别，在正常运行、出现预期故障或罕见故障时不是点燃源。

⑤ Db 级：爆炸性粉尘环境用设备，具有“高”的保护级别，在正常运行或预期故障时不是点燃源。

⑥ Dc 级：爆炸性粉尘环境用设备，具有“一般”的保护级别，在正常运行时不是点燃源，也可采取一些附加保护措施，保证在点燃源预期经常出现的情况下不会形成有效点燃。

2. 设备保护级别的选用

爆炸性环境内电气设备保护级别的选用参见表 7－5。具有较高保护级别的电气设备可用于较低保护级别电气设备所适用的危险区域。

表 7－5　爆炸性环境内电气设备保护级别的选择

危险区域	设备保护级别(EPL)	危险区域	设备保护级别(EPL)
0 区	Ga	20 区	Da
1 区	Ga 或 Gb	21 区	Da 或 Db
2 区	Ga、Gb 或 Gc	22 区	Da、Db 或 Dc

7.1.4　爆炸性环境内仪表设备防爆形式的选择

1. 电气设备的防爆结构和形式

爆炸性环境用电气设备的防爆结构和形式有：

① 本质安全型(“ia”“ib”“ic”)；

② 隔爆型(“d”)；

③ 增安型(“e”)；

④ 浇封型(“ma”“mb”“mc”)；

⑤ 正压型(“px”“py”“pz”“pD”)；

⑥ 油浸型(“o”)；

⑦ 充砂型(“q”)；

⑧ 无火花型(“n”“nA”“nR”“nL”“nC”)；

⑨ 外壳保护型(“t”)；

⑩ 光辐射式设备和传输系统的保护(“op is”“op pr”“op sh”)。

2. 设备保护级别(EPL)与电气设备防爆结构和形式的选用关系

选用关系见表 7－6。

表 7－6　电气设备保护级别(EPL)与电气设备防爆结构的关系

设备保护级别(EPL)	电气设备防爆结构	防爆形式
Ga	本质安全型	“ia”
	浇封型	“ma”
	光辐射式设备和传输系统的保护	“op is”

设备保护级别(EPL)	电气设备防爆结构	防爆形式
Gb	本质安全型	“ib”
	隔爆型	“d”
	增安型	“e”
	浇封型	“mb”
	油浸型	“o”
	正压型	“px”“py”
	充砂型	“q”
	光辐射式设备和传输系统的保护	“op pr”
Gc	本质安全型	“ic”
	浇封型	“mc”
	无火花	“n”“nA”
	限制呼吸	“nR”
	限能	“nL”
	火花保护	“nC”
	正压型	“pz”
	光辐射式设备和传输系统的保护	“op sh”
Da	本质安全型	“ia”
	浇封型	“ma”
	外壳保护型	“ta”
Db	本质安全型	“ib”
	浇封型	“mb”
	外壳保护型	“tb”
	正压型	“pD”
Dc	本质安全型	“ic”
	浇封型	“mc”
	外壳保护型	“tc”
	正压型	“pD”

3. 仪表常用防爆形式及其原理

在石油化工装置仪表工程设计中，爆炸性气体环境用仪表设备应以本安型“i”或隔爆型“d”为主，通常还有防爆型式为浇封型“m”、无火花型“nA”的仪表设备和由正压外壳“p”保护的设备，接线箱(盒)采用的防爆型式为隔爆型“d”或增安型“e”；爆炸性粉尘环境用仪表设备应以外壳保护型“t”为主，接线箱采用外壳保护型“t”。

常用的隔爆型"d"、本质安全型"i"、正压外壳"p"、增安型"e"和外壳保护型"t"的防爆原理如下：

(1) 隔爆型"d"的防爆原理

将可能成为点燃源的所有零部件置于隔爆外壳内，其外壳能够承受通过外壳任何结合面或结构间隙进入外壳内部的爆炸性混合物在内部爆炸而不损坏，并且能阻止因外壳内部的爆炸而引起外部由一种、多种气体或蒸气形成的爆炸性气体环境的点燃。

(2) 本质安全型"i"的防爆原理

这种防爆电气设备是通过将设备内部和暴露于潜在爆炸性环境的连接导线可能产生的电火花或热效应能量限制在不能点燃的水平，并且应与其关联设备配合使用。关联设备：含有限能电路和非限能电路，且结构使非限能电路不能对限能电路产生不利影响的电气设备。

(3) 增安型"e"的防爆原理

对电气设备采取一些附加措施，以提高其安全程度，防止在正常运行或规定的异常条件下产生危险温度、电弧和火花的可能性。

(4) 外壳保护型"t"的防爆原理

能防止所有可见粉尘颗粒进入的尘密外壳或不完全阻止粉尘进入但其进入量不足以影响设备安全运行的外壳，其内部电气设备由外壳保护，以避免粉尘层或粉尘云被点燃。

(5) 正压外壳型"p"的防爆原理

用保持外壳内部保护气体的压力高于外部压力，以阻止外部爆炸性气体进入外壳。正压外壳型又分为"px"型、"py"型、"pz"型。

① "px"型：将正压外壳内的设备保护级别从 Gb 级降至非危险的正压保护。

② "py"型：将正压外壳内的设备保护级别从 Gb 级降至 Gc 级的正压保护。

③ "pz"型：将正压外壳内的设备保护级别从 Gc 级降至非危险的正压保护。

7.1.5 爆炸性环境内防爆仪表设备类别和组别的选择

1. 防爆仪表设备类别的选用关系

用于除煤矿瓦斯气体之外的其他爆炸性气体环境的电气设备为Ⅱ类电气设备，Ⅱ类电气设备按照其拟使用的爆炸性环境的种类可进一步分为ⅡA、ⅡB、ⅡC类电气设备。

用于除煤矿以外的爆炸性粉尘环境的电气设备为Ⅲ类电气设备，Ⅲ类电气设备按照其拟使用的爆炸性粉尘环境的特性可进一步分为ⅢA、ⅢB、ⅢC类电气设备。

防爆型式为"e""m""o""p""q"和"nA"的仪表设备是Ⅱ类电气设备。防爆型式为"d""i"和"nL"的仪表设备是ⅡA、ⅡB、ⅡC类电气设备。防爆电气设备的类别不应低于该爆炸性环境内爆炸性混合物的级别，当环境中存在两种以上可燃性物质形成的爆炸性混合物时，可按危险程度较高的级别选用防爆仪表设备，其选用关系见表 7-7。

表 7-7　气体、蒸气或粉尘分级与电气设备类别的关系

气体、蒸气或粉尘分级	设备类别	气体、蒸气或粉尘分级	设备类别
ⅡA	ⅡA、ⅡB或ⅡC	ⅢA	ⅢA、ⅢB或ⅢC
ⅡB	ⅡB或ⅡC	ⅢB	ⅢB或ⅢC
ⅡC	ⅡC	ⅢC	ⅢC

2. 爆炸性气体环境内仪表设备温度组别的选用关系

Ⅱ类（ⅡA、ⅡB 或ⅡC）电气设备的温度组别不应低于该爆炸性气体环境内爆炸性气体混合物的温度组别，当环境中存在两种以上可燃性物质形成的爆炸性气体混合物时，可按危险程度较高的温度组别选用防爆仪表设备，其选用关系见表 7－8。

表 7－8　Ⅱ类（ⅡA、ⅡB 或ⅡC）电气设备的温度组别与爆炸性气体混合物温度组别的关系

爆炸性气体混合物的温度组别	适用的电气设备的温度组别	爆炸性气体混合物的温度组别	适用的电气设备的温度组别
T1	T1～T6	T4	T4～T6
T2	T2～T6	T5	T5～T6
T3	T3～T6	T6	T6

3. 爆炸性粉尘环境内仪表设备最高表面温度的选择

存在粉尘云的情况下，Ⅲ类仪表设备的最高表面温度应不超过相关粉尘和空气温合物最低点燃温度的 2/3，即

$$T_{max} \leqslant \frac{2}{3} T_{CL} \tag{7-1}$$

式中，T_{CL}为粉尘云的最低点燃温度，℃。

存在粉尘层的情况下，Ⅲ类仪表设备可将厚度不大于 5 mm 的 A 型外壳的最高表面温度或厚度不大于 12.5 mm 的 B 型外壳的最高表面温度作为考虑因素。

A 型外壳的最高表面温度应不超过 5 mm 厚度粉尘层的最低点燃温度减 75 ℃，即

$$T_{max} \leqslant T_{5\,mm} - 75 \tag{7-2}$$

式中，$T_{5\,mm}$是 5 mm 厚度粉尘层的最低点燃温度，℃。

B 型外壳的最高表面温度应不超过 12.5 mm 厚度粉尘层的最低点燃温度减 25 ℃，即

$$T_{max} \leqslant T_{12.5\,mm} - 25 \tag{7-3}$$

式中，$T_{12.5\,mm}$是 12.5 mm 厚度粉尘层的最低点燃温度，℃。

式（7－1）和式（7－2）中或式（7－1）和式（7－3）中得到的最低值决定所用Ⅲ类仪表设备的最高表面温度。

7.1.6　本质安全电路的设计

1. 本质安全型电气设备及其关联设备的分级

本质安全型电气设备及其关联设备，按本安电路使用场所和安全程度分为“ia”“ib”和“ic”三个等级。

（1）“ia”等级

在正常工作、一个故障或两个故障时均不能点燃爆炸性混合物的电气设备。

（2）“ib”等级

在正常工作或一个故障时均不能点燃爆炸性混合物的电气设备。

(3) "ic"等级

在正常工作时不能点燃爆炸性混合物的电气设备。

2. 本质安全电路的构成和确认

(1) 一个本质安全电路是由现场本质安全仪表设备+电缆+关联设备(如安全栅)构成的，除了须确认现场本质安全仪表设备及其关联设备的防爆标志外，还须确认具体的安全参数。

① 本质安全仪表设备的主要安全参数包括：

U_i——允许输入的最大故障电压；

I_i——允许输入的最大故障电流；

P_i——允许输入的最大功率；

C_i——仪表的等效电容；

L_i——仪表的等效电感。

② 关联设备的主要安全参数包括：

U_o——可能输出的最大电压，即安全限压值；

I_o——可能输出的最大电流，即安全限流值；

P_o——可能输出的最大功率；

C_o——允许的最大外部电容；

L_o——允许的最大外部电感。

③ 电缆的主要安全参数包括：

C_c——电缆最大分布电容；

L_c——电缆最大分布电感。

工程设计人员应对所构成的本质安全电路的相关安全参数进行确认，并符合所有的匹配条件，见表 7-9。

表 7-9 本质安全电路的安全参数匹配条件

本安仪表安全参数 +电缆安全参数	安全参数 匹配条件	关联设备 安全参数	本安仪表安全参数 +电缆安全参数	安全参数 匹配条件	关联设备 安全参数
U_i	⩾	U_o	C_i+C_c	⩽	C_o
I_i	⩾	I_o	L_i+L_c	⩽	L_o
P_i	⩾	P_o			

在本安仪表设备内不含有影响的电感并且关联设备标示出电感/电阻比 (L/R 值) 的情况下，如果电缆的 L/R 值在电缆的两根芯线具有最大间距位置测量小于该值，可以不必满足 L_o 要求。

(2) 本质安全电路的设备类别与构成本质安全电路的各个设备的最严格的类别相同(例如：电路上有ⅡA 和ⅡB 类电气设备，则电路的类别为ⅡA)。

(3) 当构成本质安全电路的各个设备的等级不相同时，应取最低等级作为该本质安全电路的等级(例如：现场仪表设备的等级为"ia"，关联设备的等级为"[ib]"，则该本质安全电路的等级为"ib")。

(4) 如果两个或以上本质安全电路连接起来，电路的安全性应根据关联设备的电流/电压特性(线性或非线性)，遵照爆炸性环境用电气设备的相关国家标准进行分析。

(5) 本质安全电路的安装与布线应符合相关要求。

7.1.7 爆炸性环境内防爆仪表工程

1. 仪表防爆标志和证书

国内工程和设计中采用的防爆仪表或关联设备,必须有国家授权防爆认证机构颁发的产品防爆合格证。国家授权防爆认证机构包括上海国家级仪表防爆和安全监督检验站(NEPSI)、国家防爆电气产品质量监督检验中心(CQST)。这两个单位是和 IEC 组织以及国际权威认证机构互认的,如 IECEx、ATEX、CSA 等,但仅持有国际权威认证机构颁发的防爆电气产品证书的防爆电气产品,还须得到国家授权防爆认证机构颁发的相应防爆电气产品证书,方可在国内使用。

安装在爆炸危险环境的仪表设备、接线箱(盒)等防爆电气设备必须有铭牌和防爆标识,并且在铭牌上标明国家授权机构颁发的防爆合格证编号。

通常,用于爆炸性气体环境的电气设备的防爆标志由防爆标记、防爆型式、设备类别、温度组别和保护级别组成,如果该设备是关联设备,则应加上关联设备标记,如下所示:

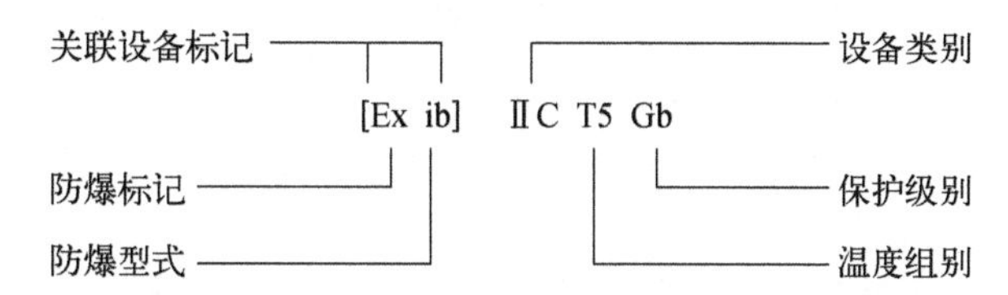

例如,有主体结构为隔爆型"d"(EPL Gb)和接线部分为增安型"e"(EPL Gb)的混合防爆型式的仪表设备,用于 B 级气体,引燃温度大于 200 ℃的爆炸性气体环境,其防爆标志表示为:

Ex de ⅡB T3 Gb

或者　　Ex db eb ⅡB T3

例如,当关联设备安装在隔爆型电气设备的外壳内,且保护级别不相同时,该电气设备的防爆标志可表示如下:

Ex d[ia Ga] ⅡC T4 Gb

通常,用于爆炸性粉尘环境的电气设备的防爆标志由防爆标记、防爆型式、设备类别、最高表面温度和保护级别组成,如果该设备是关联设备,则应加上关联设备标记,如下所示:

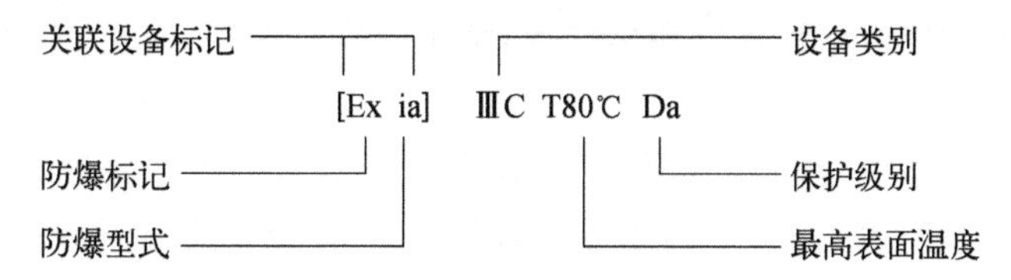

例如,有ⅢC 导电性粉尘的爆炸性粉尘环境,用外壳保护"t"(EPL Db)的仪表设备,最高表面温度低于 225 ℃,其防爆标志表示为:

Ex t ⅢC T225 ℃ Db

或者　　Ex tb ⅢC T225 ℃

目前国内用外壳保护"t"为防爆标志还有另一种表示方法。例如,某工厂加工大麦谷物粉，生产过程中存在可燃性非导电粉尘，引燃温度为 270 ℃，根据可燃性粉尘出现的频繁程度和持续时间划为 22 区，仪表设备选择如下：

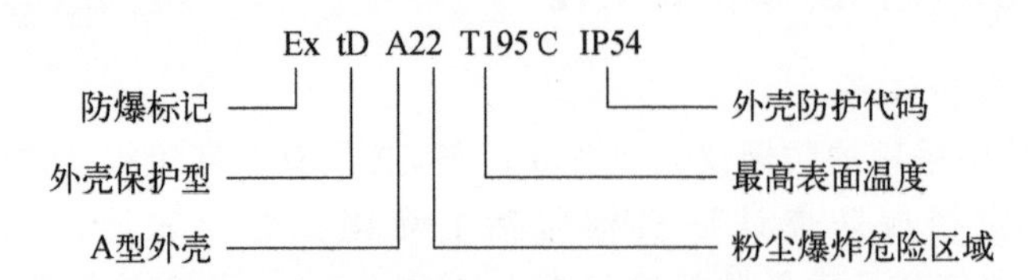

以上表示方法没有表示出设备类别，而采用了外壳防护代码作为标记，由该代码 IP54 决定了该电气设备仅可用于ⅢA 或ⅢB 类(EPL Dc)的爆炸性粉尘环境，详见 7.2.1 节仪表防护等级。

2. 爆炸性环境内仪表的安装和线路敷设

(1) 防爆仪表和电气设备引入电缆时，应采用弹性密封圈挤紧或用隔离密封填料进行封固，外壳上多余的孔应做防爆密封，弹性密封圈的一个孔只可密封一根电缆。

(2) 当电缆槽或电缆沟通过不同等级的爆炸危险区域的分隔间壁时，在分隔间壁处应采取充填密封措施；当电缆导管穿过不同等级爆炸危险区域的分隔间壁时，分界处电缆导管和电缆之间、电缆导管和分隔间壁之间应做充填密封。

(3) 电缆导管之间及导管与仪表、电气设备、接线箱(盒)、穿线盒之间连接时，连接处应保持良好的电气连续性，可在螺纹处涂以导电性防锈脂，不可使用麻、绝缘胶带等。

(4) 电缆进入仪表、电气设备、接线箱(盒)时，应安装防爆密封管件，隔爆型“d”仪表或电气设备的外壳应配置隔爆型“d”密封管件。

(5) 当采用电缆导管方式与隔爆型电气设备连接时，螺纹啮合部分应不少于五扣，密封管件与隔爆外壳的仪表、仪表箱、接线箱(盒)间的距离应不超过 0.45 m。

(6) 采用非铠装电缆经防爆密封管件隔离后与电缆导管之间可采用挠性管连接。

(7) 采用正压通风的防爆仪表盘(箱)的通风管应保持畅通，且不宜安装切断阀。

(8) 应注意正压外壳内仪表防爆型式的选用，当正压外壳内“px”型或“py”型的保护系统不起作用时仍可能带电的电气设备应采用设备保护级别为“Gb”级或“Ga”级的防爆型电气设备；当正压外壳内“pz”型的保护系统不起作用时仍可能带电的电气设备应采用设备保护级别为“Gc”级或“Gb”级或“Ga”级的防爆型电气设备。正压防爆类型比较典型的应用场合是现场分析小屋的工程设计，这部分内容可详见分析小屋的工程设计。

(9) 防爆型仪表、电气设备、接线箱(盒)等，除本质安全型外，应有“电源未切断不得打开”的标志。

(10) 增安型“e”接线箱(盒)的应用，应注意确保壳体内发热不会导致温度超过设备规定的温度组别，使用时不应超过制造厂给出的允许端子数量、导线尺寸和最大电流的规定，或检查按制造厂提供的参数计算出的功率损耗是否小于额定最大功率损耗。

(11) 除本质安全电路外，爆炸性环境的电气线路和设备应设过载、短路和接地保护，不可能产生过载的电气设备可不设过载保护。

(12) 用于爆炸性环境的装有仪表及电气设备的仪表箱、电缆桥架、接线箱(盒)等，应采用金属或阻燃材料制品；电缆应选用阻燃型电缆，线芯应选用铜芯；当工艺有防火要求时，用于紧急切断阀门、SIS 励磁动作、与可燃有毒气体信号联动的电缆宜选用耐火型电缆。

(13) 除本质安全系统电路外，在爆炸危险区内穿保护钢管敷设的仪表信号电缆在 1 区或 10 区时的最小线芯截面积应不小于 2.5 mm^2，在 2 区时应不小于 1.5 mm^2；若采用多芯电缆，其最小线芯截面积应为 1.0 mm^2。

(14) 除本质安全系统电路外，在爆炸危险区内电缆明设或电缆沟内敷设时的最小线芯截面积应为 1.0 mm^2。

(15) 本质安全型仪表的安装和线路敷设还应符合下列要求：

① 本安线路不宜与非本安线路共用同一接线箱(盒)，不应共用同一根电缆或穿同一根保护管。

② 两个及以上不同本质安全回路的线路采用同一根电缆时，每一回路的芯线应分别屏蔽；当采用芯线无分别屏蔽的电缆或无屏蔽的导线时，两个及以上不同回路的本安线路，不应共用同一根电缆或穿同一根保护管。

③ 本质安全线路及其附件应有耐久性的淡蓝色标志。

④ 本质安全线路与非本质安全线路在同一电缆槽或电缆沟内敷设时，应采用接地的金属隔板或绝缘板隔离，其间距应大于 50 mm，并分别固定牢固。

⑤ 为了确保本质安全电路的安全功能，本质安全线路的分支接线应设在增安型“e”防爆接线箱(盒)内，并应有耐久性的淡蓝色标志，原则上不应设在隔爆型“d”防爆接线箱(盒)内。

⑥ 仪表盘、柜内的本质安全线路与其他线路的接线端子之间的间距不得小于 50 mm，如果间距不能满足要求，可采用高于端子的绝缘板隔离。

⑦ 本质安全回路中的安全栅、隔离器等关联设备一般置于安全区域一侧；如果关联设备置于爆炸危险区域一侧时，则必须采用另一种防爆型式，最普遍采用的是置于隔爆型外壳内。

⑧ 本质安全线路用电缆应选用本安型电缆，其电缆生产厂商应提供完整的电缆安全参数，用于确认本安回路的参数是否匹配。

⑨ 电缆的截面积应根据线路压降，通过本安回路的参数符合性计算后确定，其最小线芯截面积应不小于 0.5 mm^2。

7.2 仪表防护

7.2.1 仪表防护等级

1. 外壳防护的目的

防护的主要目的是防止人体触及外壳内的危险部件，防止固体异物进入外壳内对设备造成有害影响，防止水进入外壳内对设备造成有害影响。

2. 仪表防护等级的标识

外壳防护采用的标准为国家标准 GB/T 4208，用防护等级来表示其外壳的防护特性。外壳防护等级的代码由特征字母 IP(International Protection)、第一位特征数字、第二位特征数字、附加字母、补充字母组成。一般情况下，以未使用可选择字母的 IP 代码作为仪表外壳防护的标识，表示如下：

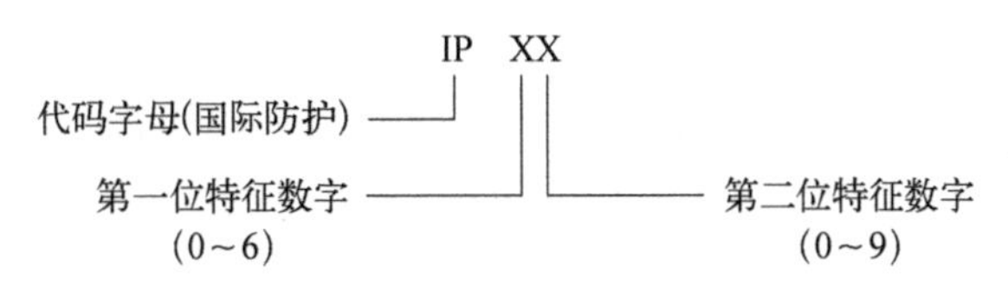

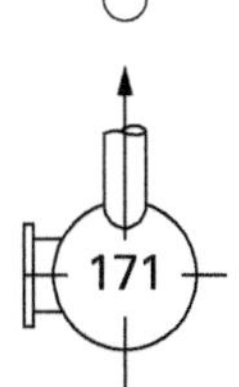

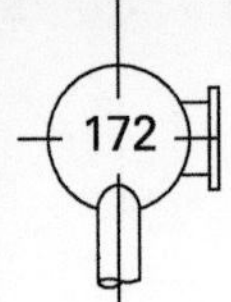

第一位特征数字所表示的是防止固体异物进入和防止接近危险部件的防护等级，见表7－10；第二位特征数字所表示的是防止水进入的防护等级，见表7－11。

表7－10　第一位特征数字所表示的防护等级

第一位特征数字	防护等级(防止固体异物进入)	防护等级(防止接近危险部件)
0	无防护	无防护
1	防止直径不小于50 mm的固体异物	防止手背接近危险部件
2	防止直径不小于12.5 mm的固体异物	防止手指接近危险部件
3	防止直径不小于2.5 mm的固体异物	防止工具接近危险部件
4	防止直径不小于1.0 mm的固体异物	防止金属线接近危险部件
5	防尘	防止金属线接近危险部件
6	尘密	防止金属线接近危险部件

表7－11　第二位特征数字所表示的防护等级

第二位特征数字	防护等级(防止水进入)	
	简要说明	含义
0	无防护	—
1	防止垂直方向滴水	垂直方向滴水应无有害影响
2	防止当外壳在15°倾斜时垂直方向滴水	当外壳的各垂直面在15°倾斜时，垂直滴水应无有害影响
3	防淋水	当外壳的垂直面在60°范围内淋水时，无有害影响
4	防溅水	向外壳各方向溅水无有害影响
5	防喷水	向外壳各方向喷水无有害影响
6	防止强烈喷水	向外壳各方向强烈喷水无有害影响
7	防止短时间浸水的影响	浸入规定压力的水中，经规定时间后，外壳进水量不致达到有害程度
8	防止持续浸水的影响	按生产厂和用户双方同意的条件(应比特征数字为7时严酷)持续潜水后，外壳进水量不致达有害程度
9	防止高温/高压喷水的影响	向外壳各方向喷射高温/高压水无有害影响

不要求规定第一或第二位特征数字时，可用字母“X”代替，例如：IPX5、IP6X。注意第二位特征数字为6及低于6的各级，其标识的等级也表示符合低于该级的各级要求。

仅标志第二位特征数字为9的外壳已考虑了是否适合喷水(第二位特征数字为5或6)和浸水(第二位特征数字为7或8)，因此不必再符合特征数字为5、6、7、8的要求，除非有多标志，如下所示：

IPX5/IPX8——可防喷水，也可防持续浸水影响；

IPX6/IPX7——可防强烈喷水，也可防短时间浸水影响；

IPX5/IPX9——可防喷水，也可防高温/高压喷水的影响；

IPX7/IPX9——可防短时间浸水，也可防高温/高压喷水的影响。

3. 仪表防护等级的选择

(1) 在敞开或半敞开场所无其他防护设施的仪表，电动仪表的防护等级不低于IP65，气动仪表的防护等级不低于IP55。

(2) 浸入水中的流量计、液位计等测量仪表和可能有水积聚的场所如安置于仪表井内的仪表防护等级应选用IP68或IP65/IP68。

(3) 安装在室内场合的仪表，如操作台、电动型仪表等其防护等级应不低于IP54。

(4) 安装在爆炸性环境内的仪表，其防护等级的选择还应满足如下要求：

爆炸性气体环境Ⅱ类：	至少IP54；
爆炸性粉尘环境Ⅲ类(EPL Da)：	至少IP6X；
Ⅲ类(EPL Db)：	至少IP6X；
ⅢC类(EPL Dc)：	至少IP6X；
ⅢA或ⅢB类(EPL Dc)：	至少IP5X。

7.2.2 仪表及其测量管路的防护

1. 防护的目的

防护的目的是为了确保仪表的正常运行，确保仪表测量的准确性和使用的耐久性。对不同的测量工况应选择正确的防护方式，以避免下列情况的发生：

① 防止工艺介质的结晶或颗粒物影响正常测量甚至损坏仪表；

② 防止某些仪表因接触黏稠的工艺介质而不能正常运行；

③ 防止因接触腐蚀性介质或腐蚀性环境对仪表的损坏；

④ 防止因过冷或过热的介质对仪表测量的影响或损坏；

⑤ 防止因环境温度过冷或过热而影响仪表的正常运行或造成仪表的损坏；

⑥ 防止因仪表而造成的有毒有害介质的泄漏。

2. 仪表保护方式

常用的仪表保护主要有以下方式：

(1) 伴热

采用热媒介质使仪表及测量管道介质提高温度的方式，对仪表、仪表阀组和测量管路进行伴热(图7-1，图7-2)，伴热方式有蒸汽伴热系统、热水伴热系统或电伴热系统(图7-3，图7-4，图7-5)。电伴热系统可分为自限温电伴热系统和温度控制电伴热系统，在需要精确维持管壁温度或加热体内的介质温度的场合，采用温度控制电伴热系统。在爆炸性危险环境使用电伴热时，电伴热用相关电气设备应符合所在爆炸危险区域的防爆电气设备要求。

(2) 绝热

绝热是指为减少设备、管道及其附件与周围环境换热而影响正常测量，或为了操作人员的安全，在其外表面采取的增设绝热层的措施(图7-6)。绝热方式可用于保证仪表和管道在环境条件下正常工作或用于需要伴热的仪表及管道。绝热按热流方向分为保温绝热、保冷绝热和防烫绝热。其中：

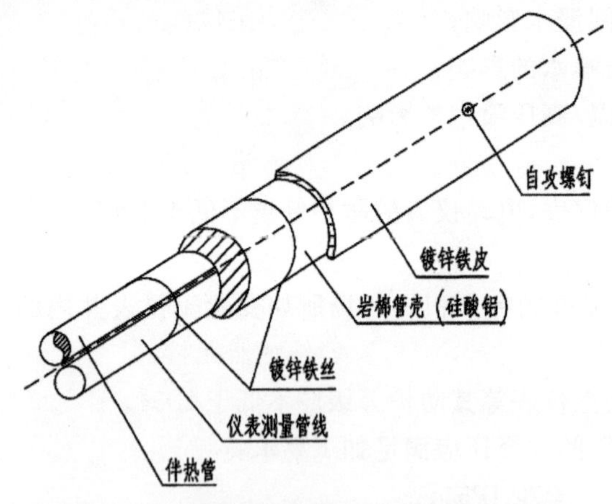

图 7-1　管路伴热系统图(蒸汽或热水伴热)

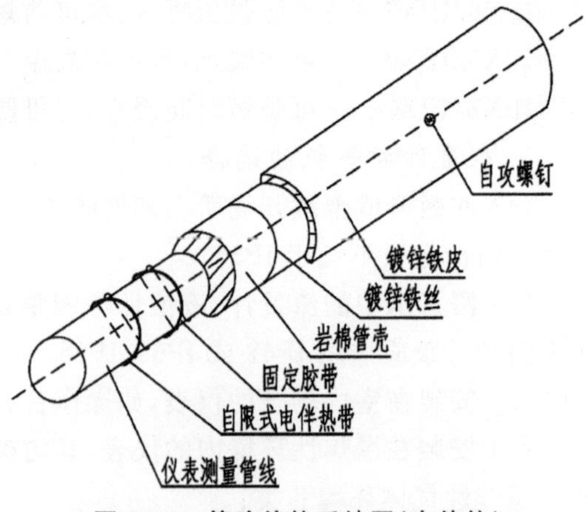

图 7-2　管路伴热系统图(电伴热)

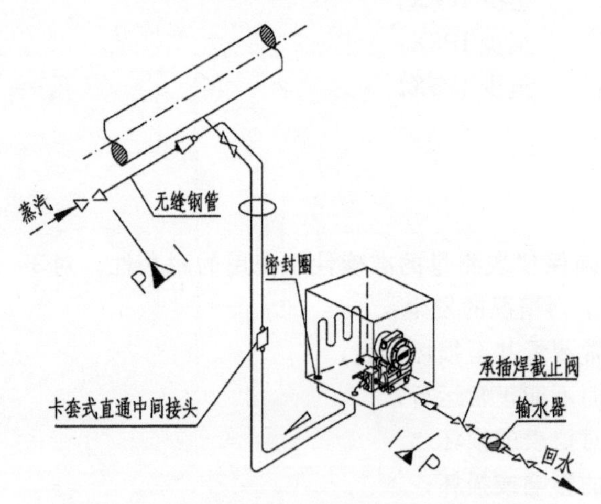

图 7-3　测量液体压力管路蒸汽伴热连接图

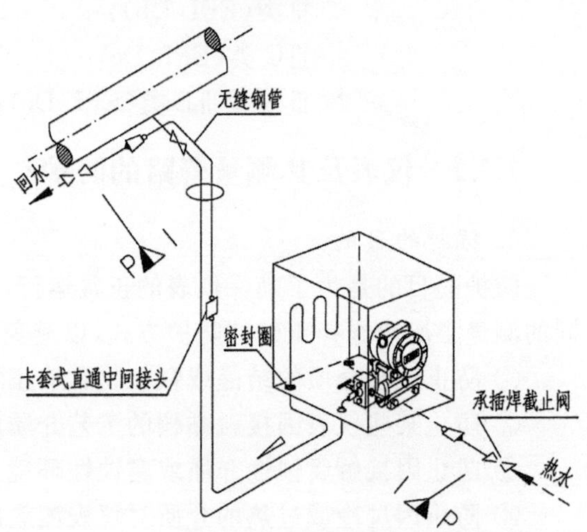

图 7-4　测量液体压力管路热水伴热连接图

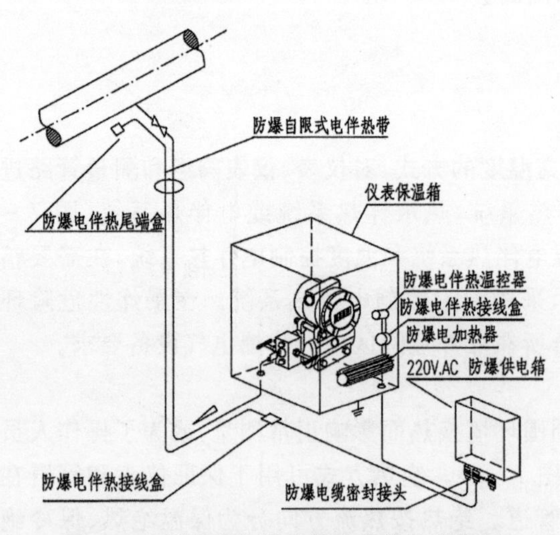

图 7-5　测量液体压力管路电伴热连接图

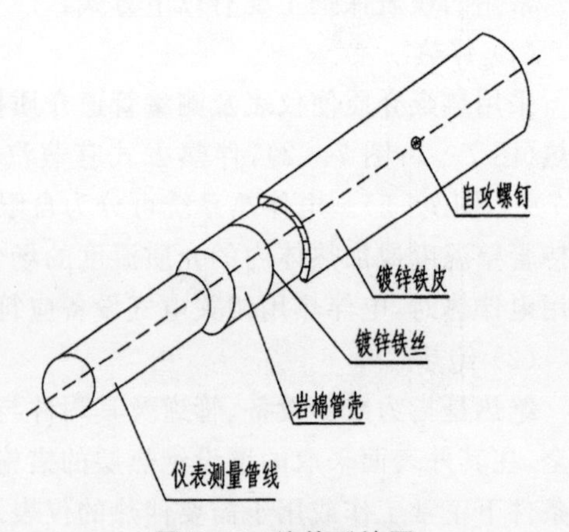

图 7-6　绝热系统图

① 保温绝热是为减少设备、管道及其附件向周围环境散热，在其外表面采取的包覆措施；

② 保冷绝热是为减少周围环境中的热量传入低温设备和管道内部，防止低温设备和管道外壁表面凝露或结霜，在其外表面采取的包覆措施；

③ 防烫绝热是对表面温度超过 60 ℃的不保温绝热仪表设备和测量管道，为防止人员烫伤而采取的绝热措施。

（3）隔离

当被测对象为黏稠性介质、含固体物介质、有毒介质、腐蚀性介质或环境温度下可能汽化、冷凝、聚合、结晶、沉淀的介质时，可采用隔离方式避免被测介质与仪表传感器元件直接接触，保护仪表实现测量。

常用的隔离方式主要有膜片隔离方式、隔离液隔离方式和吹洗方式，如图 7－7～图 7－12 所示。

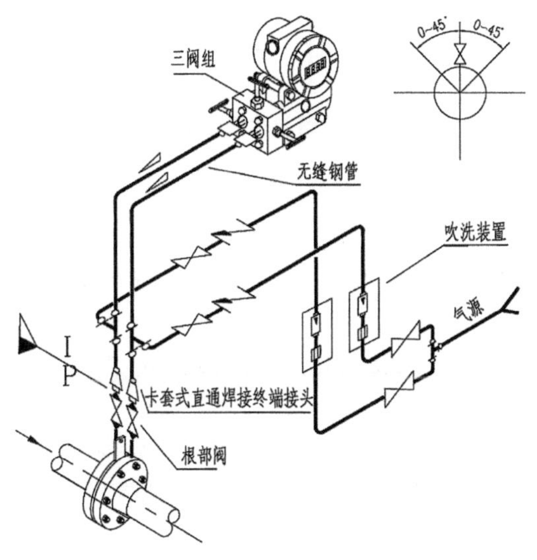

图 7－7　吹气法测量气体流量示意图

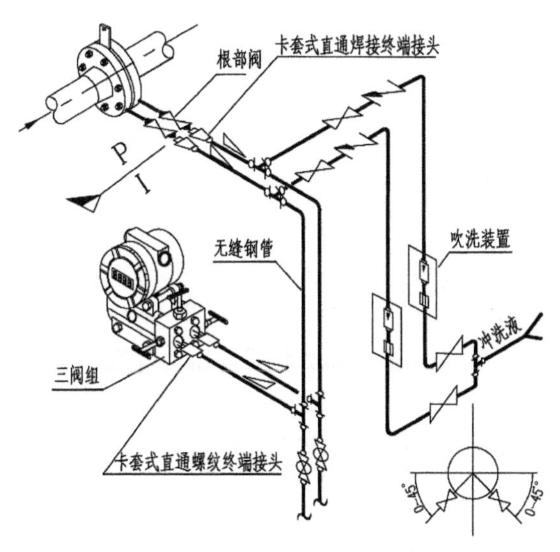

图 7－8　冲洗液法测量液体流量示意图

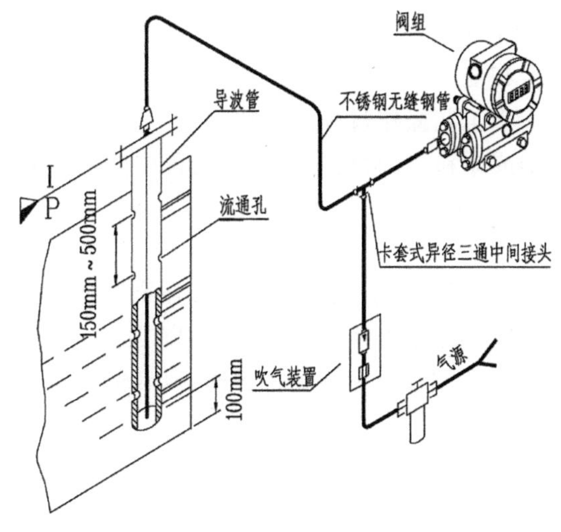

图 7－9　吹气法测量常压设备液位

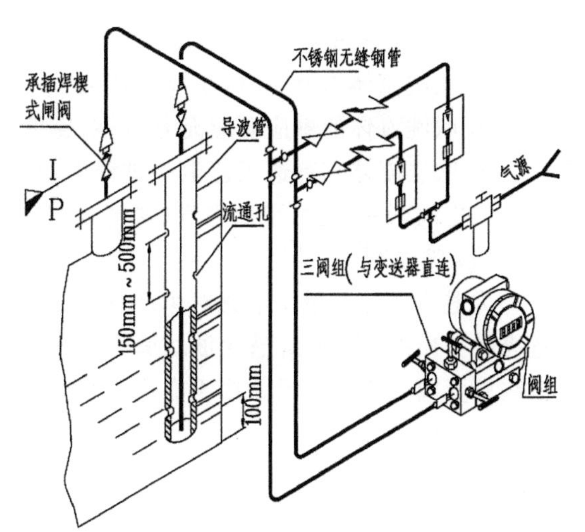

图 7－10　吹气法测量有压设备液位

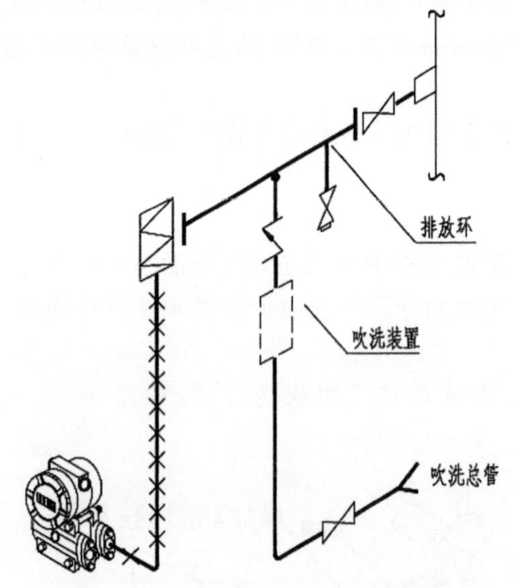

图 7－11　膜片隔离加冲洗法测量压力

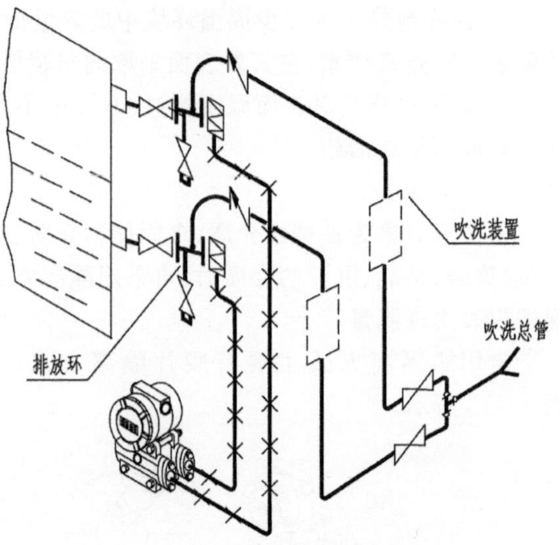

图 7－12　膜片隔离加冲洗法测量液位

采用隔离方式应注意以下几个方面：

① 一般应首选膜片隔离方式，膜片的材质应根据测量介质的特性选择。在膜片隔离方式不适合的场合或采用了膜片隔离方式仍不能满足测量要求的场合，可考虑选用隔离液隔离方式。

② 隔离液容器的材质及压力等级不低于相关的管道或设备的材质及压力等级，当隔离液容器属于压力容器时，应符合压力容器设计规定。

③ 隔离液应化学稳定性好、沸点高、挥发性小，与被测介质不发生化学反应并具有不同的比密度，其密度差值尽可能大且分层明显，在环境温度变化范围内，物理化学性能稳定，不黏稠、不凝结。

④ 真空工况测量不应采用吹洗方式。

⑤ 吹洗流体与被测介质不发生化学反应，清洁、不含固体物质、无腐蚀性、流动性好，吹洗流体的加入应不污染被测介质、不影响工艺生产过程的进程。

⑥ 吹洗流体为液体时，在节流减压后，不会发生相变。

⑦ 吹洗流体的供应源应充分可靠、连续稳定，不受工艺操作过程的影响。

⑧ 吹洗流体宜首选工艺生产过程中加入的溶剂或原料，其次可采用生产过程中能回收的产品或中间产品，也可采用空气、氮气、蒸汽冷凝液、水等介质。

(4) 波纹管

为避免因外泄漏而造成对生产场所操作人员的健康危害，用于具有高毒性、强致癌物等高危害性介质的调节阀应选用波纹管密封型调节阀。带波纹管密封的调节阀应配有压力表，当波纹管泄漏时应有指示。用于真空系统的调节阀，应使用波纹管密封型调节阀，以确保达到要求的控制效果。

(5) 其他保护方式

① 当工艺安全对紧急切断阀有防火保护要求时，除了应符合火灾安全型等相关规定和工艺要求外，用于紧急切断阀的气动执行机构及其附件应有防火保护措施，首选安装防火保护

罩，防火保护罩应符合 UL1709 标准，能够在 1 093 ℃下，抵抗烃类火灾 30 min。当工艺安全对紧急切断阀有防火保护要求时，用于紧急切断阀的电动执行机构的动力电缆及信号电缆宜选用耐火型电缆等防火保护措施。

② 安装于振动场所或振动部位时，压力表的选用应考虑耐振措施。耐振方法可以采用表盘内充填充液和/或加阻尼器。

③ 用于水蒸气及操作温度超过 60 ℃的工艺介质的压力表，应带冷凝圈或冷凝弯。

④ 当在某些地区或场所因仪表长期被暴露在强阳光下而影响正常工作时，可在仪表上方安装遮阳罩，见图 7－13，以避免阳光直晒，保护仪表的正常运行。

⑤ 在某些具有腐蚀性环境中或需要与环境隔离的仪表可安装在保护箱内，见图 7－14。需要进行雷电防护的非金属外壳的仪表应安装在钢板材质的仪表保护箱内。

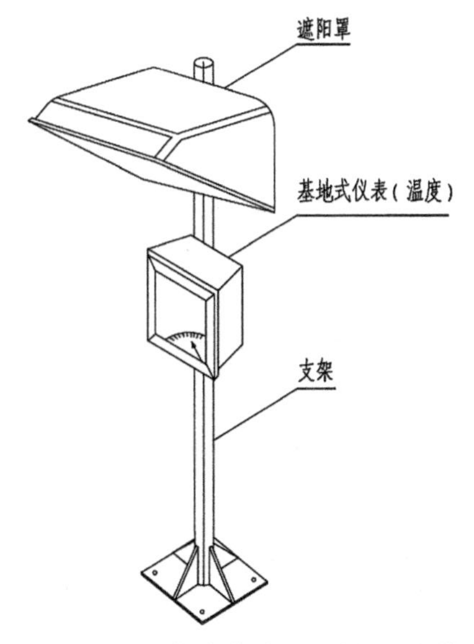

图 7－13　现场仪表在遮阳罩支架上安装图

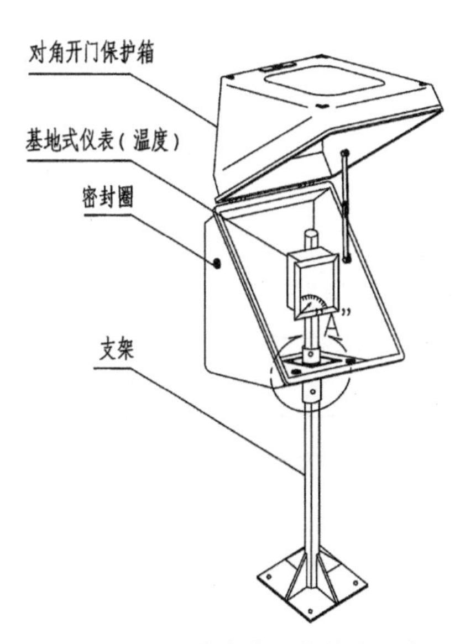

图 7－14　现场仪表在保护箱内安装图

⑥ 含密封源的检测仪表如料位计、密度计等，其选用、放射防护、运输、贮存和使用等应符合国家相关法律法规的要求，可参考 GBZ 125《含密封源仪表的放射卫生防护要求》。

7.3　防雷

7.3.1　仪表系统防雷的设计原则和基本内容

1. 仪表系统防雷工程的设计原则

雷击事件对仪表系统的危害和造成的后果是严重的，特别是在强雷击危害区域，石油化工仪表系统的防雷尤其显得重要。但是，现有的防雷技术还不能做到完全防护，有些防雷技术还在探索和研究。雷击事件是低概率事件，提高雷击防护概率是要付出经济成本的，技术上也做不到万无一失。所以，应当综合考虑雷电可能造成的损失和防护成本，因地制宜地采取防雷措施，由多专业配合完成。直击雷的防护装置由电气专业按照国家有关规范进行设计。由仪表专业负责的仪表系统的防雷工程仅考虑雷电感应的防护，防护措施主要有信号线路的防护，以

防止因雷电感应而形成的瞬态过电压和电涌电流通过仪表信号线路损坏与之连接的仪表设备和系统。供电线路的雷电防护应由电气专业负责设计。

防雷工程的设计要根据防护目标的具体情况，综合考虑雷击事件对社会、经济和安全影响的程度，确定合适的防护范围和目标，采用适宜的防护方案，经济有效地防护，减少仪表系统因雷击事故造成的损失。仪表系统雷电防护分为三个等级，划分方法按两步进行：① 按照被保护系统的重要程度结合当地年平均雷暴日数量(综合评估法)分级(见表 7－12)，当地年平均雷暴日数量可参照地区气象部门提供的数据或中国国家气象部门公布的当地年平均雷暴日；② 按照系统的重要程度分类，即按被保护系统的社会、经济和安全的重要程度分类(见表 7－13)，如果表中三项评价因素具备之一，即属于该分类。

表 7－12　综合评估法雷电防护等级表

社会、经济和安全重要程度分类	仪表系统的雷电防护等级 年平均雷暴日/(d/a)			
	20 及以下	21～40	41～60	60 以上
第一类	二级	一级	一级	一级
第二类	三级	二级	一级	一级
第三类	—	三级	二级	一级

表 7－13　系统的社会、经济和安全的重要程度的参考分类

社会、经济和安全重要程度分类	评价因素之一		
	安全等级的评价	事故可能伤亡人数	事故可能造成的经济损失/万元
第一类	SIL3 级	超过 3 人	＞1 000
第二类	SIL2 级	1～3 人	200～1 000
第三类	SIL1 级	无	50～200

注：SIL 为安全等级。

防雷工程应按照雷电防护等级设置，设置原则如下：

① 防雷等级为一级的区域和控制室应实施仪表系统防雷工程。

② 防雷等级为二级的区域和控制室宜实施仪表系统防雷工程。

③ 防雷等级为三级的区域和控制室可实施仪表系统防雷工程。

2. 仪表系统防雷工程的基本内容

防雷工程中，所有外部防雷和一部分内部防雷以及共用等电位接地系统都是由电气专业完成的，是进行仪表系统防雷工程不可缺少的基础和前提。

石油化工装置因其特殊性，大多处于爆炸危险环境，所以与爆炸危险环境相关的仪表系统的防雷应考虑爆炸危险环境的特殊性，除避免或减少现场仪表和仪表系统的雷电事故损坏外，还应考虑避免雷电对爆炸危险环境的影响和破坏。

仪表系统防雷工程的基本内容有：电涌防护器的设置、仪表设备及电缆的屏蔽、仪表系统的防雷接地。

(1) 电涌防护器

当发生雷电时，由雷电电磁感应产生的沿导电线路传导的脉冲形态的电流、电压，称为雷电电涌(也称雷电浪涌)。电涌防护器用于限制瞬态过电压和分流电涌电流，以达到保护电气或电子设备器件不受损坏为目的，也称浪涌防护器。

电涌防护器的工作原理是：接在被保护线路中，正常情况时电涌防护器不起作用，并且对保护线路的正常工作没有任何影响，当电涌电流沿着导线到达电涌防护器时，电涌防护器快速对地导通，将电涌电流释放到大地，并将输出端电压限制在不会损坏所连接仪表和设备的安全水平，当电涌电流衰减之后，电涌防护器自动恢复到正常状态。电涌防护器工作的基本原理见图 7-15、图 7-16。图 7-15 为抑制差模电涌，图 7-16 为抑制共模电涌，电涌防护方式也可设计成两者兼顾。

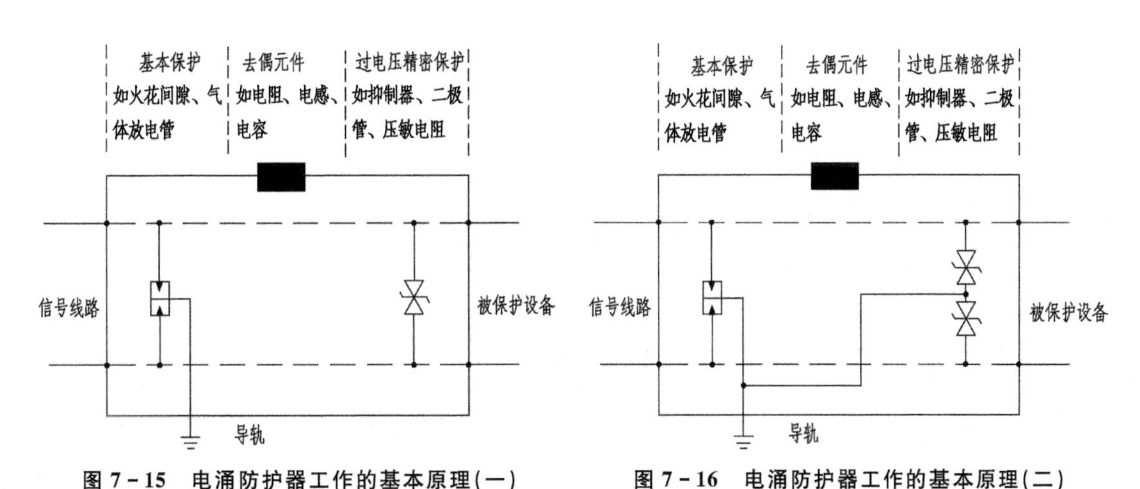

图 7-15 电涌防护器工作的基本原理(一)　　图 7-16 电涌防护器工作的基本原理(二)

(2) 屏蔽措施

合理的屏蔽措施不仅是仪表或控制系统防范和抵御电磁干扰的重要方法，也是减少雷电电磁场对仪表或控制系统产生不利影响的重要措施。

(3) 防雷接地

电涌防护器的防护功能和屏蔽的防护功能是由恰当的接地实现的，所以电涌防护器的设置以及屏蔽实施效果的好坏与接地的完善程度是密切相关的。

7.3.2 电涌防护器的设置

1. 电涌防护器的类型和参数

(1) 电涌防护器的类型

电涌防护器的选型应根据防护目的、信号类型、安装地点、安装方式确定。电涌防护器的类型一般按照电涌防护器的用途分类，常用的有仪表信号类、仪表网络通信类、直流电源类和交流电源类等。仪表信号类的电涌防护器用于现场仪表和控制室仪表的保护。安装地点有现场安全场所、易燃易爆危险场所、控制室。安装方式有现场仪表装配式、现场保护箱、支架和导轨等。

仪表系统的电涌防护器应采用免维护型，出厂前应通过参数试验，并应具有检验合格证。品种应通过权威检验部门的参数试验，并有检验报告。用于仪表信号线路的电涌防护器均不应影响和改变仪表系统的特性和可靠性。

(2) 信号线路电涌防护器的主要参数

① 最大持续运行电压(U_c)

最大持续运行电压 U_c 即最大工作信号电压，是电涌防护器长期工作的最大信号电压有效值或直流电压。这也是在额定漏电流条件的线间或线与地之间的不影响其所在电路正常工作的最大电压。

对于 24 V 直流供电仪表，由于直流电源电压波动及负载变化等因素影响，最大信号电压的数值为 30～36 V(DC)，因此，最大持续运行电压为 $U_c \geqslant 36$ V。

② 最大信号电流(I_c)

最大信号电流是电涌防护器所在线路的最大工作信号电流。

对于两线制、三线制、四线制的 4～20 mA 信号仪表(包括 HART 通信信号)，最大信号电流的数值为 $I_c \geqslant 150$ mA。

对于 24 V 直流供电线路，如电磁阀、超声波仪表、可燃气体检测器等仪表，最大信号电流的数值为 $I_c \geqslant 600$ mA。

③ 标称放电电流(I_n)

标称放电电流 I_n 是电涌防护器正常通过的最大电涌电流(8/20 μs)，是指电涌防护器在通过 8/20 μs 标准实验波形电流规定实验次数时，不损坏电涌防护器的最大泄放电流。对信号仪表来说，标称放电电流 I_n 大于 1 kA 即可满足一般防护要求，可选用 5 kA、10 kA 等规格。

④ 电压保护水平(U_p)

电压保护水平是电涌防护器在释放电涌电流时的钳制电压值，也称为通过电压或限制电压。这是在通过 6 kV/3 kA 8/20 μs 电涌波形发生器或其他规定的实验电压电流时，电涌防护器输出端的电压峰值。

对 24 V(DC)工作电压的仪表，电涌防护器的电压保护水平应为 60 V。选择适用的电涌防护器的限制电压值不宜太高，一般为所防护设备的工作电压或信号电压的 2～2.5 倍。电压保护水平应小于被保护仪表的承受电压。

⑤ 响应时间

响应时间是标准实验波形电压开始作用于电涌防护器的时刻到实际导通放电时刻之间的延迟时间。信号类电涌防护器的响应时间应不大于 5 ns。

⑥ 工作频率

工作频率是连接电涌防护器的线路在正常工作时通过信号的最高频率。对于仪表信号，包括“智能”仪表，其工作频率为 20 kHz 以下，通常可以不计。

2. 电涌防护器的设置原则

(1) 一般原则

电涌防护器的设置应以防雷等级为设计原则。不够防雷等级的区域和控制室不应设置电涌防护器。

现场仪表端设置电涌防护器的信号回路，在控制室内的仪表系统端也应设置电涌防护器。仪表系统的同一信号线路端，只设置一级电涌防护器。

一般来说，信号电缆在室外地面以上敷设的距离越长，高度越高，受到雷击影响的概率越大。作为参考因素之一，当信号电缆在地面以上敷设的水平直线距离大于 100 m 或垂直距离大于 10 m 时，现场仪表和控制室仪表两端均应考虑设置电涌防护器。但是，如果现场仪表为重要仪表，安装位置为易受雷击区，即使信号电缆在地面以上的水平直线距离小于 100 m 或垂直距离小于 10 m，也可在现场仪表和控制室仪表两端设置电涌防护器，具体可视仪表损坏所造成的综合经济损失而定。

对需要防雷的通信设备，应在其两端设置电涌防护器，电涌防护器的规格及各项参数应适用于所连接的通信设备。如果通信电缆采用光缆，则两端均不设置电涌防护器。

电涌防护器宜采用单信号通道的电涌防护器。

(2) 现场仪表端电涌防护器的设置

① 安全仪表系统的现场仪表，现场变送器、热电阻和电子开关，电气转换器、电气阀门定位器、电磁阀等现场电信号执行器，需要在现场仪表端设置电涌防护器。

② 热电偶、触点开关、配电间及电气控制室来的机泵信号，不需要在现场仪表端设置电涌防护器，但与此相关的控制室仪表端宜根据具体情况设置电涌防护器。

③ 用于隔爆型现场仪表的电涌防护器(装配式)不应改变仪表本体的隔爆结构。

④ 防爆型的电涌防护器应符合相应仪表回路的防爆要求，并应取得国家授权防爆认证机构颁发的产品防爆合格证。

⑤ 本安型电涌防护器的安全参数须与该本质安全电路相关安全参数的确认一并考虑，不可忽略，并应符合所有的参数匹配条件。装有电涌防护器的电路在不受雷电电涌影响时，电路应是本质安全的。

⑥ 安装在 0 区的本质安全仪表设备，其关联设备可能在 0 区产生危险的电位差，如大气放电的发生，因此非接地连接电缆芯线最好在距进入 0 区场所 1 m 内安装电涌防护器，并且在 0 区的本质安全仪表设备和电涌保护器之间安装的电缆应有防雷措施。这些位置如燃油贮存罐、废气处理装置和石化工程的蒸馏塔等，产生电位差的危险性并不能因埋置地下电缆而减少。

⑦ 现场仪表的电涌防护器的类型和参数应根据现场仪表的防护特点和需要选择。

⑧ 当装配式电涌防护器不能安装在现场仪表本体，或采用通用式电涌防护器时，应将电涌防护器安装在金属仪表保护箱、接线箱或专设的防护箱内。

⑨ 安装电涌防护器的仪表保护箱、接线箱或专设的防护箱，应符合安装地点的防护、防爆等级，并应与被保护仪表尽可能接近。

⑩ 装配式电涌防护器的两端接线总长度应不大于 0.5 m。

⑪ 分离安装的电涌防护器与被保护仪表之间的接线长度不得超过 5 m。

(3) 控制室仪表端电涌防护器的设置

① 控制室内安装的电涌防护器应采用导轨汇流型的电涌防护器。电涌防护器应安装在金属导轨上，并应以此导柜作为接地汇流条。在电缆进入机柜内，连接控制系统设备之前，电涌防护器应先安装在控制室机柜内。

② 本安电路用电涌防护器应安装在电缆进入机柜内，连接安全栅之前，安全栅可分别安装在不同机柜内，也可安装在同一机柜内，但不应安装在同一个导轨上。其安全参数须与该本质安全电路相关安全参数的确认一并考虑，不可忽略，并应符合所有的参数匹配条件。装有电涌防护器的电路在不受雷电电涌影响时，电路应是本质安全的。

③ 安装在同一机柜内的电涌防护器应采用与安全栅并排安装的方式。

④ 电涌防护器机柜与电涌防护器的相关机柜的间距应不大于 3 m。控制系统机柜是电涌防护器机柜的相关机柜。凡控制系统机柜的信号线路中设置电涌防护器的，即与电涌防护器

机柜有线路联系的机柜,均为电涌防护器机柜的相关机柜。

⑤ 电气配电柜输出的供电线路经过室外的敷设路径有可能遭受雷击或产生电涌影响的场合,应在控制室内的仪表配电柜输入侧安装交流供电线路电涌防护器。

(4) 现场总线系统电涌防护器设置的附加要求

① 由现场总线的结构可见,如果某个总线段受到雷电电涌的冲击,就可能造成多台仪表的损坏,因此,现场总线系统的雷电电涌防护比常规信号连接的仪表系统更重要。但是,如果电涌防护器选用不当,可能会对网络传输产生影响。所以,用于现场总线的电涌防护器应选用总线专用型电涌防护器,应适用于相应种类和标准的现场总线,以减小对网络传输的影响。在设计选用时,必须注意电涌防护器对网段的影响,现场总线系统的电涌防护器的选用和安装不应降低现场总线信号,不应限制系统的最大使用长度或减少可用设备的数量,不应影响和改变现场总线系统的特性和可靠性。

② 现场总线干线连接着主控制器的总线接口卡和现场的总线分支设备,总线干线两端(包括延伸段)应设置电涌防护器。

③ 安装在现场的控制器,应在各总线信号线路入口设置电涌防护器,交流电源输入端应设置电源类电涌防护器。

④ 现场总线分支设备连接总线干线的输入端应安装电涌防护器。

⑤ 如果现场总线分支模块是不带电子电路的简单连接型,则可以不设分支模块端的电涌防护器。

⑥ 使用带电子电路(智能)分支模块的系统,则在分支的起始端和仪表设备上均应安装电涌防护器。模块与干线的连接处也应安装电涌防护器。

⑦ 现场总线终端器应安装信号线路类电涌防护器。

⑧ 安装在现场的现场总线直流电源设备的交流供电端应设置电源类电涌防护器。

7.3.3 仪表设备及电缆的屏蔽

屏蔽是仪表和控制系统防雷的有效措施之一,主要包括:现场仪表设备的屏蔽、控制系统设备的屏蔽和电线电缆的屏蔽。

1. 现场仪表设备的屏蔽

(1) 为减少雷电电磁场对现场仪表设备的影响,现场仪表设备的外壳宜选用金属外壳。当选用的现场仪表设备外壳为非金属外壳时,应将其安装在钢板材质的仪表保护箱内。现场仪表的金属外壳、金属保护箱应为全封闭式。

(2) 当现场仪表的安装位置有可能使其形成接闪物体而又无法移位时,应将仪表安装在全封闭钢板材质的仪表保护箱内。

(3) 仪表接线箱壳体、现场分析小屋外壳的材质也宜选用钢板材质。基于防雷的考虑,仪表保护箱壳体、仪表接线箱壳体或分析小屋外壳的钢板厚度不宜小于 1.0 mm。

2. 控制系统设备的屏蔽

(1) 实施防雷工程的安装在控制室里的控制系统仪表设备应安装在钢板材质的全封闭机柜或仪表箱内。

(2) 机柜或仪表箱的各部分应保证其电气连续,机柜的门、顶、底等活动部件应采用截面积不小于 4 mm^2 的绝缘多股铜芯电线或其他有效的方式进行导电连接。机柜内应装有与机柜本体相连接的保护接地汇流条。

3. 电线电缆的敷设及屏蔽

(1) 仪表电缆架空进入建筑物前，应采用穿钢管或钢制封闭电缆槽的方式敷设。如果建筑物附近具备电缆埋地敷设条件，仪表电缆宜采用穿钢管或电缆槽埋地敷设方式进入建筑物。仪表电缆采用埋地敷设方式进入建筑物时，在室外穿钢管或电缆槽的埋地长度应大于 15 m。

(2) 现场仪表的配线若采用穿钢管敷设方式，不应采用绝缘材料。钢管与仪表间、钢管之间、钢管与电缆槽之间应有良好的电气连接。

(3) 现场仪表配线采用电缆槽敷设时，仪表电缆槽应采用封闭钢板结构。槽体和所有金属部件应全程电气连续。

(4) 电缆与防雷引下线交叉敷设的间距应大于 2 m；平行敷设的间距应大于 3 m。当无法满足敷设间距时，应对电缆进行穿钢管屏蔽，屏蔽钢管应在两端接地。当电缆穿钢管或在封闭金属电缆槽内敷设时，与防雷引下线的间距可以减半。

(5) 室外敷设的电缆(包括信号电缆、通信电缆和电源电缆)，应采用屏蔽电缆全程穿钢管或封闭金属电缆槽的方式敷设；当采用金属铠装屏蔽电缆或采用互相绝缘的双层屏蔽电缆时，可以不采用穿钢管或封闭金属电缆槽的方式敷设。

(6) 电缆保护钢管可以采用镀锌钢制管件直接连接，如图 7－17 所示。管卡应采用带有防松垫片的镀锌钢螺栓压接固定。电缆保护钢管与金属接线箱应采用镀锌钢制连接件，实现良好的导电连接。

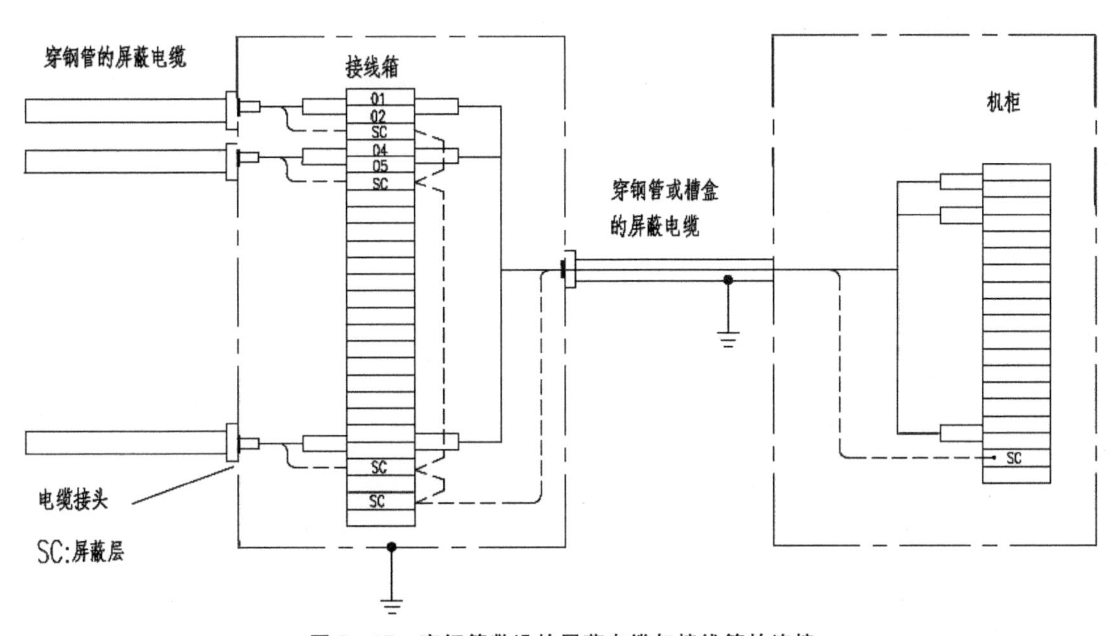

图 7－17　穿钢管敷设的屏蔽电缆与接线箱的连接

(7) 如果电缆路径中通过金属接线箱续接或分支，则外屏蔽层或铠装层应在接线箱内连接并与接线箱的箱体连接。电缆铠装层也可采用镀锌钢制电缆接头与金属接线箱实现良好的导电连接，而不用在箱体内连接。

(8) 电缆的内屏蔽层应在接线箱内连接并与其他导体绝缘。

(9) 电缆的内外屏蔽层在接线箱内的连接宜采用端子连接的方式。不同的屏蔽层应分别

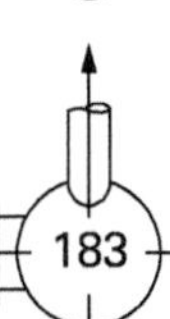

连接，不应混接。

(10) 采用金属软管的场合，若不能确定金属软管能够永久、牢固、可靠和稳定地导电连接时，应采用导线连接。

(11) 仪表信号电缆应采用双绞线芯对。

(12) 现场总线电缆应采用屏蔽或铠装双绞线电缆。

(13) 铠装光缆在光缆终端的金属铠装层等所有金属部件应进行绝缘处理。

(14) 分离安装的电涌防护器与被保护仪表之间的电缆若不采用铠装电缆，应穿钢管或全程封闭的小型金属电缆槽敷设。

(15) 电缆的外屏蔽层可以利用：① 全程封闭电缆敷设的金属槽、保护钢管等防护层；② 双层总屏蔽电缆的外屏蔽层；③ 金属铠装屏蔽电缆的铠装层；④ 分屏蔽加总屏蔽电缆的总屏蔽层。

(16) 电缆的内屏蔽层可以利用：① 全程封闭穿金属电缆槽、保护钢管的屏蔽电缆的屏蔽层；② 双层总屏蔽电缆的内屏蔽层；③ 金属铠装屏蔽电缆的内屏蔽层；④ 分屏蔽加总屏蔽电缆的内屏蔽层。

7.3.4 仪表系统的防雷接地

仪表系统的防雷接地主要包括：电涌防护器的接地、电气设备的保护接地、屏蔽接地。仪表系统防雷工程的接地系统应采用等电位连接方式，等电位连接应符合电气有关标准的规定。仪表系统防雷工程的接地系统分为室内和室外两部分：室内仪表接地系统适用于各类控制室、现场机柜间、现场控制室等；室外仪表接地系统适用于现场仪表、现场接线箱、现场保护箱、现场机柜及分析小屋等。

1. 电涌防护器的接地基本原理

电涌防护器的接地基本原理见图 7－18，被保护设备的仪表工作接地端应经过电涌防护器的接地通路再接地。

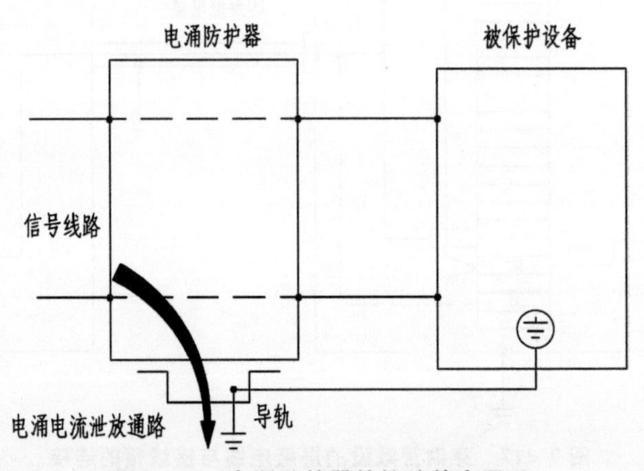

图 7－18　电涌防护器的接地基本原理

2. 电涌防护器在控制室机柜内和机柜间的接地连接

(1) 控制系统机柜即电涌防护器机柜的电涌防护器汇流导轨直接或通过保护接地汇流条接至网状接地排。电涌防护器机柜与所连接的总接地排的间距不宜大于 0.5 m。参见图 7－19或图 7－20。

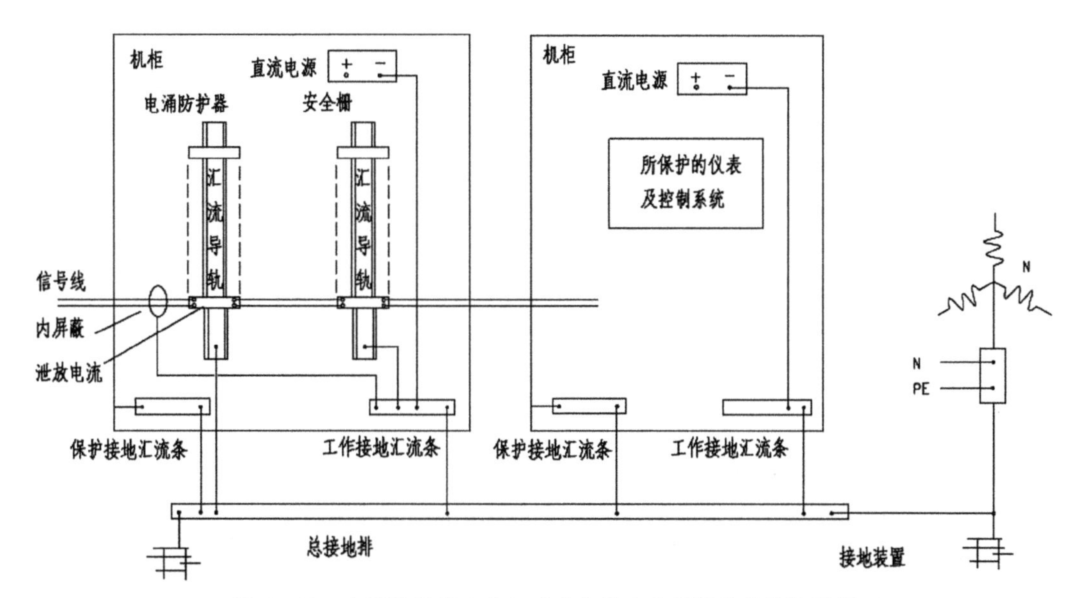

图 7-19　电涌防护器在齐纳式安全栅本安系统的接地原理图

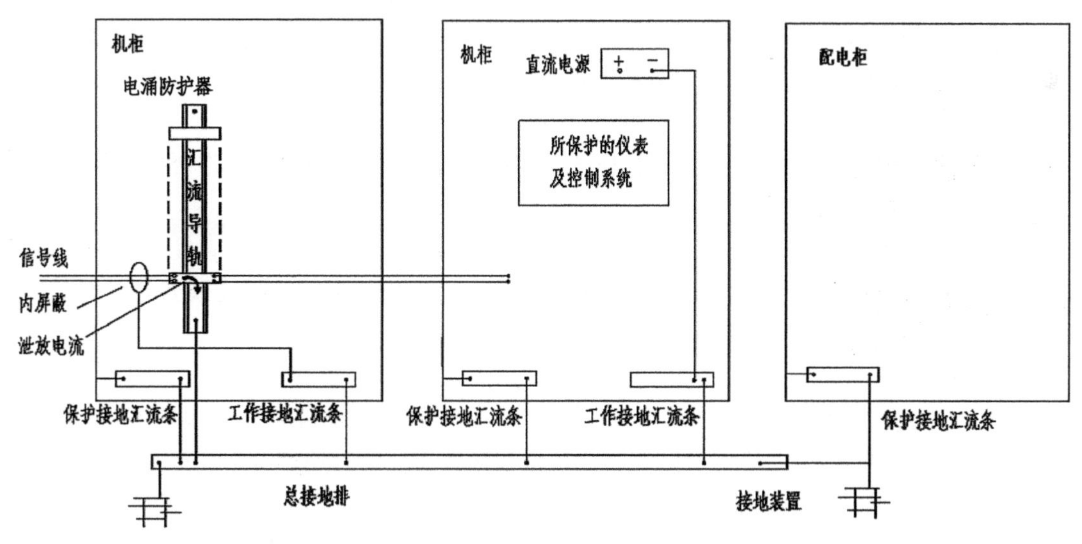

图 7-20　非本安系统接地原理图

(2) 同一机柜内的多根导轨，宜在机柜内汇合到机柜接地汇流条，再接到总接地排。

(3) 防雷系统在控制室的接地原则上应采用网状接地排。

(4) 本安系统的接地连接：

本安系统的接地设计应采用等电位连接并采用共用接地系统。

本安系统的安全栅分隔离式安全栅和齐纳式安全栅，隔离式安全栅不需要专门的接地连接，一般的仪表接地系统即可满足要求。

齐纳式安全栅的接地导流条应连接到工作接地回流条。设置电涌防护器的接地系统时，应符合齐纳式安全栅的接地连接规则。齐纳式安全栅的接地汇流排或接地导轨应与直流电源的负极相连接。设置齐纳式安全栅的接地系统应兼顾电涌防护器的接地。电涌防护器在齐纳式安全栅本安系统的接地原理见图 7-19。

图 7－19 中安全栅和电涌防护器可通过导轨(导流条)接地,也可以通过其他汇流条接地。本安接地汇流导轨与电涌防护器的接地汇流导轨应分别连接至网状接地排或总接地排,或各自通过保护接地汇流条、工作接地汇流条接至网状接地排或总接地排,使本安接地与电涌防护器的接地电位相等。

(5) 非本安系统的接地连接:

电涌防护器在非本安系统的接地原理见图 7－20。被保护仪表或控制系统的工作接地汇流条与电涌防护器的接地汇流导轨应分别连接至网状接地排或总接地排,电涌防护器的接地汇流导轨也可通过保护接地汇流条接至网状接地排或总接地排。

(6) 接地连接系统:

① 控制室内的所有金属结构、管道、支架、金属活动地板等应进行等电位连接,并采用直接与接地连接导体连接,或采用导线与接地连接导体连接的方式。连接导线应采用截面积不小于 4 mm^2、长度不大于 0.5 m 的多股绞合绝缘铜线。

② 控制室内宜沿墙设置环形接地排或按适当路径设置网状或分支状的延长型接地排作为仪表系统泄放雷电电涌的接地排,并作为仪表总接地排。控制室较小或机柜数量较少时,也可采用仪表接地汇总板作为仪表系统泄放雷电电涌的接地排。

③ 环形接地排及延长型接地排应采用截面积不小于 4 mm×40 mm(厚×宽)的铜材或热镀锌扁钢,并应安装在绝缘支架上。延长型接地排应采用焊接连接,焊接处的有效面积不大于接地排的截面积。

④ 各类接地汇流条、汇总板、接地排应安装在绝缘支架上。机柜内、操作台内的保护接地汇流条可直接安装在本体上。

⑤ 控制室内仪表信号电缆或穿线保护管的入口处应单独设置接地排,直接与室外的电气接地装置相连接。仪表信号电缆槽或穿线保护管除在入口处的室外与接地装置连接外,还应在入口处的室内与单独设置的接地排连接。

⑥ 不宜采用多段式接地排。

⑦ 控制室内的总接地排(包括环形或延长型接地排)连接接地装置的连接导体,应在四角或四边(至少在两角或对边)通过不同的路径分别直接与室外的接地装置相连接。

⑧ 控制室内的仪表工作接地排、保护接地排、分组接地排、总接地排应设在易于施工、检查和维护的位置,并应设置明显标记。

⑨ 与接地排相连接或连接室外接地装置的连接导体应采用缠绕防腐绝缘带的截面积为 4 mm×40 mm(厚×宽)的热镀锌扁钢(也可采用不锈钢或铜材),也可以采用 50～100 mm^2 的绝缘多股铜芯电缆。

⑩ 用于雷电电涌电流泄放的连接导体、电线、电缆应尽可能短,宜采用直线路径敷设,不保留多余导线或将导线盘成环状。

⑪ 接地连接导线应采用机械连接方法,实现可靠、良好的压接。应采用镀锡铜连接片压接,并应采用带有防松垫片的镀锌钢螺栓压接固定。同一压接点不应压接多条导线。

⑫ 电涌防护器的接地汇流条与接地排之间的连接线应采用两根并行连线。

3. 现场安装的电涌防护器及仪表的接地

(1) 现场仪表、仪表保护箱、接线箱及机柜等的金属外壳应就近接地或与接地的金属体相连接。

(2) 位于爆炸危险场所的仪表保护箱、仪表接线箱、机柜、分析小屋等的门与壳体之间,仪表与金属支架之间应保持良好的电气连接，应防止出现连接间隙，避免雷电流引起火花。

(3) 电缆的外屏蔽层应至少在两端接地，除了在现场端接地外，进入室内还应与单独设置的接地排连接。内屏蔽层应在一端接地，应根据信号源和接收仪表的不同情况采用不同接法，当信号源接地时，信号屏蔽电缆的内屏蔽层应在信号源端接地；否则，信号屏蔽电缆的内屏蔽层应在信号接收仪表一侧接地。

(4) 电缆的备用芯线不应接地，但宜在电缆终端与接线端子完成连接。

(5) 电缆槽或电缆保护钢管的长度大于 20 m 时，应进行多点重复接地，接地点间距应小于 20 m。

(6) 分离安装的电涌防护器与被保护仪表之间的电缆可穿钢管或小型电缆槽敷设，安装电涌防护器的接线箱、保护箱、钢管及被保护仪表应进行等电位连接并接地。

(7) 被保护仪表的外壳接地端子应与电涌防护器的接地端子相连接后就近接地。图 7-21为分离安装在保护箱中的电涌防护器与被保护仪表的接地连接示意图。

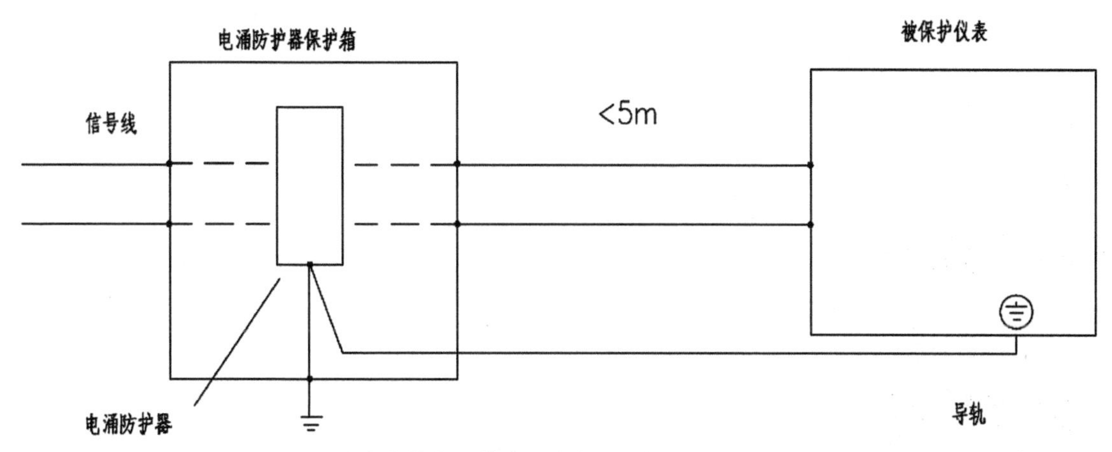

图 7-21　分离安装在保护箱中的电涌防护器与被保护仪表接线图

4. 接地连接导线

接地连接导线应采用绝缘多股铜芯电缆或电线，其截面积分别为：

① 室内安装的单台仪表的接地导线，2.5 mm^2；

② 现场仪表的接地连接导线，4～6 mm^2；

③ 机柜内汇流导轨或汇流条的连接导线，4～6 mm^2；

④ 机柜各汇流条至各接地汇总板的接地干线，10～16 mm^2；

⑤ 连接总接地板(排)的接地干线，16～25 mm^2；

所有接地连接电缆、电线的外表面应选择绿色或黄、绿相间的颜色。

7.4 仪表系统接地

7.4.1 仪表系统接地类别

1. 保护接地

保护接地是为人身安全和电气设备安全而设置的接地，也称为安全接地。

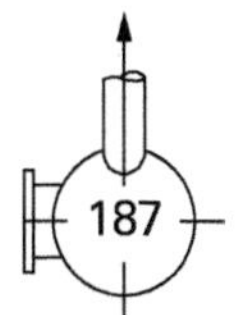

用电仪表的金属外壳及自控设备正常不带电的金属部分，由于各种原因(如绝缘层被破坏、带电导线松脱等)而有可能带有危险电压，保护接地是为了避免人员意外接触危险电压而采取的接地措施。

2. 工作接地

工作接地是为了保护仪表设备和系统不受外部电磁干扰、保证仪表设备及系统正常运行而设置的接地。

3. 本安接地

本安接地是为了保证本质安全电路的安全功能而采取的接地措施。

4. 防静电接地

为避免有可能产生或积聚静电的物体(非绝缘体)引起的危险作用和静电放电损害，采取引导静电释放至大地，避免静电积聚而产生危害的接地措施。

5. 防雷接地

防雷接地包括电涌防护器的接地、电气设备的保护接地、屏蔽接地。防雷接地是为了避免因雷击产生的雷电电涌以及静电危害而采取的接地措施。

6. 屏蔽接地

为实现电场屏蔽、电磁场屏蔽功能对屏蔽层、屏蔽体所做的接地。

7.4.2 保护接地

(1) 需要保护接地的用电仪表及相关设备如下：

① 装有仪表的金属盘、操作台、柜、架和箱；

② 控制系统的金属机柜和操作站；

③ 计算机系统的金属机柜和操作台；

④ 用电仪表金属外壳、金属供电盘、供电箱、接线箱、保护箱；

⑤ 现场分析小屋的金属外壳；

⑥ 金属电缆槽、保护钢管、电缆的外屏蔽层或铠装电缆的铠装层。

(2) 安装在非防爆场合金属表盘上的按钮、信号灯、继电器等小型低压电器的金属外壳，当与已做保护接地的金属表盘框架电气接触良好时，可不用单独做保护接地。

(3) 在非爆炸性环境中又无雷电防护要求时，供电电压低于 36 V 的现场仪表金属外壳、金属保护箱、金属接线箱，可以不做保护接地，但对于可能与高于 36 V 电压设备接触的应实施保护接地。

(4) 在爆炸性环境中又无雷电防护要求时，本质安全型设备的金属外壳可不做保护接地，制造厂有特殊要求的除外。

(5) 金属电缆槽、电缆保护金属管在进入建筑物之前应就近接到建筑物外部的接地网。

7.4.3 工作接地

需要接地的仪表信号回路，应进行工作接地：在自动化系统和计算机等电子设备中，非隔离的信号需要建立一个统一的信号参考点，应进行信号回路接地(通常为直流电源负极)；隔离信号可以不接地，隔离应当是每一输入(出)信号和其他输入(出)信号的电路是电气绝缘的，对地是绝缘的，电源是独立的且相互隔离的。

7.4.4 屏蔽接地

(1) 信号线的内屏蔽层应在控制室一侧做工作接地，但已经在现场仪表处接地的内屏蔽层不宜在控制室一侧重复接地；信号线的外屏蔽层应在两端做保护接地。

(2) 备用电缆的屏蔽层以及不带屏蔽层或铠装层的普通多芯电缆的备用芯线宜在控制室一侧接到工作接地电路中。

(3) 屏蔽电缆的屏蔽层已接地，其备用芯线可以不接地，但宜在电缆终端与接线端子完成连接。

(4) 穿保护钢管或在金属电缆槽中敷设的电缆备用芯线可以不接地，但宜在电缆终端与接线端子完成连接。

(5) 非金属电缆槽的屏蔽层连接线或静电释放线应接到保护接地电路中。

7.4.5 本安接地

(1) 本质安全仪表在安全功能上需要接地的部件，应根据仪表制造厂的要求做本安接地。

(2) 齐纳式安全栅的本安系统接地应与供电的直流电源公共端(负端)相连接，齐纳式安全栅的汇流条(或导轨)应做本安接地。

(3) 隔离型安全栅可不做接地。

7.4.6 防静电接地

(1) 安装自控系统等设备的控制室、机柜室、过程控制计算机的机房，应做防静电接地。这些室内的导静电地面、防静电活动地板、工作台等应做防静电接地。

(2) 大型控制室防静电接地可单独设防静电接地板。

(3) 非金属电缆桥架其静电汇流线应接地。

(4) 需要防静电的设备应连接到保护接地电路中。

(5) 已经实施了保护接地和工作接地的仪表和设备，可不做防静电接地。

7.4.7 防雷接地

本部分内容见仪表系统的防雷接地章节。

7.4.8 接地连接系统

(1) 接地系统是由接地连接系统和接地装置两部分组成的。接地连接系统包括：接地连接线、接地汇流排(条)、保护接地线、工作接地线、接地汇总板、接地干线(见图 7-22)。接地装置包括：总接地板、接地总干线、接地极系统。接地连接系统由仪表专业负责设计，接地装置宜由电气专业负责设计。

(2) 仪表及控制系统的接地连接宜采用分类汇总，最终与总接地板连接的方式。当采用网状或分支状的延长型接地排作为仪表总接地排时，仪表及控制系统的接地连接可由汇流条就近与网状或分支状的延长型接地排连接。

(3) 仪表系统各类接地应汇接到总接地板，实现等电位连接。与电气专业合用接地装置及等电位接地网。

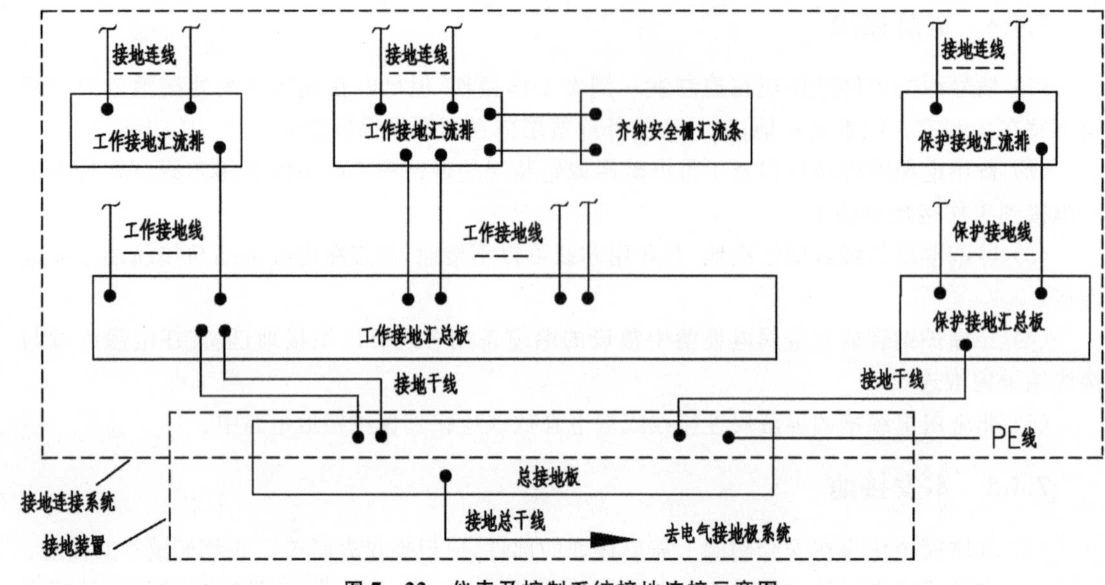

图 7－22　仪表及控制系统接地连接示意图

7.4.9　接地连接方法

1. 现场仪表接地连接方法

(1) 对于现场仪表金属电缆槽、电缆保护钢管的保护接地，应每隔 20 m 用接地连接线与就近已接地的金属构件相连，并应保证其接地的可靠性及电气的连续性。不可以利用储存、输送可燃性介质的金属设备、管道以及与之相关的金属构件进行接地。

(2) 需要进行保护接地的现场仪表的金属外壳、接线箱、保护箱等应用接地连接线与就近已接地的金属构件相连，并应保证其接地的可靠性及电气的连续性。不可以利用储存、输送可燃性介质的金属设备、管道以及与之相关的金属构件进行接地。

(3) 现场分析小屋的保护接地和工作接地应用接地连接线与电气专业为仪表专业设置的专用接地板相连。

(4) 信号线的外屏蔽层、铠装电缆的金属铠装保护层应在两端接到保护接地。

(5) 信号线的内屏蔽层一般应在控制室侧接地，应根据信号源和接收仪表的不同情况采用不同接法，当信号源接地时，信号屏蔽电缆的内屏蔽层应在信号源端接地，否则，信号屏蔽电缆的内屏蔽层应在信号接收仪表一侧接地。当现场仪表要求或需要在现场接地，同时又要将控制室信号接收仪表在控制室侧接地时，应将两个接地点作电气隔离。

(6) 现场仪表接线箱两侧的电缆的屏蔽层应在箱内连接，内屏蔽层和内屏蔽层连接，外屏蔽层则在箱内分别接至汇流条后与接线箱金属外壳相连接并在现场接地，内屏蔽层和外屏蔽层不可混接。现场仪表接线箱内的多芯电缆备用芯线宜在箱内接至接线端子。单层屏蔽电缆其屏蔽层应作为内屏蔽层，只有总屏蔽无分屏蔽的多芯电缆其屏蔽层应作为内屏蔽层。

2. 控制室和现场机柜室仪表接地连接方法

(1) 控制室和现场机柜间集中安装仪表的自控设备(仪表柜、盘、箱，操作台)内应分类设置保护接地汇流排、工作接地汇流排(信号及屏蔽接地汇流排)和本安接地汇流排。应符合下列要求：

① 各仪表设备的保护接地端子和信号及屏蔽接地端子通过各自的接地连接线分别接至保护接地汇流排和工作接地汇流排；

② 各类接地汇流排经各自的接地干线分别接至保护接地汇总板和工作接地汇总板；

③ 齐纳式安全栅的每个汇流条(安装导轨)应分别用两根单独的导线接到工作接地汇流排,再用两根单独的接地导线接至工作接地汇总板或总接地板。

(2) 当采用网状或分支状的延长型接地排作为仪表总接地排时,各类接地汇流排可经各自的接地干线就近接至网状或分支状的延长型接地排。

(3) 保护接地汇总板和工作接地汇总板应经过各自的接地干线接到总接地板。

(4) 应使用接地总干线连接总接地板和接地极系统,这部分设计宜由电气专业负责。

3. 接地系统连接和接地电阻要求

(1) 接地系统的导线应采用多股绞合铜芯绝缘电线或电缆。

(2) 接地线应尽可能短,并宜按直线路径敷设,不应将接地线绕成螺线管状。

(3) 接地系统的各接地汇流排可采用截面为 6 mm×25 mm(厚×宽)的铜条制作。

(4) 接地系统的各接地汇总板可在地板下的适当位置设置,应采用铜板制作,厚度不小于 6 mm,长、宽尺寸应按需要确定。

(5) 机柜内的保护接地汇流排应与机柜进行可靠的电气连接。

(6) 工作接地汇流排、工作接地汇总板应采用绝缘支架固定。

(7) 接地系统的各种连接应牢固、可靠,并应保证良好的导电性。接地干线、接地总干线与接地汇流排、接地汇总板的连接应采用铜接线片和镀锌钢质螺栓,并应有防松件,同一压接点压接的导线数量应不多于两条。

(8) 各类接地连线中,严禁接入开关或熔断器。

(9) 当需要测量接地连接电阻时,接地分支干线、干线和总干线可以分别采用两根并行连线。

(10) 接地线的截面可根据连接仪表的数量和接地线的长度按下列数值选用：

① 室内安装的单台仪表的接地导线,1～2.5 mm^2。

② 现场仪表或接线箱的接地连接导线,2.5～4.0 mm^2。

③ 机柜内汇流排或汇流导轨之间的连接导线,4.0～6.0 mm^2。

④ 机柜到接地汇总板或总接地板之间的接地干线,10～25 mm^2。

⑤ 接地装置引出线,25～70 mm^2。

(11) 所有接地连接电缆、电线的外表面应选择绿色或黄、绿相间的颜色。

(12) 接地极系统对地电阻与接地连接电阻之和称为接地电阻。

(13) 仪表及控制系统的接地电阻为工频接地电阻,应不大于 4 Ω。

(14) 仪表及控制系统的接地连接电阻应不大于 1 Ω。

第8章 控制系统

为实现石油化工装置的自动化,控制系统是不可或缺的重要核心工具。控制系统按其用途可分为分散控制系统(Distributed Control System, DCS)、智能设备管理系统(Intelligent Device Management, IDM)、可编程序控制器(Programmable Logic Controller, PLC)、压缩机控制系统(Compressor Control System, CCS)、现场总线控制系统(Fieldbus Control System, FCS)等。

分散控制系统(DCS)是指控制功能分散、操作和管理集中、采用分级网络结构的以计算机和微处理器为核心的控制系统。绝大多数的石油化工装置把 DCS 作为主系统,安全仪表系统(SIS)、可燃及有毒气体检测系统(GDS)、可编程序控制器(PLC)、压缩机控制系统(CCS)等作为子系统与 DCS 进行通信,同时通过隔离后与生产运行管理层进行实时数据通信,操作员在主系统 DCS 上进行集中操作管理,实现全厂控制、管理、运营一体化的目标。

智能设备管理系统(IDM)用于智能设备的数据采集和管理。IDM 通常由 DCS 供应商与 DCS 同步提供,主要针对采用 HART 协议或现场总线的仪表设备,自动地为检测和控制仪表建立应用及维护档案,达到故障预维护和资产管理的目的。

可编程序控制器(PLC)是一种用于工业控制的数字化操作的电子系统。这种系统采用可编程的存储器作为面向用户指令的内部寄存器,完成规定的功能,如逻辑、顺序、定时、计数、运算等,通过数字或模拟的输入/输出,控制各种类型的机械或过程。由 PLC 及其相关外围设备组成的配置来集成工业控制系统,用来实现所要求的自动化功能。PLC 通常应用于操作控制相对独立或特殊的设备包,比如挤压造粒机组、冷冻机等设备包。

压缩机控制系统(CCS)是指专用于控制和保护由蒸汽、燃气或工艺气透平驱动的大型离心式和/或轴流式压缩机的控制系统。CCS 用于实现这些大型压缩机的防喘振控制、负荷分配控制、调速控制等特殊控制功能,并与 DCS 进行数据通信,使操作人员能够在 DCS 操作员站上对机组进行监视。

现场总线控制系统(FCS)是指基于现场总线技术与现场设备通信的过程控制系统。现场总线是一种连接智能测量和控制设备的数字化、双向的多站式通信连接。它是一种局域网(LAN),可实现先进过程控制、远程输入/输出和高速工厂自动化的应用。常用的现场总线有 Foundation Fieldbus(FF)、Profibus 等。

本章分别讲述以上系统的结构、特点、技术要求、工程设计,以及在工程设计和工程实施过程中所做的工作。

除了以上控制系统,石油化工装置常用的与控制系统相关的仪表系统还有机组监视系统(Machine Monitoring System, MMS)、数据采集与监控系统(Supervisory Control And Data Acquisition, SCADA)、过程分析仪系统(Process Analyzer System, PAS)、报警管理系统(Alarm Advanced System，AAS)等。

8.1 DCS

DCS从20世纪70年代开始发展起来，20世纪90年代之前国内使用的DCS以进口为主，当时最常用的三大DCS制造商为Honeywell、Yokogawa和Foxboro，90年代以后国产DCS制造商如浙江中控、和利时等成立并迅速发展，同时EMERSON、Yokogawa等开始推出数字化结构的现场总线DCS。目前，无论是国外还是国内DCS制造商，均已在国内拥有服务中心和大量技术人员，具有提供整体DCS方案并在国内集成实施的能力，其生产的DCS均在石油化工装置中得到了广泛的应用。

1. 石油化工装置中常见的DCS

(1) Honeywell　　Experion PKS；

(2) EMERSON　　DeltaV；

(3) Yokogawa　　CENTUM VP，CENTUM CS3000 R3；

(4) Foxboro　　I/A Series；

(5) ABB　　800xA；

(6) SIEMENS　　SIMATIC PCS 7；

(7) 浙江中控　　WebField ECS－700；

(8) 和利时　　HOLLiAS MACS。

2. DCS的特点

(1) 开放性

DCS具有能通过不同的接口方便地与第三方设备或系统连接，并获取其信息的性能。这种连接主要采用通用的、开放的网络协议和标准的软件接口。常用的连接方式有Modbus TCP/IP、Modbus RTU、OPC接口等。通过这些接口可方便地与其他计算机联用，组成工厂自动化综合控制和管理系统。

(2) 高可靠性

DCS监视集中而控制分散，系统采用冗余容错设计。一般大中型石油化工装置的DCS中央处理器、电源单元、通信模件、控制用AI/AO模件等均设计成冗余配置，冗余设备有在线自诊断、出错报警、无差错切换等功能，并且在设计时已考虑到联锁保护功能、系统故障人工手动控制操作措施等，使系统可靠性大大提高。

(3) 灵活性和可扩展性

DCS规模和功能均灵活可变，可以根据应用需求选择，也可以根据项目的需要在系统运行后对系统进行扩展，更好地满足企业生产中对生产规模不断扩大的要求。通过组态软件根据不同的流程应用对象进行软硬件组态，即确定测量与控制信号及相互间连接关系，从控制算法库选择适用的控制规律，从图形库调用基本图形组成所需的各种监控和报警画面，从而方便地构成所需的控制系统。

(4) 控制功能齐全

DCS控制算法丰富，集连续控制、顺序控制和批处理控制于一体，除了常规PID调节外，还具有串级、比值、分程、前馈、超驰等复杂控制功能，并可方便地加入所需的特殊控制算法。

(5) 操作方便

DCS 配备灵活且功能强大的人机界面，操作员可以通过人机界面对被控对象进行集中监视，通过各种功能键实现各种操作功能，打印机可以打印各种需要的信息及报表。

(6) 易于维护

设备故障时，可以在不影响整个系统运行的情况下在线更换，迅速排除故障，故障影响面小。DCS 的标准化、模块化、系列化设计更便于装配和维修更换，系统配有智能的自动故障检查诊断程序和再启动等功能。

8.1.1 DCS 的基本架构

DCS 的基本架构分为过程控制层、操作监控层和数据服务层。过程控制层完成 DCS 对过程的直接控制，以及过程变量的数据采集、实时存储和传输功能。操作监控层为 DCS 的主要人机接口，对来自过程控制层的数据进行处理、存储，实现集中操作管理的功能。数据服务层为 DCS 内部网络与外部网络数据交换的中间层，用于向间接参与生产过程的用户提供数据服务。

图 8-1 为 DCS 基本架构示意图。该图举例表示了 DCS 网络的结构层次、网络连接及各层中的典型设备。这里描述的 DCS 总体结构分层是根据生产运行管理系统的需要和数据流及网络管理的可能性划分的，并不是 DCS 的网络分层。

不同制造商的 DCS 网络分层略有不同，举例说明如下。

(1) Honeywell 的 DCS——Experion PKS

第 1 层：过程控制层，连接过程控制器及现场仪表设备和现场操作员站。

第 2 层：过程监控层，连接复杂控制平台、操作员站及生产过程有关数据服务器等。

第 3 层：过程高级应用层，连接优化控制平台、设备管理、操作管理和操作员培训系统等。

第 4 层：工厂信息网，连接工厂管理有关设备，该层通常不属于 DCS 范畴。

为了保证生产过程的安全，可以在第 3 层与第 4 层之间增加一层第 3.5 层，称之为 DMZ 层(Demilitarized Zone)，也叫隔离区，用于连接防病毒服务器及 GPS 时钟同步服务器。

(2) EMERSON 的 DCS——DeltaV

第 1 层：控制层，包括控制器和各类模件。

第 2 层：监控层，包括各类与控制网络连接的工作站，如工程师站、操作员站、IDM 站、OPC/历史数据服务器、远程访问服务器等。

第 3 层：数据管理层，包括各类第三方系统的控制网，如防病毒网、OPC 网、实时数据网、远程操控网等。该层的网络可以根据系统的规模、设计需求等，建成各个独立的网或将若干个网整合为一个网。

第 4 层：工厂网。

第 5 层：互联网。

(3) 浙江中控的 DCS——WebField ECS-700

第 1 层：基础控制层，连接 I/O 模件、通信模件。

第 2 层：监控层，用于 DCS 控制通信及 ODS(操作数据管理系统)、OPC、IDM 等数据的采集。

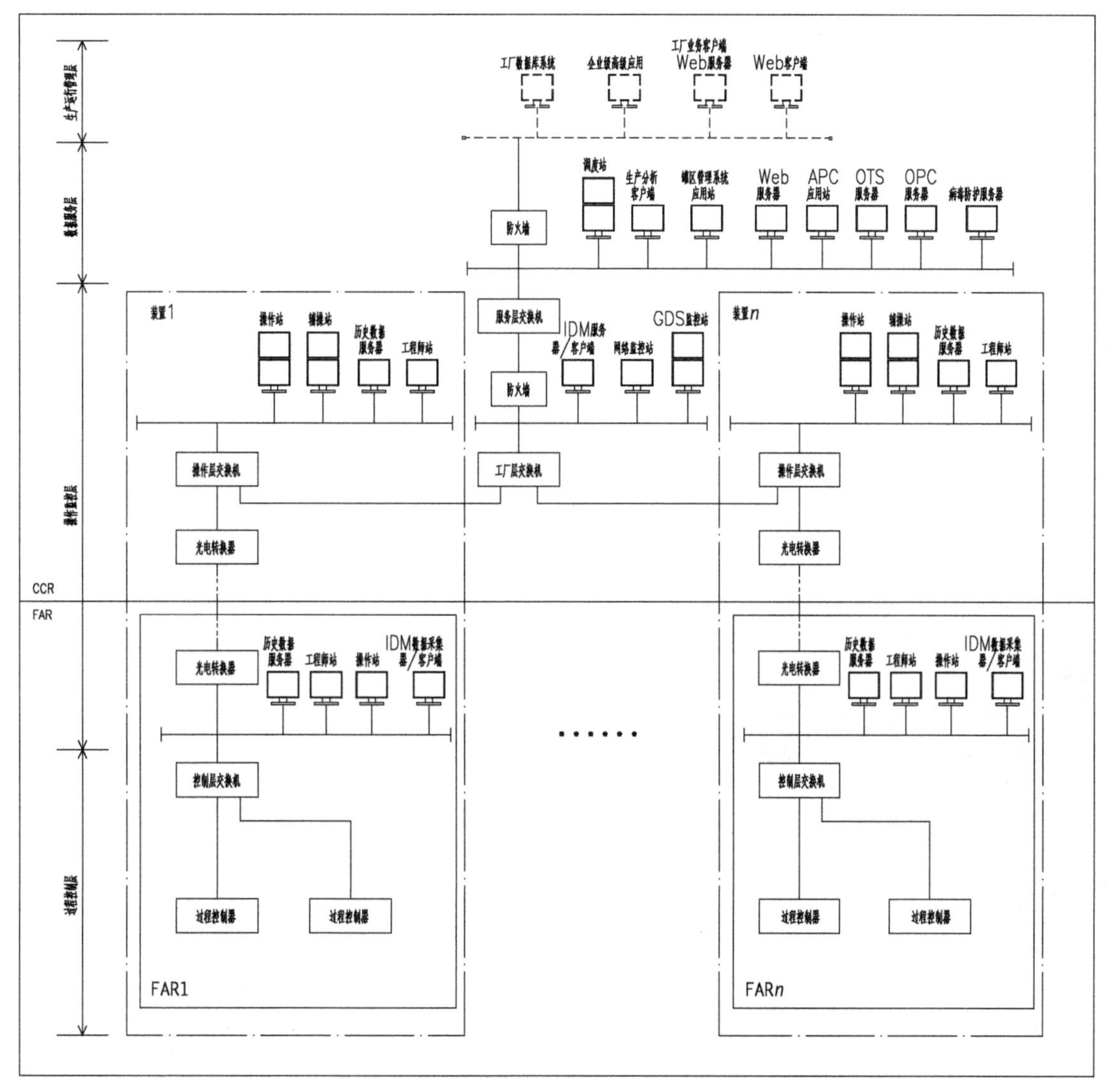

图 8-1　DCS 基本架构示意图

第 3 层：数据管理层，包括 DCS 管理网络和中心 IDM 网络，DCS 管理网络设置 OPC 服务器、全局 LAN 监视站，中心 IDM 网络设置 IDM 服务器，实现对这个系统中智能设备数据和信息的汇总和统计。

第 3.5 层：DMZ 区，基于安全考虑在第 3 层与第 4 层之间设置 DMZ 层，配置 ODS 中心服务器、WEB 服务器，并在服务器出口及入口均配置防火墙，用于层间数据的隔离。

第 4 层：调度管理层，连接全局调度站、工艺工程师站、ODS 客户端、Web 服务器及其访问客户端(Office LAN)、ODS 服务器的外部 Web 访问客户端。

8.1.2　DCS 的功能

DCS 的主要功能包括常规过程控制所需要的过程变量检测及过程回路控制，以及数据采集、报警和事件记录、故障诊断、系统管理、数据备份、时钟同步等功能。

（1）过程变量检测功能

对生产过程中的温度、压力、流量、液位和成分等过程变量进行测量。

（2）过程回路控制功能

根据对过程变量的分析运算，输出信号至调节阀、变频器等执行器，从而进行控制。其中控制包括单回路控制和复杂回路控制。

（3）数据采集功能

将各种过程变量、系统参数、操作模式等数据按需要存入存储设备，根据需要对输入信号进行处理，并可根据需要调用各类数据。

（4）报警和事件记录功能

包括对过程变量报警任意分级、分区、分组的功能，可按顺序和时间标记自动记录所有的报警事件、设定值改变操作、报警确认等操作，具有对报警和事件记录分类、过滤、筛选、检索的功能，能区别第一事故报警，并能输出报警信息，具备防止对报警和事件记录的删除和修改功能。

（5）故障诊断功能

包括硬件、软件故障诊断功能，可自动记录故障并发出报警。DCS 至少包括对 I/O 模件故障、通信故障、中央处理单元故障、电源故障等过程控制层的诊断。

（6）系统管理功能

包括系统常驻数据的管理、系统各设备的在线诊断、系统软件数据的维护、系统组态及修改、图形管理，以及通信网络的管理。

（7）数据备份功能

DCS 能定期备份软、硬件组态数据和历史数据，以便当 DCS 出现故障时进行数据恢复。

（8）时钟同步功能

DCS 具备使网络中各个节点的时钟同步的功能。通常由 DCS 接收来自全球定位系统(GPS)的时钟信号，并向第三方应用计算机或网络发布时钟同步信号。

8.1.3 DCS 硬件配置

根据 DCS 的基本架构，DCS 硬件配置主要由控制站、操作员站、工程师站、高级应用站、通信系统等组成。不同品牌的 DCS 的系统架构有所不同，系统组成及硬件配置也会有所差别。目前石油化工装置通常采用中心控制室(CCR)和现场机柜室(FAR)分离设置方式，因此 DCS 硬件通常按照硬件安装的地理位置，即 CCR、FAR，分别进行配置。

以某工程项目为例，其 CCR 中的硬件配置有：DCS 操作员站、监视站、操作台、辅助操作台、工程师站、打印机、网络机柜及网络连接设备、主机柜、历史数据服务器及服务器机柜、IDM 服务器及客户端，另外还可以根据需要配置报警管理系统服务器、操作数据管理系统服务器等。FAR 中的硬件配置有：控制器、I/O 模件及系统机柜、I/O 端子柜、网络连接设备及网络柜、电源分配柜等，也可根据需要配置安全栅柜、继电器柜等。另外，每个 FAR 通常配置 1 台操作员站用于装置开工及异常情况的处理，每个 FAR 配置 1 台工程师站以方便系统管理和组态维护。在工艺装置、公用工程单元及储运单元规模较小，工艺流程操作较少，控制回路较少的情况，可以采用工程师站兼作临时现场操作员站。FAR 中还可根据需要单独配置历史数据服务器，在工艺装置、公用工程单元及储运单元规模较小时，也可以采用操作员站或工程师站兼作历史数据服务器。

DCS 硬件配置每个组成部分的构成及功能分别如下：

1. 控制站

控制站由过程接口单元、控制单元(控制器)、数据采集单元构成。过程接口单元包括 AI、AO、DI、DO、PI 等过程 I/O 模件，辅助模件，通信接口，以及安装模件的模件箱、底板等。

控制站具有实现各种过程变量的输入和处理，实现各种实时常规连续控制，实现批量控制、顺序/联锁逻辑等控制，以及实施各种复杂控制、先进控制策略的功能。过程 I/O 模件具有状态及诊断显示功能，并有 I/O 过压、过流保护措施，接点输入模件具有防抖动滤波处理功能。当 I/O 模件故障时，可采取必要措施避免过程变量出现波动，确保工艺系统处于安全状态。控制单元的选择应使系统具有 PID 参数自整定功能。数据采集单元根据需要设置，可完成输入信号的数据处理、报警、记录等功能。控制器的负荷要求不超过 60%。

2. 操作员站

操作员站为 DCS 操作的人机接口，由主机、显示器、操作员键盘等构成，并根据需要配置与之相联的外围设备及辅助操作台等，外围设备包括报警打印机、报表打印机、大屏幕显示器等。操作员站的数量一般按操作区域划分，并考虑为特殊关键设备配置专用操作员站，如 CCR 和 FAR 分离设置时 FAR 内至少设置 1 台操作员站。

操作员站主要用于操作人员对生产过程的监视与操作，具有工程师站功能的操作员站也可用于组态和维护。操作员站具有操作控制、画面浏览、图形显示、报警、数据处理、数据存储、信息调用、报表调用、报表打印等功能。

3. 工程师站

工程师站为 DCS 管理、组态维护及修改的人机接口，由主机、显示器、打印机等构成。工程师站的硬件配置和性能一般不低于操作员站的配置要求。需要时，可提高操作员站设置，使操作员站具备工程师站环境，可通过修改用户权限的方式兼作工程师站。

工程师站具有在线/离线组态及下装、系统测试与诊断、程序开发及应用、系统维护和扩展等功能。工程师站应设置用户权限及软件保护密码，以防止他人擅自修改系统数据等内容。

4. 高级应用站

高级应用站通过专用计算机或服务器及其配套设施来实现一些特定的高级应用功能。高级应用站主要包括先进控制应用站、智能设备管理系统、视频应用系统、过程数据接口服务器、操作员仿真培训系统、网页浏览服务器、应用程序服务器等。

先进控制应用站通过数据接口对 DCS 过程变量进行读取和写入，通常采用 OPC 接口，用来运行先进控制、优化计算软件，实现装置的先进控制策略。

智能设备管理系统，具有智能仪表设备的数据通信、设备组态、设备浏览、状态监测与诊断、维护管理、导入导出、权限管理、日志及事件记录等功能。具体在 8.2 节中加以说明。

视频应用系统采用单独的信号连接或网络，通过视频矩阵方式选择所需画面显示在监控屏幕上，实现单屏显示、多屏拼接显示、整屏放大显示、窗口显示、回放等各种方式的大屏幕显示功能或其他视频应用功能。

过程数据接口服务器作为高级应用或工厂管理的数据接口，实现对 DCS 网络中过程数据的采集和传输。

操作员仿真培训系统(OTS)采用独立的局域网，通过 OPC 与 DCS 进行数据交换，保持与

DCS操作员站相同的操作画面和操作功能，运用培训操作软件、开发维护仿真模型等，达到各装置的仿真模拟操作、培训教学等目的。

网页浏览服务器也称Web服务器，是应用数据服务器的一种，通过专门的数据接口读取DCS中的数据，根据经授权访问用户的最大数量来配置足够的内存容量和网络宽带，并设置防火墙后与外网连接，以满足浏览网页时浏览服务器中存储的操作数据与画面的需求。为了保证网络的安全，网页浏览服务器向外网传送的数据应经过授权，并有相应的防范措施。

应用程序服务器是指除了上述高级应用外的其他数据服务器，其作为控制系统外第三方应用软件的运行平台，通过数据接口对DCS网络中的过程变量进行读取和写入，以满足应用软件的计算、数据存储等程序应用要求。

5. 通信系统

通信系统由控制网络、信息网络、时钟同步系统，以及通信接口模件、网络电缆等构成。

通信系统是构成整个DCS的桥梁，用于连接DCS基本架构中的过程控制层、操作监控层和数据服务层，实现层与层之间的数据传输，预留与DCS外部上层(生产运行管理层)之间的连接接口，并通过各种服务器实现时钟同步、历史趋势数据的接收处理和保存管理等功能。目前，石油化工装置采用的DCS通信网络及其各级通信子网络基本上为冗余配置的以太网，网络拓扑结构采用环形结构或总线型结构，以总线型结构居多。DCS通信系统的负荷要求为小于40%。

8.1.4 DCS软件配置

DCS通常配置有控制软件、操作员站软件、工程师站软件、历史数据库软件、各类服务器软件、通用办公软件、防病毒软件、网络接口软件等。

操作员站软件具有以下功能：① 流程图；② 报警；③ 日志；④ 报表；⑤ 总貌；⑥ 趋势；⑦ 控制分组；⑧ 控制调节。

工程师站软件具有以下功能：① 工程管理；② 项目管理；③ 数据库编辑；④ 用户组态；⑤ 流程图组态；⑥ 总貌组态；⑦ 控制面板组态；⑧ 区域管理；⑨ 报表组态；⑩ 编译；⑪ 下装。

DCS软件要求为经过测试的成熟版本，且为经过授权的正式版本，项目执行中通常要求配置最新版本。软件授权的数量需留有20%的余量。

8.1.5 DCS工程设计与集成

DCS的工程设计分为基础设计阶段和详细设计阶段。工程设计遵循的规范主要为《石油化工分散控制系统设计规范》。

1. 基础设计阶段

根据项目的特点、范围、规模等确定装置的自动化水平，明确是否采用DCS，确定整个系统的基本方案，包括DCS的各类I/O点数，控制站、操作员站、工程师站、打印机等的配置数量。

基础设计阶段需完成的DCS相关设计文件有：操作逻辑框图、顺序控制系统时序框图、控制室平面布置图、DCS规格书、复杂控制功能块图等。其中操作逻辑框图是相对于安全仪表系统逻辑框图而言的。有些装置的逻辑分为两部分，与安全跳闸相关的联锁在安全仪表系统中实现，仅为了代替操作员人工操作的、与操作相关的联锁在DCS中实现。

基础设计阶段还应为建筑、结构、电气、电信、暖通、概算等相关专业提交专业条件。在根据 DCS 等系统的硬件配置完成控制室平面布置图的基础上，结合建筑要求、结构要求、供电接地要求、通信要求、空调通风及散热量等要求提交各专业条件，最后根据 DCS 的 I/O 点数及配置提供概算条件。

2. 详细设计阶段

DCS 进入具体实施阶段，工程设计过程较为复杂。DCS 的工程实施主要分为以下几个阶段的工作：① 询价采购；② 系统开工会；③ 功能设计(FDS)；④ 组态；⑤ 系统集成；⑥ 工厂验收测试(FAT)；⑦ 现场验收测试(SAT)；⑧ 技术服务；⑨ 现场服务。

EPC 总承包项目中，工程设计人员在准备询价采购文件后配合采购等相关部门完成 DCS 的采购工作，确定系统供应商后配合供应商按工作分工完成系统开工会、功能设计(FDS)、组态、系统集成、工厂验收测试(FAT)、现场验收测试(SAT)、技术服务、现场服务等后续工作。对于非 EPC 总承包项目，一般由业主采购 DCS，设计根据合同内容完成相应的设计工作。

详细设计阶段需完成的 DCS 相关设计文件主要有：① 仪表索引表；② 仪表电缆接线表；③ 操作逻辑框图；④ 顺序控制系统时序框图；⑤ 仪表回路图；⑥ 控制室平面布置图；⑦ 控制室仪表电缆敷设图；⑧ 供电系统图；⑨ 机柜机架底座制作图；⑩ 仪表接地系统图；⑪ DCS 规格书；⑫ DCS I/O 点表；⑬ 复杂控制功能块图；⑭ 系统配置图。

详细设计阶段还应为建筑、结构、电气、电信、暖通等相关专业提交专业条件。在根据 DCS 等系统的详细硬件配置完成控制室平面布置图的基础上，结合建筑要求、结构要求、供电接地等要求、通信要求、空调通风及散热量等要求提交各专业条件。

DCS 工程实施的每个阶段需完成的主要任务及要求如下：

(1) 询价采购

询价采购工作的主要任务是编制询购技术文件，包含 DCS 请购书和 DCS 规格书两部分。商务部分的文件由采购部门完成。询购技术文件编制期间设计人员应与业主做好沟通，了解业主的需求，并根据设计规范在规格书中明确 DCS 的具体配置和各部件的性能指标要求，以及每种类型的 I/O 点数汇总及相关信息等，请购书中则通常包含供货范围、工作范围、技术要求、资料交付要求、备品备件、技术服务、质量保证、供货设备一览表、提交的文件及进度等要求。

完成询购技术文件的编制工作后，设计需配合采购部门进行询价、招标、订购等不同阶段的采购工作，以最终确定 DCS 供应商。

目前大型的石油化工工厂基本采取 MAV(Main Automation Vendor)的策略来确定 DCS 供应商，即根据基础设计中各装置 DCS 的基本方案和初步配置，由业主或总体院准备招标规格书和其他招标相关文件，通过招投标工作，在详细设计的初期就确定整个工厂统一的 DCS MAV 供应商。这样，各装置就不需要重复进行招投标工作，整个工厂采用同一品牌的 DCS 也有利于业主将来的维护和管理，节省备品备件费用。

(2) 系统开工会

DCS 的供应商确定后可组织系统开工会。按照惯例，系统开工会应在中标后 2 周内组织召开。系统开工会主要需讨论以下内容：

① 确定 DCS 软硬件以及备品备件的最终配置、规格和数量；

② 确定项目中业主、设计、供应商，以及相关的第三方设备或系统供应商各自的工作范围

和责任；

③ 确定系统供应商的项目组织机构、其余各方主要负责人及各自的职责；

④ 确定项目执行策略和工作计划，含各阶段时间节点；

⑤ 明确项目执行过程中需要的输入、输出文档清单，以及所有文档的内容、格式编号、数量、交付方式、责任方，并明确各方联系人及联系方式；

⑥ 明确系统供应商工作报告形式和周期；

⑦ 最后形成会议纪要。

对于采取MAV策略的项目，为了便于项目管理，统一各方思想，促进DCS等系统的MAV策略顺利执行，建议在系统开工会时成立DCS工作组，确定项目的总体目标，建立业主、设计、供应商等各方的主要联系人清单。通常工作组成员每月召开一次工作会议，汇报项目执行情况，对各个装置执行过程中遇到的问题进行统一决策解决，共同讨论审查功能设计，全面统一做法。

项目执行过程中DCS输入文档为设计、业主等各方提交给DCS供应商的文档，主要包括以下文档：

① 仪表索引表；

② I/O点表；

③ 控制室平面布置图；

④ 辅操台布置图；

⑤ 第三方通信设备接口清单；

⑥ 仪表电缆接线表；

⑦ 仪表电源消耗表；

⑧ 工艺管道及仪表流程图(P&ID)；

⑨ 操作逻辑框图；

⑩ 顺序控制系统时序框图；

⑪ 复杂控制功能块图；

⑫ 工艺流程图分割及流程图风格要求(＊)；

⑬ 工厂操作报表草图(＊)；

⑭ 报警组及报警级别划分(＊)；

⑮ 操作组划分(＊)；

⑯ 用户权限划分(＊)；

⑰ 历史采集及趋势组划分(＊)；

⑱ 第三方通信数据规格表。

其中工艺管道及仪表流程图(P&ID)由工艺专业完成，仪表专业经过工艺专业及项目组同意后将最新版的工艺管道及仪表流程图(P&ID)提交给DCS供应商。另外，带(＊)的文档由业主提供或以业主为主讨论后提供。

项目执行过程中DCS输出文档是DCS供应商提交给设计、业主等各方的所有文档，包括技术文档、管理文档和资料文档。其中技术文档主要包括：

① 系统配置图；

② DCS硬件功能设计规格书；

③ DCS 各类机柜布置图及底座图；

④ 操作台布置图及底座图；

⑤ DCS I/O 分配表；

⑥ DCS 柜间电缆连接表；

⑦ DCS 内部电缆接线图；

⑧ 辅操台接线图；

⑨ 系统接地图；

⑩ DCS 电源消耗、散热、机柜重量计算表；

⑪ DCS 负荷计算表；

⑫ DCS 软件功能设计规格书；

⑬ 流程图画面等显示画面的拷贝；

⑭ 第三方通信数据规格表模板；

⑮ 仪表回路接线图(如合同要求)；

⑯ FAT 程序及报告；

⑰ SAT 程序及报告。

输出文档还包含管理文档，主要有 HSE 管理计划、质量管理计划、进度管理计划、文档管理计划、沟通管理计划、变更管理计划、培训计划等。

除了技术文档、管理文档外，系统供应商还应提供资料文档，包括各种设备的技术说明书、安装手册、软件使用手册、操作员手册、工程师手册、系统维护手册，以及系统各部分的合格证书、安全证书等所有相应的证书。

所有项目执行过程中所需输入、输出文档均应在系统开工会上列出详细清单，结合整个工程设计的进度确定各个文档提交的时间节点、责任方等，注意有些文档随着工程设计的不断推进会更新，这时可以确定提交初版及最终版的时间。任何版本的文档如不能按期提交，应在月报中说明原因或在 DCS 工作组会议中讨论确定新的提交时间，并根据需要相应调整 DCS 交付进度。

(3) 功能设计(FDS)

功能设计包含硬件功能设计、软件功能设计、网络功能设计、管理类功能设计等，其实质是 DCS 设备集成、软件组态、网络构建、系统管理等一系列工作的统一规定。功能设计主要通过制定 DCS 集成实施过程中所有工作的基本规则，使各个装置使用统一的硬件配置、统一的软件应用、统一的组态风格、统一的网络架构、统一的管理模式等。功能设计是 DCS 供应商在开工会后的首个重要工作，主要包括以下内容：

① 编制 DCS 的系统配置图。

② 编制 DCS 硬件功能设计规格书，包括所有硬件的性能参数、配置方案，机柜、操作台及辅助操作台等设备的外形、尺寸和颜色方案，以及系统供电方案、接地方案等。

③ 编制 DCS 软件功能设计规格书，包括系统网络结构、区域划分、各个节点地址设置、DCS 软件配置、软件各项参数设置、操作界面、权限配置、显示画面的组态原则、报警管理方案、趋势等各种报表的形式、组态常见功能块介绍、典型回路组态示例，以及 DCS 位号命名规则等。

④ 编制第三方通信功能设计规格书，包括通信模块介绍、通信组态、第三方通信数据规格表模板等。

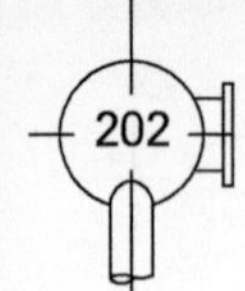

⑤ 规定硬件设备命名原则，包括各种机柜、操作台，柜/台内设备如安全栅、继电器、网络设备、供电设备，柜内电缆等材料的编号，以及设备铭牌和标牌。

⑥ 编制管理类计划规程，包括安全、质量、进度、沟通、培训、文档、变更等管理计划及相关工作规程。

FDS的内容较为丰富，系统供应商编制完成后可分期分批地提交给DCS工作组或者业主和设计方进行预审，各方根据各自的具体情况提出意见，待全部内容完成预审后，根据需要召开功能设计评审会，各方通过共同讨论达成一致意见，最后正式发布并予以实施，作为整个项目的执行依据和标准。

(4) 组态

功能设计工作完成，并收到来自设计方的组态用技术资料后即可开展DCS组态工作。设计方的组态技术资料即项目执行过程中的DCS输入文档。组态工作通常由DCS供应商完成，如需要，业主方、设计方通过培训也可以参与组态，组态所需的硬件、软件工具也均由DCS供应商提供。

为提高组态效率，并能较好保证组态的一致性，组态时需大量运用标准模块模板、标准图样模板等，可根据项目特点和业主需求进行修改，生成项目的标准模板。

组态的内容主要包括：

① 数据库生成，包括每个仪表位号的描述、变送器量程、工程单位、硬件地址、扫描周期、输入预处理、滤波常数、偏差和报警限值等。

② 控制回路，包括控制算法、整定常数、回路组态、编程组态。根据每个回路的功能要求完成回路中各个功能模块的调用和连接，并配置功能块的参数，复杂控制回路等还可能需要利用DCS配备的算法语言编制程序。

③ 顺序控制组态，包括梯形图编程、顺控功能块的组态等。

④ 联锁逻辑组态，主要是操作联锁的逻辑组态。

⑤ 显示画面，包括流程图显示、回路控制显示、顺序控制显示、趋势显示、报警显示，以及完成静态画面后与DCS功能模块参数的数据链接、画面之间的调用链接。

⑥ 报警组态，包括报警优先级划分、报警分组、报警功能及形式、报警值设置等。

⑦ 数据报表，包括操作班报表、日报表、旬报表、月报表、报警报表、趋势报表、计算统计报表，以及其他根据需要生成的各类数据处理报表等。

⑧ 第三方通信接口的建立及应用软件编制，包括第三方设备或系统的通信接口软件、通信传输数据、操作画面等。

(5) 系统集成

系统集成主要包括机柜、操作台等的集成和通信网络的建立。系统供应商根据FDS完成具体装置的所有机柜、操作台等的图纸，经业主、设计方确认后下单采购，到货后在工厂进行集成安装，并按已批准的系统配置图建立系统通信网络，为下一步的FAT做准备。

DCS供应商负责第三方设备或系统的集成，包括集成用通信接口、连接电缆等的安装、调试等工作，应采用成熟的经测试符合要求的通信方式，并对通信的可靠性和稳定性负责。第三方设备或系统供应商应配合DCS设备与第三方设备或系统的集成联调工作。

(6) 工厂验收测试(FAT)

工厂验收测试是系统制造、集成及组态完成后，在系统工厂装配地对DCS的各项功能进行测试，通过全面的测试，及时发现并排除软硬件故障，确保系统交付前的质量。FAT在DCS制造厂内进行，由系统供应商、业主、设计方代表共同参与完成。由系统供应商提供如信号发生器、万用表、标准电阻箱等的测试设备。

DCS供应商应在FAT之前对所有设备和系统进行内部测试，确保系统连续运行4天以上无故障，并提供内部测试报告。在FAT之前至少2周，系统供应商应向业主、设计方提交FAT程序，FAT按批准后的程序及相应的图纸资料和记录文件进行。

FAT主要包括以下内容：

① 检查系统资料是否完整，所有图纸是否完整、正确和清楚。

② 检查所有的设备是否完整，型号、规格、外观、喷漆等是否有问题，是否按照设备清单打上标记，是否按照图纸布置机柜和端子，连接电缆、插头和插座、接线端子、印刷电路板等是否有清晰的标记。

③ 根据图纸检查电源和接地情况，检查电源单元接线是否正确，标记是否清楚，电源输入电压是否正确，接上交流电源后各直流电压是否正确。

④ 检查软件的规格、数量、版本等是否符合要求，对所有软硬件的输入、输出进行完全测试。

⑤ 检查系统负荷，包括CPU负荷、通信负荷及电源负荷。

⑥ 通过模拟各种故障来检查系统的自诊断功能，以及控制器、通信、电源等冗余功能。

⑦ 关机10 s(不同系统时间有所调整)再打开，检查系统组态是否有丢失。

⑧ 检查系统组态功能，对各种画面、操作功能、回路控制功能、操作联锁、顺序控制及其他高级控制策略、诊断功能、报警功能、打印记录功能，以及画面生成、控制回路生成、报表生成、数据库生成，屏幕编程、数据存取、程序编译等进行检查和完全测试。

⑨ 检查DCS与第三方设备或系统之间的通信功能。

FAT完成并达到FAT程序规格指标后，DCS供应商、业主、设计三方共同签署DCS供应商准备的FAT报告。然后，系统供应商开始进入备份和断电工作，准备包装和发货。

FAT报告应包括以下内容：FAT的步骤、检查和测试的结果、最终的FAT结论。

当第三方设备或系统较多时，也可单独进行通信功能测试，即工厂集成验收测试(IFAT)。通常在FAT其他测试任务完成后，邀请第三方设备或系统方，与业主、设计方、DCS供应商共同参与，对DCS与第三方设备或系统之间的通信功能进行测试，通过全面测试，及时发现并排除软硬件故障，确保双方设备的兼容性。

(7) 现场验收测试(SAT)

系统安装、接线、通电、调试等工作完成后，在开车投产之前进行现场验收测试(SAT)，验证系统在有现场输入的实际运行环境中的工作情况，确保系统完整地投入运行。SAT在项目所在地现场机柜室及控制室内进行，由系统供应商、业主、设计方代表共同参与完成。由系统供应商提供信号发生器、万用表、标准电阻箱等测试设备。

DCS供应商应在SAT之前至少2周，向业主、设计方提交SAT程序，SAT按批准后的程序及相应的图纸资料和记录文件进行。

SAT主要包括以下内容：

① 审阅DCS制造厂验收报告和现场调试记录；

② 检查硬件外观；

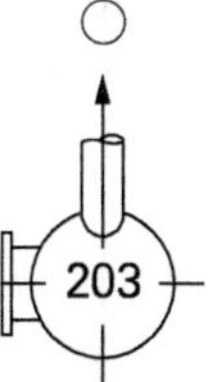

③ 检查电源、接地；

④ 启动系统；

⑤ 进行系统信号处理精度完全测试；

⑥ 检查网络；

⑦ 测试冗余和容错功能；

⑧ 组态检查(同FAT)；

⑨ 测试DCS与第三方设备的通信。

SAT完成，最终系统测试结果达到系统技术规格书中的各项要求，则由DCS供应商、业主、设计三方共同签署DCS供应商准备的SAT报告，证明系统得到各方的认可和接受，可以投入使用。

SAT报告应包括以下内容：SAT的步骤、检查和测试的结果、最终的SAT结论。

(8) 技术服务

DCS的技术服务包括技术咨询及澄清、技术资料交付、技术培训等内容。

DCS供应商在整个工程项目进行过程中应随时提供相关的技术咨询和技术澄清服务。

DCS供应商提供其所有交付文档，即项目执行过程中DCS输出文档。

DCS供应商应对所有供货范围内产品提供必要的组态培训、操作培训、使用及维护培训，并提供相关的培训资料。

(9) 现场服务

DCS的现场服务包括开箱、安装、接线、SAT、现场调试、现场培训、开车保运和投运验收等工作。

现场开箱时，检验所有设备的数量、型号是否与装箱清单相符，设备外观有无损坏。

现场安装、接线时，DCS供应商对系统安装工作提供安装指导服务，并按合同要求提供配套的安装服务，如柜间接线、光缆熔接等。

安装、接线完成后，DCS供应商派有资质的工程技术人员负责对系统安装、接线、电源、接地等进行检查，然后通电启动。启动后DCS应用工程师负责对系统与过程进行联调试运，并在业主、设计方等共同参与下进行SAT、回路调试，确保装置顺利开车。

DCS供应商应按合同要求提供现场操作和维护培训，使工艺操作人员、仪表维护人员等在装置开车前熟悉并掌握所采用的系统。

装置开车期间，DCS供应商派有经验的应用工程师驻守现场，随时解决开工过程中DCS出现的故障，保证开车期间系统的正常运行。一般装置投入运行72 h(合同另有约定除外)后，根据现场投运、服务质量等情况，可与业主确认进行投运验收。

在装置开车后，也可以根据需要对系统继续保运一段时间(如1年)。DCS供应商相关人员撤离现场后，一旦DCS出现任何故障或问题，系统供应商应在24 h内派出有资质的工程技术人员前往故障现场，排除故障。

8.2 IDM

IDM是从20世纪90年代中期开始发展起来的，主要用于HART协议、Foundation

Fieldbus(FF)现场总线等智能仪表设备的全生命周期管理，也可用作传统仪表设备台账的管理。有的 IDM 制造商(如 ABB、浙江中控、和利时等)提供的 IDM 也可用于 Profibus 总线的智能设备管理。

该系统自动读取所有 HART、FF 等智能设备中的有效数据后，对智能设备进行标准化组态，建立数据库。维护人员可主动查看设备的状况，深入分析后对设备进行预测维护，从而在问题发生之前消除隐患；也可以通过接收系统诊断后发出的异常状态报警信号，及时进行维护处理。IDM 通过对智能设备的管理，提升智能设备的应用效益，提高操作可靠性，缩短开车时间，减少仪表的损耗并降低维护成本，从而可以最大限度地发挥智能设备的优越性。

为确保网络互通、数据共享，并保证整个系统的同步实施，IDM 通常由 DCS 供应商与 DCS 捆绑在一起提供。有时 IDM 也作为 DCS 的一部分，作为 DCS 的其中一个高级应用站。

石油化工装置中主要的 IDM 制造商与其 IDM 如下：

① Honeywell　　FDM(Field Device Manager)；

② EMERSON　　AMS(Asset Management System)；

③ Yokogawa　　PRM(Plant Resource Manager)；

④ ABB　　设备管理(Device Management)及资产优化(Asset Optimization)；

⑤ 浙江中控　　SAMS(SUPCON Asset Management System)；

⑥ 和利时　　HAMS(HOLLiAS Asset Management System)。

IDM 的特点主要有：

① 提供一个管理和维护现场 HART 及 FF 设备的数据库环境和人机界面；

② 提供一个企业管理平台，数据统一集中管理，易于有效管理大量的 HART 及 FF 设备；

③ 支持 HART 基金会(HCF)的多个厂商的多种设备，并已预下载对应的 DD(设备描述)文件；

④ 对于 HART 设备，同时支持 EDDL(电子设备描述语言)和 FDT/DTM 两种设备集成技术；

⑤ 支持所有经过 Fieldbus Foundation 认证的 FF 智能仪表；

⑥ 可与 DCS 进行无缝集成；

⑦ 支持 OPC 接口，允许与第三方系统进行数据通信和访问；

⑧ 支持 SQL 数据库进行数据存储。

8.2.1　IDM 的基本配置

1. IDM 的组成

IDM 由系统硬件、系统软件和网络平台三部分组成。

系统硬件主要有 HART 信号的输入/输出模件、FF H1 接口模件、IDM 中心服务器、IDM 客户端、IDM 区域服务器、IDM 数据采集器/客户端、HART 多路转换器、RS485/以太网转换器。其中，HART 信号的输入/输出模件及 FF H1 接口模件与 DCS 共用，并由 DCS 提供；HART 多路转换器根据项目分工也可由第三方系统供应商提供。

系统软件主要有服务器软件、客户端软件、操作系统等。服务器软件用以建立与现场智能设备的数据交互及储存数据，客户端软件为用户提供访问 IDM 网络内所有 IDM 数据的功能。

操作系统则为软件应用的环境要求。

网络平台是设备管理平台，用以连接根据需要设置的多个区域服务器和多个客户端，中心服务器可以管理多个区域服务器。

2. IDM的基本配置

IDM的系统架构通常采用客户端/服务器分布式系统架构，其网络分为管理层和数采层，管理层设置IDM中心服务器和IDM客户端，数采层连接IDM区域服务器、IDM数据采集器/客户端、HART多路转换器、RS485/以太网转换器等。IDM网络在FAR通过IDM数据采集器/客户端融入DCS的过程控制层网络中。

为了便于全厂设备统一管理和信息共享，通常在CCR中设置IDM客户端作为公共客户端，公共客户端可以访问任意一个IDM区域服务器。

无论是在FAR还是在CCR，服务器、客户端的数量都可以根据装置的规模灵活设置，可以多个装置合并设置一个区域服务器，整个工厂设置一个中心服务器。基于安全考虑，也可以每个区域设置一个IDM中心服务器。所有外部访问将通过DMZ区(加防火墙)统一访问IDM中心服务器。图8-2为IDM典型配置示意图。

对于连接到DCS的HART仪表，IDM通过DCS的HART协议的I/O模件采集HART信号，无须配备其他任何额外的数据采集配件。同样，连接到DCS的FF仪表，IDM通过DCS的FF H1接口模件采集FF信号，无须配备其他任何额外的数据采集配件。在DCS I/O模件的端子排采用并接方式采集二线制变送器的HART信号，获取智能设备信息进行管理。

其余不连接DCS(包括连接SIS、PLC等)的HART设备都通过独立的HART多路转换器采集数据，多路转换器通过RS-485接口及RS-485/以太网转换器连接IDM。多路转换器是连接IDM与其他第三方系统的通用接口。

IDM服务器和IDM客户端(也称工作站)均可以实现对现场智能仪表设备的远程调试配置、故障诊断和维护分析等功能，不同的是IDM服务器提供数据存储功能，所有智能仪表设备的操作数据都存储在IDM服务器。一个客户端允许访问多个服务器的数据。

8.2.2 IDM的功能

IDM的主要功能有：数据通信、设备组态、设备浏览、设备状态监测与诊断、维护管理、导入导出、权限管理、日志及事件记录、其他功能。

1. 数据通信功能

现场智能设备的仪表信号与DCS进行数据通信，IDM接至DCS网络并通过DCS与现场智能设备通信；对于连接SIS、PLC等的第三方智能仪表设备，IDM通过带HART协议的多路转换器接收所包含的设备管理数据，通常多路转换器通过RS-485接口与IDM连接，通信协议为Modbus RTU。智能设备的状态信号和规格数据不能用于过程控制和检测。

2. 设备组态功能

IDM的设备组态功能主要包括：组态、数据存储与修改、下载与上载、离线组态等。IDM支持智能设备以及传统非智能设备的统一管理与维护。

(1) 组态

IDM可以对任何一家供应商提供的HART设备或者FF设备进行数据通信和组态，只需

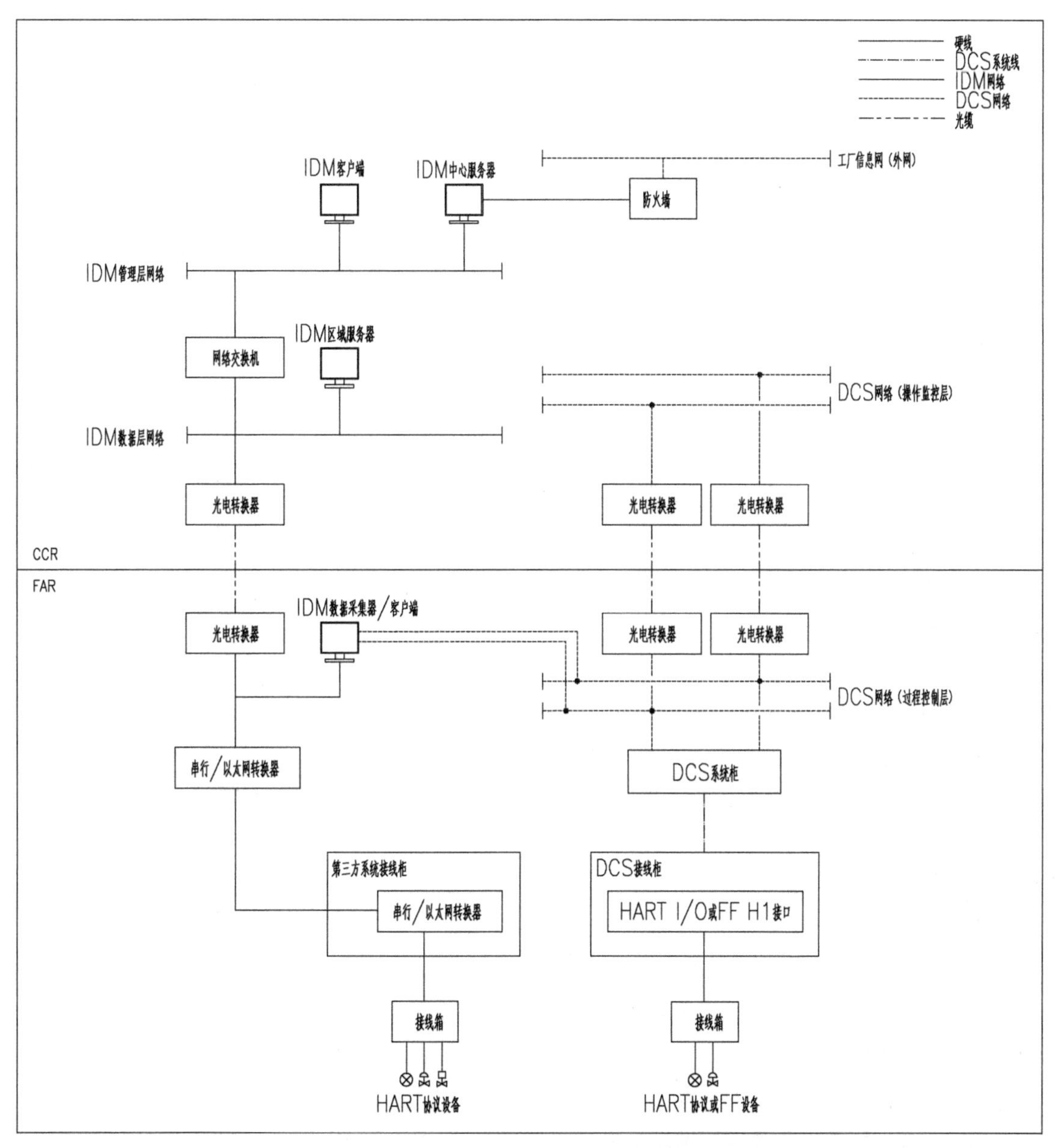

图 8-2　IDM 典型配置示意图

要这些设备具备通过 HART 基金会或者 Foundation Fieldbus 组织认证过的 DD 文件。同时,IDM 已预先下载 HART 基金会提供的所有最新 DD 文件,即使现场的智能设备没有 DD 文件,IDM 也可以很好地支持 HART 或 FF 的一般特性。

(2) 数据存储与修改

IDM 可自动检测到新连接的现场智能设备并更新数据库。IDM 可在任一终端存取所有组态、校验等设备信息,主要的设备信息包括设备厂商、设备型号、软件版本、地址、DD 文件版本、量程上下限、仪表设备名称、系列号、仪表位号、仪表规格、安装位置、投运时间、检修周期、维护记录等。如果设备具有 DD 文件,且通过 Foundation Fieldbus 组织或 HART 基金会认证,则 IDM 支持对该设备内所有数据的读取与修改。修改应设置权限,严禁通过 IDM 对 SIS、

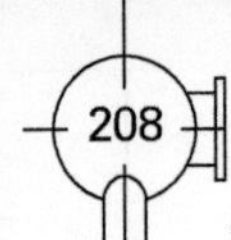

PLC等与安全联锁相关的现场仪表进行在线修改，如需修改，应设置相应程序并通过一定级别的权限认可。

（3）下载与上载

IDM不仅支持将组态下载到设备中，也支持从设备中上载组态。该功能可以在主机系统内数据库不工作或者丢失的情况下方便地获取现场设备中的实际组态信息，避免重复的组态工作，提高组态效率。

（4）离线组态

IDM也支持离线组态功能，可以在系统开场前预先将组态工作完成，并将离线组态结果保存到数据库中，一旦仪表设备接入使用，可以直接将完成的组态下载到仪表设备中，极大地提高了工程实施效率。

当仪表上线时，IDM根据仪表上线时间和仪表的ID自动分配IDM位号，作为IDM对仪表的唯一标识。用户也可以采用仪表位号作为IDM位号，因为仪表位号来自设计方提供的DCS的I/O位号，从而方便仪表的查找、维护，以及与DCS的对应。

传统设备的组态数据可以通过手动录入的方式将其写入主机数据库，并建立非智能仪表设备管理档案。支持的传统设备类型包括：通用仪表、通用开关、流量计、温度仪表、压力仪表、pH仪表和阀门等。

3. 设备浏览功能

IDM通常有企业视图、厂商列表视图、物理链接视图三种易于浏览设备的方式。

（1）企业视图

根据企业的职能组织结构创建设备管理层次关系，并将设备按照实际的位置分配到对应的关系节点中，使用户可以简单、快速地定位某一台设备。

（2）厂商列表视图

通过设备符合的协议和厂商来对设备进行分类显示。当设备在线时，提供不同的图示来表明哪些设备处于在线状态，便于用户能清晰地知道当前连接的仪表种类和数量。

（3）物理链接视图

基于现场设备的实际物理连接方式进行显示。支持的连接方式包括DCS接入方式和HART多路转换器接入方式。DCS接入方式下的层次关系可以通过组态同步的方式自动建立，这对于定位设备的物理位置有很大帮助。

4. 设备状态监测与诊断功能

IDM支持实时的设备状态监测与诊断功能。提供易于使用的状态监测与诊断界面，从而简化常规的诊断和维护工作。

IDM接受来自HART设备的状态报警，以及Foundation Fieldbus设备的设备报警和块报警，所有设备的状态报警信息都会自动记录到主机数据库中。

通过DD文件中的描述获取设备的报警类型，一旦设备诊断出现状态异常，系统在接收到报警事件后就会有声音、颜色等提醒，并且数据库会自动记录该报警事件。用户可以通过诊断界面中报警灯的闪烁快速发现设备存在的报警，然后通过事件列表查看报警基本信息和详细信息。用户也可以随时打开设备的详细报警界面，查看该设备所有的报警种类和当前报警状态。当设备断线时，用户可以在第一时间通过界面图示发现该状况。同时可以根据需要屏蔽不需要的报警信息，这样在开车调试过程中，会大大减少不必要的报警显示，从而提高调试效率。这些未显示的报警同样会自动记录在主机数据库中。

IDM还支持第三方诊断软件嵌入功能，可通过嵌入软件执行高级诊断与测试。例如，通过嵌入调节阀的行程测试软件完成阀门的行程测试、行程标定、行程优化、行程报警等诊断功能。

5. 维护管理功能

IDM可根据监测到的设备状态和信息，自动编制周、月、年维护计划，及时提醒仪表维护人员对故障诊断异常设备进行维护和检修，避免故障设备在线运行对生产带来影响和损失。同时，记录保存所有故障设备实施的维护信息，包括维修人员、工时、费用、维修原因及措施、验收等信息，针对故障设备进行维修的次数、频率及常见故障进行统计分析，帮助维修人员及系统分析者全面了解仪表设备的总体运行状况以及老化趋势，从而为工厂制定维修方案提供依据。另外，IDM提供对各种备用设备的库存进行管理，支持设备的入库、出库操作和查询，提供库存设备明细查询，可为设备的购置计划或设备更换提供参考。

6. 导入导出功能

可以将设备当前和历史的数据以及设备清单等导出到一个通用的CSV格式的文件或者Excel文件(不同供应商导出的文件格式有所不同)中，以方便用户做资产分析。同样也可以使用CSV等格式文件导入位号到IDM的主机服务器中。

7. 权限管理功能

IDM提供灵活的权限分配，可根据用户维护需求，为每个用户设置唯一的账户和密码，并配置相应的使用权限，选定只读或可操作的范围。通常设置操作员和工程师两种用户等级。

IDM中的用户账户可以方便地通过组态同步从DCS的组态数据库中自动获取；IDM支持增加、删除具有不同权限的用户账户，根据实际安全需要设置不同权限的用户账户；IDM还可以按区域对仪表参数读写权限进行管理，以防止未授权的用户随意修改一些装置的关键位号。

8. 日志及事件记录功能

对现场智能设备所做的任何组态更改和操作变化，只要修改被确认完成后，IDM软件都能进行自动记录和查询，记录信息包括设备组态、参数修改、系统操作、状态报警、标定方案设计、台账和工作票编辑等所有对仪表设备的操作。

日志及事件记录可分类显示，支持快速定位到每次操作变化的时间、操作用户、操作事件和操作原因等，并且可以对所有的历史记录通过位号、物理位置、用户和时间等方式进行筛选、查询和打印，便于历史事件和操作的追溯和历史参数的比较。所有的操作和记录不允许删除。

9. 其他功能

IDM除了支持以上基本功能，还具备以下功能：

① 校验管理功能；

② 设备全域搜索功能；

③ 设备模板功能；

④ 在线帮助功能；

⑤ 仪表文档资料链接功能；

⑥ 数据库备份/恢复功能。

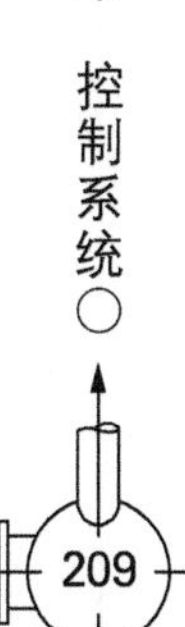

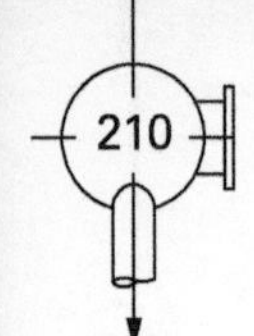

8.2.3 IDM的工程设计与集成

由于IDM基本上和DCS同步捆绑提供,IDM的工程设计与集成也同样和DCS同步实施。

与DCS相同,IDM的工程实施也分为询价采购、系统开工会、功能设计(FDS)、组态、系统集成、工厂验收测试(FAT)、现场验收测试(SAT)、技术服务、现场服务等工作。EPC总承包项目中,工程设计人员在准备询价采购文件后应配合采购等相关部门完成IDM的采购工作,在确定系统供应商后配合供应商按工作分工完成系统开工会、功能设计(FDS)、组态、系统集成、工厂验收测试(FAT)、现场验收测试(SAT)、技术服务、现场服务等后续工作。对于非EPC总承包项目,一般由业主采购IDM,设计根据合同完成相应的设计任务。

IDM的工程设计与集成只需关注HART、FF(Foundation Fieldbus)等相关的智能仪表设备的情况,并单独分别统计相关的I/O点数,并根据点数配置IDM。

基础设计和详细设计阶段需完成的IDM相关设计文件,以及项目执行过程中IDM输入文档均与DCS的相关文档类似,可与DCS文档同步提交。

项目执行过程中的IDM输出文档包括技术文档、管理文档和资料文档。其中,管理文档包括HSE管理计划、质量管理计划、进度管理计划、文档管理计划、沟通管理计划、变更管理计划、培训计划等,可根据情况融入DCS文档中;技术文档和资料文档需单独提供,主要包括系统配置图、IDM功能设计规格书、用户手册、安装手册、维护手册、系统各类证书。

IDM供应商需提供单独的IDM功能设计规格书,根据功能设计规格书以及项目执行过程中IDM输入文档完成组态工作,并建立相关的硬件配置,完成系统集成。HART多路转换器、RS485/以太网转换器等安装在SIS、PLC等第三方系统机柜内。

IDM在工厂验收测试(FAT)前,系统供应商应向业主、设计方提交FAT程序,FAT按批准后的程序(或DCS的FAT程序中与IDM有关的部分)以及相应的图纸资料和记录文件进行。FAT在系统制造厂内进行,由系统供应商、业主、设计方代表共同参与完成。FAT应检验测试系统及系统内的所有组件配置及其性能,对所有系统功能进行示范,包括制造商的诊断工具以及嵌入的第三方诊断软件(如有)。

FAT主要包括以下内容:

① 检查系统资料是否完整;

② 检查系统硬件是否与规格书一致;

③ 启动系统;

④ 检查与DCS的通信连接以及第三方智能设备的串行连接及网络通信是否正常,HART或FF设备能否被正常识别,检查与带HART协议或FF现场仪表设备的通信;

⑤ 检查软件的规格、数量、版本等是否符合要求,对所有软件的功能进行完全测试;

⑥ 测试系统的安全性,对各级网络、通信线路、光缆/电缆、电源等故障进行测试,系统中任意一台客户端出现异常(例如网络故障)不会影响其他客户端的使用,任意一台数据采集器出现异常(例如网络故障)不会影响客户端对其他数据采集器管理的智能设备的操作。

IDM的FAT完成并达到FAT程序规格指标后,系统供应商、业主、设计三方共同签署FAT报告。然后,系统供应商开始进入备份和断电工作,准备包装和发货。FAT报告可以整合到DCS的FAT报告中。

IDM的现场验收测试(SAT)时间安排与DCS的SAT时间同步,SAT按批准后的程序(或 DCS 的 SAT 程序中与 IDM 有关的部分)以及相应的图纸资料和记录文件进行。

SAT 主要包括以下内容：

① 审阅 FAT 报告和现场调试记录；

② 检查硬件外观；

③ 启动系统；

④ 检查网络通信及串行通信,检测 IDM 与现场设备的数据传输；

⑤ 检查 IDM 与 DCS 及工厂信息网的数据传输；

⑥ 软件功能检查(同 FAT)；

⑦ 进行 FAT 期间未做的测试,以及解决遗留的问题。

SAT 完成,最终系统测试结果达到系统技术规格书中的各项要求,则由系统供应商、业主、设计三方共同签署 SAT 报告,证明系统得到各方的认可和接受,可以投入使用。SAT 报告可以整合到 DCS 的 SAT 报告中。

IDM 的技术服务包括技术咨询及澄清、技术资料交付、技术培训等内容。

IDM 的现场服务包括开箱、安装、接线、SAT、现场调试、现场培训、开车保运和投运验收等工作。

IDM 的技术服务、现场服务均与 DCS 同步提供,因此,在装置开车后,也可协同 DCS 根据需要对系统继续保运一年,解决系统连续运行中出现的任何问题,以确保系统全面完成智能设备管理的各项功能。

8.3 PLC

PLC,即可编程逻辑控制器(Programmable Logic Controller),是专为工业生产设计的一种数字运算操作的电子装置,它采用一类可编程的存储器,用于其内部存储程序、执行逻辑运算、顺序控制、定时、计数与算术操作等面向用户的指令,并通过数字或模拟式输入/输出控制各种类型的机械或生产过程,是工业控制的核心部分。自 20 世纪 60 年代美国推出可编程逻辑控制器(PLC)取代传统继电器控制装置以来,PLC 得到了快速发展,在世界各地得到了广泛应用。

在小型石油化工装置中,可直接采用 PLC 作为控制系统;在大型石油化工装置中,PLC 通常应用于操作控制相对独立或特殊的设备包。

常用的 PLC 如下：

① SIEMENS　　SIMATIC；

② ALLEN BRADLEY (ROCKWELL)　　Contrologix。

8.3.1 基本结构

PLC 主要由中央处理单元(CPU)、存储器、系统电源、程序输入装置、输入/输出模件和通信接口构成。

1. 中央处理单元

中央处理单元是 PLC 的控制中枢。它按照 PLC 的系统程序赋予的功能接收并存储从编

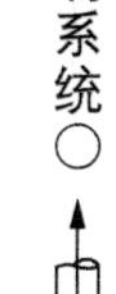

程器键入的用户程序和数据;检查电源、存储器、I/O 及警戒定时器的状态,并能诊断用户程序中的语法错误。大型 PLC 还采用双 CPU 构成冗余系统,这样,即使某个 CPU 出现故障,整个系统仍能正常运行。

处理单元一般能执行如下典型功能:

① 梯形逻辑图;
② 布尔逻辑;
③ 顺控逻辑;
④ 浮点运算;
⑤ PID 控制功能;
⑥ 加法;
⑦ 减法;
⑧ 乘法;
⑨ 除法;
⑩ 比较函数(>,<,=);
⑪ 累积;
⑫ 求平方根;
⑬ 定时;
⑭ 计数;
⑮ 自诊断;
⑯ 逻辑功能,如与、或、异或、非、RS 触发器功能等;
⑰ 移位寄存器功能(左移位和右移位);
⑱ 继电器开关触点功能(常开、常关、脉冲);
⑲ 继电器线圈功能[标准(励磁或非励磁)、锁定、解锁]。

2. 存储器

存储器用于存放软件,存放系统软件的存储器称为系统程序存储器,存放应用软件的存储器称为用户程序存储器。一般来说,PLC 应具有足够容量的随机存储器(RAM)和非永久性存储器来处理所需的逻辑和 I/O 操作。

下述校验用于监控系统与外围设备之间通信信号的功能状态:

① 奇偶校验(垂直冗余校验)(VRC);
② 利用块校验字符进行求和校验;
③ 循环冗余码校验;
④ 纵向冗余校验;
⑤ 使用汉明码进行出错检测/纠正。

3. 系统电源

系统电源组件用于提供 PLC 运行所需的电源,可将外部电源转换为供 PLC 内部适用的电源。一般来说,制造厂负责系统内部电源配电。PLC 系统配置冗余 24 V(DC)电源,为整个 PLC 系统及其现场仪表供电。所有供电单元应提供故障监测和正常运行指示灯。连接至 PLC 系统的现场仪表应由 PLC 系统供电。每台仪表应由 PLC 机柜独立供电,并在柜内采取绝缘保护措施。现场仪表供电的电源模件应与 PLC CPU 处理器的电源分开。

4. 程序输入装置

程序输入装置负责提供操作者输入、修改、监视程序运作的功能，一般包括工程师站(EWS)和顺序事件记录(SOE)站和人机接口单元(HMI)。

工程师站主要用于PLC系统的组态编程、程序生成和编辑、调试和维护管理等，一般应至少满足下列要求：

① 通过独立的工程师站对PLC进行编程，允许用户登录、恢复、监控内部PLC软件和主处理器或备份处理器中的数据。

② 工程师站应至少包括一台PC机、一台激光打印机(可共用)和必要的连接至PLC处理器的硬件和电缆。工程师站还应提供合适的软件，进行逻辑组态以及I/O和通信数据的读取和编辑。

③ 工程师站组态软件应按GB/T 15969.3或IEC 61131－3标准执行，如逻辑块、符号、自定义文档、图形化编程语言等。

④ 在PLC程序运行期间，工程师站应能够在线进行程序修改和下装，并可以通过钥匙锁定，对进入工程师站进行程序修改的权限进行设置。工程师站使用之后可以被移除。

⑤ 在PLC系统测试过程中，工程师站应可以禁止(屏蔽或强制)所有的系统输出。

⑥ PLC应能够生成应用程序的硬拷贝，并能打印输出所有内存寄存器的对照清单。

⑦ 工程师站可以直接从CPU下载生成程序文件(带注释清单)。程序文件应能清晰地用位号标记I/O点，并予以注释，以便于维护和调试。

⑧ 单个的泵、透平、压缩机和工艺联锁的逻辑可以分隔成各自独立的程序文件。

PLC系统的顺序事件记录(SOE)站功能可以集成到工程师站(EWS)内，该功能可以帮助用户：

① 辨识工艺过程联锁停车的原因；

② 确定消除联锁的动作；

③ 建立预防性维护的执行程序；

④ 提供重要的顺序事件记录(SOE)和过程历史报告。

人机接口功能提供了操作员与信号处理功能和机械/过程之间的信息交互作用，如果PLC系统的人机接口单元(HMI)安装在现场，该单元也必须符合电气爆炸危险区域划分等级的要求。

5. 输入/输出模件

输入/输出模件(I/O模件)负责接收外部输入元件信号和负责接收外部输出元件信号，PLC输入/输出模件通常安装在主机架和扩展机架上。若需要安装远程I/O模件，可以安装在距CPU不超过制造厂推荐距离的地方。若不可避免要在现场安装远程I/O模件，应安装在封闭的外壳内，并应满足该区域的防爆和防护等级要求。I/O模件一般包括AI模件、T/C模件、RTD模件、AO模件、DI模件、DO模件、PI模件。

6. 通信接口

PLC主机架一般配置与DCS通信的接口，至DCS的通信接口一般采用以太网或双向冗余串行通信方式，冗余通信的每个通道应完全相互独立且互不影响。串行通信协议一般为Modbus，通信接口一般采用RS－485或RS－232。PLC一般具备读取来自DCS数据的功能，包括失效信号、复位信号、设定值数据和其他操作信号。在工程实践中，PLC作为第三方通信系统，若 PLC 有控制信号来自 DCS，应采用硬接线的方式，并至少能够向 DCS 传输以下模拟量和数字量信息：

① 系统状态；

② 逻辑状态；

③ 电源状态；

④ 自诊断状态；

⑤ 报警和其他信号。

以 SIEMENS PCS7－400H 为例，PLC 典型架构参见图 8－3，带 I/O 模件的典型 PLC 参见图 8－4。

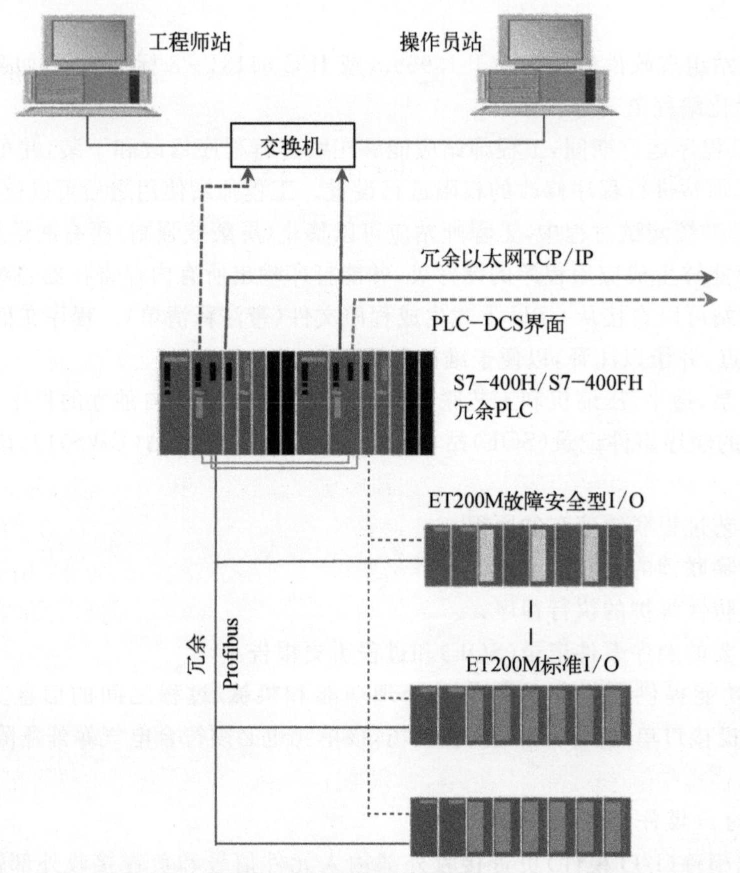

图 8－3 典型 PLC 架构图(SIEMENS PCS7－400H)

8.3.2 应用特点

PLC 使用的软件和硬件都是通用的，所以维护成本比 DCS 要低很多，相同 I/O 点数的系统，用 PLC 比用 DCS 成本也要低一些。如果被控对象主要是设备联锁，回路又很少，采用 PLC 较为合适。此外，PLC 系统还具有以下特点：

(1) 可靠

PLC 不需要大量的活动元件和连线电子元件，它的连线大大减少。与此同时，系统的维修简单，维修时间短。PLC 采用了一系列可靠性设计的方法进行设计，例如，冗余的设计，断

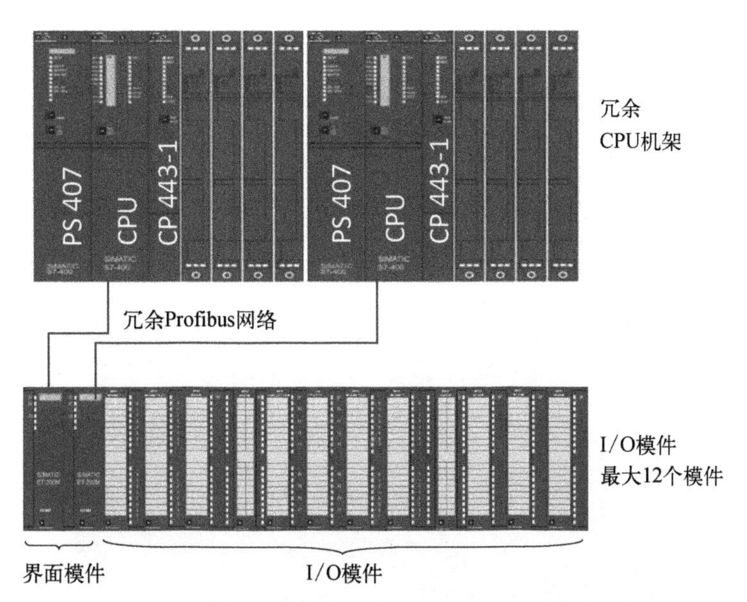

图 8-4　带 I/O 模件的典型 PLC(SIEMENS PCS7-400H)

电保护,故障诊断和信息保护及恢复。PLC 是为工业生产过程控制而专门设计的控制装置,它具有比通用计算机控制更简单的编程语言和更可靠的硬件,采用了精简化的编程语言,使得编程出错率大大降低。

(2) 易操作

PLC 有较高的易操作性。它具有编程简单、操作方便、维修容易等特点,一般不容易发生操作错误。对 PLC 的操作包括程序输入和程序更改。程序的输入直接显示,更改程序时可以直接根据所需要的地址编号或接点号进行搜索或程序寻找,然后进行更改。PLC 有多种程序设计语言可供使用。由于梯形图与电气原理图较为接近,更容易掌握和理解。PLC 具有的自诊断功能对维修人员维修技能的要求降低。当系统发生故障时,通过硬件和软件的自诊断,维修人员可以很快找到故障的部位。

(3) 灵活

PLC 采用的编程语言有梯形图、布尔助记符、功能表图、功能模块和语句描述编程语言。编程方法的多样性使编程简单、应用面广。操作十分灵活方便,监视和控制变量十分容易。

8.3.3　产品分类

一般来说,可以从控制规模和控制性能将 PLC 分为以下三类:

(1) 控制点在 256 点以内,适用于单机控制或小型系统的控制。这类可编程序控制器,具有基本的控制功能和一般的运算能力,工作速度比较低,能带的输入/输出模块的数量比较少。德国 SIEMENS 公司生产的 S7-200 就属于这一类。

(2) 控制点在 256～2 048 点之间,可用于对设备进行直接控制,还可以对多个下一级的可编程序控制器进行监控,它适用于中型或大型控制系统。这类可编程序控制器,具有较强的控制功能和较强的运算能力,不仅能完成一般的逻辑运算,还能完成比较复杂的三角函数、指数和 PID 运算;工作速度比较快,能带的输入/输出模块的数量和种类也比较多。德国 SIEMENS 公司生产的 S7-300 就属于这一类。

(3) 控制点大于 2 048 点,不仅能完成较复杂的算术运算还能进行复杂的矩阵运算。它不仅可用于对设备进行直接控制,还可以对多个下一级的可编程序控制器进行监控。这类可编程序控制器具有强大的控制功能和强大的运算能力,不仅能完成逻辑运算、三角函数运算、指数运算和 PID 运算,还能进行复杂的矩阵运算;工作速度很快,能带的输入/输出模块的数量很多,输入/输出模块的种类也很全面。这类可编程序控制器可以完成规模很大的控制任务,在互联网中一般做主站使用。德国 SIEMENS 公司生产的 S7 - 400 就属于这一类,参见图 8 - 5。

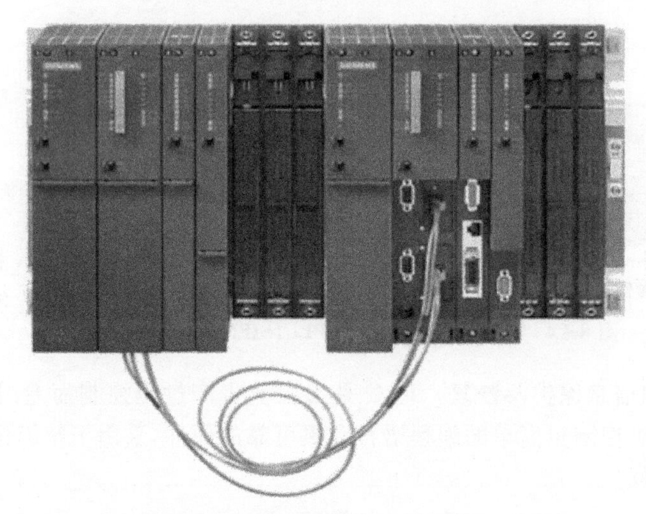

图 8 - 5　SIEMENS S7 - 400 PLC

8.3.4　PLC 工程设计

PLC 一般用于成套机组的控制,例如挤压机、冷冻机、热氧化炉等。这些成套机组一般均为定型产品,I/O 点数及逻辑控制基本固定,因此在工程设计实践中用于成套机组的 PLC 系统一般由机组厂家成套提供,并且由机组厂家负责相关的接线、逻辑组态等设计内容。但是从全厂控制系统的一致性出发,加上在石油化工装置几乎所有 PLC 能完成的功能 DCS 都可以完成,因此用户往往会要求成套机组避免使用 PLC,此时一定要注意成套机组的控制逻辑是否可以成功地移植到 DCS 中。很多特殊的机组控制逻辑由于保密等原因无法公开给用户,在这种情况下就必须使用 PLC 了。总之,控制类产品的使用,必须满足不同的工艺要求,即在不同的工艺要求下,需要选择适合的产品。

PLC 工程实施的每个阶段需完成的主要任务及要求如下:

1. 询价采购

随机组采购的 PLC 系统一般不需要编制单独的请购文件,只需将 PLC 规格书作为机组请购文件的附件即可。单独采购的 PLC 系统则需编制请购文件,请购文件包含 PLC 请购书和 PLC 规格书两部分。PLC 请购书中通常包含供货范围、工作范围、技术要求、资料交付要求、备品备件、技术服务、质量保证、供货设备一览表、提交的文件及进度等要求;规格书中则包含 PLC 的具体配置和各部件的性能指标要求,以及每种类型的 I/O 点数汇总及相关信息等。

2. 系统开工会

PLC 系统开工会之前,PLC 制造厂应编制并提供初步的系统设计文件,包括主要硬件和软件配置、机柜布置、供电及环境要求等。若需要，制造厂还应提供用户所需的参考文件，如PLC系统操作手册、硬件配置及软件组态的说明文件以及其他技术参考文件。

系统开工会主要内容如下：

① 制造厂简介PLC系统功能；

② 澄清并确定PLC系统软硬件，包括备品备件的最终配置、规格和数量；

③ 讨论并确定具体的硬件设计方案，包括I/O接线端子布置、机柜布置，以及电源、接地和环境要求；

④ 确定系统各个主要组成部件的工作负荷及其计算方法；

⑤ 讨论并确定PLC系统组态、系统培训的内容，以及系统验收和测试程序等；

⑥ 确定项目中最终用户、设计单位、PLC系统制造厂，以及相关的第三方设备供货商等各自的工作范围和责任；

⑦ 确定项目执行过程中各方主要负责人的人员和职责；

⑧ 明确工程项目需要的所有文件的内容、格式、数量及交付方式，指定文档管理的负责人；

⑨ 制订整个项目的工作计划，确定设备、文件资料的交付时间，以及各个工作段的起始日期；

⑩ 制订项目进度的管理方案，明确进度报告的内容、提交周期，以及进度延误后的相应措施；

⑪ 签订PLC系统开工会会议纪要。

3. 组态

系统组态需要完成：I/O定义、参数设定、PID控制回路组态、逻辑组态、报警及联锁设定、画面组态、通信设定、通信地址表生成、SOE数据配置、制订报表等功能。在组态工作开始之前，应具备下列工作条件：

① 组态的环境应满足工作需要，离线或在线组态所需的软件和硬件已安装完成。PLC系统制造厂应提供工程技术人员和工程资料方面的支持。

② 已按照PLC系统开工会的要求完成系统配置图和统一规定的编制。

③ 已按照PLC系统开工会的要求完成工程项目的I/O清单、系统硬件清单、逻辑图(或因果表)、内部接线图、供电及接地系统图、PLC机柜布置图，以及工程师站(或HMI)组态或操作画面草图。

4. 系统集成

PLC系统与第三方设备的集成应符合下列要求：

① PLC系统制造厂应对PLC系统与第三方设备集成的调试工作负责；

② PLC系统制造厂应对集成后系统的可靠性和稳定性负责；

③ PLC系统制造厂应对PLC系统与第三方设备的通信负责。

5. 工厂验收测试(FAT)

(1) PLC系统工厂验收前应具备的条件

① PLC系统已在制造厂调试完毕并有测试报告；

② PLC系统制造厂根据合同技术附件、PLC系统开工会纪要和有关标准等编制工厂验收程序；

③ PLC系统制造厂根据验收程序已经准备了验收文件和记录文件。

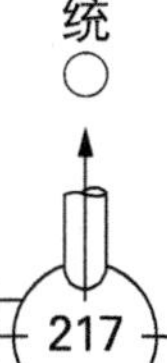

(2) 工厂验收的内容

① PLC 系统硬件各设备、部件的型号、规格、数量和外观应符合要求；

② 软件的规格、数量和版本应符合要求；

③ 工程师站(EWS)、顺序事件记录(SOE)站或 HMI 的标准功能、组态画面、流程画面(如果有)、分组画面(如果有)、报警画面、趋势显示等应符合要求；

④ 工程师站(EWS)、顺序事件记录(SOE)站或 HMI，以及其他应用工作站的标准功能应满足设计要求；

⑤ 控制及逻辑功能应符合要求。

(3) PLC 系统测试范围

① 电源单元；

② I/O 模件；

③ 存储器模件；

④ 系统内部通信模件；

⑤ 与 DCS 的通信模件；

⑥ 编程组态画面；

⑦ 机柜及其内部元器件；

⑧ 信号报警器、按钮、开关、灯等(如果有)；

⑨ 其他。

(4) 系统测试内容

① 检查 PLC 系统资料是否完整，检查所有的图纸是否完整、正确和清楚。

② 检查设备的外观、喷漆和电缆接头。

③ 检查所有的设备是否完整、是否按照设备清单打上标记、是否按照图纸布置机柜和端子，检查出厂流水号；检查所有的量程、图表、铭牌等是否正确。

④ 检查所有的连接电缆、插头和插座、接线端子、印刷电路板等是否有清晰的标记。

⑤ 检查电源单元接线是否正确，标记是否清楚，电源输入电压是否正确。

⑥ 根据图纸检查电源和接地情况。

⑦ 断开交流电源，检查直流输出端与机柜是否为开路；接上交流电源，检查各直流电压是否正确。

⑧ 检查机柜是否牢固接地，本安接地(如果有)、工作(信号)接地和保护(安全)接地是否分开。

⑨ 检查所有的风扇开关或温度开关能否正常使用。

⑩ 检查所有电源系统：断开主电源时，辅助电源自动接上，系统操作不受任何影响，并有“主电源故障”报警。

⑪ 检查通信线路端子板的电阻：断开一条通信线路，冗余的通信线路自动接上，系统操作不受任何影响，并有“主通信线路故障”报警。

⑫ 检查控制器的冗余：拔出主控制器检查控制的连续性以及是否有控制器非冗余报警。

⑬ 通过模拟各种故障，运行系统诊断程序，检查 PLC 系统的自诊断功能。

⑭ 检查回路的运行情况。制造厂应向用户以书面形式提供检查这些回路运行情况的方法。

⑮ 使用信号发生器对所有的模拟量输入(AI)卡件发出 4～20 mA(DC)信号，检查显示结

果并抽查信号处理精度(至少 30%抽样),再送入超限信号,检查 PLC 系统的越限报警,并检查输入开路或短路报警;对所有的模拟量输出(AO)卡件进行功能检查,并进行信号处理精度测试(至少 30%抽样);对所有的数字量输入(DI)和数字量输出(DO)卡件进行功能检查,并进行信号处理精度测试(至少 30%抽样)。

⑯ 对 100%的报警点进行分级报警检查,并检查报警打印。

⑰ 根据操作手册,在工程师站上检查所有相关功能。

⑱ 检查键盘锁功能,防止误操作。

⑲ 用开关组和灯组检查逻辑控制功能。

⑳ 检查系统组态编程是否有丢失情况。

㉑ 检查对定义的操作动作的打印记录功能。

㉒ 检查 PLC 系统的组态编程功能,如画面生成、回路生成、报表生成、数据生成等;检查系统的编程能力,如屏幕编辑、数据存取、程序编译等。

㉓ 检查 PLC 系统与 DCS 的通信组态功能,对 PLC 系统和 DCS 之间 100%的组态功能进行检查。

㉔ 进行 100%的 I/O 通道测试,包括量程范围和报警设定点的数值检查。

㉕ PLC 系统冗余和容错功能测试。

㉖ 其他。

(5) PLC 系统目睹测试

用户有权参加所有 PLC 系统的测试,查阅所有与 PLC 系统设计、组态编程、测试和系统组装情况的质量控制文件。

(6) 工厂验收报告的内容

① 工厂验收的步骤;

② 检查和测试的结果;

③ 最终的验收结论。

6. 工厂集成验收测试(IFAT)

(1) 工厂集成验收前应具备的条件

① PLC 系统与第三方设备已在制造厂集成、调试完毕并有测试报告。

② 制造厂已具备第三方通信或性能测试设备和软件。

③ PLC 系统制造厂根据合同技术附件、PLC 系统开工会纪要、系统硬件配置、系统软件功能、第三方技术资料和有关标准等编制工厂集成验收步骤。

(2) 工厂集成验收内容

① 系统配置检查。第三方供货商提供的设备、部件的型号、规格和外观应符合要求;第三方供货商提供的软件规格和版本应符合要求。

② 功能测试。第三方系统或设备与 PLC 系统集成后的标准功能应满足要求。测试 PLC 系统与第三方系统或仪表的通信功能。

(3) 工厂集成验收报告的内容

① 工厂集成验收的步骤;

② 检查和测试的结果;

③ 最终的验收结论。

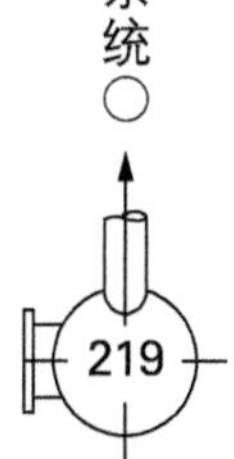

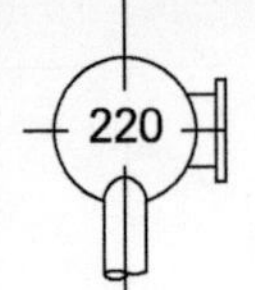

7. 现场验收测试(SAT)

(1) 现场验收和安装准备要求

① 各设备和部件的规格、数量应与装箱单一致,运输过程中应无损坏。

② 设备安装符合要求并能正常上电测试。

③ PLC 系统设备在软件安装和组态数据装载后应正常运行。

④ 所有硬件应按 PLC 系统制造厂提供的程序进行测试,并应 100%工作正常。

(2) 现场验收内容

① 审阅 PLC 系统工厂验收报告、工厂集成验收报告和现场调试记录。

② 系统配置检查(同工厂验收内容)。

③ 组态检查(同工厂验收内容)。

④ PLC 系统测试范围和内容(同工厂验收内容,但 AI、AO、DI、DO 等 I/O 卡件的信号处理精度应 100%检查)。

⑤ PLC 系统的冗余和容错功能测试。

⑥ 测试 PLC 系统与第三方设备(如 DCS)的通信。

⑦ 连续正常运行 72 h 以上。

(3) 现场验收报告的内容

① 现场验收的步骤;

② 检查和测试的结果;

③ 最终的验收结论。

8. 技术服务

(1) PLC 系统制造厂在整个工程项目进行过程中应提供相关的技术咨询服务。

(2) PLC 系统制造厂应提供其所有交付文件、资料和设备的技术澄清服务。

(3) PLC 系统制造厂在工厂验收、工厂集成验收和现场验收过程中应提供相关的资料,并配备专门的工程技术人员配合验收工作。

(4) PLC 系统制造厂对供货的产品提供必要的组态、操作、使用和维护培训,并提供相关的培训资料。

(5) PLC 系统制造厂在装置现场应协助 DCS 制造厂进行通信测试。

9. 现场服务

(1) PLC 系统制造厂应配备有资质的工程技术人员负责 PLC 系统的现场安装、上电、调试等工作。

(2) 在现场开工期间,PLC 系统制造厂应配备有资质的工程技术人员在现场值班,随时解决开工过程中系统出现的故障。

(3) PLC 系统出现故障后,制造厂应在 24 h 内派出有资质的工程技术人员前往现场处理。

8.4 CCS

随着企业生产与管理水平的不断提高,人们对节能减排、安全生产、保护环境、降低生产维护成本、提高生产效率的要求越来越高,这就给新的生产工艺技术和自动化控制水平提出了新的挑战，特别是大型生产装置中的压缩机组等关键设备，企业管理者对它尤为关注。如何使压缩机组等关键设备适应当前的长周期安全稳定运行、减少事故停车次数、降低维修成本和维修时间，更是企业管理者考虑的重中之重。

综合透平压缩机组控制系统，用于由汽轮机驱动的离心压缩机组或轴流压缩机。它是由一套安全过程控制系统来完成对整个机组，包括蒸汽透平、压缩机及辅助设备如油路系统、密封系统、冷凝系统等的控制。它既能对机组进行控制，又能为机组的长周期运行提供保障。

8.4.1 CCS 配置

CCS 一般是由 CCS 系统机柜、CCS 操作站、CCS 工程师及 SOE 站通过通信设备组成的网络系统。CCS 的系统机柜根据压缩机组仪表信息及 CCS 操作站下达的指令，通过系统内置的组态信息对压缩机实施操作和控制，并在故障状态下采取保护措施，保证人员及设备的安全。CCS 操作站为操作人员提供压缩机运行的监视及控制界面。CCS 工程师及 SOE 站通过对压缩机的运行状态的监视及事件记录的分析，来帮助工程师进行系统维护、组态修改及故障诊断。

离心式压缩机和轴流式压缩机的 CCS，根据压缩机控制的需要一般包含以下几个功能系统：① 防喘振控制系统；② 汽轮机调速系统；③ 压缩机性能控制系统；④ 压缩机跳车保护系统；⑤ 超速保护系统；⑥ 机械监视系统；⑦ 其他系统（用于压缩机的其他子系统如油路、蒸汽、表面冷凝器、干气密封、盘车等系统的控制）。

CCS 主要由以下硬件组成（图 8－6）：① 系统柜（内含控制器）；② 端子柜；③ 操作站/工程师站/顺序时间记录站；④ 通信外设；⑤ 振动监测系统（如本特利 3500）。

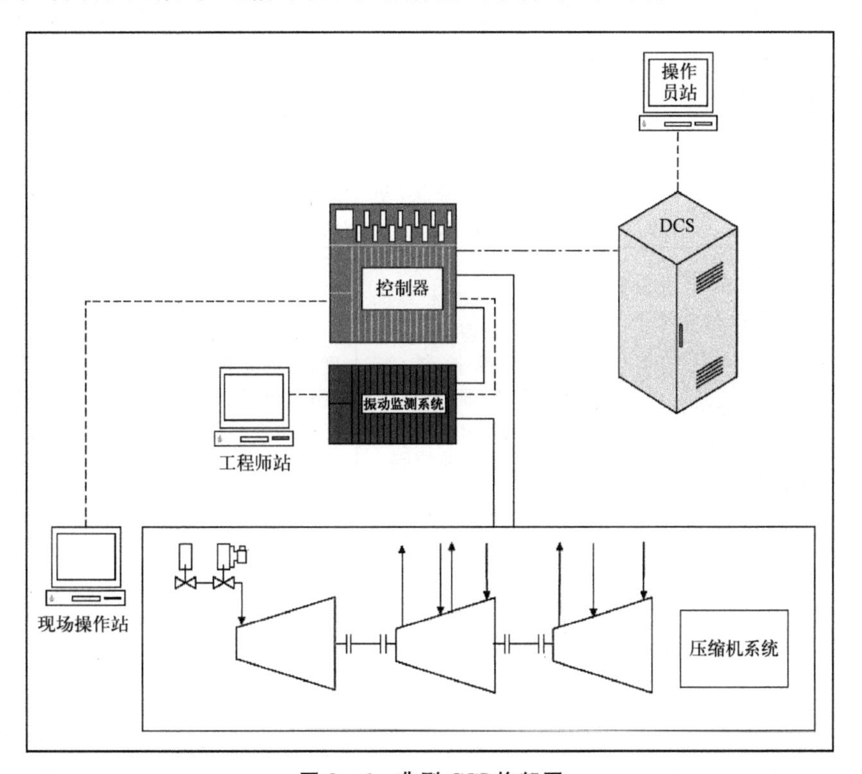

图 8－6　典型 CCS 构架图

8.4.2　CCS的优点

CCS具有如下优点：

① CCS对机组实现的是综合一体化的控制，系统的安全性与可靠性高；

② CCS为专业化机组控制系统，具有专利性的机组控制软件包，提高了机组的运行性能；

③ CCS灵活可变的规模可为系统的扩建提供极大的便利并有效降低扩建成本；

④ CCS具有良好的人机界面，可显示动态工作点、流程图、报警指示等内容，并为操作人员提供更便利、准确的操作条件；

⑤ CCS是综合一体化的控制模式，避免了分散型模式控制的不便因素，以及分散系统之间的连接与通信延迟造成的数据阻塞；

⑥ 各装置的CCS可通过光缆在中心控制室连接在同一网络上，以便于各CCS在中心控制室共享操作站、工程师站、时钟同步信号及故障诊断系统等。

与其他机组控制方案相比，CCS在控制目标、控制功能、响应速率和服务范围等方面存在一定的优势，详见表8-1。

表8-1　CCS与其他机组控制方案的比较

控制方案	控 制 目 标	控 制 功 能	控制回路的响应速度	服务的范围
DCS	常规过程控制	有时被用来实现与机组有关的性能控制，如简单的串级控制；无专业控制策略和方案	秒级的执行速度；不能满足压缩机组高速控制的要求	按照工艺要求组态；难以实现机组的精确控制和组态
PLC+回路控制	能够实现各自目标	无法实现多回路之间的耦合和解耦控制，一旦系统本身故障，很难排除，更不能在线排除	响度速度虽可以满足要求，但已被扰动，经常出现各自为政的现象，尤其通信会有阻塞	由于是不同厂家产品，服务往往难以协调
CCS	真正的全机组控制，在控制系统本身具有高可靠性的基础上，最大限度地提高系统的可用性，包括对现场回路的监测	包括机组本身的安全保护逻辑、透平机械特殊控制（喘振、调速、阻塞等），还有成熟的结合工艺过程的性能控制	毫秒级的采样速度，可固定的执行速度；系统还具有事故追忆功能	提供从测量元件、防喘振阀的计算选型，到机组保护控制和监测的系统组态和集成，到对装置过程控制的解决方案，甚至于负责性能和喘振试验

8.4.3　关键控制回路

(1) 压缩机防喘振控制

喘振是压缩机的一种固有特性。喘振是当压缩机的流量减少到某一数值时，压缩机出现的极不稳定现象。它会引起机组的剧烈震动，从而可能造成叶轮断裂。压缩机密封损坏等。为有效防止喘振，必须精确地计算出工作点的位置，让喘振控制器依据输入的数据，做出正确的判断并发挥作用，通过回流阀或放空阀快速增大机组的流量，提高出口压力/压比，使工作点回到安全区域内运行。

（2）压缩机机组速度控制

CCS具有精确的速度测量，速度的设定点/目标点都将转换到升速曲线上，汽轮机升速将按照预定的升速速率进行。采用较快的升速速率可平稳越过临界转速区，可实现多段暖机，对测速探头及测速值进行筛选判断。

（3）机组性能控制＋机组联锁保护

包括压缩机主机/辅机等工艺参数监控、机组启动/停止顺序控制、联锁逻辑控制、机组轴承温度和振动位移监测等。

8.4.4 CCS控制目标

（1）实现对整个压缩机系统的控制，准确达到工艺控制说明中规定的工艺控制目标。

（2）最大限度地提高压缩机效率，同时保证最高压和最小喘振极限，保持最佳性能。

（3）准确判断压缩机接近喘振的距离并产生相应的防喘振输出。

（4）保证压缩机和透平机组在压缩机制造厂商在试验性能数据及其他规定的工艺限制等文件中规定的安全操作曲线范围内运行。

（5）缩小压缩机和工艺限制值的变量过冲，实现控制器最小安全裕度，优化压缩机正常操作曲线范围。允许充分但不过量的再循环流量，最大限度地减少再循环浪费。

（6）在压缩机防喘振、性能、蒸汽抽提和透平速度控制回路之间采用实时控制回路解耦技术，最大限度地保证工艺稳定性。多级压缩机也应当采用防喘振至防喘振回路的解耦。

（7）均匀分配总负载，保证每台压缩机与喘振点保持相同的距离，从而避免在减负荷运行时出现不必要的再循环或停机，因而最高限度地提高整个压缩机网络（仅适用于并行或串行压缩机应用）的能效。

（8）在开车、停车、吹扫操作控制过程中采用标准化的模式切换方案，最大限度地减少工艺状态改变过程中所需的人工干预。

8.4.5 CCS工程设计

CCS工程实施的每个阶段需完成的主要任务及要求如下：

1. 询价采购

CCS需编制请购文件，包含CCS请购书和CCS规格书两部分。CCS请购书中通常包含供货范围、工作范围、技术要求、资料交付要求、备品备件、技术服务、质量保证、供货设备一览表、提交的文件及进度等要求；规格书中则包含CCS的具体配置和各部件的性能指标要求。

2. 系统开工会

CCS开工会主要内容包括：① 确定最终I/O点数，冻结硬件；② 系统配置方案确认；③ 工艺管道及仪表流程图（P&ID）确认；④ 典型的交付物格式深度确认；⑤ 文件交付进度确认；⑥ 确定培训、组态、FAT具体人数和时间；⑦ 签订CCS开工会会议纪要。

3. 编程组态

主要进行I/O分配、I/O组态，根据给定的逻辑图、控制描述或因果图进行软件开发和模拟调试，最终完成组态、下装、调试。

4. 工厂验收测试(FAT)

工厂验收应包括以下内容：

① 硬件概貌。硬件概貌应当包括检查所有的硬件，保证其符合采购方规格书的要求。此时应当将经批准的料表用作检查清单。

② 系统安全性。中断通信通道、电缆和电源，检查系统在每一种条件下是否正确运行，从而验证系统的整体安全性能。通信测试应当检验所有可能的通信通道、主网络及冗余网络和电缆。应强制执行相应的出错条件，保证相应的通信通道在出现故障时正确切换。

③ 控制及逻辑功能试验。试验时，应当模拟输入并检查正确的输出和反馈。供货商应当提供所有的试验和模拟设备。

④ 故障试验。试验应当包括外部元件故障模拟，证明在出现故障时系统功能正常。

5. 现场验收测试(SAT)

现场验收应包括以下内容：

① 检查现场机柜室内的设备安装、系统通电和相应的软件下载。

② 检查机组安装和配管，包括变送器和变频器的位置；同时审查设备标定。

③ 参加机组开车。CCS 供货商应当监控所有的系统输入/输出，以检查其有效性，并观察系统响应，包括与 DCS、SIS、MMS 的数据传输。

④ 喘振测试和调试。防喘振和性能控制器应当由 CCS 进行调试，保证在整个操作安全区间内的控制和保护动作令人满意。

6. 技术服务

通常，CCS 供货商派遣经验丰富的工程师提供下列现场服务：

① 应当对压缩机、配管、主控制元件、单向阀和仪表进行系统检验。主控制元件应当进行标定，并检查其精度、复验性和响应速度。应当对变送器和变频器进行标定。

② 应当检查控制器及控制器间的接线(包括电源、接地、屏蔽等)。控制器应当通电并对其安装是否正确进行评价。应当检查控制器标定，同时验证 CCS 供货商确定的参数和测试必要的算法运算。

③ 测试和调试前，应当在公司启动和操作压缩机期间监控控制器的输入和输出信号，检查其有效性。

④ 监督喘振测试。喘振测试过程中应当建立压缩机最终性能曲线图。防喘振控制器和性能控制器应当由 CCS 供货商调试，以建立所有的控制目标。

⑤ 应当观察每台压缩机运行中可能出现的问题，经业主批准后，进行系统内部波动模拟和性能测试。

⑥ 组织项目设计条件会和审查会、系统检查、机组测试、系统程序调试、操作人员/工程师培训服务。

⑦ 检验整个系统，包括阀门、执行机构、工艺配管、流量元件以及所有的辅助仪表(变送器、变频器、温度元件等)，并监督所有相关变送器、阀门和执行机构的标定、复验性/响应速度测试。

⑧ 最终测试和调试：应当监督防喘振、性能和速度控制系统的最终系统测试和回路调试，保证达到所有的控制目标，并且在最终性能测试过程中，进行公司批准的系统内部波动模拟。

8.5 现场总线

现场总线(Fieldbus)是一种用于现场设备之间、现场设备和自动化控制系统之间实行双向传输、串行、多节点通信结构的数据总线。

现场总线技术是面向工厂底层,实现现场设备数字化通信的一种工业层局域网络通信技术。作为自动化应用领域的先进技术,它与计算机技术、通信技术、网络技术、信息技术和控制技术等高新技术的发展是不可分割的,是实现工厂管理控制一体化的基础。

现场总线技术从工业研究到实际工业装置的应用发展已有 30 多年的历史,正在日趋成熟。1985 年,现场总线的概念由 IEC(International Electro-technical Commission,国际电子技术委员会)正式提出;2003 年 4 月,IEC 61158 现场总线标准第 3 版正式成为国际标准;2014 年 7 月,IEC 61158 已升至现场总线标准第 6 版,规定了 20 种类型的现场总线(表 8-2)。

表 8-2　现场总线的 20 种类型(Type)

序　号	名　　称	序　号	名　　称
Type 1	TS61158 现场总线	Type 11	TC NET 实时以太网
Type 2	CIP 现场总线	Type 12	Ether CAT 实时以太网
Type 3	Profibus 现场总线	Type 13	Ethernet Powerlink 实时以太网
Type 4	P-NET 现场总线	Type 14	EPA 实时以太网
Type 5	FF HSE 高速以太网	Type 15	Modbus-RTPS 实时以太网
Type 6	SwiftNet 现场总线	Type 16	SERCOS Ⅰ、Ⅱ现场总线
Type 7	World FIP 现场总线	Type 17	VNET/IP 实时以太网
Type 8	Interbus 现场总线	Type 18	CCLink 现场总线
Type 9	FF H1 现场总线	Type 19	SERCOS Ⅲ实时以太网
Type 10	Profinet 实时以太网	Type 20	HART 现场总线

各种类型的现场总线有着不同的特性和使用领域。目前,在过程控制领域,基金会现场总线(Foundation Fieldbus, FF)H1 和 Profibus DP、PA 技术已经获得广泛的应用,主要应用在石油、化工、电力、医药、污水处理和冶金等行业。

2006 年,南海壳牌和上海赛科在 90 万吨级乙烯装置一体化项目中分别成功采用了基金会现场总线控制系统,系统分别挂接 15 800 台和 14 375 台现场总线设备。

8.5.1 现场总线主要特点

1. 开放性

现场总线是开放性的网络。遵循现场总线通信协议的任何一个制造厂商的现场总线仪表产品都能方便地连接到现场总线通信网络上,用户可以选用不同厂商的现场总线产品,集成在一个基金会现场总线控制系统(Foundation Fieldbus Control System, FFCS)或 Profibus 总线

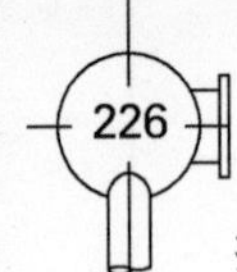

控制系统(Profibus Control System, PFCS)中,实现信息交换。

2. 互操作和互换性

不同厂商的相同通信协议的仪表,在各自操作环境中完成相互通信功能,并且实现同一功能同类仪表的互换。

3. 智能化和数字化

现场总线仪表是采用微处理机和数字通信的技术,具有数字计算和数字通信能力,这不仅提高了信号的传输精度,而且增加了监控信息的内容,可接受上层控制系统的指令,实现远程量程调校和组态;可获取仪表设备运行状态等信号,向上层专用的设备管理系统提供必要的故障诊断、维护信息。与传统 DCS 相比,现场总线系统是全数字化的网络系统,高度集成,具有高精度。在现场总线技术环境中,现场总线仪表自带计算和通信功能,在现场就可实现单回路的闭环计算而不需要控制器,从而使控制功能分散,减少控制器负荷,提高控制系统运行的可靠性。智能化的现场总线仪表还可提供传统仪表所不能提供的信息,如阀门开关动作次数、仪表自诊断信息等,使工艺操作人员及时了解现场总线仪表的运行状况。现场总线仪表有"故障预兆"功能,在故障还没发生,未影响到生产前,就能提前采取措施,保障装置的正常运行。

4. 高精度

传统 DCS 的模拟信号的输入、输出需要通过 A/D 或 D/A 转换。而现场总线技术是将 A/D 或 D/A 转换在现场仪表中完成的,实现全数字化通信,从根本上提高了测量与控制的精确度,减少了传送误差,从而提高了控制的质量。

8.5.2 FFCS、PFCS 与 DCS

FFCS、PFCS 与 DCS 都是用于过程控制的计算机系统。在工厂管理控制一体化的地位都处于自动化基础控制层。以下从三个方面对这三种系统进行比较:

1. 管理和控制的集中和分散

这三种系统都是基于集中管理和分散控制的理念。DCS 将控制功能分散到控制系统不同的控制器(CPU)内,FFCS 将基础控制功能分散到现场总线仪表。从管理角度来看,FFCS 和 PFCS 能够获取的管理信息更多,能够更好地实现业主服务与管理的需求。

2. 信号传输技术

DCS 采集的是单变量的模拟量或开关量信号;FFCS 和 PFCS 则采用数字传输技术,实现多变量、双向信号的传输。

3. 系统网络结构

这三种系统的网络结构分别见图 8-7、图 8-8、图 8-9。

比较系统网络结构图可以看出,DCS,FFCS,PFCS 三个系统的主要区别在于其过程控制层的设计方式不同。

8.5.3 FF H1 现场总线设计

1994 年,由于技术、经济和政治原因,两大国际组织 ISP(Interoperable System Protocol)和 World FIP(World Factory Instrumentation Protocol)正式合并,产生了现场总线基金会(Fieldbus Foundation, FF),后来 FF 现场总线作为 IEC 标准化现场总线得到广泛使用。现场总线技术的出现使仪表工程设计增加了一个新的内容,其设计要点与传统的 4~20 mA

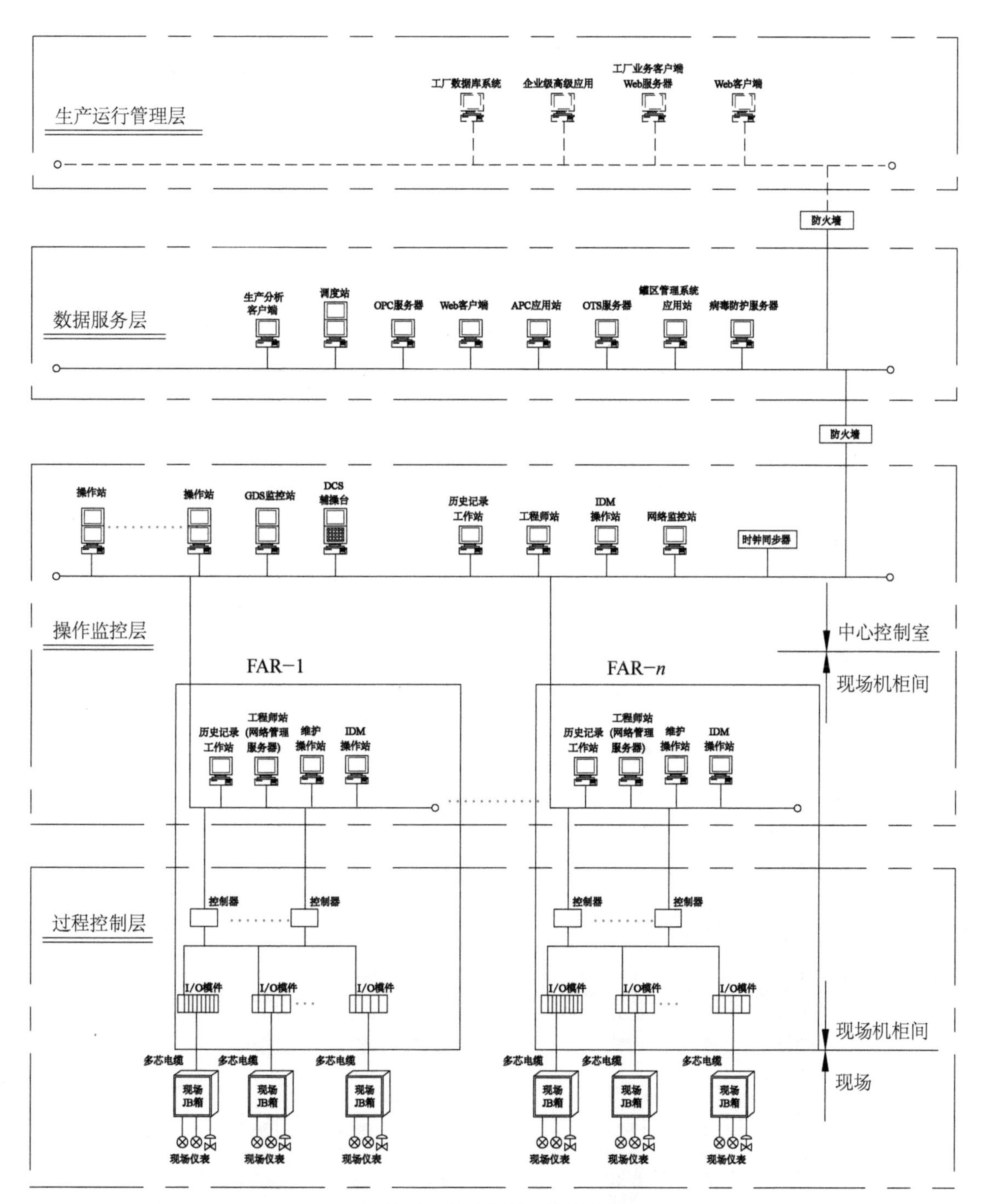

图 8－7　DCS 网络结构示意图

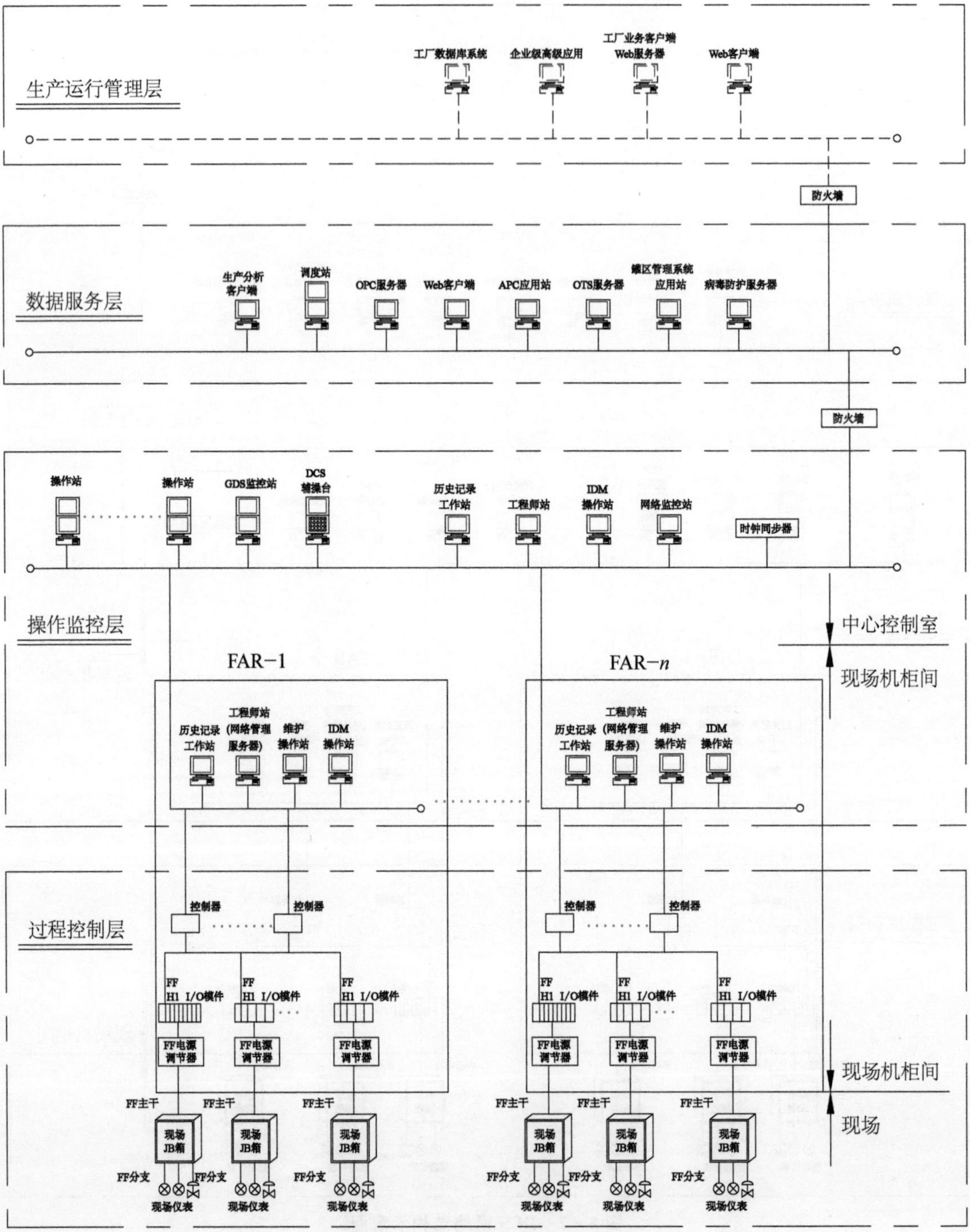

图 8-8 FFCS 网络结构示意图

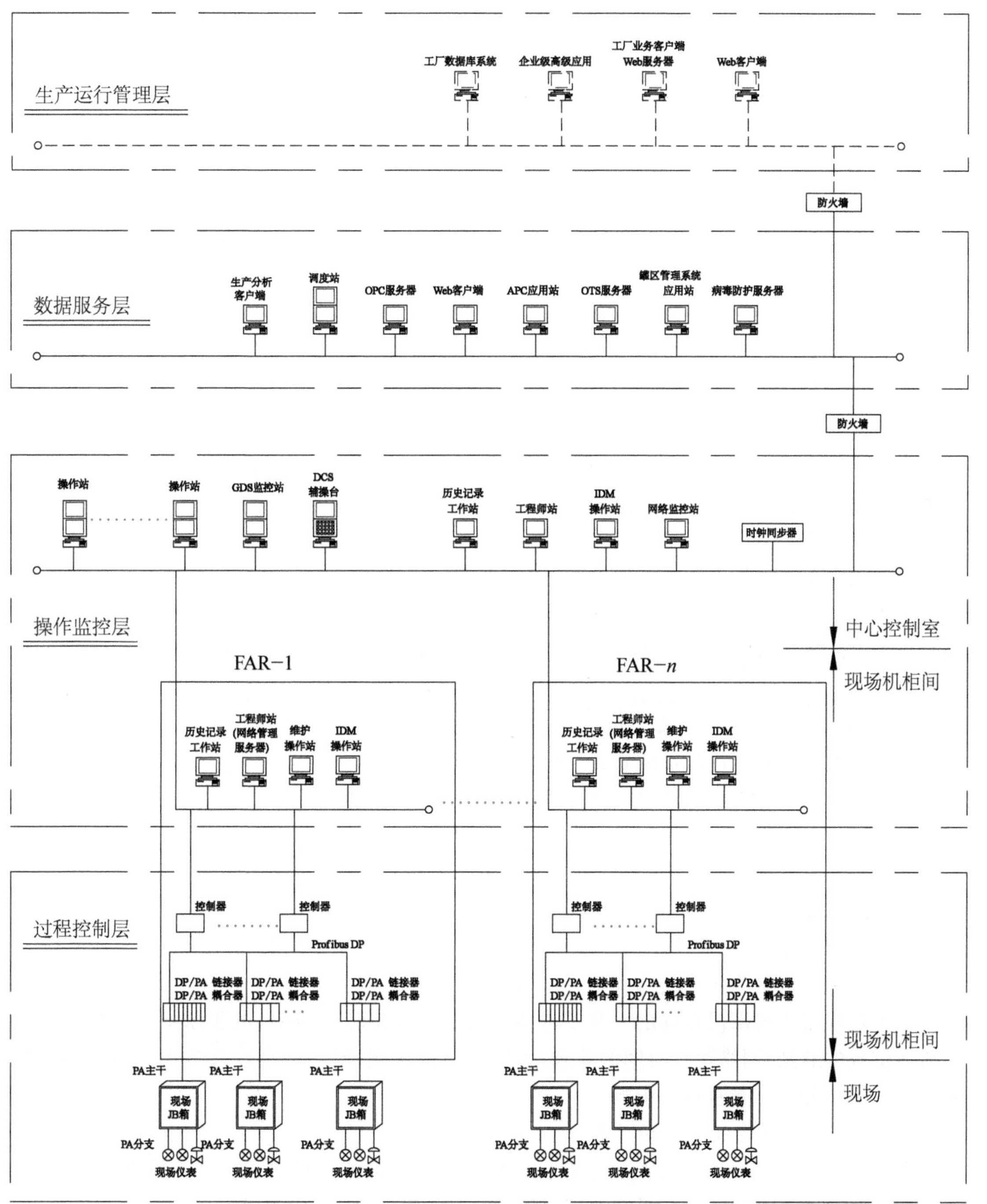

图 8－9　PFCS 网络结构示意图

信号的设计是有所不同的。FF 的一个 H1 网段上最多能挂接多少台仪表，哪些特殊的工程问题必须考虑，这些问题已成为自动控制工程设计的一个新内容。以下结合已投入商业运行的运用现场总线技术的装置，介绍 H1 现场总线设计应该考虑的因素。

1. FF H1 现场总线设计的基本技术要求

FF H1 现场总线设计执行 IEC 61158-2 和基金会现场总线系列标准。

① 通信信号为曼彻斯特编码、位同步、双向、全数字、2 线制、多节点。

② 通信速率为 31.25 kbit/s。

③ 通信信号的电流幅值为 15～20 mA，基准 I_b=10 mA；通信信号电压幅值为 0.75～1 V(P～P)。

④ FF 现场总线电缆必须符合 IEC 61158-2 的标准，传输介质应为铜芯屏蔽双绞线，宜采用 A 型 FF 现场总线电缆。

⑤ 网段的拓扑结构可采用线型、树型（鸡爪型）和线型与树型混合结构；网段宏周期的缺省值一般设置为 1 000 ms。

⑥ 对于非本安的主干线，FF H1 网段驱动电压为 13～32 V(4 V 裕度)；对于 FISCO 模型的本安主干线，FF H1 网段驱动电压取决于安全栅的输出电压。

⑦ 本安系统应符合 FISCO 规定：在气体组别 IIC 区域内负载电流应不大于 115 mA；在气体组别 IIB 区域内负载电流应不大于 240 mA。

⑧ 网段电缆总长度为主干电缆（Home Run）与各分支电缆（Spur）长度之和，FF H1 网段电缆总长度应不超过 1 900 m；对于 FISCO 模型的本安工况，FF H1 网段电缆总长度应不超过 1 000 m。

⑨ 非本安应用的分支电缆长度应小于 120 m，本安应用的分支电缆应小于 60 m。FF 现场总线的分支电缆长度应尽可能短。

⑩ 每一个 FF H1 网段上必须带有链路活动调度器（Link Active Scheduler，LAS），主 LAS 设置在 FF H1 卡内，备用 LAS 设置在同一网段的某一仪表中。

⑪ FF 接线箱到现场 FF 仪表应有独立的短路保护器，安装在接线箱内，短路保护器将每支路的短路电流限制为 60 mA。

⑫ 非本安网段所负载的现场仪表数量宜为 1～9 台，并且不应超过 12 台；本安网段所负载的现场仪表数量宜为 1～4 台，并且不应超过 6 台。

以上是现场总线网段设计的一些基本技术要求。在工程实践中，电压压降和电流的限制及通信信号的衰减、网络运行时间的要求、系统设计的影响、风险管理以及备用容量的要求都对网段的负载分布有着直接的影响。

2. FF H1 现场总线负载和计算

FF H1 网段负载分布的影响因素有：① 电压压降和电流的限制及通信信号的衰减；② 网络运行的时间要求；③ 风险管理要求；④ 系统设计的要求；⑤ 备用容量的要求。

(1) 电压压降和电流的限制及通信信号的衰减

① 电压压降和电流限制

FF H1 网段的驱动电压为 13～32 V(DC)(4 V 裕度)，即 FF H1 现场仪表的最低工作电压至少要达到 13 V(DC)。FF H1 总线网段上的仪表负载数量是依据电压、电缆的直流电阻及每台仪表所消耗的电流计算所得的。

FF H1 现场总线网段通过电源调制器为现场总线仪表供电，如图 8-10 所示。

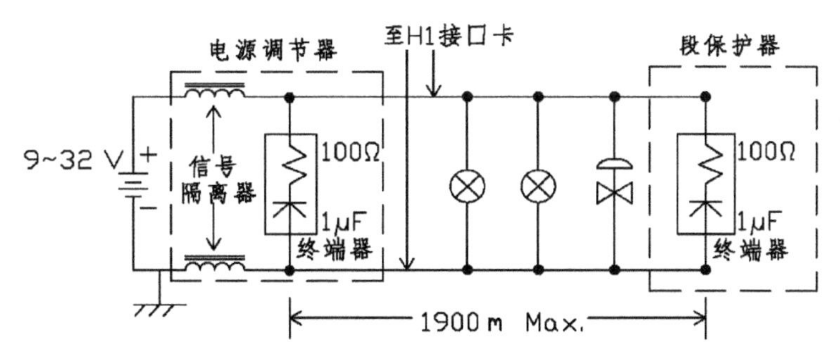

图 8-10 FF H1 现场总线网段配电典型图

若采用常规的稳压电源为现场总线仪表供电，稳压电源的负载稳压作用会抑制 H1 总线上的通信信号，破坏总线信号的通信。因此，稳压电源需经过调制后方可以为现场总线供电。FF 电源调制器通过低通滤波来隔断 FF 通信信号与稳压电路的关联，并同段保护器一样内置阻抗匹配电路，使网段的两端都带有终端器，保证终端阻抗与线路阻抗一致，避免产生信号的反射，引起通信出错。

选用的 FF 电源调节器提供了总线仪表的供电的总功率能力，它决定可挂仪表的数量和总线电缆长度。

FF 电源调节器输出的配电电流越大，能挂接的仪表就越多。当然，当挂接仪表数量不变，配电电压越高，总线电缆就能设置的越长。

FF 电源调节器最大工作电流＝所有现场总线设备的最大工作电流之和＋分支短路电流（最大为 60 mA，至少 1 个）＋通信器耗电电流（手操器：10 mA）。

图 8-11 为 FF H1 网段电压降示例图，计算过程如下：

假设主干电缆（Home Run）长度为 500 m，分支电缆（Spur）的长度和为 6×40 m＝240 m，则 FF 电缆长度为 500 m＋240 m＝740 m；FF 总线电缆回路电阻为 44 Ω/km（TYPE A，电缆截面积为 0.88 m^2 AWG18）；FF 总线仪表工作电压为 14 V（DC）；FF 总线仪表工作电流为 30 mA；FF 总线仪表为 6 台/网段（Segment）。

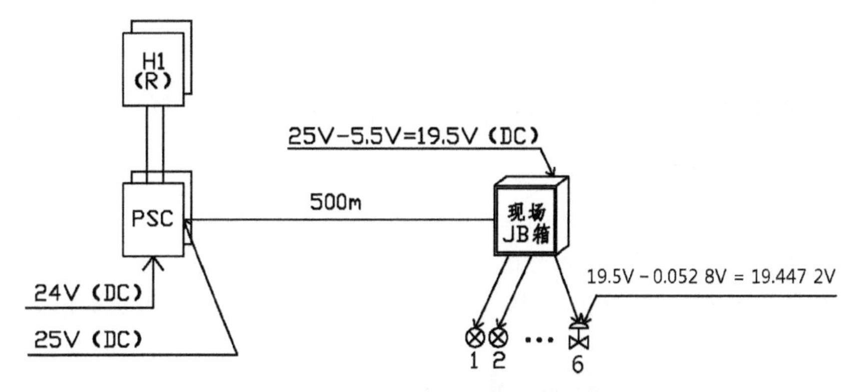

图 8-11 FF H1 网段电压降计算示意图

FF 总线仪表电流消耗计算

-工作电流：30 mA×6＝180 mA

FF 总线仪表电压降计算

- FF 主干电缆（Home Run）电压降：

-短路电流：60 mA

-手操器：10 mA

-总消耗电流：180 mA+60 mA+10 mA=250 mA

250 mA×44 (Ω/km)×500 m=5.5 V

- FF 分支电缆(Spur)电压降：

30 mA×44(Ω/km)×40 m=0.052 8 V

② 网段信号在电缆上衰减的计算

当数字信号在电缆上传输时会有衰减、失真。造成信号失真的原因有许多，支路连接反射引起的特性阻抗的变化使得信号失真也是原因之一。因此，实际工程设计应该相应地移动接线箱的位置，使 FF 现场总线的各分支电缆长度尽可能短。

在某一特定频率时，电缆存在着额定的衰减值。IEC 61158－2 标准规定 H1 总线 TYPE A 电缆，在频率为 39 kHz 时，最大衰减值为 3 dB/km。衰减的测量单位用 dB 表示，按式(8－1)计算：

$$信号衰减量(\mathrm{dB})=20\log_{10}\frac{传输信号幅值}{接收信号幅值} \tag{8-1}$$

根据 FF 的规定，其设备的输出信号波幅值不得低于 0.75 V 峰-峰值；FF 接收信号波幅值不得低于 0.15 V 峰-峰值。据此，可按式(8－1)计算出电缆理论上所能允许的信号衰减极限：

$$信号衰减极限=20\log_{10}\frac{0.75}{0.15}=13.98\ \mathrm{dB}$$

现在根据某一 FF H1 现场总线实例进行计算(图 8－12，网段结构为树形)：

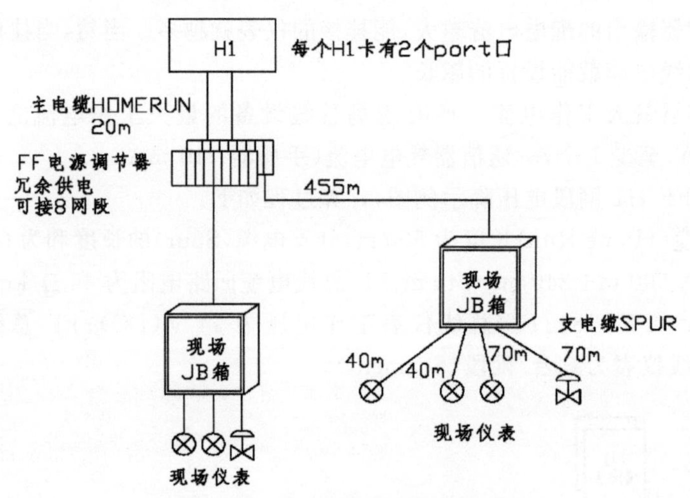

图 8－12　某 FF H1 树形结构网段

主电缆长为 455+20=475 m；

支线电缆总长为 70+70+40+40=220 m；

支线电缆的电容为 0.015 nF/m；信号衰减与电容的关系为 0.035 dB/nF；

则总的信号衰减量为 475 m×3(dB/km)÷1 000+220 m×0.15(nF/m)×0.035(dB/nF)=2.58 dB。

结论：2.58 dB 小于 13.98 dB，这个衰减可认可。

(2) 网络运行时间的要求

FF 现场总线控制系统的通信是通过链路活动调度器 LAS(Link Active Schedule)管理和执行的，它是一个确定性的集中式总线调度器，管理着一张传输时刻表。设备的数据缓冲器中的数据需要周期性地传输，这些数据的传输顺序就由这个传输时刻表来规定。每一 H1 网段的主 LAS 应设置在冗余配置的 H1 卡中，备用 LAS 设置在网段内某一仪表内。LAS 按照规定的传输时间表发出通信命令，对 H1 网段上的所有设备进行周期性的功能块调度，在预定的调度时间外的特定时间段内，向 H1 网段上的所有设备发送令牌信息，让设备发送非确定的突发信息，如报警、诊断和维护、组态和下载等非周期信息。

一个控制回路中的所有功能块执行的运算时间和数据在总线上传输的时间之和为此控制回路的周期。

一个网段的周期是由网段上所有控制回路的周期来确定的，不是简单地相加。功能块的执行时间可以重叠，但是网段上的通信时间是不能重叠的。网段的周期与非周期之和称为宏周期。宏周期内需预留一定的非周期时间以传送非周期信息。在设计阶段，每个网段宏周期可预设一个固定值，不固定的是周期和非周期时间。设备越多，设备与设备之间的数据交换越多，周期时间越长。实际的网段宏周期由系统来最终计算。

如图 8－13 所示，标尺所示整个宏周期时间为 1 000 ms，周期时间为 195 ms，非周期时间为 805 ms。

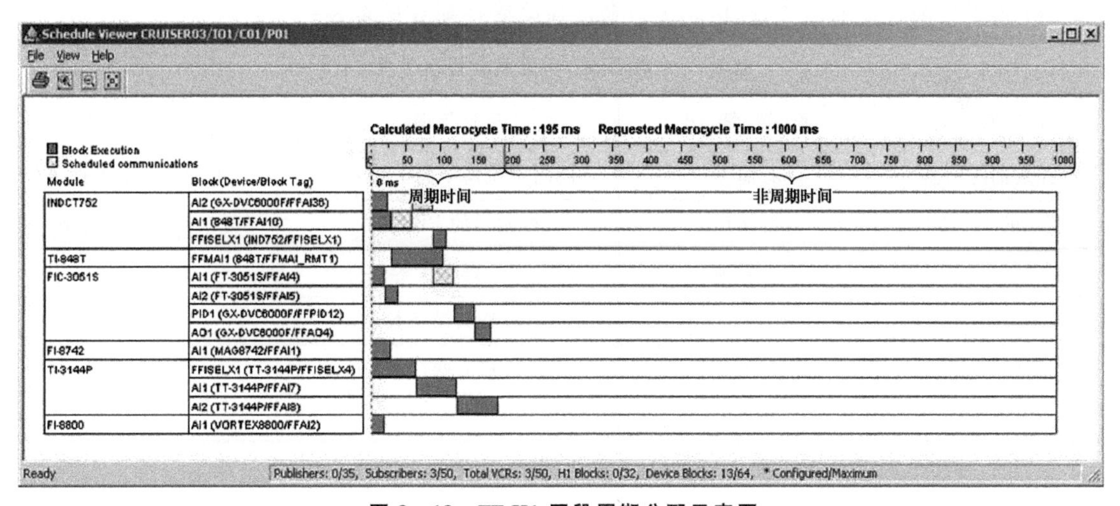

图 8－13　FF H1 网段周期分配示意图

图中灰色格子表示设备功能块处理时间；网状格子表示 VCR（Virtual Communication Relationships－虚拟通信关系）处理时间。

为了确保通信信息的正常传输，根据基金会现场总线工程指南（REV 3.1）推荐，宏循环周期缺省值为 1 000 ms。其中非周期时间应至少占宏周期时间的 30%。FF 网段宏周期执行时间与负载仪表数量的关系为：

① 对于要求宏周期时间为 1 000 ms 的网段，最大现场总线设备数为 12 台（含 2 台阀门）。

② 对于要求宏周期时间为 750 ms 的网段，最大现场总线设备数为 9 台（含 2 台阀门）。

③ 对于要求宏周期时间为 500 ms 的网段，最大现场总线设备数为 6 台（含 1 台阀门）。

④ 对于要求宏周期时间为 250 ms 的网段，最大现场总线设备数为 3 台（含 1 台阀门）。

设计现场总线网段时，网段宏循环时间还应该与 DCS 控制器的执行时间相匹配，以确保传输最新数据。由此，控制回路中相关的测量仪表和阀门最好位于同一网段中，以便加快运算

速度。

如果一个控制回路的 AI、PID 和 AO 点因现场物理位置分配在两个网段中，那么即使 PID 模块在阀门定位器中，DCS 控制器执行时间宜设定为两个网段中较大宏周期的两倍。

(3) 风险管理的要求

为了装置生产的安全运行，设计上要保证将人为失误和仪表故障对工厂可靠性的影响降到最低，因此 FF 网段的负载分布设计应遵守：

① 与有能量传递的设备(如精馏塔、反应器等)、加热设备(如再沸器)有关的现场总线仪表和与换热设备(如冷凝器)有关的现场仪表宜分在不同的网段中。

② 用于工艺主设备与备用设备的现场总线仪表宜分配在不同的网段中。

③ 采用多点测量的设备(如采用多点温度测量的反应器)，应将现场总线仪表均匀地分配在不同的网段中。

④ 现场总线的阀门应组态成控制系统通信故障时的阀位与气源故障时的阀位相同。

⑤ 不同重要级别的控制阀，按项目工程设计的有关规定采取安全、合理的分布方式。

⑥ 根据目前行业的经验，网络相关设备的风险管理配置见表 8－3。

表 8－3　FF 网络/网段风险管理选项

风险管理项	配 置 情 况	风险管理项	配 置 情 况
冗余的控制器	必需项	阀门定位器中的 PID 模块	单回路调节首选
冗余的 H1 接口	必需项	控制器的 PID 模块	复杂回路的必需项
冗余的电源调制器	必需项	阀门的关键程度等级分类	必需项
DC 电源电池容量	必需项，至少 30 min	网段最大设备数/台	12
冗余的供电电源	必需项	网段最大阀门数/个	2
现场备用 LAS	必需项		

(4) 系统设计的要求

不同控制系统的 H1 网段，对于在给定时间内每一个网段的功能块数量、VCR 数量限制是不同的，限制着每一网段所挂仪表的数量。

① 现场仪表的功能块

现场总线仪表要通过互操作性程序的测试(ITK4.01)并经过现场总线基金会的认证。

基金会现场总线仪表有 3 种不同类型的块，分别为转换块、资源块和功能块。

资源块描述了现场总线仪表的特性，例如设备名称、制造商和序列号。

转换块是把从传感器读取的信号转换后输入功能块，或者把功能块的输出端信号转换成可以直接输出到设备的命令信号，它包含了现场总线仪表的校准日期和传感器类型等信息。

功能块是由用户定义的，是控制策略，以提供控制系统所需的各种功能。

现场总线仪表的控制功能可下放给现场实现，现场总线仪表的功能由仪表所带功能模块决定。但是同类型被测变量的仪表在其产品特征(如功能块和诊断块、功能块执行速度等)方面可能存在很大差异；而且现场总线仪表的版本不同，其所带的功能模块的类型和数量也不同。因此，工程设计应根据不同的应用工况选用带合适功能块的 FF 仪表。

基金会现场总线工程指南(REV3.1)中定义了四种功能块：标准功能块、先进功能块、附加功能块、柔性功能块。

FF－891 功能块应用流程第 2 部分定义的 10 类标准功能块：

ANALOG INPUT——模拟输入；ANALOG OUTPUT——模拟输出；BIAS/GAIN——偏置/增益；CONTROL SELECTOR——控制选择；DISCRETE INPUT——离散输入；DISCRETE OUTPTU——离散输出；MANUAL LOADER——手动装载；PROPORTIONAL/DERIVATIVE CONTROL——比例/微分控制；PROPORTIONAL/INTEGRAL/DERIVATIVE CONTROL——比例/积分/微分控制；RATIO——比值。

FF－892 功能块应用流程第 3 部分定义的 19 类先进功能块：

Pulse Input——脉冲输入；Complex AO——复杂 AO；Complex DO——复杂 DO；Step Output PID——步进输出；PID Device Control——设备控制；Set Point Ramp——给定值斜率；Output Splitter——分程；Input Selector——输入选择；Signal Characterizer——信号线性化；Dead Time——死区时间；Calculate——计算；Lead Lag——超前/滞后；Integrator(Totalizer)——累计；Arithmetic——算法；Timer——定时器；Analog Alarm——模拟报警；Discrete Alarm——离散报警；Analog Human Interface——模拟人机接口；Discrete Human Interface——离散人机接口。

FF－892 功能块应用流程第 4 部分定义的 4 类附加功能块：

Multiple Analog Input——多路模拟输入；Multiple Analog Output——多路模拟输出；Multiple Discrete Input——多路数字输入；Multiple Discrete Output——多路数字输出。

FF－892 功能块应用流程第 5 部分定义了柔性功能块。

以 EMERSON 3051S 变送器为例的现场总线仪表功能块，见图 8－14。

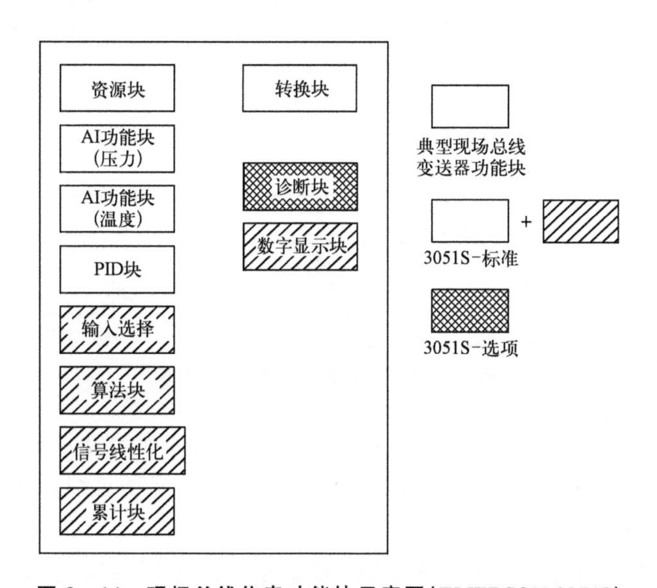

图 8－14 现场总线仪表功能块示意图(EMERSON 3051S)

由此设计选用现场总线仪表时，应该询问供货商所提供的仪表有多少个功能块，是否在功能块中增加了额外的功能，提供了怎样的诊断信息，每个功能块执行时间是多少。在选用现场总线仪表时，设计应根据工况的需求进行综合考虑，通过平衡宏循环效率和工艺需求来选择最佳结果。

② 虚拟通信关系(Virtual Communication Relationships, VCR)

在基金会现场总线网段中,设备之间的信息传递是通过配置的应用层通道,在应用程序之间实现的。这种在现场总线网络应用层之间的通信通道称为虚拟通信关系 VCR。基金会现场总线描述了三种类型的 VCR:发布方/接收方、报告分发、客户/服务器。

对于一个控制回路,功能块 PID 模块的位置不同,所产生的 VCR 数量也不同。图 8-15、图 8-16、图 8-17 分别为 PID 功能设置在阀门定位器、系统控制器和变送器内的示意图。PID 功能设置在阀门定位器内时,VCR 数量最少。

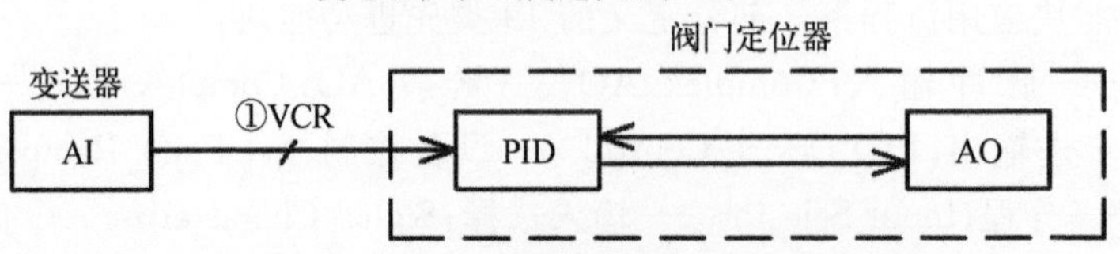

图 8-15 PID 功能设置在阀门定位器

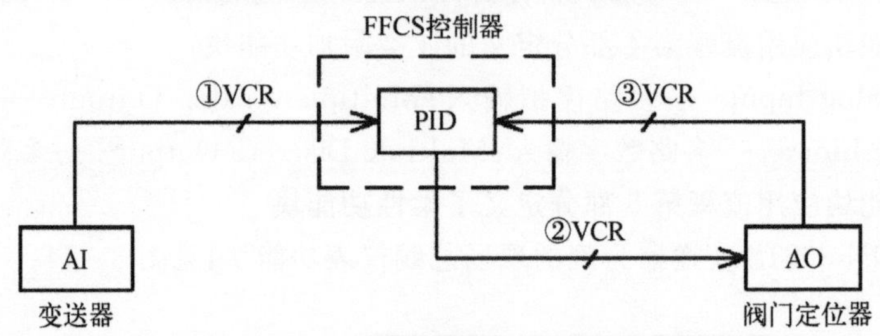

图 8-16 PID 功能设置在系统控制器

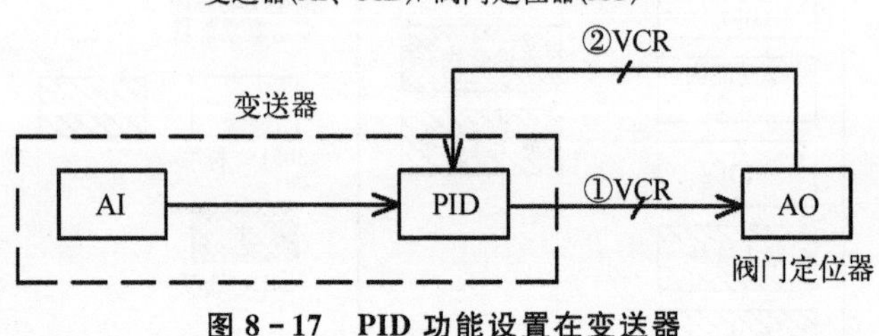

图 8-17 PID 功能设置在变送器

现场总线仪表的功能由所带功能模块所决定。现场仪表所带功能模块的位置不同,现场总线上的通信量也就不同。从系统的运行要求考虑,合理的现场总线仪表的选型可以使得通信量减少。

由于串接控制回路占控制系统的大多数,通常为了提高 FF H1 总线工作效率,将串接控制回路的副环 PID 控制模块放在智能阀门定位器中,以减少系统控制器与现场阀门定位器之间的通信量。

同理,在设计复杂控制策略时,必须注意现场设备和系统支持的功能块和 VCR 的数量。并且,在 FF 现场仪表选型时,现场仪表 EDD 文件版本应与系统软件版本一致,以避免造成通信不正常的状况。

某项目的网段实例设置为：

系统支持每个H1网段上最大能容纳64个功能块，系统的VCR总量为50个。实际应用每个H1网段上虚拟通信关系支持为20个VCR发布/20个VCR接收，但是VCR的总量不能超过25个。

（5）备用容量的要求

每个FF H1网段应预留20%～25%的备用量，其中包括总线计算电流和功能块的裕量。

根据某已建项目实例设置如下：

每一个网段的负载可按9台FF现场仪表考虑，但实际平均安装为6台。

网段的FF配电能力、满载时的电缆压降及相应的电缆长度设计时应考虑适当余量。

某项目采用的FF电源调节器配置的是MTL公司的Relcom FPS－1系列FPS－RCT。

输出电压为25 V(DC) minimum @ 350 mA load。电缆总长度主干线与支线之和不超过1.2 km，根据支线电缆长度尽可能短的原则，项目中支线长度平均为10～40 m。

3. FFCS的接地和防电涌设计

FF现场总线电缆的线芯要对地隔离。现场总线电缆的屏蔽层应在系统侧单点接地，在现场的应该与现场设备绝缘。在现场总线接线箱内，主干电缆与分支电缆的屏蔽层要通过接线箱内端子连接。

分段隔离是基金会现场总线设计的基本要求。如果设备安装在被认为有雷击的高风险区域，则分段隔离应被视为额外的保护措施。每一FF网段的两端都应安装电涌保护器，电涌保护器的选型和使用不可影响FF网段上的信号传输。电涌保护方案示例见图8－18。

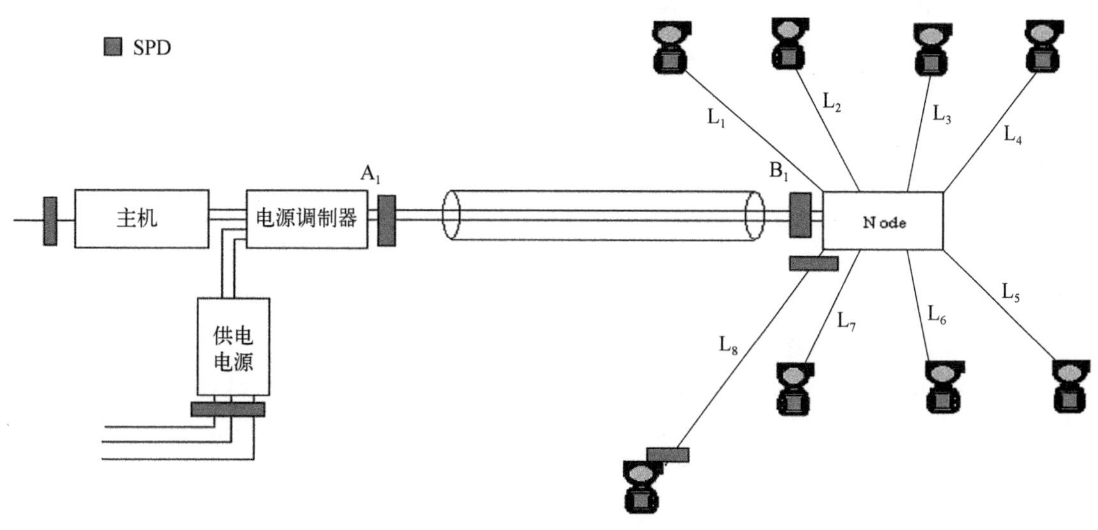

图8－18　电涌保护方案

8.5.4 PROFIBUS现场总线

PROFIBUS是德国于20世纪90年代初制定的国家工业现场总线标准。1996年，PROFIBUS被CENELEC(欧洲电工标准化委员会)批准为欧洲标准；2001年1月，PROFIBUS成为现场总线国际标准IEC 61158中的类型之一。

PROFIBUS是一种开放的现场总线标准，PROFIBUS 现场总线服务于整个工厂的总线协议，它包括 PROFIBUS DP、PROFIBUS PA、PROFISAFE、PROFIDRIVE、PROFINET。目前 PROFISAFE、PROFIDRIVE 和 PROFINET 在石化、化工行业中尚缺乏相应的应用。PROFIBUS 现场总线控制系统网络通常由 PROFIBUS DP 和 PA 网段构成，通过耦合器将 PROFIBUS PA 上挂接的现场仪表连接到 DP 网段上，实现现场仪表和控制系统的通信。由于 PROFIBUS PA 现场总线产品种类比 FF H1 现场总线多，故其网段配置方案多，灵活性较高。

1. PROFIBUS PA 技术要求

PROFIBUS PA 现场总线技术执行 IEC 61784－1、PI 行规的系列标准。

① 通信信号为曼彻斯特编码、位同步、双向、全数字、2 线制、多节点。

② 通信速率为 31.25 kbit/s。

③ PROFIBUS PA 现场总线电缆传输介质应为铜芯屏蔽双绞线，宜采用 A 类总线电缆。

④ PROFIBUS PA 网段的拓扑结构可采用线型、树型、环型和线型与树型混合结构。

⑤ 对于非本安的主干线，PROFIBUS PA 网段驱动电压为 9～31 V；对于 FISCO 模型的本安干线，PA 网段电源调整器输出电压应为 14～17.5 V(DC)，且网段任意一点电压应不低于 9V(DC)。

⑥ PROFIBUS PA 网段电缆总长度为主干电缆与各分支电缆长度之和，不应超过 1 900 m。当 FISCO 模型的本安工况应用于 IIC 级别的爆炸危险场合时，网段电缆总长度应不超过 1 000 m。

⑦ PROFIBUS PA 网段两端应各设置一个终端器。

⑧ 非本安应用的分支电缆长度应小于 120 m；本安应用的分支电缆长度应小于 60 m。

以上是 PROFIBUS PA 现场总线网段设计的一些基本技术要求。同理于 FF H1，在工程实践中电压压降和电流的限制、风险管理、网络运行时间要求以及 DP/PA 链接器(耦合器)的限制都对网段的负载分布有着直接的影响。

2. PROFIBUS PA 负载和计算

PROFIBUS PA 网段允许的负载主要有四个方面的影响：电压压降和电流的限制，风险管理要求，网络运行时间要求，DP/PA 链接器(耦合器)的限制。

(1) PROFIBUS PA 电压压降和电流的限制

PROFIBUS PA 仪表的驱动电压为 9～31 V(DC)，即现场仪表的工作电压至少要达到 9 V(DC)。所以，PROFIBUS PA 总线网段上仪表数量依据电压、电缆的直流电阻及每台仪表所消耗的电流进行计算。

PROFIBUS PA 总线网段是通过 DP/PA 耦合器(DP/PA 链接器)为现场总线仪表供电的，见图 8－19。

PROFIBUS PA 网段仪表数量是依据 DP/PA 耦合器输出的电压、电缆的直流电阻及每台仪表所消耗的电流来计算的。选用的 DP/PA 耦合器需考虑其配电能力，它直接影响可挂仪表的数量和总线电缆长度。DP/PA 耦合器的额定电流限制了现场仪表的耗电电流总和。额定电流越大，能挂接的仪表就越多；当挂接仪表数量不变时，配电电压越高，总线电缆就能设置越长。

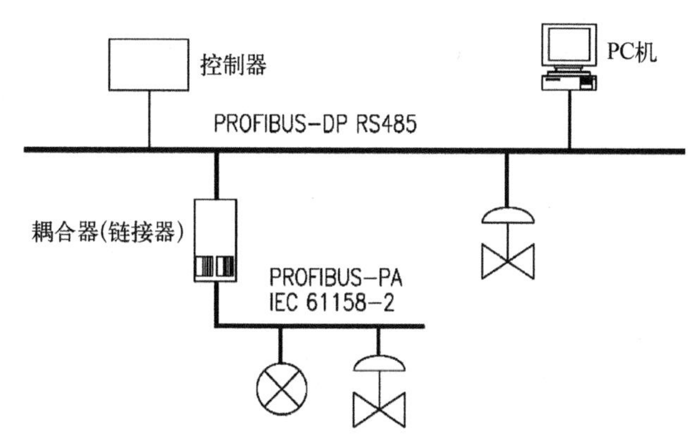

图 8-19　PROFIBUS PA 网段配电示意图

DP/PA 耦合器配电电流≥现场设备耗电电流总和+最大一个仪表故障电流;PROFIBUS PA 网段允许电压压降≤网段最大工作电流×总线电缆的总直流电阻。

以图 8-20 中的环型网段为例,对 PA 网段上电压、电流进行计算,验证 PA 网段设计的合理性。

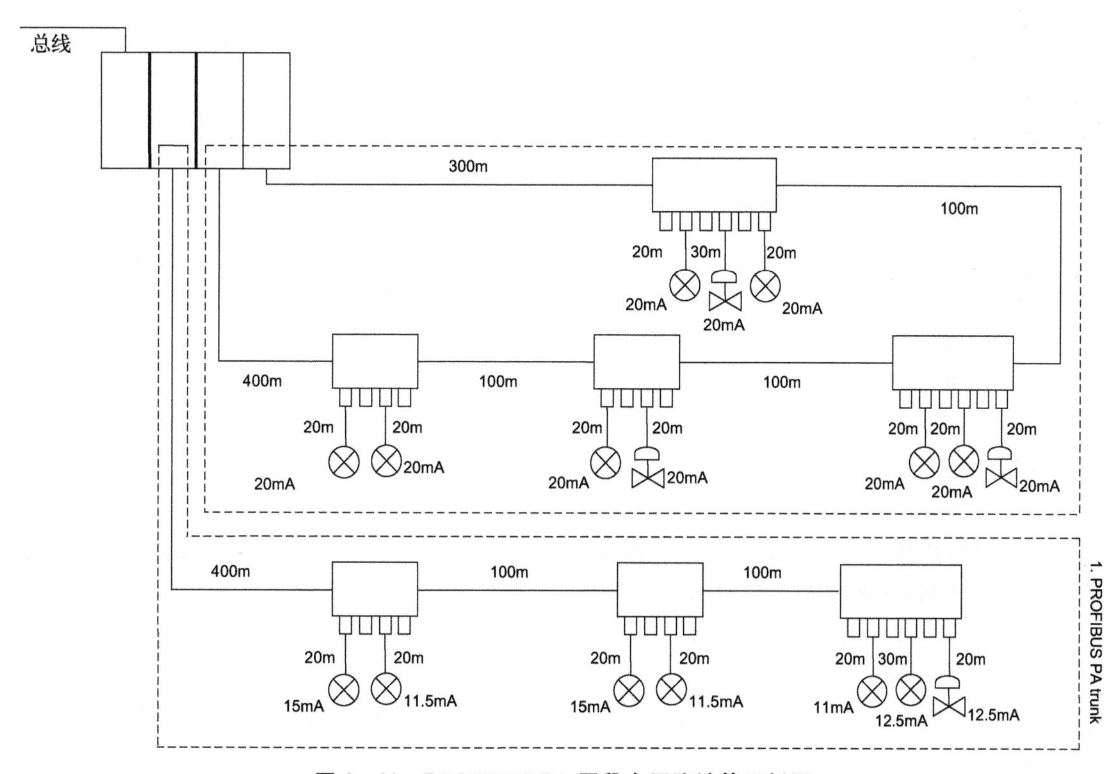

图 8-20　PROFIBUS PA 网段电压降计算示例图

DP/PA 耦合器配电输出能力为 24～31 V(DC)/1 000 mA,每个现场仪表耗电 20 mA,现场总线电缆总长度=300+100+100+100+400+20+30+20+20+20+20+20+20+20+20=1 210 m<1 900 m。

现场总线仪表耗电:20 mA/个,现场挂接 10 个。

现场总线 A 型电缆分布电阻：44 Ω/km。

现场仪表耗电总和：10×20=200 mA。

假设最大仪表故障电流取 50 mA，则 200 mA+50 mA=250 mA< 1 000 mA。

总线电缆上总压降：0.20 A×1.21 km×44 Ω/km=10.648 V。

最末端设备的供电电压：24 V−10.648 V=13.352 V>9 V。

(2) 风险管理的要求

同理于 FF H1 现场总线网段，PROFIBUS PA 网段的负载分布设计应遵守：

① 与有能量传递的设备(如精馏塔、反应器等)、加热设备(如再沸器)有关的现场总线仪表和与换热设备(如冷凝器)有关的现场仪表宜分在不同的网段中。

② 用于主工艺设备与备用工艺设备的现场总线仪表宜分配在不同的网段中。

③ 采用多点测量的设备(如采用多点温度测量的反应器)，应将现场总线仪表均匀地分配在不同的网段中。

④ 不同重要级别的控制阀，按项目的工程设计有关规定采取安全、合理的分布方式。

⑤ 根据目前行业的经验，网络相关设备的风险管理配置见表 8-4。

表 8-4　PROFIBUS 网络/网段风险管理选项

风险管理项	配 置 情 况	风险管理项	配 置 情 况
冗余的控制器	必需项	DC 电源电池容量	必需项，至少 30 min
冗余的光纤	必需项	冗余的供电电源	必需项
冗余的耦合器	必需项	阀门的关键程度等级分类	必需项
冗余的链接器	必需项		

(3) 网络运行时间的要求

PROFIBUS PA 采用令牌环主从通信模式。在网络中起控制作用的为主站，主站分为一类主站，如 DCS、PLC 等对设备进行控制；二类主站，如工程师站用于配置及故障处理等。所有的数据传输都要通过主站。其他设备为从站，从站不能主动在网上传输数据，除非有主站命令。

主站只有在拥有令牌的情况下才能传输数据。有了令牌，主站传输数据完成后，将令牌传送给下一个主站，令牌传递一圈为一个令牌周期。

PROFIBUS PA 网段的一个通信周期是一类主站循环访问时间和二类主站循环访问的时间之和。例如，对于一个简单回路，一类主站需要先读取流量计的值，然后交换数据送给阀门定位器，进而对阀门进行控制。因此，对于一个 PROFIBUS PA 网段数据更新时间计数按式(8-3)计算：

$$T_{seg}=10n+T_{acycl} \tag{8-2}$$

式中　T_{seg}——PA 网段的周期时间，ms；

n——PA 仪表数量；

T_{acycl}——PA 网段非周期时间，100 ms。

如图 8-21 所示，PROFIBUS PA 网段仪表数据循环周期时间为 60 ms，非周期时间为 20 ms，PROFIBUS 系统消耗时间为 1.8 ms，数据更新总时间为 60＋20＋1.8＝81.8 ms。

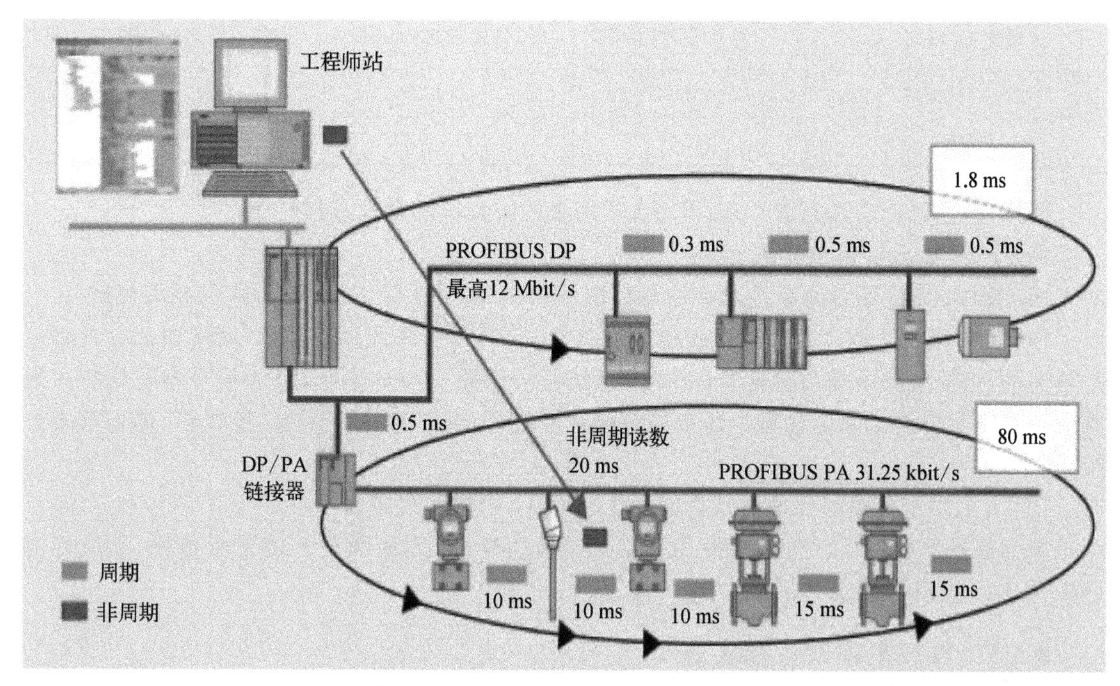

图 8-21　PROFIBUS 网段周期分配示意图

因此，同理于 FF 现场总线设计现场总线网段，PROFIBUS PA 也要考虑主站一定时间内传输参数的数量限制。

控制回路中相关的测量仪表和阀门最好位于同一网段中，以便加快运算速度。

每个网段的周期时间宜定为 1 000 ms。

当周期时间为 1 000 ms 时，网段的工艺数据通信占 70％，网段的报警数据通信占 30％。

宏周期时间设定为 1 000 ms 的网段，PROFIBUS PA 仪表数不宜大于 24 台。

宏周期时间设定为 500 ms 的网段，PROFIBUS PA 仪表数不宜大于 16 台。

宏周期时间设定为 250 ms 的网段，PROFIBUS PA 仪表数不宜大于 8 台。

(4) DP/PA 链接器(耦合器)的限制

PROFIBUS PA 是通过 DP/PA 链接器(耦合器)连接至 PROFIBUS DP 网上。西门子、ABB 等供应商都能提供这种连接设备。

当采用 DP/PA 链接器连接 PA 网段时，输入输出字长限制是指链接器连接的所有耦合器所带 PA 仪表的总字长，其中总的输入不能超过 244 字节，总的输出不能超过 244 字节。

当采用 DP/PA 耦合器连接 PA 网段时，输入输出字节限制是指该耦合器所带 PA 仪表的总字长，总的输入不能超过 244 字节，总的输出不能超过 244 字节。

3. PROFIBUS DP 网段设计

PROFIBUS DP 是 PROFIBUS PA 上一层网络，PROFIBUS DP 通信波特率为9.6 kbit/s～12 Mbit/s。

PROFIBUS DP 电缆的通信距离受其数据传输速率的限制。常用电缆为 A 类电缆，其通

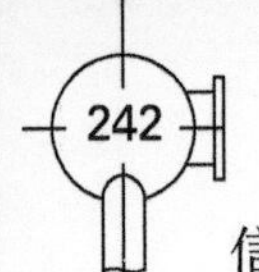

信距离参见表 8－5。

表 8－5　PROFIBUS DP A 类电缆通信距离

传输速率/(kbit/s)	总线长度/m	传输速率/(kbit/s)	总线长度/m
9.6～187.5	1 000	1 500	200
500	400	3 000～12 000	100

所以，在设计中应注意 PROFIBUS DP 网络的波特率的合理选择。

4. PFCS 接地和防电涌设计

PROFIBUS 现场总线系统的接地设计遵循 SH/T 3081 及 SH/T 3164 的相关规定。

PFCS 的保护接地应该接到保护接地汇总板。PFCS 应采用隔离技术，网络和 I/O 接口应是隔离的，信号线路不需要接地。DP/PA 总线信号回路应与地绝缘，总线信号电缆线芯对地绝缘；DP/PA 总线电缆应在每个断接处对屏蔽层进行连接，应在控制室、接线箱、现场仪表处接地。

PFCS 的防雷电电涌保护设计遵循 SH/T 3164 的相关规定。

电涌保护器(SPD)的选型和使用不应影响 PROFIBUS 各网段上的信号传输，不应影响 PROFIBUS 设备和仪表的正常工作。

8.5.5　FCS 工程设计及实施

FFCS、PFCS 工程设计和实施的工作内容、流程与 DCS 基本相仿，可参照 8.1.5 节内容。其主要区别如下：

1. 基础工程设计阶段

(1) 完成现场总线的技术方案的确定：现场总线的选择、防爆类型选择、网络拓扑结构的确定、网段连接方式、网段冗余原则及冗余方式、第三方网络连接方式、现场总线系统设备的选择、电缆选择、网段负载、系统设计、系统及仪表的接地和防电涌等；

(2) 完成现场总线系统工程设计导则或设计规定；

(3) 完成初步现场总线系统结构和典型网段结构的设计；

(4) 完成初步现场总线系统询价书和现场总线仪表询价书。

2. 详细工程设计阶段

(1) 完成现场总线系统规格书和现场总线仪表规格书；

(2) 配合采购部门、供货商签订现场总线系统和现场总线仪表的供货及技术服务合同的相关技术附件；

(3) 确认供货商返回资料；

(4) 根据已有的工艺管道及仪表流程图(P&ID)、管道平面布置图完成网段的设计；

(5) 运用系统商相关软件来检查网段分布的合理性；

(6) FAT 之后，修改完善设计的相关文件。

第9章　安全相关系统

为保障石油化工装置的生产安全，防止或降低生产运行危险事件发生，减少人员伤害和经济损失，保护人员和生产装置安全，保护环境，采用安全仪表系统（Safty Instrumented System，SIS）和可燃气体和有毒气体检测报警系统（Gas Detection System，GDS）对生产装置进行安全保护。目前，SIS和GDS已是石油化工行业安全生产的重要保障之一。安全仪表系统（SIS），又称安全联锁系统和紧急停车系统，当装置正常生产时，生产过程的操控任务由DCS完成，SIS则处于静止状态，但时刻监视生产装置的运行状况。SIS一旦检测到生产装置或设施的运行参数偏离安全设定值，可能导致安全事故发生时，能够瞬间准确动作，使生产过程按预设逻辑自动导入安全状态或停止运行。

SIS在生产装置中的重要作用决定了其可靠性参数是至关重要的。如果SIS失效，将可能导致严重的人员安全事故、环境污染或重大经济损失。SIS设计的安全可靠性要求，依据是安全完整性等级评估报告。评估报告中的SIL定级分析，是基于未设置安全仪表系统或安全仪表功能失效时，对生产过程的安全风险所进行的分析评估，提出对安全仪表功能的安全完整性等级（SIL）要求。SIS应按照相关设计标准、规范和法规进行设计，可靠性是否达到要求，需进行SIL验证计算和分析评估。功能安全国际标准IEC－61508、IEC－61511所定义的SIS，由检测仪表、逻辑控制器（SIS－PLC）和最终执行元件（如控制阀等）三大部分构成。逻辑控制器（SIS－PLC）与测量仪表、执行元件共同实现安全保护功能，防止或减少危险事件的发生，保持生产过程处于安全状态。检测仪表和最终执行元件的选型和技术要求，详见第2章仪表选型中的现场仪表相关章节。本章主要涉及SIS－PLC部分，以下简称SIS。

随着石油化工行业用户对功能安全国际标准IEC 61508、IEC 61511逐步认知和接受，国家对石油化工行业生产安全的监管力度加强，从业人员的安全生产意识也不断提高，特别是企业高层决策者更加关注生命周期安全，认识到只有生命周期安全的企业才能可持续发展，才能确保稳定的经济效益。作为国内最早采用SIS的行业之一，石油化工行业的SIS应用水平在不断提高。

根据《关于加强化工安全仪表系统管理的指导意见》，将可燃气体和有毒气体检测报警系统（GDS）归为其他相关仪表保护措施，有别于安全仪表系统。一旦生产装置发生可燃、有毒气体泄漏，GDS能及时检测到泄漏危险，并且在现场、控制室和其他人员值守处发出声光报警；同时，将二级报警信号接入消防控制室，以便相关人员及时了解装置的潜在危险，采取必要的应对措施。GDS系统由各种可燃/有毒气体检测器、现场报警器、报警控制单元组成。可燃气体检测器和有毒气体检测器的选型和技术要求，详见第2章仪表选型中的相关仪表章节。本章主要涉及报警控制单元和现场报警器部分。

本章分别讲述SIS和GDS的结构、特点、技术要求、工程设计，以及在工程设计中所涉及的工作。

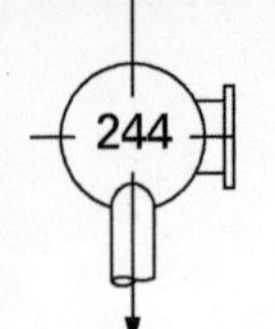

9.1 SIS

9.1.1 简介

21 世纪初，随着中国石油化工行业的发展，新建石油化工装置的安全联锁保护功能普遍采用 SIS 来实现。当时，SIS 制造商主要为 Triconix、ABB、ICS 和 HIMA。随着市场需求的不断提高，国内制造商加大研发力度，近几年来，纷纷推出国产 SIS。国产品牌 SIS 制造商如浙江中控、和利时和康吉森等迅速发展。目前，无论是进口还是国内 SIS 制造商，均已在国内拥有服务中心和大量技术人员，除了能提供 SIS 产品外，还具有提供整体 SIS 解决方案并在国内集成实施的能力，提供整个生命周期的检验和维保服务。SIS 已在石油化工装置中获得广泛应用。

1. 主要的 SIS

石油化工装置中主要的 SIS 制造商与其系统如下：

① Triconix　TRICON；
② ICS　TRUSTED(大系统)/AAdvance(中小系统)；
③ HIMA　HIMax(大系统)/Hiquad H51Q(中小系统)；
④ ABB　800xA-Hi；
⑤ Honeywell　SM；
⑥ Yokogawa　Prosafe-RS；
⑦ EMERSON　DeltaV SIS；
⑧ SIEMENS　S7-400FH；
⑨ 浙江中控　TCS-900；
⑩ 和利时　HiaGuard；
⑪ 康吉森　TSX PLUS。

随着计算机技术、通信技术、自诊断技术、冗余容错技术等不断发展，SIS 的硬件和软件不断完善，可靠性和可用性不断提高。目前主流 SIS 的中央处理单元普遍采用二取一硬件表决加软件诊断(1oo2D)、三取二硬件表决(2oo3)和四取二硬件表决加软件诊断(2oo4D)的模式，且 SIS 的安全完整性等级经过第三方权威认证机构(如德国 TUV)的安全认证。以上品牌 SIS 可靠性保障的主要区别在于不同的故障诊断技术，如以 Triconix 为代表的三取二硬件表决机制，以 Siemens 为代表的二取一表决机制加软件诊断模式，以及以 HIMA 为代表的四取二表决机制加软件诊断模式。这些产品在可靠性和可用性指标上都没有大的差别，系统的安全完整性等级都能达到 SIL3 级。

依据 IEC61508、IEC61511 的分层模型，过程安全保护层的最下层是监视控制层，即以 DCS 为代表的基本过程控制系统(BPCS)，用于实现生产过程监视、控制、操作及管理，确保生产过程正常运行，DCS 不执行 SIL1～SIL3 级安全仪表功能；DCS 上一层是防护层，其中安全仪表系统用于监测生产过程运行状况，判断危险和风险发生的条件，自动或手动执行规定的 SIL1～SIL3 级安全仪表功能，防止或减少危险事件发生，减少人员伤害或经济损失，保护人员和生产装置安全，保护环境。

2. SIS 的主要特点

① 系统具有高可靠性和容错性，中央处理单元采用以微处理器为基础的双重化、三重化、四重化的冗余技术，并将硬件容错技术融入其中，实现故障安全。双重化、三重化硬件故障裕度为 1，四重化硬件故障裕度可达到 2。在硬件故障时能进行无扰动自动切换。

② 系统具有开放式结构，组态方便、灵活且先进可靠。

③ 可实现逻辑控制、时序控制、计算、脉冲调幅、积算、数据键入、操作、通信等功能。

④ 具有诊断和查错功能，能诊断和显示系统的全部部件故障，诊断信息除了在 SIS 操作员站、工程师站和事件顺序记录工作(SOE)站上显示、记录外，还可通过串行通信接口在 DCS 的操作员站上显示，DCS 对 SIS 原则上只可读不可写。

⑤ 系统数据通信网络为支持冗余/容错通信方式的全冗余工业化数字通信系统。

⑥ SIS 与 DCS 进行通信的通信接口可冗余配置，带自诊断功能，在 DCS 操作站上能显示运行状态。

3. SIS 与 DCS 的主要区别

(1) 用途

DCS 作为生产装置的基本过程控制系统，用于对生产过程的监测、常规控制(如连续、顺序、间歇、逻辑控制等)、操作管理，保证生产装置的平稳运行。

SIS 则是生产装置独立的安全保护系统，对生产过程的操控权限高于 DCS 等过程控制系统。SIS 实时在线监测生产装置的运行安全性，一旦检测到生产装置出现可能导致安全事故的工况，不需要经过 DCS，而直接由 SIS 发出联锁保护信号，瞬间按预设的逻辑准确动作，使生产过程安全停止运行或自动导入安全状态，避免危险发生或扩散，造成巨大损失，起到保护人员、设备和环境的作用。

(2) 特点

DCS 是“动态”系统，始终对过程变量进行检测、运算和控制，对生产过程进行动态控制，起到稳定生产运行、确保产品质量和产量的作用。

SIS 是“静态”系统，在正常工况下，SIS 是处于静态的，始终监控生产装置运行状况，但系统不输出动作信号，不干预生产过程。非正常工况时，按预先设计的逻辑，完成安全联锁、紧急停车功能。

(3) 可操作性

操作人员可以通过 DCS 对工艺过程进行必要的操作。例如，操作人员通过 DCS 操作员站的人机交互界面，完成远程遥控，对控制回路进行手/自动切换，以及调整 PID 参数和设定值等。

操作人员不可以通过 SIS 操作联锁阀门或设备，不可以对在 SIS 内运行的逻辑功能或设置进行干预。SIS 操作员站的主要功能是显示报警和逻辑运行状态，操作联锁旁路和复位。

(4) 独立性

SIS 的检测仪表、阀门等尽可能与 DCS 控制回路分开设置。原则上，凡是达到 SIL2、SIL3 等级的 SIF 回路，检测仪表和阀门应考虑独立设置；SIL1 及以下等级 SIF 回路可以和 DCS 共用检测仪表和阀门，但参数信号不能通过 DCS 输出到 SIS。SIS 的信号可以通过通信网络或硬线接入 DCS 显示。

(5) 重要性

SIS 比 DCS 的可靠性、可用性和维护管理规范性要求更高。因为，如果在生产过程中遇到过程变量严重偏离，需要启动SIS的安全仪表功能时，一旦SIS失效，将可能导致严重的安全事故；如果生产过程运行平稳，因SIS的误动作导致装置停车，则可能造成重大经济损失。

9.1.2 SIS基本架构

SIS的构成，包括中央处理单元、输入/输出单元(I/O单元)、电源单元、通信单元、操作员站、辅助操作台、工程师站、事件顺序记录工作站(SOE)等。这些硬件设备分别安装在控制室和机柜室，独立完成对应工艺装置的安全保护、紧急停车和紧急泄放。SIS与其他第三方系统的信号传输、信号显示采用通信方式，参与联锁或控制的信号采用硬接线方式。目前，一些厂家同时生产DCS和SIS，可以提供SIS与DCS公用数据通信网络的解决方案，SIS作为DCS的一个网络节点，其操作员站、工程师站和SOE站与DCS的操作员站、工程师站挂在一个网络上，以简化SIS的网络配置和提升数据传输的便捷性。但此类方案目前业内应用较少，在此不做详细介绍。

图9-1(a)、图9-1(b)为SIS的基本架构示意，举例说明了构成SIS硬件设备、通信网络与DCS及第三方PLC等的关系，以及硬件设备的安装位置。图9-1(a)所示的系统架构，是在控制室离装置比较近，控制室和机柜室在一个建筑物内的SIS构成。在装置比较多、规模比较大的一体化联合装置项目中，往往设置一个大型中心控制室(CCR)，各装置操作人员集中在一起操作。在这种情况下，由于装置离CCR较远，各装置机柜室都设置在现场，装置的SIS控制器(包括中央处理单元、I/O单元等)、工程师/SOE站安装在现场机柜室(FAR)内；操作员站、远程I/O单元、辅助操作台和联合工程师站等设备则安装在CCR内。以三重化系统为例，这种应用的系统架构如图9-1(b)所示。

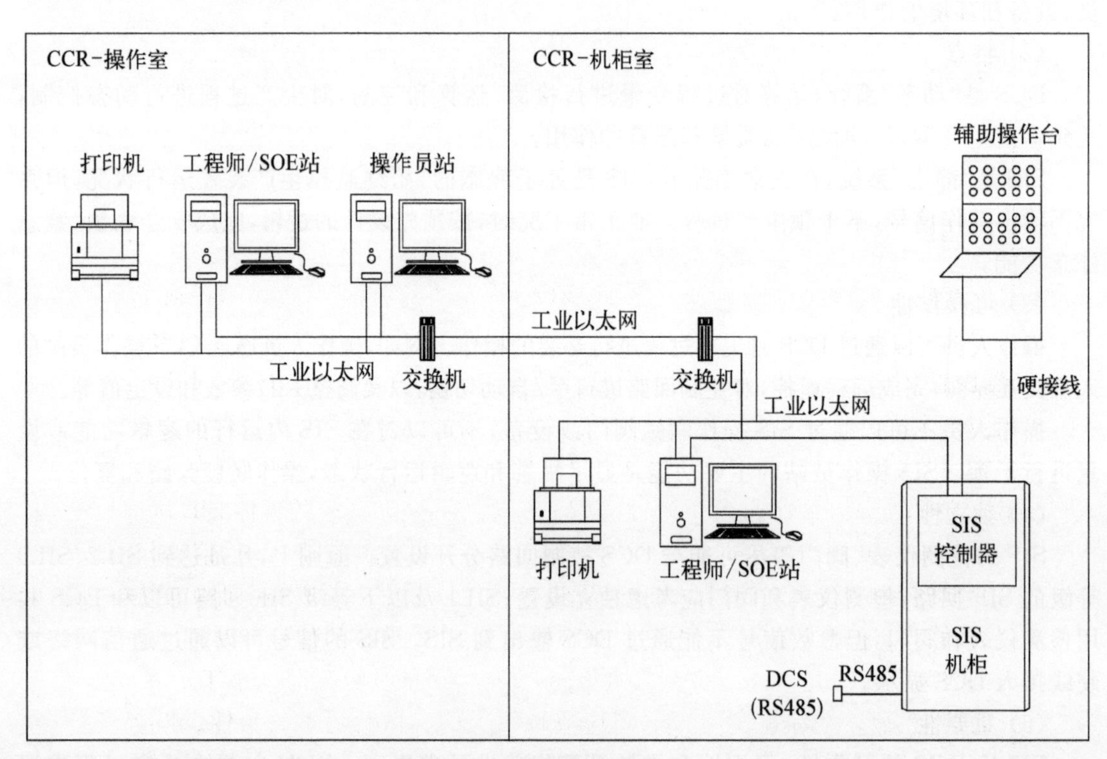

(a) 非远程机柜室

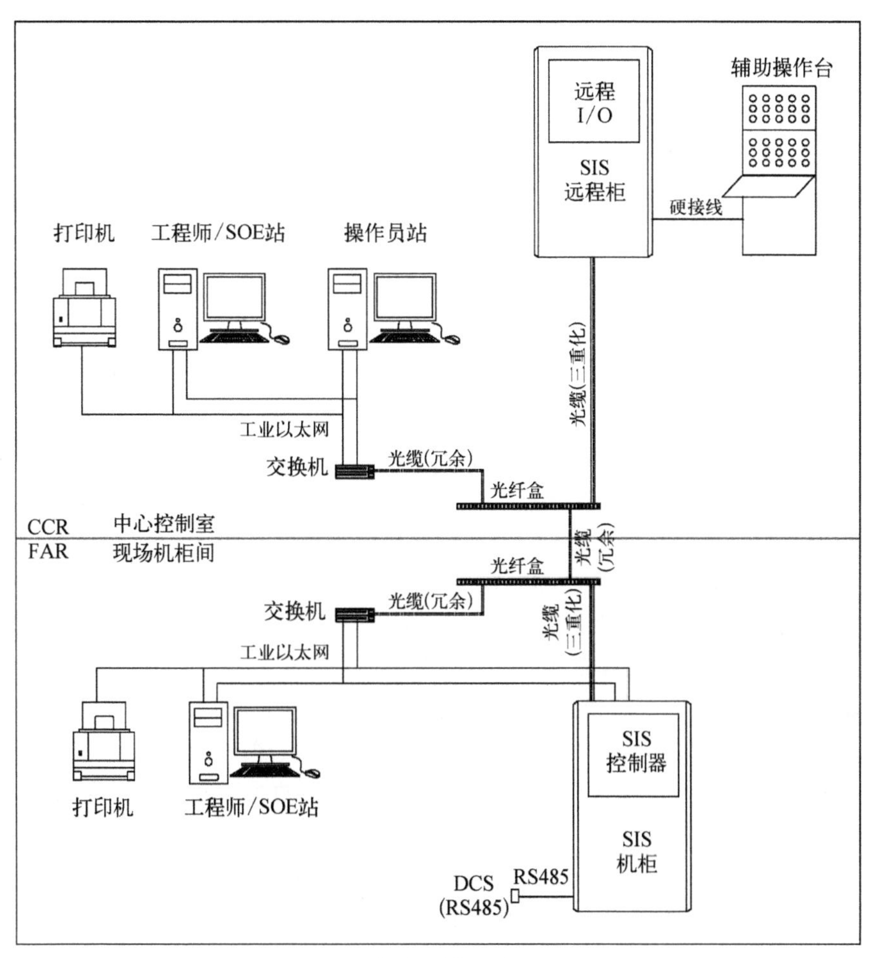

(b) 远程机柜室

图 9-1 SIS 架构图

9.1.3 SIS 技术要求

根据生产装置危险与可操作性分析(HAZOP)和安全完整性等级(SIL)评估报告对装置保护层的要求,重要的生产工艺、关键设备的安全联锁达到 SIL1 及以上的安全仪表功能(SIF)需设置 SIS,通过 SIS 完成装置的紧急停车(Emergency Shut-Down, ESD)和紧急泄放(Emergency Depression, EDP)等安全功能,实现对人身、环境、生产装置的保护。SIS 需按照 IEC 61508 中所定义的 SIL 等级设计,石化装置 SIS 的 SIL 等级最高为 SIL3 级。SIS 应取得第三方权威机构颁发的符合 IEC 61508 和 IEC 61511 标准的整体 SIL 认证证书,并能提供完整的测试报告,包含 SIS 的中央处理单元、I/O 单元、电源单元、通信单元等部件的整体产品。SIS 应独立于 DCS 和其他控制系统,单独设置,独立完成安全保护功能。SIS 响应时间(包括输入、输出处理和扫描时间,中央处理单元扫描和软件执行时间,通信时间),工程应用一般为 100～300 ms 且不超过 300 ms ,特殊要求时响应时间小于 100 ms。根据生产装置的规模、危险性和重要性,SIS 还应兼顾可靠性、可用性、可维护性、可追溯性和经济性等各方面的综合平衡。以下介绍石油化工装置工程设计中对 SIS 在硬件和软件方面的

要求。

1. 中央处理单元

SIS 中央处理单元接受经过输入模件处理后的信号，按预设的安全联锁逻辑运行并将处理结果输出到输出模件。产品有双重化冗余(DMR)、三重化冗余(TMR)、四重化冗余(QMR)结构的模块化冗余容错中央处理器可选择，并采用灵活、可扩展的设计。这几种结构的中央处理单元可以达到 SIL3 安全等级要求(IEC 61508)，又能满足非常高的可用性的需要。冗余配置增加了系统可用性，当其中一个模件发生故障时将被自动切除，它所对应的另一个冗余模件将保持工作，对工艺过程无任何扰动。其容错功能使得系统中任何一个部件发生故障，均不影响系统的正常运行。

DMR、TMR、QMR 结构的中央处理单元表决模式分别为 1oo2D、2oo3、2oo4D，目前各主流品牌 SIS 中央处理单元所提供的处理能力在 200 至 2000 点之间。工程应用中，冗余方面主要从性能失效模式的要求考虑，双重冗余 2-1-0 失效模式，即一个模块发生故障不会影响另一个的功能，两个模块都故障将会造成系统停车；三重冗余有 3-2-1-0、3-2-0、3-3-2-2-0 失效模式，主要取决于不同产品和配置。3-2-1-0 失效模式，中央处理单元由三个独立模块构成，一个模块发生故障不会影响其他两个模块的功能，仍继续保持 SIL3 安全完整性等级，如果超过 72 h 没有修复，则降级至 SIL2；当两个模块发生故障时，系统仍能维持运行，但不保证安全完整性。3-2-0 失效模式，中央处理单元由一个三通道模块构成，一个通道发生故障不会影响其他两个的功能，但安全完整性等级降至 SIL2；当两个通道故障时，则会将系统引导至安全停车。3-3-2-2-0 失效模式，中央处理单元由两个三通道模块构成，如故障发生在同一个模件，安全完整性等级仍保持 SIL3；当两个模件各一个通道故障时，则安全完整性等级降至 SIL2；当两个模件各有两个通道故障时，则会导致系统安全停车。4 重化冗余的产品有 4-2-0、4-3-2-0失效模式。失效模式为 4-2-0 的系统，即两个 1oo2D 处理器集成在一块 CU 模件上，再由两块同样的 CU 模件构成冗余的中央处理单元，系统在冗余失效后须在一定时效内(通常为 72 h)恢复，不然无法继续保障 SIL3 性能要求。性能失效模式为 4-3-2-0 系统，采用差异化的处理器组冗余配置构成中央控制单元，提高系统的可用性，每对处理器由两个不同的处理器组成，每一个处理器都是一个独立模块，一个模块发生故障不会影响其他三个的功能，甚至某些双重故障也不影响系统安全性能，系统将继续运行并满足 SIL3 安全等级。

中央处理单元处理能力的选择，取决于装置 I/O 点数的规模。视具体情况采用一套或多套中央处理单元。如果是大型装置，并且可以区分为独立工段，则考虑按工段设置中央处理单元。工程设计中，中央处理单元处理能力通常按 50%考虑备用。

2. I/O 单元

I/O 单元完成输入滤波、工程单位转换及对非线性输入的线性化处理，是 SIS 与生产过程信号交互的进、出通道。信号类型区分为模拟量输入、模拟量输出、数字量输入、数字量输出、串行通信等。

(1) I/O 模件的类型

① 模拟量输入模件：接受 4～20 mA 输入，由卡板进行 24 V(DC)回路供电，或者仅接受 4～20 mA 信号输入，不需要提供对外部的供电。实际应用中，针对这两种信号类型，通常是通过对卡板进行不同接线来解决。

② 模拟量输出模件：输出 4～20 mA，通常要求负载电阻不大于 750 Ω。这种信号类型在石油化工装置应用极少。

③ 数字量输入模件：输入信号为无源干触点，正常工况时外部输入触点闭合，回路供电由卡板提供。

④ 数字量输出模件：通常有 24 V(DC)有源输出和继电器触点输出两种不同类型卡板。24 V(DC)有源输出，可以驱动隔离继电器或直接驱动执行元件。

⑤ 串行通信模件：通常为 MODBUS RTU RS422/485，用于与基本过程控制系统(如DCS、PLC)进行通信。根据实际需要，选择冗余或非冗余通信方式。

不同冗余结构的中央处理单元，其 I/O 模件的冗余模式不同。通常，DMR 中央处理单元的 I/O 模件配置为 1 个双通道、2 个单通道或 1 个双通道模件；QMR 中央处理单元的 I/O 模件配置为 2 个单通道或 2 个双通道模件；TMR 中央处理单元的 I/O 模件可配置 1 个 3 通道模件，并根据过程工况的重要性，模件的冗余采用 $N+1$ 的备用方式。

(2) I/O 模件的技术要求

① I/O 模件通道为隔离型，带光电隔离或电磁隔离，带故障诊断。

② 连接测量仪表的输入模件和连接最终执行元件的输出模件要求设计为故障安全型。

③ 所有的过程接口满足 SIL 等级要求。

④ 各类 I/O 冗余模件均能带电插拔。

⑤ I/O 模件可实现即插即用，不需要考虑使用权(License)限制。

(3) I/O 模件的配置要求

① 通常，中央处理单元为三重化(TMR)时，I/O 模件按照装置或生产区域分别备用配置，如每个装置或生产区域的每类 I/O 模件至少备用 1 个，并插在备用空间的槽位上；中央处理单元为二重化(DMR)、四重化(QMR)时，I/O 模件按 1∶1 冗余配置。

② 二取二、三取二等外部输入信号应接入不同的 I/O 输入模件。

③ 系统内每种类型 I/O 模件留有 15%备用点并接好线，并且每个卡笼应至少有 1 对空槽位，并留 20% 的备用空间用于安装 I/O 模件。

3. 操作员站

SIS 的操作员站由主机、显示器、通信接口、操作员键盘等构成，具备流程显示、操作台模拟、报警管理、实时趋势、历史趋势、报警历史记录，以及系统故障显示及报警等功能。操作员站完善的报警功能，可对过程变量报警和系统软/硬件故障报警进行明显区分；能够对过程变量报警任意分级、分组，能自动记录和打印报警信息。除用作显示、报警外，操作员站还用于报警确认、联锁复位，以及软旁路开关操作和计时器设定等。从操作员开始动作到操作员站结果显示的响应时间一般要求不超过 2 s。

SIS 操作员站与 DCS 操作员站不同，通常除报警确认、联锁复位，以及软件旁路开关功能的操作外，不允许对工艺过程进行干预性操作。工程设计中根据装置实际需要，配置一台或多台操作员站。操作员站显示的主要信息如下：

① 全部输入、输出信号状态；

② 联锁设定值；

③ 因果表或逻辑图画面；

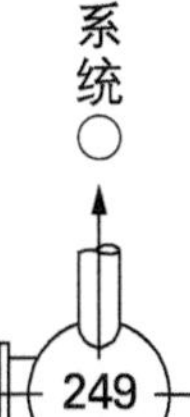

④ 工艺操作旁路数量和旁路状态；

⑤ 仪表维护旁路数量和旁路状态；

⑥ SIS 故障及诊断信息；

⑦ 全部停车历史记录；

⑧ 全部开关状态使用历史记录；

⑨ 全部按钮状态使用历史记录。

根据用户的习惯和需要，操作员站可组成多种画面，如报警点画面、因果表画面、逻辑图画面等。画面切换操作可采用菜单驱动或图形动态连接，操作人员只需对画面操作就可监视整个装置，操作简单、方便。

4. 辅助操作台

辅助操作台(AUX)用于安装按钮、开关、报警灯等，是紧急状态下人工干预的重要辅助工具。辅助操作台上安装有：① 按钮，有紧急停车按钮、报警确认、消音和试灯按钮；② 开关，主要是旁路允许开关；③ 报警灯，包括重要信号报警、联锁总报警、旁路总报警等，报警灯的功能采用 SIS 的软逻辑实现。辅助操作台上设置的按钮、开关和报警灯，采用硬线接到安装在控制室的 SIS 控制器的 DI 卡，如设置现场机柜室(FAR)则接线到远程 I/O 单元，通过冗余的安全通信网络接入现场机柜室的 SIS 控制器，进行逻辑运算。

旁路开关是解除过程参数输入联锁的手段，任何被旁路的信号将生成报警。SIS 的旁路开关分为工艺操作旁路和仪表维护旁路两种类型。

工艺操作旁路开关，是根据工艺操作要求而设置的，通常为了装置开车投用而设置。可通过硬接线方式接入 SIS 或采用操作员站软件旁路开关。采用操作员站软件旁路时，辅助操作台上设置旁路允许开关。

仪表维护旁路开关，是为了在装置运行时直接旁路相应的输入信号，以按需要对切出的仪表进行测试、维护、维修或更换而设置的。通常是在 SIS 操作员站设置输入维护旁路软件开关，并设置操作权限。有操作权限的用户才能通过操作员站上的操作显示画面进行 SIS 安全操作，旁路、旁路解除都需要二次确认才能发出。旁路时应设置时间限制报警，在时间到达时，如尚未解除旁路应按预设周期进行报警直到旁路解除。

在辅助操作台上设置“允许旁路”开关。当开关位于“旁路允许”位置时，允许操作员站对系统进行旁路操作；当开关位于“旁路禁止”位置时，不允许对系统进行旁路操作。“允许旁路”开关原则上按区域或单元设置。

以上两种旁路开关的动作状态，除了在 SIS 操作员站上，在 DCS 操作员站上也可显示、报警和记录。

5. 工程师/SOE 站

工程师站用于安全仪表系统状态监测、组态、编程、在线方案调整、故障诊断、系统诊断、编辑及修改等，能离线和在线组态、编程、修改、参数设置、下装及系统维护，并具有离线仿真调试、在线备份及快速恢复等功能。

SOE 站用于对检测到的导致联锁停车的各种过程事件、系统本身的故障等进行记录。SIS 强大的事件记录功能，为系统的监视、控制及事后分析(研究各种事故的发生原因)提供了有力支撑。具有时间标记的过程事件从 SIS 中检索、排序出来后用于在线查看、直接通过打印机打印或存储到磁盘上供日后分析。在报警列表和 SOE 显示界面中以毫秒级的精确度来存储和显示报警和具有时间标记的事件消息，能够快速判断停车或者危险事件出现的根源。SOE工作站记录所有事件发生的顺序，事件记录的时间分辨率工程应用一般要求不大于 50 ms，目前 SIS 生产商已能提供 SOE 分辨率达到毫秒级(最快 1 ms)的产品。

工程师站和 SOE 站由主机、显示器、通信接口、工程师键盘、打印机等构成。规模小的装置工程师站可以兼作 SOE 站，规模大的装置工程师站和 SOE 站独立设置并互为备用。

6. 通信和时钟同步

(1) 通信

SIS 的信号传输，分为控制器内部信号传输总线、系统局域网，以及与 DCS 之间的通信。

① 内部信号总线

对于中央处理单元、I/O 单元等的内部信号传输，TMR 系统采用三重化冗余通信模式，DMR、QMR 系统采用双重冗余通信模式，且内部通信负荷不应超过 50%。在设置远程机柜室(FAR)的应用中，SIS 与对应在 CCR 中的远程 I/O 单元之间，通过冗余铠装光缆进行连接。

② 系统局域网

SIS 除内部信号通信外，通过控制器上的通信模块与人机接口进行通信。控制器连接、工程师站、SOE 站、操作员站、网络打印机等构成局域通信网络，传送速率应不小于 100 MBit/s。如果装置设置现场机柜室(FAR)，可在中心控制室(CCR)和 FAR 内分别设置工程师站、SOE 站，方便工程师投用调试和运行维护修改。工程项目中比较多的应用是在 FAR 内安装一台具有 SOE 功能的工程师站(工程师/SOE 站)，在 CCR 内设置各装置联合工程师站和 SOE 站。CCR 和 FAR 之间采用双重冗余通信光缆连接。

该通信网络的满负荷通信不应超过通信能力的 40%。网络设备(如交换机、光电转化器、RJ45 连接件等)采用工业级产品，保证长期稳定可靠连接。为确保数据通信稳定可靠性，采用冗余数据通信网络，具有自诊断功能发出系统诊断报警，并能够自动切换且不丢失数据。

③ 与 DCS 的通信

SIS 与 DCS 通信，在工程应用中通常采用 RS－485 串行通信接口，通信协议为 Modbus RTU。SIS 与 DCS 通信接口冗余配置，冗余的两个通信接口不应在同一通信模件上，并设置 DCS 为主站、SIS 为从站。考虑到一些应用需要，除 Modbus RTU 外，SIS 还支持 Modbus TCP、Profibus DP 等标准通信协议。

(2) 时钟同步

SIS 自身各网络节点需时钟同步。作为 DCS 的子系统应与 DCS 时钟同步，用于事故发生后，通过比对两个系统在同一时间记录的事件，追溯事故原因。时钟同步方式主要有：

① 控制器带有一个用于和 GPS(全球定位系统)卫星对时的专用串行通信口，可以接收 GPS 授时仪发送的时钟信号命令，并使自身系统时间与本地标准时间(北京时间)保持同步。系统中的其他网络节点(其他控制器、工程师站、SOE 站、操作员站等)再通过网络与此控制器自动对时，从而保证了整个 SIS 的时钟都与来自 GPS 卫星的标准时间一致。SIS 支持 GPS 同步时钟接口冗余，即两个控制器都连接到配置双串行接口的 GPS 授时仪上。SIS 控制器的时钟在系统上电和更换时钟模件后，能够自动进行同步。

② SIS 时钟同步共用 DCS 时钟同步服务器，采用不同端口。时钟同步网卡设置在 SIS 工

程师站上。工程应用中可指定CCR中1台工程师站作为时钟同步服务器,该服务器上设置时钟同步网卡,接受来自DCS系统时钟同步服务器的时钟同步信号。SIS同该时钟同步服务器保持同步。

③ 通过接线,从DCS接入一个对时开关量信号进SIS。一般独立的小型装置采用这种同步模式。

7. 软件配置

一套完整的SIS,除各种必备硬件外,合理的软件配置是必不可少的。主要配置的软件如下:

(1) 系统基本软件

包括实时数据库软件、事件顺序记录(SOE)功能软件、操作员软件和工程师软件。具有系统故障诊断、监视和删除故障功能。

(2) 组态软件

主要功能如下:

① 硬件组态,根据应用需求配置控制器的硬件结构、模块种类及其参数;

② 应用软件组态,且支持多用户;

③ 在线修改及下装;

④ 仿真模拟软控制器,模拟测试无须连接任何硬件。

(3) 组态编程工具软件

编程语言符合IEEC 61131-3标准,具有顺序功能图、功能块图、梯形图和结构文本4种语言。

(4) 办公软件

包括Microsoft Office、Adobe Acrobat等软件,客户端数量按项目实际需求配置。

8. 系统供电

为确保SIS的可靠工作,SIS采用双路供电设计。控制器的电源模块同时接收两路220 V(AC)交流电源供电,其中至少有一路来自不间断电源UPS。只要有一路电源供电,控制器就能持续不断地工作。操作员站、工程师站、SOE站为单路UPS供电。机柜的照明、风扇供电为单路供电。两路220 V(AC)交流电源分别交叉接入冗余电源模块后,转变为低压直流电供给系统各个用电单元。接入SIS的4线制现场仪表、电磁阀和SIS的其他辅助仪表,通常采用24 V(DC)供电,由外配独立的冗余24 V(DC)电源模块提供。以下是对电源模块的要求:

① 电源模块满负荷负载时每个电源的负荷不超过其能力的50%。

② 电源模块应配有监视功能,检查内部直流电源输出,并带有限流保护电路和过电压保护电路。超过供电波动容许限值,应配有自动隔离稳压设施,防止电源波动对用电设备的干扰。任何电源故障应发出报警信号,每个电源模块输出带LED显示,并输出报警触点到SIS输入模件,在SIS操作员站上报警。

③ 冗余电源的配置,要求当一电源模块出现故障或移去维修时,另一个电源模块仍能承担系统的供电需求,任一单个电源模块的故障都不影响供电输出。

9. 系统接地

SIS接地设计应符合SH/T 3081—2019规定,采用等电位接地系统。SIS的接地种类主要分为保护接地和工作接地两种。保护接地的设置，是为了保障人身安全和设备安全，工作接地则是消除干扰的重要措施。通常 SIS 的每个机柜内部都安装有一个保护接地汇流铜排和一个工作接地汇流铜排，在工程应用中，再分别连接到保护接地汇总板和工作接地板汇总板上，最后汇总到电气专业的总接地板上。

9.1.4 SIS 工程设计与实施

1. 工程设计

SIS 的工程设计分为基础设计和详细设计两个阶段。在基础设计阶段，要根据项目的规模、特点、安全评估报告、国家法律法规要求等，确定是否采用 SIS，以及确定采用 SIS 的整体方案，包括 SIS 的各类 I/O 点数，逻辑控制器、操作员站、工程师站、SOE 站、辅助操作台、打印机等的配置数量，通信接口和网络的基本配置。

基础设计阶段应根据工艺安全联锁说明、工艺管道及仪表流程图（P&ID）等上游专业相关条件完成 SIS 相关设计文件：安全联锁逻辑图、SIS 技术规格书、控制室平面布置图等。安全联锁逻辑图主要内容包括与紧急停车、紧急泄放相关的安全联锁逻辑、过程参数的重要报警等。这些安全联锁和报警功能需在 SIS 中实现。控制室平面布置图，体现操作员站、辅助操作台、机柜、工程师/SOE 站等系统硬件设备的安装位置。SIS 技术规格书的主要内容是对系统硬件、软件、人机界面和通信等方面的技术要求，以及对系统配置的要求。

基础设计阶段还应对建筑、结构、电气、暖通、概算等专业提交相关专业条件。在根据 SIS 等系统的硬件配置所完成的控制室平面布置图的基础上，结合 SIS 系统对建筑、结构、供电、接地、环境等要求提出各专业条件，最后根据 SIS 的 I/O 点数及配置提出概算条件。

详细设计阶段，主要是在经上级部门批复的基础设计基础上，进一步完善工程设计文件。详细设计阶段的工程设计过程和工作相对基础设计阶段将更加深入，需在上级部门批复的基础设计基础上对相关文件进行补充完善，并增加其他满足工程实施和建设需求的设计内容，以满足工程实施和工程建设需求。

详细设计阶段需完成的 SIS 相关设计文件主要有：

① 仪表索引表；

② 仪表电缆接线表；

③ 联锁逻辑图；

④ 联锁及报警设定值表；

⑤ 控制室平面布置图；

⑥ 控制室仪表电缆敷设图；

⑦ 供电系统图；

⑧ 机柜机架底座制作图；

⑨ 仪表接地系统图；

⑩ SIS 技术规格书；

⑪ SIS I/O 点表。

以上设计文件中的控制室平面布置图、控制室仪表电缆敷设图、供电系统图、仪表接地系统图，将由设计人员综合装置 DCS、GDS 和其他系统的相关内容合并在一张图上。详细设计阶段还应对建筑、结构、电气、暖通等专业提交相关专业条件。在根据 SIS 等系统的最终硬件配置所完成的控制室平面布置图的基础上，结合建筑、结构、供电、接地、环境等要求提出各专业条件。

2. 工程实施

SIS的工程实施主要分为以下几个阶段的工作：① 招标采购；② 系统开工会；③ 功能设计；④ 组态；⑤ 系统集成；⑥ 工厂验收测试（FAT）；⑦ 现场验收测试（SAT）；⑧ 技术服务；⑨ 现场服务。

在EPC（Engineering Procurement Construction）总承包项目中，工程设计人员负责SIS请购技术文件编制，然后配合采购等相关部门完成SIS的采购工作，在确定系统供应商后配合供应商按工作分工完成系统开工会、功能设计（FDS）、组态、系统集成、工厂验收测试（FAT）、现场验收测试（SAT）、技术服务、现场服务等后续工作。对于非EPC总承包项目，通常业主只委托工程设计和采购服务，SIS由业主负责采购，设计根据合同委托内容完成相应的工作。

SIS工程实施的每个阶段需完成的主要工作如下：

（1）招标采购

招标采购阶段主要任务是编制招标文件、网上招标、开标定标。工程设计人员在该阶段的主要工作是编制SIS询购技术文件，并参加技术评标。SIS询购技术文件包含请购书和技术规格书两部分。询购技术文件编制期间设计人员应在技术方面与业主充分沟通，了解用户的需求，并依据国家标准、行业和企业设计规范编制请购技术文件。请购书中明确供货范围、工作范围、技术要求、资料交付要求、备品备件、技术服务、质量保证、交付的文件及进度等要求。技术规格书中则明确SIS的网络架构、硬件配置、接口仪表的技术规格、软件配置等要求，以及提供每种类型I/O点数汇总及相关信息等。完成询购技术文件的编制工作后，设计人员则需配合采购部门进行评标、定标等工作，确定SIS供应商。目前新建大型石油化工厂，在SIS采购上与DCS一样采取MAV（Main Automation Vendor）招标模式。

（2）系统开工会

SIS供应商负责系统集成工作，系统内硬件需要生产厂安排生产、需要外购设备的采购，最后交货到供应商工厂组装集成，经买方参与的工厂验收测试合格后方可出厂。通常，供应商为确保交货进度，中标后的2周内将组织业主方、设计方召开系统开工会，确定硬件规格数量，确认文件提交内容和时间以及各项工作的分工和进度，确保按时交货，满足工程进度要求。开工会的主要工作内容如下：

① 确定SIS硬件、软件、外购设备的最终配置、规格和数量，以及备品备件规格和数量；

② 确定业主、设计、供应商各自的工作范围和责任；

③ 确定供应商的项目组织机构及其余各方主要负责人以及各自的职责；

④ 确定项目执行策略和工作计划，明确各阶段工作时间节点；

⑤ 确定项目执行过程中需要的往来文档清单，以及文档的内容、格式编号、数量、交付方式、责任方，并明确各方联系人及联系方式；

⑥ 确定供应商工作报告形式和周期；

⑦ 形成会议纪要。

项目执行过程中SIS输入文档为设计、业主等各方提交给SIS供应商的文档，主要包括以下文档：① I/O 点表；② 控制室平面布置图；③ 辅操台布置图；④ 仪表电缆接线表；⑤ 联锁逻辑图；⑥ 联锁及报警设定值表；⑦ 用户权限划分文档。用户权限划分文档，由业主提供或以业主为主讨论后提供。

项目执行过程中 SIS 输出文档为 SIS 供应商提交给设计、业主等各方的文档，包括技术文档、管理文档和资料文档。这些文档会随着工程设计深度的推进不断升版更新。

① 技术文档，主要包括：系统配置图；硬件功能设计规格书；各类机柜布置图及底座图；操作台布置图及底座图；I/O 分配表；柜间电缆连接表；系统内部电缆接线图；系统接地图；电源消耗、散热、机柜重量统计表；系统负荷计算表；软件功能设计规格书；FAT 程序及报告；SAT 程序及报告。

② 管理文档，主要包括：HSE 管理计划、质量管理计划、进度管理计划、文档管理计划、沟通管理计划、变更管理计划、培训计划等。

③ 资料文档，主要包括：各种设备的技术说明书、安装手册、软件使用手册、操作员手册、工程师手册、系统维护手册，以及系统各部件的合格证书、安全证书等所有相应的证书。

(3) 功能设计

SIS 供应商在开工会后的首要工作是编写功能设计规格书(FDS)。FDS 是 SIS 工程及项目进展过程的重要组成部分，是在买方提出的 SIS 技术规格书和开工会技术要求的基础上，对 SIS 设备集成、软件组态、网络构建、系统管理等一系列工作所制订的统一规定。编写 FDS 的目的是充分理解买方对控制及操作的要求，充分满足买方的使用要求，确保各生产装置和生产区域 SIS 的标准化，降低生命周期成本。功能设计规格书中包括系统结构、系统软件、安全级别、数据库组态标准、应用软件组态、机柜与接线设计、操作与管理界面、数据贮存、通信接口、网络安全等内容。对于采用 MAV 策略的大型一体化项目，更是可以通过制订 SIS 集成实施过程中所有工作的基本规则，使各个装置使用统一的硬件配置、统一的软件应用、统一的组态风格、统一的网络架构、统一的管理模式等，为项目的顺利执行，以及降低工厂的生产运行管理和维护成本打下扎实的基础。

功能设计主要包括以下内容：

① SIS 的系统配置图；

② SIS 硬件功能设计规格书，包括所有硬件的性能参数、配置方案，机柜、操作台以及辅助操作台等设备的外形、尺寸和颜色，以及系统供电方案、接地方案等；

③ SIS 软件功能设计规格书，包括系统网络结构、区域划分、SIS 软件配置、软件各项参数设置、操作界面、权限配置、显示画面的组态原则、各种报表的形式、组态用功能块介绍、典型回路组态示例，以及 SIS 位号命名规则等；

④ 硬件设备命名原则规定，包括各种机柜、辅助操作台，柜/台内设备如安全栅、继电器、网络设备、供电设备，柜内电缆等材料的编号，以及设备铭牌和标牌；

⑤ 编制管理类计划规程，包括安全、质量、进度、沟通、培训、文档、变更等管理计划及相关工作规程；

⑥ FDS 编制完成后，需组织各方召开功能设计评审会，共同讨论达成一致意见后，正式发布实施，作为整个项目 SIS 的执行依据和标准。

(4) 组态

SIS 组态的依据是设计方提供的组态用技术资料。组态工作通常由 SIS 供应商完成，设计方和业主方主要作为组态技术支持参加工作，通过培训的业主方为了提前熟悉系统的操作和维护也可以参与组态。组态所需的硬件、软件工具均由 SIS 供应商提供。

组态的内容主要包括：

① 数据库生成，包括每个仪表位号的描述、变送器量程、工程单位、硬件地址、扫描周期、输入预处理、滤波常数、偏差和报警限值等；

② 联锁逻辑组态；

③ 联锁及报警显示画面；

④ 报警组态，包括报警优先级划分、报警分组，报警功能及形式、报警值设置等；

⑤ 数据报表，包括操作班报表、日报表、周报表、月报表、报警报表、计算统计报表，以及其他根据需要生成各类数据处理报表等。

(5) 系统集成

系统集成主要包括机柜、操作台等的组装和通信网络的建立。供应商根据 FDS 完成装置的所有机柜、操作台等的图纸，经业主、设计方确认后下单采购。到货后结合 SIS 硬件和外购设备在工厂进行集成安装，并按已获买方批准的系统配置图建立系统通信网络，为下一步的 FAT 做准备。

(6) 工厂验收测试

工厂验收测试(FAT)是系统制造、集成及组态完成后，在 SIS 工厂对 SIS 各项功能进行测试。通过全面的测试，及时发现并排除硬件和软件故障，确保系统交付前的质量。FAT 由系统供应商、业主、设计方代表共同参与完成。由系统供应商提供如信号发生器、万用电表、标准电阻箱等的测试设备。

SIS 供应商应在 FAT 之前对所有设备和系统进行内部测试，确保连续运行系统至少 4 天以上无故障，并提供内部测试报告。在 FAT 之前至少 2 周，系统供应商需向业主、设计方提交 FAT 程序，FAT 按批准后的程序以及相应的图纸资料和记录文件进行。FAT 完成并达到 FAT 程序规格指标后，SIS 供应商、业主、设计三方共同签署 SIS 供应商准备的 FAT 报告。FAT 报告应包括以下内容：工作步骤、检查和测试的结果、最终结论。FAT 通过后，系统供应商开始进入备份和断电工作，准备包装和发货。

FAT 的主要工作内容如下：

① 系统资料和图纸：是否完整，表达是否清楚、正确。

② 硬件设备：是否完整，型号、规格、外观、喷漆等是否有问题，是否按照要求打上标记，是否按照图纸布置机柜和端子，连接电缆、插头和插座、接线端子、印刷电路板等是否有清晰的标记。

③ 电源和接地：根据图纸检查电源单元接线是否正确，标记是否清楚，电源输入电压是否正确，接上交流电源后各直流电压是否正确。

④ 软件：规格、数量、版本等是否符合要求。

⑤ 系统负荷：CPU 负荷、硬盘负荷、通信负荷及电源负荷是否符合要求。

⑥ 自诊断功能和冗余：通过模拟各种故障，检查系统自诊断功能，以及控制器、通信、电源等的冗余功能。

⑦ 系统恢复能力：关机 10 s(不同系统时间有所调整)后再打开，检查系统组态是否有丢失。

⑧ 软件组态：对各种画面组态、联锁功能、报警功能、打印记录功能，以及报表生成、数据存取、程序编译、通信等进行检查和完全测试。

(7) 现场验收测试

现场验收测试(SAT)是在系统设备安装、通电、软件安装、组态下载、接线、回路调试、通信测试等工作完成后，开车投产之前，在项目所在地现场机柜室和控制室内进行，以验证在现场实际运行环境中系统的工作情况，确保开车后系统能稳定、可靠地投入运行。SIS供应商需在SAT之前至少2周，向业主、设计方提交SAT程序，SAT按批准后的程序以及相应的图纸资料和记录文件进行。现场验收基本参照出厂验收程序及内容，由双方讨论确定。SAT将做所有的系统功能和100%的I/O模件测试。SAT由系统供应商、业主、设计方代表共同参与完成，最终测试结果达到系统技术规格书中的各项要求后，则三方共同签署SIS供应商编制的SAT报告，作为系统最终验收文件，证明系统得到各方的认可和接受，可以投入使用。SAT报告的内容包括工作步骤、检查和测试结果、最终结论。

SAT的主要工作内容如下：

① 对SIS的现场调试记录进行审阅；

② 检查硬件外观；

③ 检查电源、接地；

④ 系统启动；

⑤ 系统信号处理精度测试；

⑥ 网络连接检查；

⑦ 自诊断、冗余和容错功能测试；

⑧ 组态检查(同FAT)；

⑨ SIS与DCS的通信测试。

(8) 技术服务

SIS供应商的技术服务包括技术咨询及澄清、技术资料交付、技术培训等内容。

SIS供应商在整个工程项目进行过程中，提供相关的技术咨询和技术澄清服务。

SIS供应商提供其所有交付文档，即项目执行过程中SIS输出文档。

SIS供应商对所有供货范围内产品提供必要的组态培训、操作培训、使用及维护培训，并提供相关的培训资料。

(9) 现场服务

SIS的现场服务包括开箱、安装、接线、SAT、现场调试、现场培训、开车保运和投运验收等工作。

现场开箱时，检验所有设备的数量、型号是否与装箱清单相符，设备外观有无损坏。

现场安装、接线时，SIS供应商为系统安装工作提供安装指导服务，并按合同要求提供配套的安装服务，如柜间接线、光缆熔接等。

安装、接线完成后，SIS供应商派有资质的工程技术人员负责对系统安装、接线、电源、接地等进行检查，然后通电启动。启动后SIS应用工程师负责对系统与过程进行联调试运，并在业主、设计方等共同参与下进行SAT，回路调试，确保装置顺利开车。

SIS供应商应按合同要求提供现场操作和维护培训，使工艺操作人员、仪表维护人员等在装置开车前熟悉并掌握所使用的系统。

装置开车期间，SIS 供应商派有经验的应用工程师驻守现场，随时解决开工过程中 SIS 出现的故障，保证开车期间系统的正常运行。

在装置正常运行后，SIS 供应商技术人员撤离现场后，一旦系统出现任何问题，SIS 供应商应按合同约定的响应时间（一般 24 h）派出有资质的工程技术人员前往现场，解决 SIS 出现的问题。

9.2 GDS

9.2.1 简介

在石油化工装置的生产过程中，普遍存在可燃、有毒气体，这些有害气体一旦泄漏达到一定浓度，将会造成灾难性事故。当可燃气体浓度达其爆炸下限（Lower Explosion Limit，LEL），将可能引起爆炸事故的发生；当有毒气体达到职业接触限值（Occupational Exposure Limit，OEL），将会严重危害人员的身体健康甚至生命。所以，可燃和有毒气体的检测报警在石化装置中应用广泛。早期的可燃和有毒气体的检测报警系统，由现场检测器和安装在控制室的报警器构成，将现场检测器检测到的可燃、有毒气体浓度信号，接入报警器进行声光报警。通常报警器安装在仪表盘柜上，每个检测器配一个报警器，占用较大安装空间，而且没有历史数据储存记录。目前，可燃和有毒气体的检测报警系统中的报警器已由具有历史记录功能的报警控制单元替代，同时设置现场声光报警器，系统简称为 GDS。

根据 GB/T 50493—2019《石油化工可燃气体和有毒气体检报警设计标准》的规定，在实际应用中，可燃和有毒气体检测系统（GDS）的报警控制单元采用独立设置的安全仪表系统（SIS）、可编程逻辑控制器（PLC）、专用气体报警控制器或以微处理机为基础的其他电子产品。GDS 系统独立于 DCS 和其他系统单独设置，对生产装置区内、控制室或机柜室的电缆进口处检测到的可燃、有毒气体检测信号进行监视，对越限信号进行报警，按气体浓度设置成两个报警级别。

特殊情况下，工艺安全要求生产装置区内检测到的某些可燃、有毒气体越限信号需进行安全联锁时，则通过相应的 SIS 实现；当可燃气体检测信号参与消防联动时，越限报警信号接入专用的可燃气体报警控制器再送至消防控制室火灾报警控制器，通过火灾报警控制器启动相关消防联动设备。

9.2.2 GDS 基本配置

在石化装置的应用中，GDS 的报警控制单元通常采用 SIS、PLC 或组合式报警器。GDS 需输出气体报警信号和故障信号至工厂消防控制室，向相关人员警示现场可燃气体泄漏达到了相应危险值。

采用独立 SIS 时，GDS 由现场气体检测器、现场报警器、控制器（中央处理单元、I/O 模件等）、操作员站、通信网络、辅助操作台、工程师站等构成。每个可燃、有毒气体检测点的信号和报警画面通过 GDS 操作员站来显示，辅操台上设置生产装置区的可燃气体、有毒气体的公共声光报警。以三重化系统为例，GDS 的系统结构如图 9-2(a)所示。

采用独立 PLC 时，GDS 由现场气体检测器、现场报警器、逻辑控制器（逻辑处理单元、I/O

模件等)、工作站、通信网络、公共声光报警器等构成。每个可燃、有毒气体检测点的信号和报警画面通过工作站来显示,在装置的辅操台上安装公共声光报警。GDS 的系统结构如图 9-2(b)所示。

采用组合式报警器时,GDS 由现场气体检测器、现场报警器、组合式报警器、信号控制器(根据需要配置)和数据采集上位机等构成。组合式报警器为多通道盘装插卡式结构,由主机箱(含记录卡)、控制卡组成,通常为 8、16 通道。现场安装的气体探测器将检测到的气体浓度信号以 4～20 mA 方式输出到对应的控制卡上,控制卡提供数字显示面板,显示气体浓度,并有报警、故障等状态指示灯,同时可以提供模拟量信号、开关量信号输出。记录卡具有报警和故障记录功能,提供人机操作界面,并实时显示报警和报警通道,当有检测信号浓度超过设定值时,发出声光报警并可输出公共声光报警信号。每块记录卡可输出一路 RS485 MODBUS RTU 信号。当配置多个主机箱时,通过信号控制器汇集各路 RS485 信号成一路 RS485 MODBUS RTU 信号输出至数据采集上位机。图 9-2(c)为采用 3 组 8 通道组合式报警器的 GDS 系统结构简图。

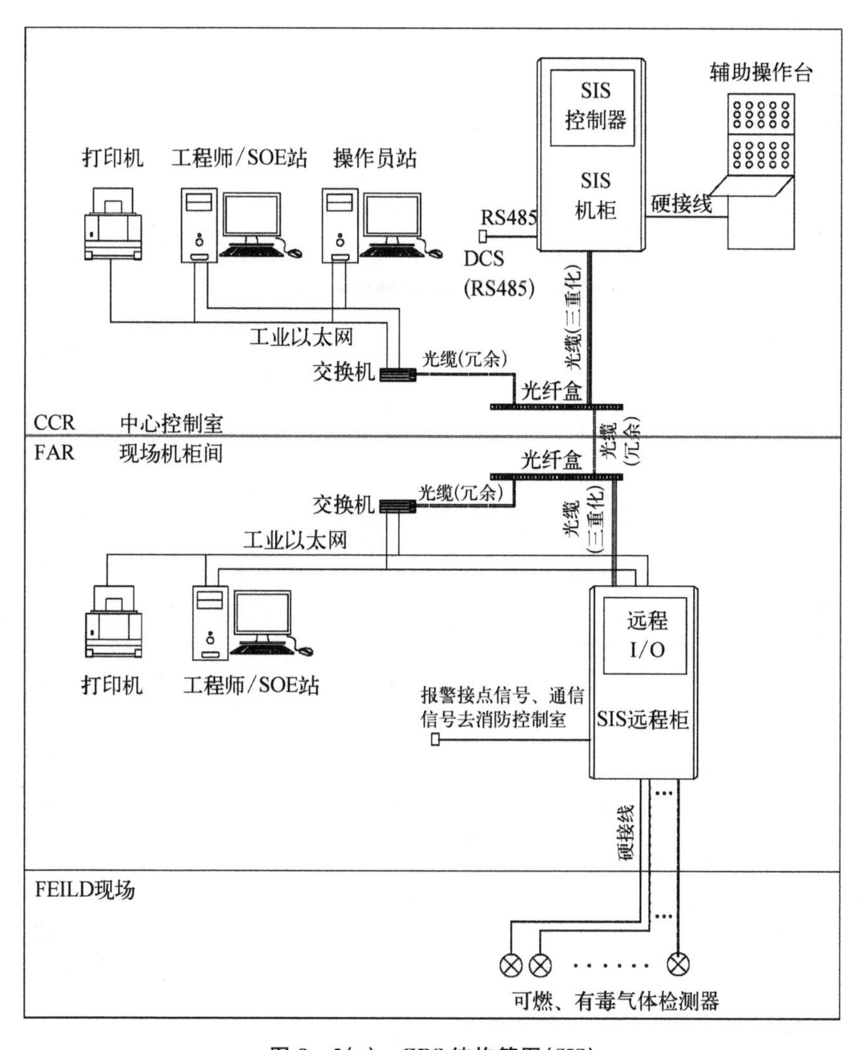

图 9-2(a) GDS 结构简图(SIS)

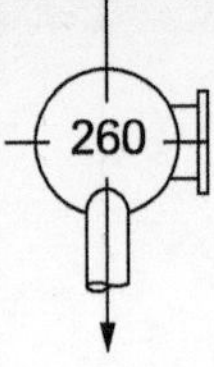

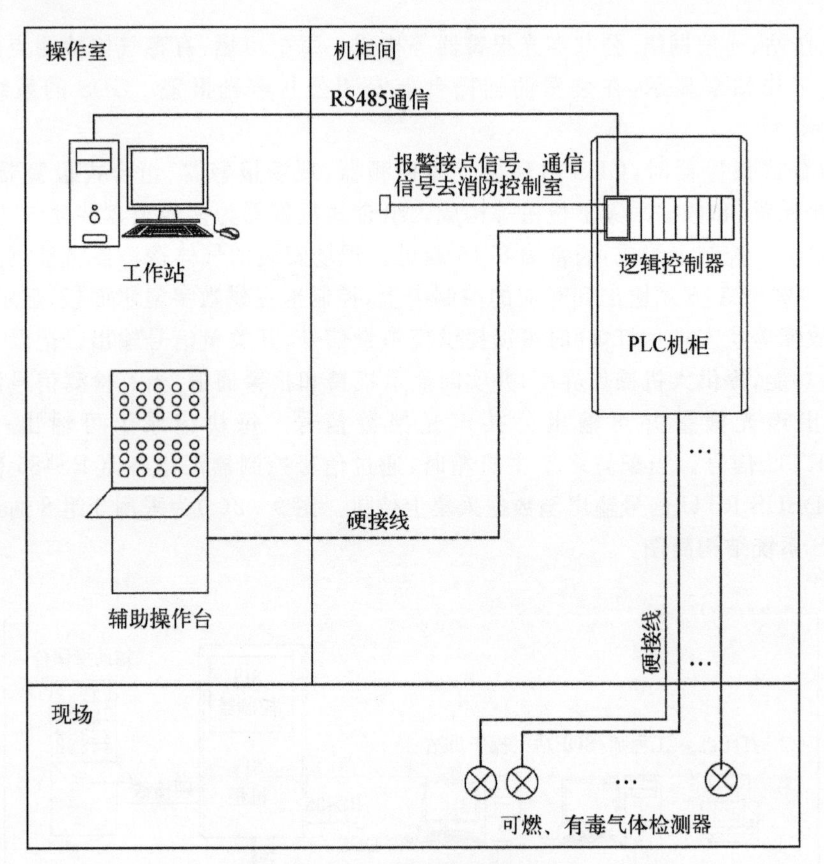

图 9-2(b) GDS 结构简图(PLC)

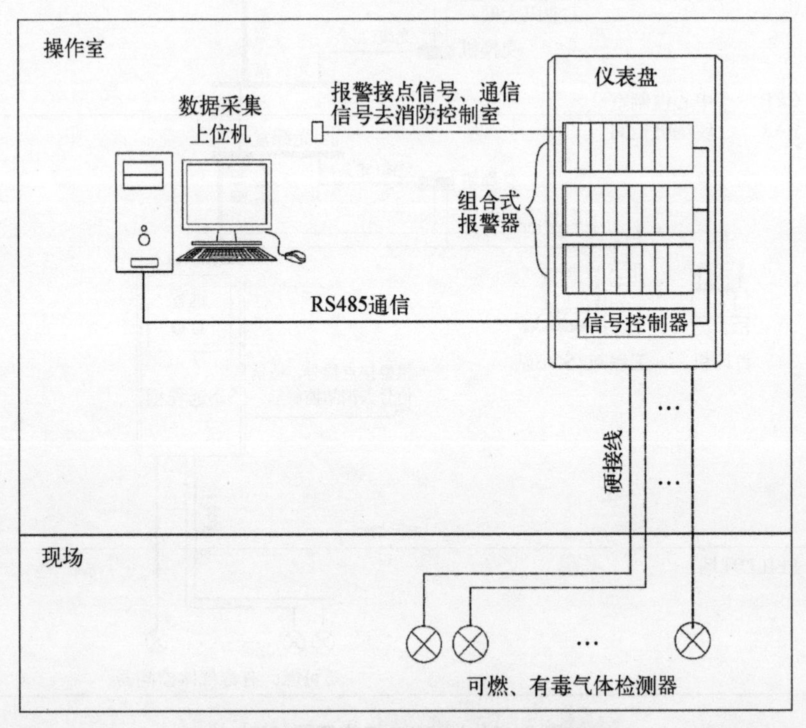

图 9-2(c) GDS 结构简图(组合式报警器)

9.2.3 GDS 功能和技术要求

1. 现场警报器

GDS 的现场警报器安装在现场，用于向现场人员发出可燃气体、有毒气体泄漏浓度超标的警示。它是一种通过声、光发出警示的防爆型电子设备。在工程应用中，可以选择探测器自带的一体化的声、光警报器，也可以选择按区域设置的现场区域警报器。

现场区域警报器按各报警分区分别设置可燃气和有毒气体区域警报器。区域警报器采用二级声光报警，报警信号声压值高于 110 dB(A)，距警报器 1 m 处总声压值低于 120 dB(A)。区域警报器的数量按区域内任何地方的现场人员都能感知到报警为设置原则。

2. 报警控制单元

无论采用何种配置的 GDS，以微处理器为基础的报警控制单元都应具有以下基本功能：

(1) 输入、输出功能

报警控制单元能接收可燃气体探测器、有毒气体探测器的输出信号，并能为其提供用电电源；动态显示气体浓度，当气体浓度达到报警值时能发出声光报警信号。可燃气体和有毒气体报警采用两级报警，有毒气体和可燃气体同时报警时，有毒气体的报警级别优先。报警控制单元能通过手动复位，消除声光报警信号，当再次有报警信号输入时仍能发出报警；能输出气体浓度信号、报警信号和故障报警信号至接入设备。

(2) 自诊断功能

在与探测器之间的连线断路或短路、气体探测器故障、气体报警器主电源电压过低的情况下，气体报警器能发出与可燃气体和有毒气体浓度报警信号有明显区别的声光故障报警。

(3) 记录、存储、显示功能

能记录可燃气体和有毒气体报警的时间，日计时误差不超过 30 s；能显示当前报警点的总数，能区分最先报警点，后续报警点按报警时间顺序连续显示；具有历史事件记录功能。

(4) 总报警功能

气体报警器应配备可燃气体和有毒气体报警总指示灯、蜂鸣器，安装在控制室的辅助操作台上，且在蜂鸣器前方 1 m 处的声压值不低于 75 dB(A)。对于有毒气体，还应在现场人员出入口处安装总指示灯和蜂鸣器。

(5) 负载和扩展能力

处理器、数据存储器和数据通信网络的负载最高达到 40%；电源单元的负载最多达到其能力的 50%；应用软件和通信系统有 30%的扩展能力。

9.2.4 GDS 工程设计与实施

GDS 的工程设计分为基础设计和详细设计两个阶段，主要遵守 GB/T 50493—2019《石油化工可燃气体和有毒气体检报警设计标准》。

1. 基础设计阶段

在基础设计阶段，要根据石化装置的特点、规模和布置，确定装置内可燃气体、有毒气体探测器安装位置和数量，确定采用何种配置的 GDS，以及相关硬件、软件和网络通信的配置。气体探头的数量和平面布点要求来自工艺专业条件。

基础设计阶段需完成的 GDS 相关设计文件有：GDS 技术规格书、控制室平面布置图、可

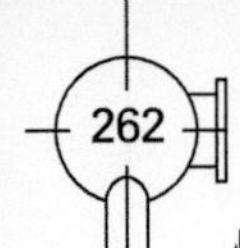

燃和有毒气体检测平面布置图等。这些设计文件的主要内容是提出对系统硬件、软件、人机界面和通信等方面的技术要求，以及对系统配置的要求；规划操作员站、辅助操作台、机柜、工程师/SOE站、仪表盘和数据采集上位机等硬件设备在控制室的布置；规划气体探测器和现场报警器在现场的安装位置。

基础设计阶段，除完成本专业设计文件外，还应对建筑、结构、电气、电信、暖通、概算等相关专业提交专业条件。在根据GDS等系统的硬件配置完成控制室平面布置图的基础上，将系统对建筑、结构、供电、空调通风及散热量等要求与其他系统汇总后提出各专业条件，最后根据GDS的I/O点数及配置提供概算条件。

2. 详细设计阶段

详细设计阶段的工程设计过程和工作相对基础设计阶段更加深入，需在上级部门批复的基础设计基础上对相关文件进行完善，并增加其他满足工程实施和建设需求的设计内容，需完成的相关设计文件主要有：① 仪表索引表；② 仪表电缆接线表；③ 控制室平面布置图；④ 控制室仪表电缆敷设图；⑤ 供电系统图；⑥ 机柜机架底座制作图；⑦ 仪表接地系统图；⑧ GDS技术规格书；⑨ GDS I/O点表。

以上设计文件中的控制室平面布置图、控制室仪表电缆敷设图、供电系统图、仪表接地系统图将由设计人员综合装置DCS、GDS和其他系统的相关内容合并在一张图上。详细设计阶段还应对建筑、结构、电气、暖通等专业提交相关专业条件。在根据GDS等系统的最终硬件配置所完成的控制室平面布置图的基础上，结合建筑、结构、供电、接地、环境等要求提出各专业条件。

3. 工程实施

GDS的工程实施主要分为以下几个阶段的工作：① 招标采购；② 系统开工会；③ 功能设计；④ 组态；⑤ 系统集成；⑥ 工厂验收测试(FAT)；⑦ 现场验收测试(SAT)；⑧ 技术服务；⑨ 现场服务。

工程实施各阶段的主要工作、工作内容与SIS相类似，具体参见9.1.4节，可根据系统规模和配置情况在实际工作中加以简化。

第10章　仪表安装与安装材料

在石油化工装置中，仪表安装与安装材料的选择正确与否，直接影响仪表的投运和正常运行，关系到工程的顺利开车投运，甚至会影响到生产装置的安全和稳定运行。化工装置中仪表安装的主要工作是指现场仪表的测量管道的配管、气源管道的配管、电源及信号传输系统的配线和保护、非设备/管道仪表的固定支撑等内容。安装材料则主要围绕上述安装内容，结合工艺流程工况和环境情况进行选用。

本章主要介绍包括测量管道、气源管道、电源电缆、信号电缆、电缆套管等的材质、规格及安装方式的选用和设计原则等内容。

10.1　仪表安装

10.1.1　仪表配管

1. 定义

由取源部件至测量仪表之间用于传输过程变量的导管系统称为测量管道。测量管道包括导压管、管件、阀门等。

2. 基本原则

① 测量管道的连接形式、材质、规格的选择及敷设应按照被测介质的物料特性、温度、压力等级及环境条件综合考虑，且不得低于工程项目中“管道材料等级表”的相关要求。

② 测量管道中的导压管、管件、阀门材质推荐为不锈钢 0Cr18Ni9、0Cr17Ni12Mo2，相当于国际的 304、316 不锈钢。在不锈钢不适用的场合，也可选用碳钢、低温碳钢、合金钢或其他材料。

③ 在压力 $PN \geqslant 10$ MPa(Class 600)的工况下，仪表取源阀、排放阀一般设置成双阀；排放阀也可设置成单阀加管帽。

④ 对有毒、有污染介质，应在排放管上加管帽。

3. 连接形式

仪表测量管道的连接形式较多，一般常用的有对焊式、承插焊式、卡套式、压垫式等。对焊式管阀件一般为对焊压垫式管阀件。仪表取样阀一般采用截止阀，排放阀一般采用球阀。连接形式应与测量管道一致。当采用承插焊式直通螺纹终端接头与变送器连接时，为了方便管路与变送器拆卸维护，导压管与变送器连接处一般采用对焊式直通螺纹终端活接头。

图 10-1～图 10-17 为常用的仪表双卡套接头示例，其他各种连接形式转换基本可以触类旁通。图中所列仅是 180°直通的，45°弯通、90°弯通的，以及三通、四通的接头，不一一罗列。

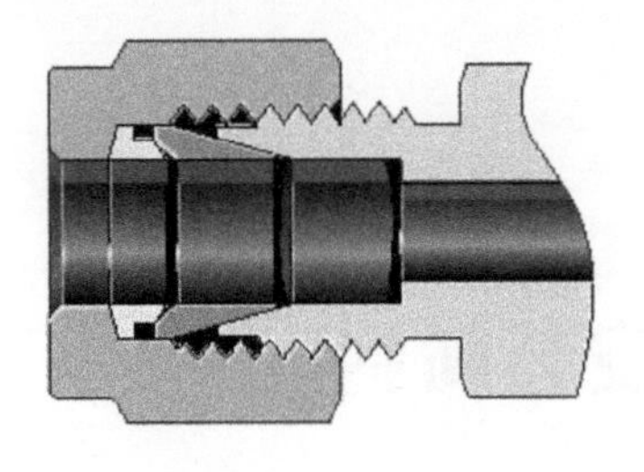

图 10-1　双卡套接头

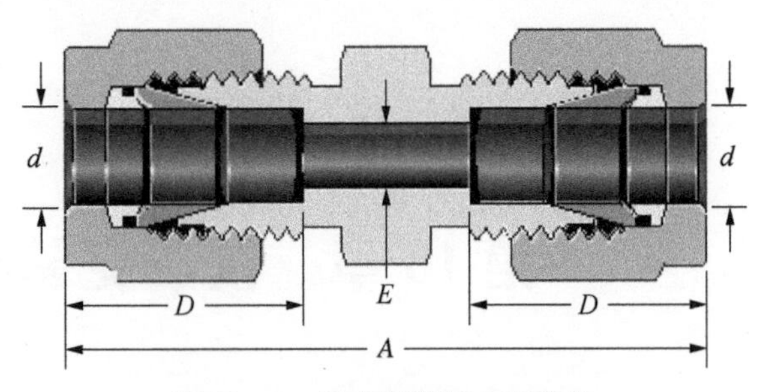

图 10-2　双卡套直通中间接头

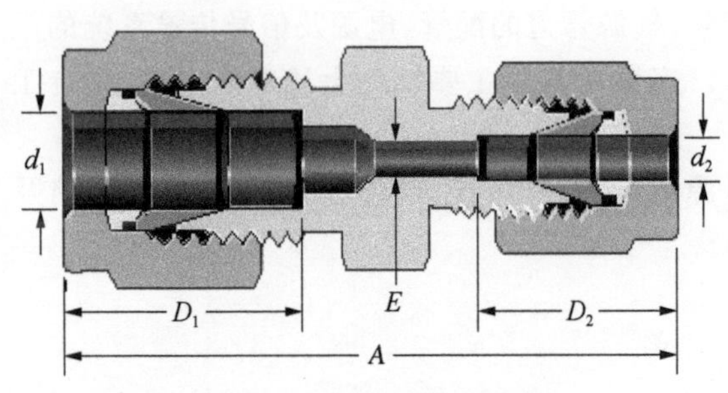

图 10-3　双卡套直通异径接头

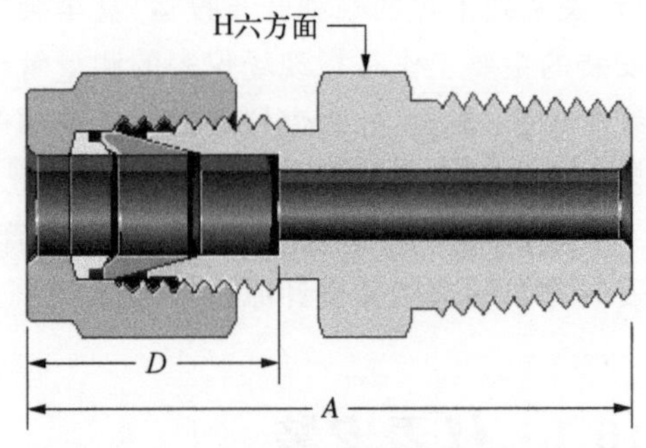

图 10-4　双卡套转 NPT 外螺纹接头

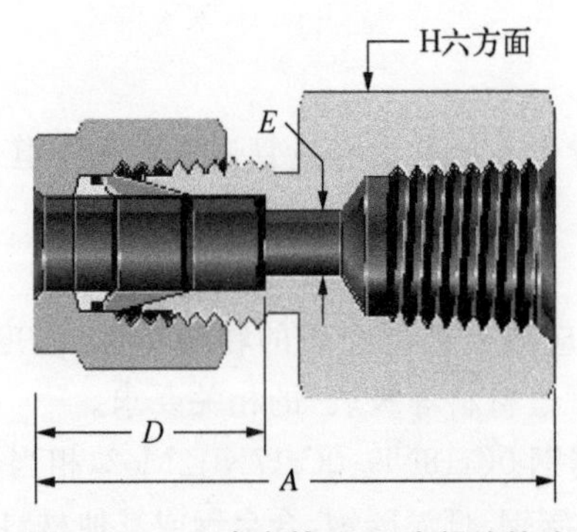

图 10-5　双卡套转 NPT 内螺纹接头

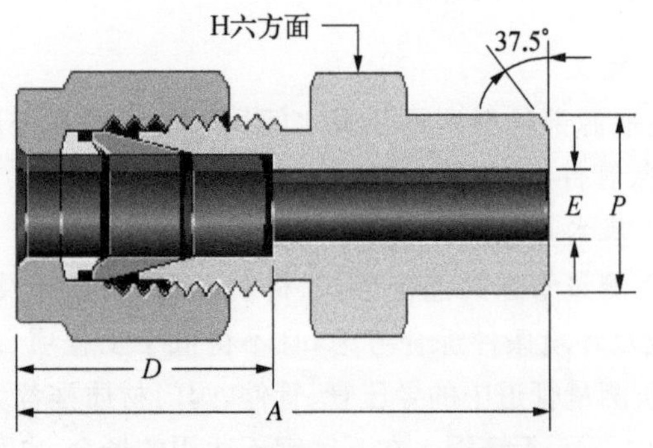

图 10-6　双卡套转 PIPE 管对焊接头

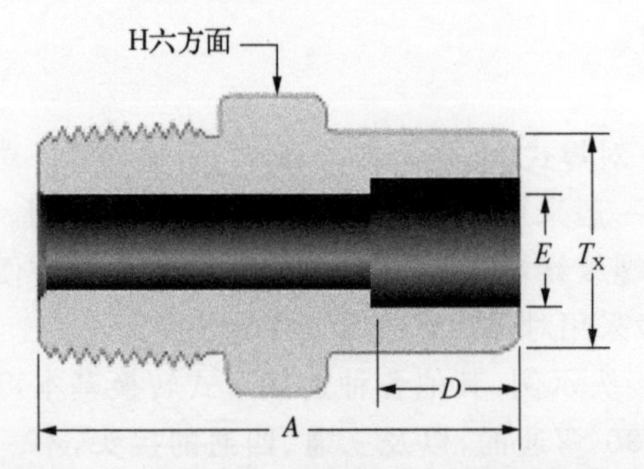

图 10-7　NPT 外内螺纹转 TUBE 管承插焊接头

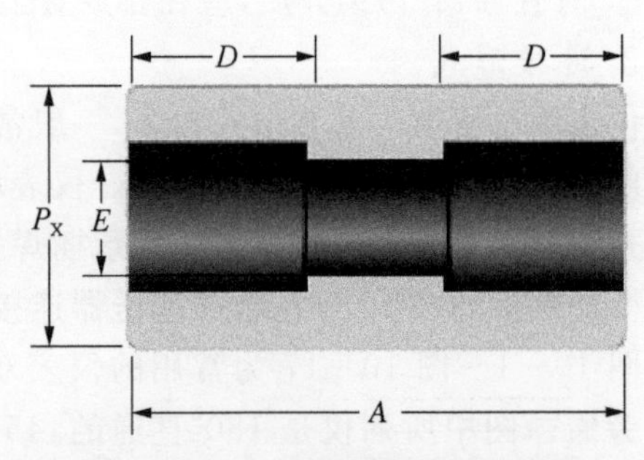

图 10-8　PIPE 管承插焊中间接头

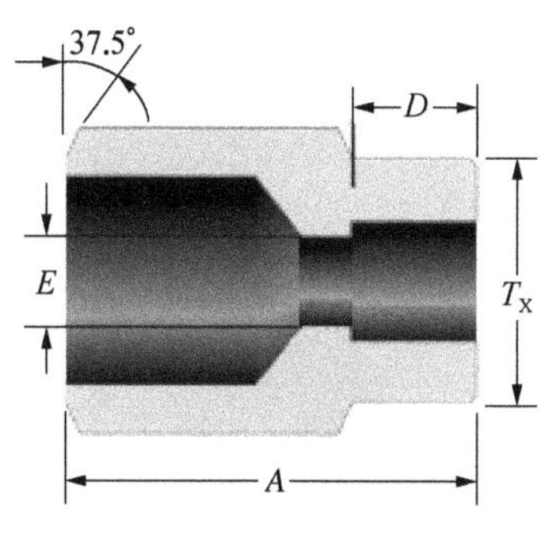

图 10-9　PIPE 管对焊转 TUBE 管承插焊接头

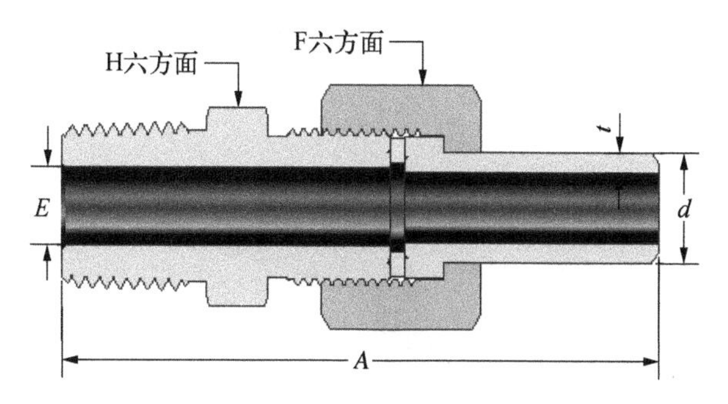

图 10-10　NPT 外螺纹转压垫式 PIPE 管对焊活接头

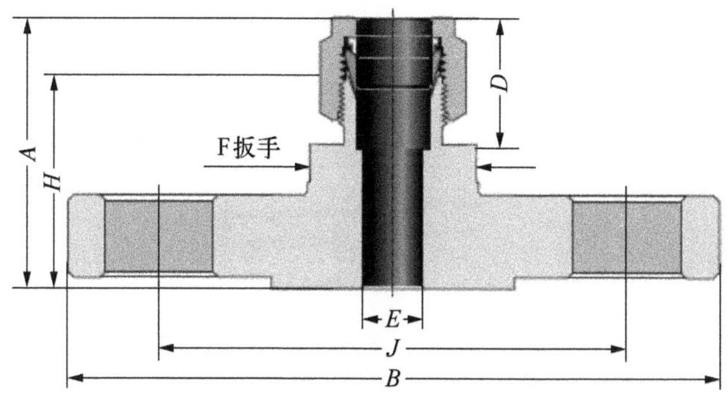

图 10-11　双卡套法兰

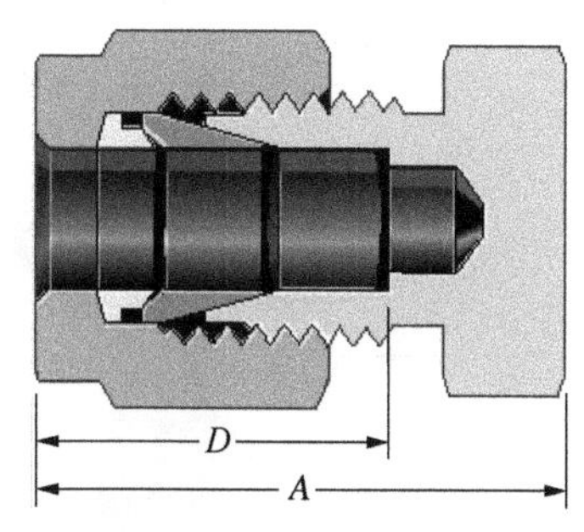

图 10-12　双卡套管帽

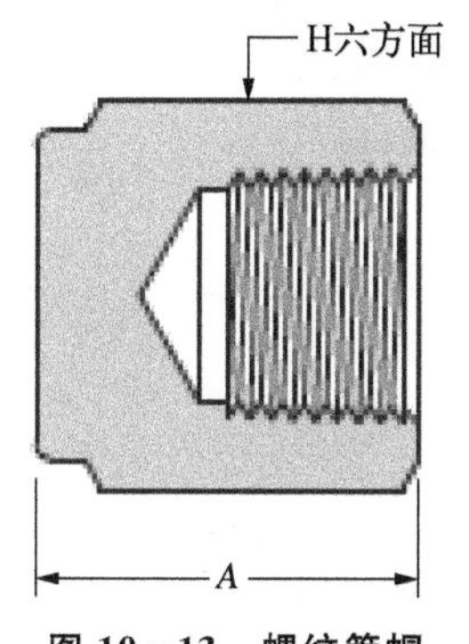

图 10-13　螺纹管帽

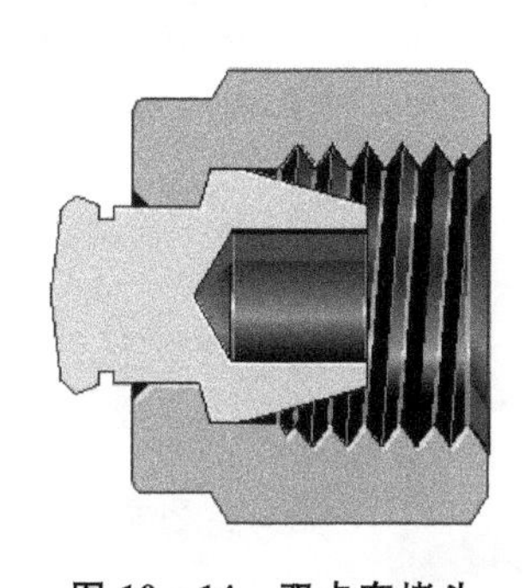

图 10-14　双卡套堵头

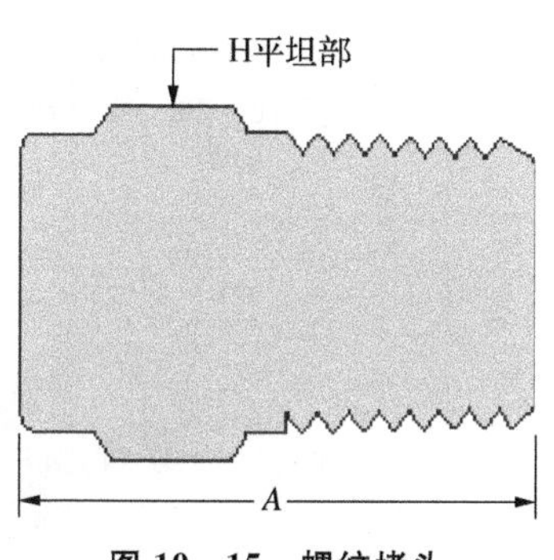

图 10-15　螺纹堵头

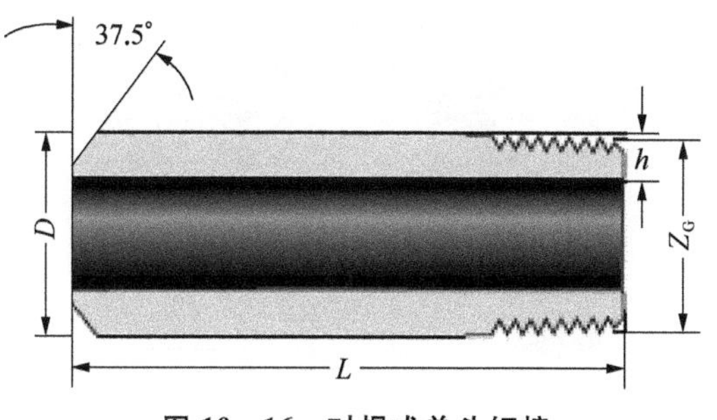

图 10-16　对焊式单头短接

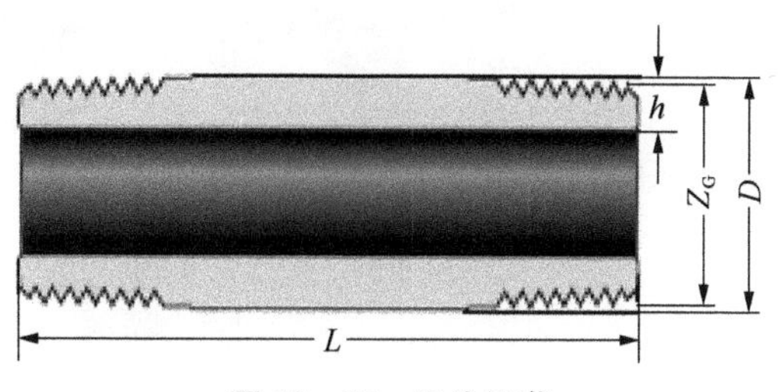

图 10-17　双头短节

图 10－18～图 10－22 为常用的仪表阀门示例，各种连接形式转换基本可以触类旁通。

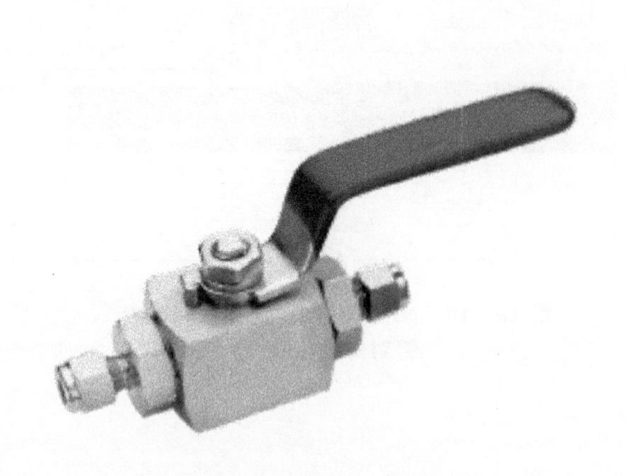

图 10－18　棒料球阀

图 10－19　三片式球阀

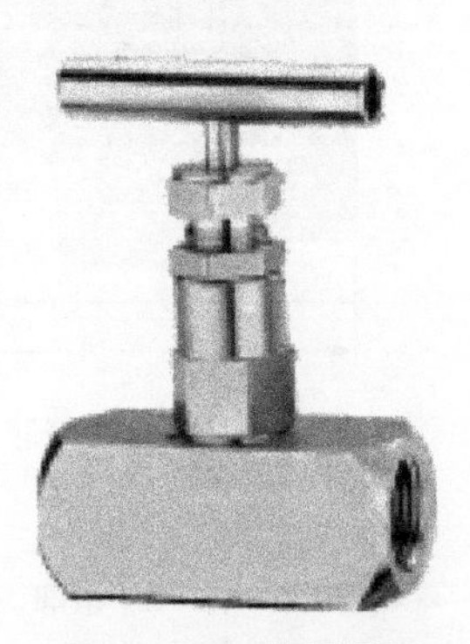

图 10－20　棒料针阀

图 10－21　锻钢针阀

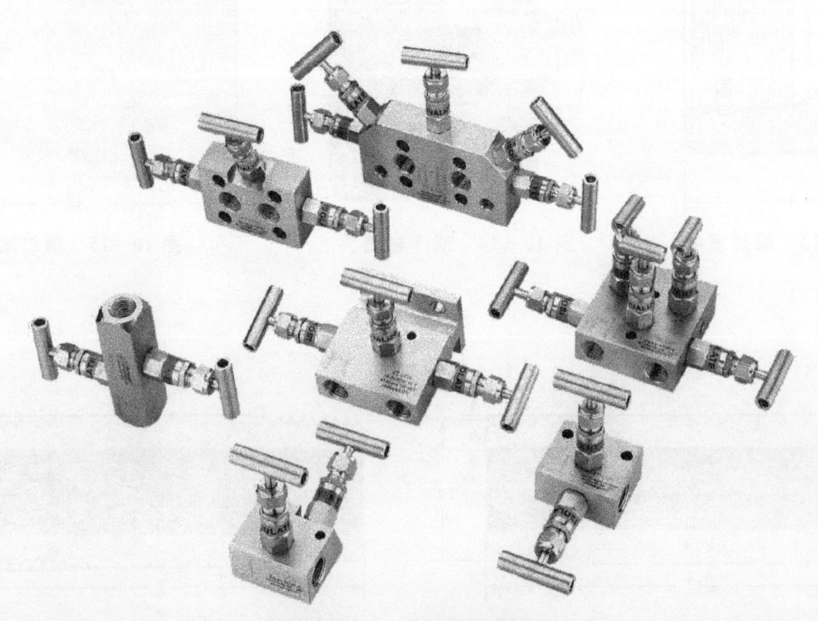

图 10－22　各类仪表阀组

表 10－1、表 10－2 为常用的仪表测量管道的管径选择。

表 10－1　英制测量管道的管径选择(外径×壁厚)

公称压力	介质温度范围			
	－60～150 ℃	150～250 ℃	250～350 ℃	350～550 ℃
PN≤Class 1 500	1/4″×0.035″、 3/8″×0.035″、 1/2″×0.049″	1/4″×0.035″、 3/8″×0.049″、 1/2″×0.049″	1/4″×0.035″、 3/8″×0.049″、 1/2″×0.065″	1/4″×0.035″、 3/8″×0.049″、 1/2″×0.065″
Class 1 500<PN ≤Class 2 500	1/4″×0.049″、 3/8″×0.065″、 1/2″×0.083″	1/4″×0.049″、 3/8″×0.065″、 1/2″×0.083″	1/4″×0.049″、 3/8″×0.065″、 1/2″×0.083″	1/4″×0.049″、 3/8″×0.065″、

注：1. 外径为 1/4″、3/8″、1/2″的管道宜采用卡套连接。
2. 表中的管道没有考虑腐蚀余量。
3. 当材质或温度超出本表使用范围时，应对壁厚按 ASMEB 31.1 标准进行计算。

表 10－2　公制测量管道的管径选择(外径×壁厚)

公称压力	介质温度范围			
	－60～150 ℃	150～250 ℃	250～350 ℃	350～550 ℃
PN≤250	ϕ6×1、ϕ10×1.5、 ϕ12×1.5、ϕ14×2、 ϕ18×3、 DN10 Sch40s (ϕ17.1×2.31)、 DN15 Sch40s (ϕ21.3×2.77)	ϕ6×1、ϕ10×1.5、 ϕ14×2、ϕ18×3、 DN10 Sch80s (ϕ17.1×3.2)、 DN15 Sch80s (ϕ21.3×3.73)	ϕ6×1、ϕ10×1.5、 ϕ14×2.5、ϕ18×3、 DN10 Sch80s (ϕ17.1×3.2)、 DN15 Sch80s (ϕ21.3×3.73)	ϕ6×1、ϕ10×2、 ϕ14×2.5、ϕ18×3、 DN10 Sch80s (ϕ17.1×3.2)、 DN15 Sch80s (ϕ21.3×3.73)
250<PN ≤400	ϕ10×2、ϕ14×3、 ϕ18×4、 DN10 Sch80s (ϕ17.1×3.2)、 DN15 Sch80s (ϕ21.3×3.73)	ϕ14×3、ϕ18×4、 DN10 Sch80s (ϕ17.1×3.2)	ϕ18×4.0	ϕ18×4.5

注：1. 根据现有的标准，可选用的测量管规格有：① GB/T 17395—2008，ϕ12×1.5、ϕ14×2、ϕ18×3、ϕ18×4、ϕ18×4.5 等，其中管道外径 ϕ4、ϕ18 属于系列 3 的特殊系列，但考虑到石油化工装置的仪表管道连续性，仍然将此规格列出；② SH/T 3405—2012，DN10 Sch40s、Sch80s，DN15 Sch40s、Sch80s。SH/T 3405—2012 的管道规格与 ASME B36.10M—2004 相当。
2. 外径为 ϕ6、ϕ10、ϕ12 的管道宜采用卡套连接。
3. 表中的管道没有考虑腐蚀余量。
4. 当材质或温度超出本表使用范围时，应对壁厚按 ASME B31.1 标准进行计算。

表 10－3、表 10－4 为测量管道及阀门材料特性。

4. 敷设

① 测量管道应敷设在易于维护和操作的地方，不应影响设备和工艺管道的安装和拆卸，而且应避开高温、工艺排放口、易受机械损伤、腐蚀及振动等场所，应避免管道内产生附加静压、密度差及气泡。

表 10-3 常用测量管道及阀门材质特性表

序号	牌号	材 质	标 准	性能或应用场合	温度范围	备 注
1	A106	20#碳钢	ASTM A216	无腐蚀性应用，包括水、油和气	-30～425 ℃	
2	LCB	低温碳钢	ASTM A352	低温应用，温度低至-46 ℃	不高于 340 ℃	
3	CF8	304 不锈钢	ASTM A351	腐蚀性或超低温或高温无腐蚀性应用	-268～649 ℃	温度在 425 ℃以上要指定碳含量为 0.04%及以上
4	CF3	304L 不锈钢	ASTM A351	腐蚀性或无腐蚀性应用	温度高达 425 ℃	
5	CF8M	316 不锈钢	ASTM A351	腐蚀性或超低温或高温无腐蚀性应用	-268～649 ℃	
6	CF3M	316L 不锈钢	ASTM A351	腐蚀性或无腐蚀性应用	温度高达 454 ℃	
7	CF8C	347 不锈钢	ASTM A351	主要用于高温、腐蚀性应用	-268～649 ℃	温度在 425 ℃以上要指定碳含量(0.04%及以上)
8	UPVC	聚氯乙烯	GB/T 4219.1	主要用于常温、腐蚀性应用	常温至 45 ℃	压力 1.0 MPa 以下
9	CPVC	聚氯乙烯树脂	ASTM D-2846	主要用于略高于常温、腐蚀性应用	常温至 95 ℃	压力 1.0 MPa 以下
10	CN7M	合金钢	ASTM A351	具有很好的抗热硫酸腐蚀性能	温度高达 425 ℃	
11	M35-1	蒙乃尔	ASTM A494	可焊接等级，具有很好的抗所有普通有机酸和盐水腐蚀的性能，也具有很高的抗大多数碱性溶液腐蚀的性能	温度高达 400 ℃	
12	N7M	哈氏合金 B	ASTM A494	特别适用于处理器各种浓度和温度的氢氟酸，具有很好的抗硫酸和磷酸腐蚀的性能	温度高达 649 ℃	

续表

序号	牌号	材　质	标　准	性能或应用场合	温度范围	备　　注
13	CW6M	哈氏合金 C	ASTM A494	具有很好的抗强氧化环境腐蚀的性能。在高温下具有很好的特性，对甲酸（蚁酸）、磷酸、亚硫酸和硫酸具有很高的抗腐蚀性能	温度高达 649 ℃	
14	CY40	因科镍合金	ASTM A494	在高温应用中表现很好。对强腐蚀流体介质具有很好的抗腐蚀性能		

表 10－4　Tube 钢管和 Pipe 钢管比对表

项　目	Tube　钢　管	Pipe　钢　管
定　义	圆形的，或具有周边的任何其他截面形状的空心钢管	以公称尺寸表示的圆形截面 TUBE 钢管
标　准	ASTM A269：通用奥氏体不锈钢无缝管和焊接管的规格	ASTM A312：无缝焊接重冷处理奥氏体不锈钢标准规范
	ASTM A213：锅炉，过热器和热交换器用无缝铁素体和奥氏体合金钢规范	ASTM A790：铁素体、奥氏休不锈钢无缝管和焊接管规格
	ASTM A249：锅炉、过热器、热交换器和冷凝器用奥氏体焊接钢管的规格	
表示方式	用实际外径和壁厚值表示，如 14×2，1/2″0.049″	用公称尺寸和管子号表示，如 NPS1/2 Sch40；或用公称尺寸和公称斥力 *DN*25 *PN*160 表示。一般不用实际的内径或外径表示
连接方式	卡套与焊接	螺纹与焊接

② 测量管道应尽量短，长度不宜超过 12 m。

③ 测量管道应架空敷设并应固定牢靠，减少弯曲和交叉。

④ 对于在操作压力下及当地环境温度变化范围内易结冻、冷凝、凝固、结晶或汽化的被测介质，仪表测量管道应采取伴热或绝热措施。

⑤ 测量管道水平敷设时，应向有利于排除管道内夹带的凝液或气体的方向倾斜 1∶10～1∶100的坡度。

⑥ 测量有毒、有腐蚀性或严重污染环境的介质，应采取密闭排放，不得任意排放。

⑦ 测量管道与高温设备、管道相连时，应设置热膨胀补偿设施。

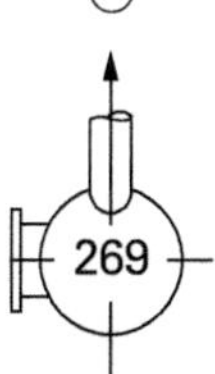

⑧ 压力大于 10 MPa 的测量管道，应设置安全减压设施，并且排放口朝向安全侧。

⑨ 应提供测量管道适当的支撑，支架的间距宜符合以下规定：

钢管：水平安装，1.0～1.5 m

垂直安装，1.5～2.0 m

铜管、塑料管及管缆：水平安装，0.5～0.7 m

垂直安装，0.7～1.0 m

⑩ 不锈钢管固定时，不应与碳钢管道直接接触。

⑪ 测量管道敷设时，不宜以工艺管道或设备作为支撑。

5. 气动信号管道

① 气动信号管道(包括阀门和管件)的材质宜采用 316 不锈钢管、带 PVC 护套的紫铜管或紫铜管。

② 气动信号管道的管径，宜选用 ϕ6 mm×1 mm 或 ϕ8 mm×1 mm；也可根据执行机构实际耗气量选用其他规格。

③ 安装在振动场合仪表连接的气动信号管道，宜选用带金属护套的软管(如聚氨醋管等)连接。

④ 气动信号管道的敷设应相对集中、保持整齐，间距应均匀一致。

⑤ 气动信号管道的敷设宜避开高温和潮湿、易损伤信号管道、存在连续振动、存在腐蚀性气体蒸汽的场合。

⑥ 气动信号管道的支撑，应按上述“4. 敷设”中的⑨执行。

6. 仪表伴热管道

仪表伴热方式可分为无伴热、电伴热、热水伴热、蒸汽伴热四种。热水伴热和蒸汽伴热需要敷设相应的伴热管道。

热水伴热宜采用 ϕ12 mm×1 mm 卡套式及 ϕ18 mm×3 mm 承插焊式两种连接方式(承插焊式连接方式的伴热管线根据当地温度等具体情况还可选择 ϕ14 mm×2 mm 或 ϕ22 mm×3 mm 伴热管线)。

蒸汽伴热介质一般为低压蒸汽，宜采用 ϕ12 mm×1 mm 卡套式及 ϕ14 mm×2 mm 承插焊式两种连接方式。

仪表伴热管道一般选用不锈钢管。

10.1.2 仪表配线

仪表配线包括仪表的信号电线电缆、电源电缆、接地线、光缆等。

1. 选型

① 一般情况下，电线宜选用多股铜芯聚乙烯绝缘软电线，电缆宜选用多股绞合铜芯聚乙烯绝缘聚氯乙烯护套电缆，室内宜选用软电缆。

② 高温、低温场所，应考虑电缆允许使用的温度范围，宜选用氟塑料绝缘及护套电缆或其他耐高温、低温型电缆。

③ 有火灾危险的场所，现场仪表电缆应选用阻燃型电缆。

④ 用于紧急隔离阀门、SIS 励磁动作、与可燃/有毒气体信号联动的电缆宜选用耐火电缆。

⑤ 本安系统信号电缆应采用本安电缆，其分布电容、电感等参数应符合本安要求。

⑥ 仪表信号电缆的屏蔽选型应符合：开关量信号，宜选用总屏蔽；4～20 mA 或 1～5 V(DC) 信号，宜用总屏蔽；当信号电缆经过高强度交变磁场时，应采用对绞线芯；热电偶、热电阻或脉冲量信号，宜选用分屏及总屏双屏蔽电缆；现场总线控制系统信号电缆，应选用现场总线电缆；特殊用的仪表电缆，应按仪表制造厂要求选用。

⑦ 热电偶补偿导线的型号，应与热电偶分度号相匹配。

2. 线芯截面积

① 仪表信号电线电缆的线芯截面积应满足检测、控制回路对信号传输、导电特性、绝缘屏蔽、本安参数等功能性要求及施工中对线缆机械强度的要求。电缆的截面积应根据线路压降、本安参数符合性计算后确定，其最小线芯截面积应不小于 0.5 mm^2。

② 除本安系统电路外，在爆炸危险区内穿保护钢管敷设的仪表信号电缆在 1 区时的最小线芯截面积应不小于 2.5 mm^2，在 2 区时应不小于 1.5 mm^2；若采用多芯电缆，其线最小芯截面积应为 1.0 mm^2。

③ 除本安系统电路外，在爆炸危险区内电缆明设或电缆沟内敷设时的最小线芯截面积应为 1.0 mm^2。

④ 本安回路用的非现场总线仪表信号电缆的最小线芯截面积还应符合 GB 3836.4 规范的要求。

⑤ 仪表接地电缆电线的线芯截面积，应按 SH/T 3081 的有关规定选用。

⑥ 仪表供电电缆电线的线芯截面积，应按 SH/T 3082 的有关规定选用。

3. 电缆的敷设

(1) 一般规定

① 电缆应沿较短路径敷设，避开热源、潮湿、振动源，不应敷设在影响操作、妨碍设备维修的位置。

② 电缆不宜平行敷设在高温工艺管道和设备的上方或有腐蚀性液体的工艺管道和设备下方。

③ 在装置现场，较分散的非铠装电缆宜穿在金属管内保护；较集中的电线电缆宜敷设在电缆槽内；铠装电缆可敷设在梯式电缆桥架或小电缆槽中。

④ 仪表电缆中间不应有接头，但可以根据需要设置接线箱或接线柜。

⑤ 仪表信号电缆与电力电缆交叉敷设时，宜成直角跨越；与电力电缆平行敷设时，两者之间的最小间距应符合表 10－5 的规定。

表 10－5　仪表电缆与电力电缆平行敷设的最小允许间距　　单位：mm

电力电缆电压与工作电流	相互平行敷设的长度			
	＜100	＜250	＜500	≥500
125 V,10 A	50	100	200	1 200
250 V,50 A	150	200	450	1 200
200～400 V,100 A	200	450	600	1 200
400～500 V,200 A	300	600	900	1 200
3 000～10 000 V,800 A	600	900	1 200	1 200

⑥ 当仪表信号电缆采用屏蔽电缆，在金属穿管内敷设时，仪表电缆与具有强磁场和强静电场的电气设备之间的净距离宜大于 0.8 m；在金属电缆槽内敷设时，仪表电缆与具有强磁场和强静电场的电气设备之间的净距离宜大于 1.5 m。

⑦ 不同电压等级及频率特性的信号，不应共用一根电缆及同一个接线箱。

⑧ 本安系统的配线应与非本安系统配线分开；本安系统配线外护套颜色应为蓝色。

⑨ 现场总线和通信电缆宜单独敷设，当不能单独敷设时应加隔板隔离。

⑩ 220 V(AC)信号及电源和 24 V(DC)信号及电源电缆应分开敷设在不同桥架内或在同一桥架内加隔板分开敷设；机柜室里的 220 V(AC)电源线单独敷设电缆槽，系统电缆(包括光纤尾纤、网线)单独敷设电缆槽。

⑪ 现场检测点较多的装置，宜采用现场接线箱。现场接线箱宜设置在仪表较集中和便于维修的地方。室外安装的接线箱的顶部不应进出电缆。

⑫ 控制室/机柜室与现场接线箱之间的宜选用非铠装阻燃多股铜芯对绞分屏线 PE 绝缘 PVC 护套总屏电缆，本安信号回路，必须选用相应的本安电缆。

⑬ 现场仪表至现场接线箱的分支电缆宜选用镀锌钢丝编织铠装电缆，本安信号回路，必须选用相应的本安电缆。

⑭ 多芯电缆的备用芯数宜为使用芯数的 15%～20%。

⑮ 爆炸危险场所电缆设计的技术要求及接线箱的防爆等级，应符合 GB 3836.2 和 GB 3836.3 的要求。

⑯ 防爆现场仪表及接线箱的电缆入口处，应采用相应防爆级别的电缆引入装置，宜采用防爆电缆密封接头或用密封填料接头进行密封，应符合 GB 3836.15 的要求。

⑰ 电缆敷设不宜以工艺管道和设备作为支撑。

⑱ 仪表电缆穿墙或穿地梁进入中心控制室、现场机柜室等建筑物的开洞处，应采用电缆穿墙模块密封或采用墙体开洞加膨胀性防爆密封堵料。在结构允许的情况下，优先采用电缆密封模块。电缆在穿越地梁进入中心控制室、现场机柜室等建筑物的开洞处，应采用室内挖电缆井(不充砂)、室外做充砂围堰的方式。

⑲ 控制室电缆进线敷设还应符合 SH/T 3006 的要求。

⑳ 液化烃球罐区，仪表电缆宜按防火堤外桥架或埋地敷设，防火堤内埋地敷设，至设备处须穿管保护。埋地敷设的电缆应考虑防止地下水的腐蚀。如果防火堤内采用仪表电缆槽架空敷设时，则选用阻燃性电缆。

㉑ 与液化烃球罐罐体相连接的仪表配线(铠装电缆除外)应采用金属管屏蔽保护，电缆外皮或配线钢管与罐体须做电气连接。

(2) 电缆槽敷设方式

① 仪表电缆槽宜架空敷设。电缆槽安装在工艺管架上时，宜布置在工艺管架的两侧或顶层，且宜设置检修通道。

② 仪表电缆槽与工艺管道平行或交叉，其最小净距应符合表 10-6 的要求。

③ 电缆槽的材质可选用镀锌碳钢、铝合金或不锈钢；当有防火要求时，应选用耐火电缆槽。

④ 当仪表电缆槽盒穿过热油泵、液化经泵、甲 B 及乙 A 类可燃液体泵等火灾危险性高的设备周围 7.5 m 范围内时，应选用耐火电缆槽盒，其耐火性能与耐火极限应符合 GB 29415 的要求。

表 10-6　仪表电缆槽与工艺管道间距

管　道　类　别		平行净距/m	交叉净距/m
一般工艺管道		0.4	0.3
具有腐蚀性气、液体管道		0.5	0.5
热力管道	有保温层	0.5	0.5
	无保温层	1.0	1.0

⑤ 仪表交流电源电缆，应与仪表信号电缆分开敷设；本安信号和非本安信号线也应分开敷设。分隔方式宜采用隔板隔开，并对金属隔板可靠接地，也可采用不同的电缆槽。铠装电缆可不分开敷设。

⑥ 每节电缆槽应采用专用接地线跨接后连到现场接地扁钢上。

⑦ 保护管应在电缆槽侧面高度 1/2 以上的区域内，采用锁紧螺母(带保护线帽)或管接头与电缆槽连接。保护管不得在电缆槽的底部或者顶盖上开孔进出。

⑧ 电缆槽底侧应有排水孔，孔距≤1 500 mm，孔径为 $\phi5\sim\phi10$ mm。

⑨ 电缆槽内电缆充满系数宜为 0.25～0.35。

⑩ 当电缆槽垂直段大于 2 m 时，应在垂直段上、下端槽内增设固定电缆用的支架；当垂直段大于 4 m 时，还应在其中部增设支架。

⑪ 当电缆槽敷设的直线长度超过表 10-7 中的数值时，宜采取改变标高或加伸缩板等热膨胀补偿措施。

表 10-7　电缆槽敷设时允许的最大直线长度

碳　钢　材　质		铝　合　金　材　质	
温度差*/℃	最大长度/m	温度差*/℃	最大长度/m
42	50	40	28
56	35	50	21
69	31	60	18

注：* 现场最高、最低温度值之间的差值。

⑫ 安装在钢制支吊架上或用钢制附件固定的铝合金电缆槽，当钢制件表面为热浸锌时可与铝合金电缆槽直接接触；当其表面为喷涂粉末涂层或涂漆时，则应在与铝合金电缆槽接触面之间用聚氯乙烯(PVC)或氯丁橡胶衬垫隔离。

⑬ 在铝合金电缆槽上不得用裸铜导体线做接地体。

⑭ 电缆主桥架宜采用大跨距槽式桥架(跨距 6 000 mm)，如采用小跨距桥架，则应设计槽钢梯架支撑。每节仪表电缆桥架与支撑梁间用扁钢制作的抱箍或门型锁扣做多点固定，每节盖板两端与桥架本体间均采用双边锁扣扣紧，锁扣间距应不超过 2 m。

⑮ 电缆桥架的弯曲件应设置至少电缆弯曲半径 12 倍的空间。

⑯ 电缆桥架的连接应采用制造厂的标准连接件，其焊接处应进行防腐处理。

⑰ 在控制室电缆入口附近的电缆桥架应设计成向上坡起形式，坡度一般为 1∶10(或更大)，见图 10-23。

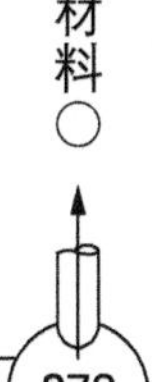

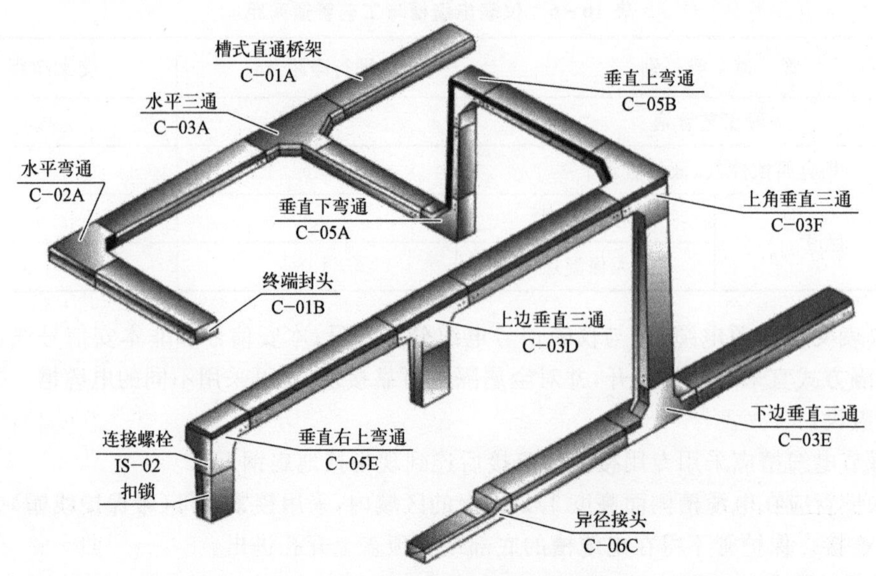

图 10-23　电缆桥架空间布置示意图

(3) 保护管敷设方式

① 保护管宜采用镀锌钢管。

② 保护管宜采用架空敷设。当架空敷设有困难时，可采用埋地敷设，但保护管管径应加大一级。

③ 埋地部分应进行防腐处理。

④ 敷设的保护管应选最短途径敷设。当埋入墙或混凝土内时，离表面的净距离应不小于 25 mm。

⑤ 保护管内电缆充填系数一般不超过 0.40。当单根电缆穿管时，保护管内径应不小于电缆外径的 1.5 倍。

⑥ 不同电压等级及频率特性的线路，应分别穿管敷设。

⑦ 当保护管与检测元件或现场仪表之间采用挠性管连接时，保护管口应低于仪表进线口约 250 mm，若保护管从上向下敷设至仪表，在管末端应加排水三通。当保护管与仪表之间不采用挠性管连接时，管末端应带护线帽（护口）或加工成喇叭口。

⑧ 单根保护管的直角弯头超过两个或者直线长度超过 30 m 时，应加穿线盒。

(4) 电缆沟敷设方式

① 电缆沟底的坡度应不小于 1∶200。室内沟底坡度应向下坡向室外。在沟的最低点应采取排水措施，在可能积聚易燃易爆气体的电缆沟内应充填砂子。

② 电缆沟应避开地上和地下障碍物，避免与地下管道、动力电缆沟交叉。

③ 仪表电缆沟与动力电缆沟交叉时应成直角跨越，在交叉部分的仪表电缆应采取隔离保护措施。

(5) 直埋敷设方式

① 室外装置，控制点少而分散又无管架可利用时，宜选用适合直埋的铠装电缆，并采取防腐措施。

② 直埋电缆的埋设深度应不小于 700 mm ，在寒冷地区，电缆应埋在冻土层以下。当无

法实施时，应有防止电缆损坏的措施。

③ 直埋敷设的电缆与建筑物地下基础的最小净距应为600 mm，与电力电缆间的最小净距离应符合表10-5的规定。

④ 直埋电缆不应沿任何地下管道的正上方或正下方平行敷设，应沿地下管道两侧平行敷设或与其交叉，其最小净距离应符合：与易燃易爆介质的管道平行时为1 000 mm，交叉时为500 mm；与热力管道平行时为2 000 mm，交叉时为500 mm；与水管或其他工艺管道平行或交叉时均为500 mm。

⑤ 当直埋电缆穿越道路时，应使用保护管保护。管顶敷土厚度不得小于1 000 mm。

⑥ 地下埋设的线路，在地面上应有明显的标识。

(6) 光缆敷设

① 冗余光缆方式宜采用“一天(架空)一地(埋地)”的方式敷设。架空敷设时宜采用仪表电缆槽隔断或独立敷设。

② 光缆在地下敷设时，应敷设在保护管(束)内；采用铠装光缆时，可直接埋地敷设。

③ 光缆敷设时，应保持光缆的自然状态，避免出现急剧性的弯曲，其弯曲半径应不小于光缆外径的20倍。穿保护管时应用钢线引导，并涂抹适量滑石粉。

④ 光缆敷设时，在线路的拐弯处、电缆井内以及终端处应预留适当的长度，并按设计文件规定做好标识。

⑤ 光缆线路中间不宜有接头。

10.1.3 仪表和电缆的保护

(1) 仪表的保护

① 现场安装的仪表若是全天候型的，一般无须特殊的保护。

② 当现场环境比较特殊，由于气候、腐蚀及其他原因，仪表可安装于仪表保护(温)箱内。

③ 仪表保护(温)箱按其伴热方式可分为无伴热、电伴热、热水伴热、蒸汽伴热四种。按防火要求分类可分为普通型和防火型。防火型仪表箱的耐火燃烧时间为0.5 h。

(2) 电缆的保护

① 现场仪表电缆的保护一般采用电缆沟、电缆桥架、保护管等方式进行保护。

② 根据现场实际情况，可选用镀锌钢丝编织铠装电缆。

(3) 桥架的保护

① 要求桥架防火的区段，可在桥架上添加具有耐火或阻燃性的板、网材料构成封闭或半封闭式结构，并在桥架表面涂刷符合《钢结构防火涂料应用技术规范》的防火涂层等措施，其整体耐火性还应符合国家有关规范或标准的要求，可选用防火阻燃桥架产品。

② 原则上应按工程环境条件、重要性、对一次性防腐处理的耐久性要求，并根据桥架产品适应该环境所具有科学估价的耐久性以及经济性等因素，综合选择适宜的防腐处理方式。

③ 在轻度腐蚀的情况下，可选用塑料喷涂、电镀锌、热镀锌的桥架。

④ 在对防腐蚀要求高的情况下，可选用铝镁合金、镍磷合金、锌镍合金镀层钢制桥架或玻璃钢桥架。

10.1.4 非设备/管道安装

① 非设备/管道安装的仪表在现场安装时应根据安全保护的要求，选择相关的支架、保护

箱、保温箱的安装方式。

② 现场仪表在保护(温)箱内的安装,可采用管座安装或导轨安装的方式。

③ 从环保、节能、节材及使用寿命等方面考虑,推荐使用不锈钢材质的仪表保护(温)箱。

④ 不采用仪表保护(温)箱安装的场合,宜采用金属支架或带遮阳罩金属支架的安装方式。

⑤ 仪表保护(温)箱一般采用底部或后背部管支架安装,箱内的安装件(包括蒸汽或电伴热器件、连接件、密封件、安装板、导轨)及箱体连接件应与箱体成套供货。

⑥ 仪表保护(温)箱的外部一般采用钢管、角钢、槽钢进行安装。

⑦ 金属支架底座及仪表保护(温)箱的安装支架底板一般采用膨胀螺栓与地面固定,或采用点焊方式与框架平台固定。

变送器的两种典型安装方式,参见图 10-24、图 10-25。常见金属支架的固定方式,参见图 10-26、图 10-27。

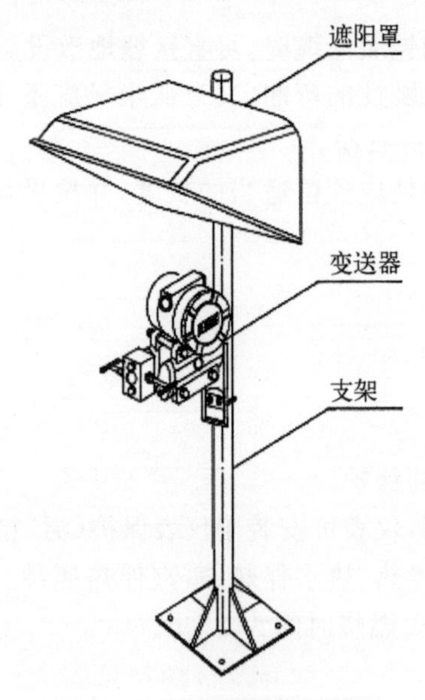

图 10-24 变送器在遮阳罩支架上安装

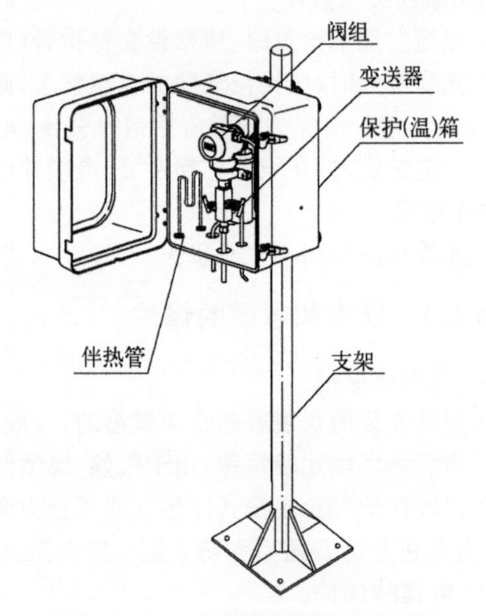

图 10-25 变送器在保护(温)箱及支架上组合安装

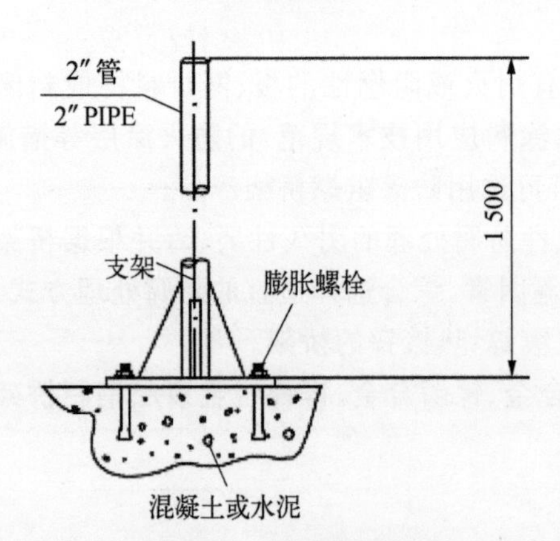

图 10-26 支架在混凝土或水泥地平上固定

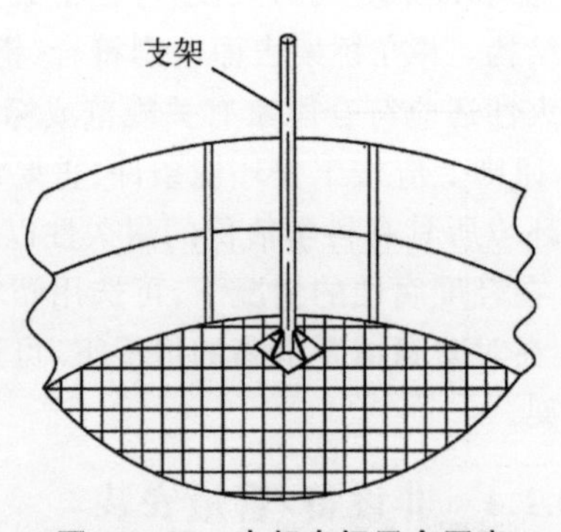

图 10-27 支架在钢平台固定

10.2 安装材料

10.2.1 配管材料

1. 压力等级

参照 GB/T 1048《管道元件 PN(公称压力)的定义和选用》、HG/T 20592《钢制管法兰(PN 系列)》和 HG/T 20615《钢制管法兰(Class 系列)》的规定,公称压力等级的分级与对应关系见表 10-8。

表 10-8 PN 系列与 Class 系列压力等级分级与对应关系表

PN 系列	Class 系列	PN 系列	Class 系列
① 2.5		⑦ 63	
② 6		⑧ 100	
③ 10			③ 600(*PN*110)
④ 16			④ 900(*PN*150)
	① 150(*PN*20)	⑨ 160	
⑤ 25			⑤ 1 500(*PN*260)
⑥ 40			⑥ 2 500(*PN*420)
	② 300(*PN*50)		

根据目前国内仪表安装材料生产现状,为减少仪表安装材料品种规格,为适应管道专业采用公称压力等级的一般做法,一般在工作压力≤16.0 MPa 的工况下,采用 *PN*63、*PN*160 两档公称压力;在工作压力>16.0 MPa 的工况下,采用 Class1500、Class2500 两档公称压力。

2. TUBE 管

由于 TUBE 管(简称 T 管)可采用卡套式连接的方式,直管、弯管连接不需要接头,具有安装维护工作量小,适用性强和选用方便等优点,目前在石油化工装置中采用较为普遍。T 管壁厚选择见表 10-9。

表 10-9 公制 T 管的壁厚和工作压力(在常温下)对应关系表

外径/mm	壁厚/mm			
	1.0	1.5	2.0	2.5
12	20.2	25.2	47.5	
14	16.2	20.2	38.4	
18		15.1	29.3	37.4

在一般情况下:

① 操作压力在 16 MPa 以下时采用壁厚为 1.5～2 mm 的不锈钢管(承插焊连接时为

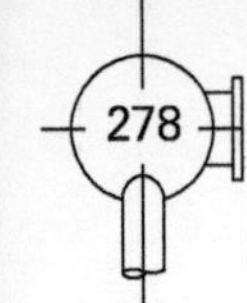

3 mm)；

② 操作压力为 16～25 MPa 时采用壁厚为 2～2.5 mm 的不锈钢管(承插焊连接时为 3～4 mm)；

③ 操作压力为 25～42 MPa 时采用壁厚为 3～4 mm 的不锈钢管(承插焊连接时为 4～5 mm)；

④ 在选择管壁厚度时还应考虑工艺介质温度对导压管耐压强度的影响。

3. 导压管管径

① 采用卡套式连接方式时，管径推荐采用 ϕ12 mm 不锈钢管；

② 采用对焊式连接方式时，管径推荐采用 ϕ14 mm 不锈钢管；

③ 采用承插焊连接方式时，管径推荐采用 ϕ18 mm 不锈钢管。

10.2.2 配线材料

应根据使用环境、用电设备的技术参数和敷设方式等条件进行仪表电缆的合理选择，并应符合防火场所和安全方面的要求。

1. 电缆绝缘类型要求

(1) 电缆绝缘类型的选择应符合下列规定：

① 在使用电压、工作电流及其特征和环境条件下，电缆绝缘特性应不小于常规预期使用寿命；

② 应根据运行可靠性、施工和维护的简便性以及允许最高工作温度与造价的综合经济性等因素选择；

③ 应符合防火场所的安全要求；

④ 明确需要与环境保护协调时，应选用符合环保要求的电缆绝缘类型。

(2) 电缆绝缘类型的选择要求：

① 移动式电气设备等经常弯移或有较高柔软性要求的回路，应使用橡皮绝缘等电缆；

② 90 ℃以上高温场所，选用 125 ℃交联聚烯烃(YJ)、硅橡胶、氟塑料(F)、矿物绝缘电缆；

③ −15～90 ℃的场所，选用交联聚乙烯、乙丙橡皮绝缘电缆；

④ −15 ℃以下的低温环境，应按低温条件和绝缘类型要求，选用交联聚乙烯(YJ)、硅橡胶(G)、乙丙橡皮绝缘(E)电缆；

⑤ 氟塑料绝缘只用于耐高温控制电缆。

2. 电缆外护层要求

(1) 电缆护层的选择应符合下列规定：

① 交流系统单芯电力电缆，当需要增强电缆抗外力时，应选用非磁性金属铠装层，不得选用未经非磁性有效处理的钢制铠装；

② 在潮湿、化学腐蚀环境或易受水浸泡的电缆，其金属层、加强层、铠装上应有聚乙烯外护层，水中电缆的粗钢丝铠装应有挤塑外护层；

③ 在人员密集的公共设施，以及有低毒阻燃性防火要求的场所，可选用低烟无卤阻燃的外护层。

(2) 直埋敷设时电缆外护层的选择：

① 电缆承受较大压力或有机械损伤危险时，应具有加强层或钢带铠装；

② 在流砂层、回填土地带等可能出现位移的土壤中，电缆应有钢丝铠装；

③ 白蚁严重危害地区用的挤塑电缆，应选用较高硬度的外护层，也可在普通外护层上挤包较高硬度的薄外护层，其材质可采用尼龙或特种聚烯烃共聚物等，也可采用金属套或钢带铠装；

④ 地下水位较高的地区，应选用聚乙烯外护层；

⑤ 除上述情况外，可选用不含铠装的外护层。

(3) 空气中固定敷设时电缆护层的选择应符合下列要求：

① 小截面挤塑绝缘电缆直接在臂式支架上敷设时，宜具有钢带铠装；

② 在地下客运、商业设施等安全性要求高而鼠害严重的场所，塑料绝缘电缆应具有金属包带或钢带铠装；

③ 电缆位于高落差的受力条件时，多芯电缆应具有钢丝铠装；

④ 敷设在桥架等支承密集的电缆，可不含铠装；

⑤ 90 ℃以上高温场所，应选用硅橡胶、氟塑料外护层；

⑥ −15～90 ℃的场所，应选用聚乙烯、聚氯乙烯外护层；

⑦ −15 ℃以下的低温环境，应选用聚乙烯、耐低温(−30 ℃)聚氯乙烯、硅橡胶外护层；

⑧ 氟塑料护套只用于耐高温控制电缆。

⑨ 移动式电气设备等需经常弯移或有较高柔软性要求回路的电缆，应选用橡皮外护层。

3. 电缆类型的选择要求

① 装置区及爆炸和火灾危险环境中应采用阻燃型交联聚乙烯绝缘电缆；移动式电气设备的供电线路，应采用橡皮绝缘电缆。

② 在外部火势作用一定时间内需维持通电的下列场所或回路，明敷的电缆应实施耐火防护或选用具有耐火性电缆，包括：消防、报警、应急照明、断路器操作直流电源和发电机组紧急停机的保安电源、UPS 电源和 UPS 配电回路等重要回路；计算机监控、双重化继电保护、保安电源或应急电源等双回路合用同一通道未相互隔离时的其中一个回路；油罐区等易燃场所，其他重要公共建筑设施等需要有耐火要求的回路；220 V 直流配电系统。

③ 控制、信号、测量、网络电缆的选择宜符合下列要求：强电回路控制电缆，除位于超高压配电装置或与中压电缆紧邻且并行较长、需抑制干扰情况外，可不含金属屏蔽；位于存在干扰影响的环境又不具备有效抗干扰措施的，宜有金属屏蔽。

④ 鉴于绿色环保需要，电缆绝缘材料不允许采用聚氯乙烯。

4. 双屏蔽电缆

双屏蔽，即分屏＋总屏两层屏蔽层。如图 10-28 所示，线芯绞对组铜丝编织屏蔽，总包带和总屏蔽包带之间屏蔽层有编织的和金属绕包的两种。

双层隔离屏蔽的内层应采用一端接地，外层则应两端接地。

双层屏蔽比单层的好，比双绞屏蔽电缆性能更优异的是铠装型双绞屏蔽电缆。一般其内屏蔽采用编织屏蔽网＋铝箔，外屏蔽则采用钢带铠装层，内屏蔽和外屏蔽之间还有一层绝缘隔离层。使用时，钢带铠装层两端接地，最内层屏蔽一端接地，可用于干扰严重、鼠害频繁以及有防爆要求的场所。

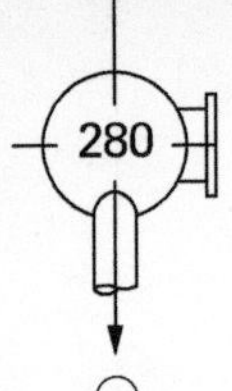

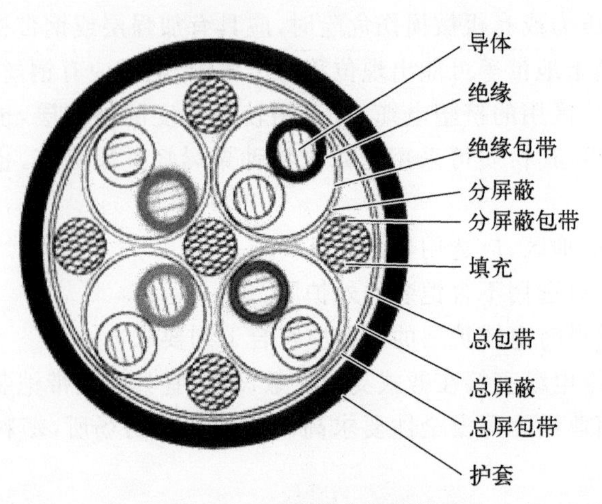

图 10-28　双屏蔽电缆结构图

5. 各种电缆型号及使用场合

各种仪表电缆型号及使用场合见表 10-10～表 10-12。

表 10-10　控制及信号电缆(额定电压 0.45/0.75 kV)

序号	电缆型号	电缆名称	使用场合
1	(Z*-)KYJV	铜芯交联聚乙烯绝缘聚氯乙烯护套(*类阻燃)控制电缆	室内固定安装使用
2	(Z*-)KYJVP	铜芯交联聚乙烯绝缘聚氯乙烯护套(*类阻燃)铜丝编织屏蔽控制电缆	室内固定安装使用,具有良好的屏蔽性能,柔软性好
3	(Z*-)KYJVP2	铜芯交联聚乙烯绝缘聚氯乙烯护套(*类阻燃)铜带屏蔽控制电缆	室内固定安装使用,具有良好的屏蔽性能
4	(Z*-)KYJV22	铜芯交联聚乙烯绝缘聚氯乙烯护套(*类阻燃)钢带铠装控制电缆	敷设在室内室外,也用于埋地敷设,电缆能够承受一定机械压力作用
5	(Z*-)KYJV32	铜芯交联聚乙烯绝缘聚氯乙烯护套(*类阻燃)钢丝铠装控制电缆	敷设在高落差地区,电缆能承受一定的机械外力,并能承受相当的拉力
6	(Z*-)KYJVP2-22	铜芯交联聚乙烯绝缘聚氯乙烯护套(*类阻燃)铜带屏蔽钢带铠装控制电缆	敷设在室内室外,也用于埋地敷设,电缆能够承受一定机械压力作用,具有良好的屏蔽性能
7	(Z*-)KYJVP2-32	铜芯交联聚乙烯绝缘聚氯乙烯护套(*类阻燃)铜带屏蔽钢丝铠装控制电缆	敷设在高落差地区,电缆具有良好的屏蔽性能,能承受一定机械压力作用,并能承受相当的拉力
8	KFF	氟塑料绝缘氟塑料护套控制电缆	90 ℃以上高温场所,电缆导体长期工作温度达 180 ℃,可在－15 ℃以下的低温环境使用,可在室内外隧道、电缆桥架中敷设

续表

序号	电缆型号	电缆名称	使用场合
9	KGG	硅橡胶绝缘硅橡胶护套控制电缆	90 ℃以上高温场所，电缆导体长期工作温度达 180 ℃，可在 −15 ℃以下的低温环境使用，可在室内外隧道、电缆桥架中敷设，电缆柔软，在敷设过程中应避免护套损伤
备注	Z：表示阻燃 K：控制电缆 Y：聚乙烯 PE P：铜丝编织屏蔽 22：钢带铠装 F：氟塑料	*：表示阻燃等级，A、B 或 C 类 J：交联 V：聚氯乙烯 PVC P2：铜带屏蔽 32：钢丝铠装 G：硅橡胶	

注：−15 ℃以下的低温环境，应采用耐低温聚氯乙烯护套材料，电缆型号不变。

表 10－11　计算机电缆

序号	电缆型号	电缆名称	使用场合
1	(Z*-)DJYPV	铜芯聚乙烯绝缘对绞铜丝编织屏蔽聚氯乙烯护套(*类阻燃)电子计算机控制电缆	敷设在室内、电缆沟、管道固定场合
2	(Z*-)DJYPVP	铜芯聚乙烯绝缘对绞铜丝编织分屏蔽及总屏蔽聚氯乙烯护套(*类阻燃)电子计算机控制电缆	
备注	D：计算机电缆包括 DCS 用电缆 其他符号同表 10－10		

表 10－12　耐火、低烟无卤耐火电缆

序号	电缆型号	电缆名称	使用场合
1	N－YJV	铜芯交联聚乙烯绝缘聚氯乙烯护套耐火电力电缆	消防应急电源
2	N－YJV22	铜芯交联聚乙烯绝缘聚氯乙烯护套钢带铠装耐火电力电缆	
3	WDZN－YJY	铜芯交联聚乙烯绝缘无卤低烟聚烯烃护套耐火电力电缆	人员密集场合、低毒阻燃性防火要求场合、消防应急电源
4	WDZN－YJY22	铜芯交联聚乙烯绝缘无卤低烟聚烯烃护套钢带铠装耐火电力电缆	
5	WDZ*N－YJY	铜芯交联聚乙烯绝缘无卤低烟*类阻燃耐火电力电缆	
6	WDZ*N－YJY22	铜芯交联聚乙烯绝缘钢带铠装低烟无卤*等阻燃耐火电力电缆	
备注	N：耐火电缆　WD：无卤低烟 其他符号同表 10－10		

10.2.3 保护类材料

1. 电缆穿墙密封模块

电缆穿墙密封模块，一般是一种模块化密封系统，采用可调芯密封模块，与框架和压紧装置形成防侵入扩散的电缆或管道穿墙密封系统，如图 10－29 所示。模块的灵活性和机械化，使其具有安装方便快速及扩容和重新配置简单的特点。

图 10－29 电缆穿墙密封模块安装图

2. 防火电缆桥架

防火电缆桥架(图 10－30)有良好的绝热、防火、耐腐和适用于广泛环境的性能，还具有重量轻、承载力大、安全可靠的特点。对于不同使用场合，防火槽盒可分为四类：

(1) 耐火型全封闭槽盒：适用于 10 kV 以下电力电缆，以及控制电缆、照明配线等室内室外架空电缆沟、隧道的敷设。

(2) 耐火型半封闭槽盒：能够经受火焰熏烤，槽内温度可以被限制在电缆安全运行允许值内，盒盖为双层盖板。除了有防雨功能外，在遇高温时可自动下落，盖住散热孔，隔绝空气。

(3) 电缆隧道用耐火槽盒：可广泛用隧道、地下公共设施等场合。具有良好的通风透气性，当槽盒着火或电缆过热时，由于火焰作用使原来开启的浸有特种防火涂料的通风网孔堵塞，并膨胀成厚厚的炭屑包覆电缆，网上小盖自动下落，盖住网面，使燃烧介质缺氧自熄。

(4) 耐火型无机槽盒(图 10－31)：该产品采用无机材料与增强玻璃纤维，耐火结构为

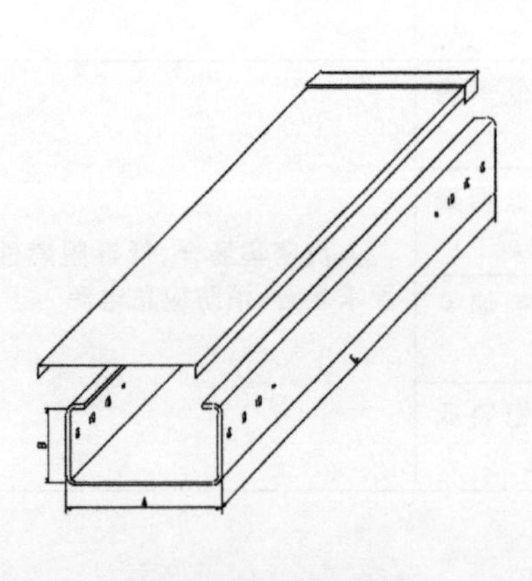

图 10－30 防火桥架

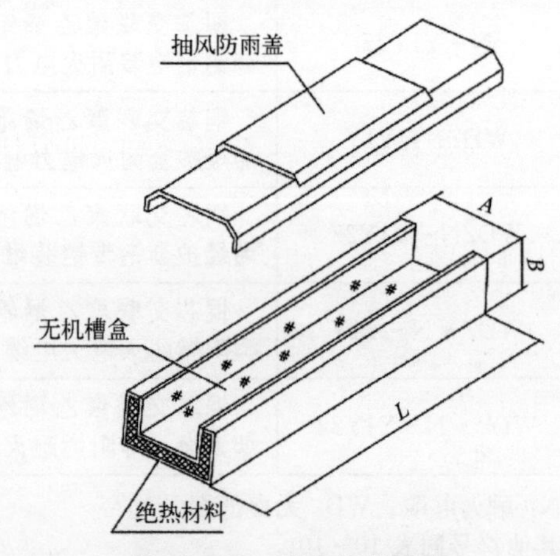

图 10－31 耐火桥架槽盒

全封闭式，有效防止电缆自燃及外部火种的危害。由于使用了无机材料，其特别适用于酸、碱腐蚀严重的场合。

桥架表面喷防火涂料处理；钢制外壳、内衬复合耐火内胆，槽盒内部也可按要求加装防火板。

3. 电缆桥架的防护

电缆桥架的防护类型和相应的使用环境条件等级见表 10-13。

表 10-13 电缆桥架的防护类型和相应的使用环境条件等级表(GB/T 4796—2017)

防护类别	防护类型代号	使用环境条件等级
普通型	J	3K5L/3K6/3K6L
湿热型	TH	3K5L/3C2
防中等腐蚀型	F1	3K5L/3C3
防强腐蚀型	F2	3K5L/3C4
户外型	W	4K2/4C2
户外防中等腐蚀型	WF1	4K2/4C3
户外防强腐蚀型	WF2	4K2/4C4
耐火型	NⅠ～NⅢ *	消防线路中

注：* NⅠ～NⅢ为耐火等级代号(见表 10-14)。

耐火型电缆桥架的耐火等级及其代号见表 10-14。

表 10-14 耐火型电缆桥架的耐火等级及其代号

耐火等级代号	维持工作时间/min	耐火等级代号	维持工作时间/min
NⅠ	≥60	NⅢ	≥30
NⅡ	≥45		

10.2.4 安装材料统计

仪表安装材料主要涉及导压管道安装、保温伴热配管安装、供气配管安装、线缆敷设安装、现场仪表安装等。

1. 一般原则

① 仪表安装材料的统计是以详细工程设计图纸为依据。

② 仪表材料宜以装置为单位开列，可根据实际情况按单元开列。

③ 在统计设计裕量时应考虑订货周期和难度，以保证不影响施工进度。

④ 管道长度宜按 m 计，也可按 6 m/根折算圆整后以根计。

2. 导压管道安装材料

(1) 统计基础

统计基础为仪表管线平面布置图和仪表安装图。

(2) 统计方法

① 管道：　　　　设计数量＝水平数量＋向上数量＋向下数量

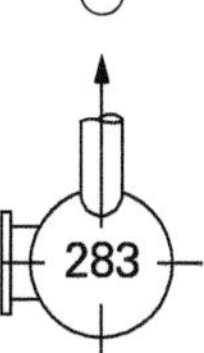

② 阀门、管件等：　　　　设计数量＝实际数量

③ 设计裕量见表 10－15。

表 10－15　导压管道安装材料设计裕量表

分类	主要材料	裕量系数	备用量		备　注
			下限	上限	
管道	主要包括口径为 DN6～DN40 的管子	4%～6%	6 m	60 m	若实际用量小于 50 m，则不需备用
管件	主要包括直通终端接头、直通中间接头、直通异径接头、直通穿板接头、弯通中间接头、弯通异径接头、弯通穿板接头、三通中间接头、螺纹活接头、异径活接头、同心大小头、冷凝弯、冷凝圈、堵头、管帽等	5%～10%	1 个	40 个	若实际用量小于10 个，则不需备用
阀门	主要包括排污阀、放空阀等	3%～5%	1 个	10 个	若实际用量小于10 个，则不需备用
法兰	主要包括法兰、法兰盖等	5%～10%	1 片	20 片	若实际用量小于 5 片，则不需备用
紧固件	主要包括螺栓螺母、垫片等	螺栓螺母，20%；垫片，50%	1 套	80 套	

3. 保温伴热配管安装材料

(1) 统计基础

统计基础为仪表伴热平面图、仪表安装图及仪表伴热典型图。

(2) 统计方法

① 管道：　　　　　　　设计数量＝水平数量＋向上数量＋向下数量

② 阀门、管件等：　　　设计数量＝实际数量

③ 设计裕量见表 10－16。

表 10－16　绝热配管安装材料设计裕量表

分类	主要材料	裕量系数	备用量		备　注
			下限	上限	
管道	主要包括仪表伴热用管道口径为 $\phi 8 \sim \phi 18$	5%	6 m	300 m	若实际用量小于 50 m，则不需备用
管件	主要包括外螺纹连接器、活接头、三通活接头、外螺纹弯头、异径接头、仪表异径接头、三通、管帽等	10%	1 个	50 个	若实际用量小于 5 个，则不需备用
阀门		5%	1 个	20 个	若实际用量小于 5 个，则不需备用

续表

分类	主 要 材 料	裕量系数	备用量		备　注
			下限	上限	
法兰	主要包括法兰、法兰盖等	10%	2 片	40 片	若实际用量小于 5 片，则不需备用
紧固件	主要包括螺栓螺母、垫片等	螺栓螺母，20%；垫片，50%	1 套	80 套	

(3) 电伴热材料

一般由电气专业开设。

(4) 绝热材料

包括岩棉管壳、岩棉绳、铝合金板、不锈钢丝等，一般可由施工队据实开列，设计复核。

4. 供气配管安装材料

(1) 统计基础

统计基础为仪表供气管线平面图。

(2) 统计方法

① 管道：　　　　　设计数量＝水平数量＋向上数量＋向下数量

② 阀门、管件等：　　设计数量＝实际数量

③ 设计裕量见表 10－17。

表 10－17　供气配管安装材料设计裕量表

分类	主 要 材 料	裕量系数	备用量		备　注
			下限	上限	
管道	主要包括仪表供气用管道口径为 $\phi8 \sim \phi14$ 及 $DN15 \sim DN40$	5%	6 m	300 m	若实际用量小于 50 m，则不需备用
管件	主要包括气源分配器、异径接头、仪表异径接头、三通、90°弯头、双头短节、单头短节、管帽等	10%	1 个	20 个	若实际用量小于 5 个，则不需备用
阀门	主要包括气源球阀、截止阀等	10%	1 个	10 个	若实际用量小于 5 个，则不需备用
法兰	主要包括法兰、法兰盖等	10%	2 片	40 片	若实际用量小于 5 片，则不需备用
紧固件	主要包括螺栓螺母、垫片等	螺栓螺母，20%；垫片，50%	1 套	80 套	

5. 线缆敷设安装材料

(1) 统计基础

统计基础为仪表汇线桥架敷设图、仪表管线平面布置图、控制室仪表电缆敷设图、控制室平面布置图、可燃及有毒气体检测器平面布置图、仪表接地系统图、仪表供电系统图、仪表电缆

连接表等。

(2) 统计方法

① 电缆主桥架、分支桥架： 设计数量=实际数量

② 电缆、电线、管缆： 设计数量=水平数量+向上数量+向下数量

③ 保护管、管件、防爆材料： 设计数量=实际数量

④ 设计裕量见表10-18。

表10-18 线缆敷设安装材料设计裕量表

分类	主要材料	裕量系数	备用量		备注
			下限	上限	
保护管	主要包括仪表电缆保护管用管道口径为1/2″～2″	5%	6 m	500 m	若实际用量小于30 m，则不需备用
电缆桥架托架	主要包括槽钢、等边角钢、扁钢等	10%	6 m	120 m	若实际用量小于20 m，则不需备用
管件	主要包括护线帽、锁紧螺母、丝堵、双头短节、转换接头、活管接头等	10%～20%	1个	50个	若实际用量小于5个，则不需备用
防爆材料	主要包括防爆活管接头、密封接头、软管、护线帽、弯通穿线盒、三通穿线盒、防爆穿墙模块、密封剂	5%～20%	1个	20个	若实际用量小于5个，则不需备用
紧固件	主要包括六角螺栓螺母、地脚螺栓螺母、膨胀螺栓、U形螺栓、管夹、硬橡胶护线帽等	20%	1套	100套	
接线材料	主要包括填料型电缆密封接头、压接型端子、电缆标记、电线标记等	5%～30%	1套	100套	
电缆、电线、补偿电缆(导线)、光缆	主要包括电缆、电线、补偿电缆(导线)、光缆等	5%～10%			根据线缆长度合理分盘，若实际用量小于500 m，则不需备用
接线箱	主要包括按各种信号分类的模拟量、数字量及仪表配电用的防爆接线箱、增安接线箱等		1个	5个	若实际用量小于5个，则不需备用

6. 现场仪表安装材料

(1) 统计基础

统计基础为仪表电缆连接表、仪表安装图等。

(2) 统计方法

① 现场机柜、仪表箱、接线箱： 设计数量=实际数量

② 安装支架、紧固件： 设计数量=实际数量

③ 设计裕量见表 10－19。

表 10－19　现场仪表安装材料设计裕量表

分类	主要材料	裕量系数	备用量		备注
			下限	上限	
安装支架	主要包括立柱、钢板、管托、扁钢、角钢、槽钢等	5％～10％	定制件，1 件；型材，6 m	定制件，10 件；型材，30 m	定制件实际用量小于 5 件，则不需备用；型材实际用量少于 10 m
紧固件	主要包括六角螺栓螺母、地脚螺栓螺母、膨胀螺栓、U 形螺栓、管夹、硬橡胶护线帽等	20％	1 套	100 套	

参考文献

[1] 陆德民.石油化工自动控制设计手册.3版.北京：化学工业出版社，2001.
[2] 周人，何衍庆.流量测量和控制实用手册.北京：化学工业出版社，2013.
[3] 潘路，李选民，欧阳晓东.可燃气体检测仪的校正系数及其应用.工业安全与环保，2005，31(3)：36-38.
[4] 明赐东.调节阀应用1 000问.北京：化学工业出版社，2009.
[5] 保罗格润，哈瑞.L.谢迪.安全仪表系统工程设计与应用.张建国，李玉明，译.北京：中国石化出版社，2018.
[6] 张建国.安全仪表系统在过程工业中的应用.北京：中国电力出版社，2010.
[7] 王树青，乐嘉谦.自动化与仪表工程师手册.北京：化学工业出版社，2010.
[8] 乐嘉谦.仪表工手册.2版.北京：化学工业出版社，2003.
[9] GB 3836.1—2010.《爆炸性环境 第1部分：设备 通用要求》.
[10] GB/T 3836.15—2017.《爆炸性环境第15部分：电气装置的设计、选型和安装》.
[11] GB 12476.1—2013.《可燃性粉尘环境用电气设备 第1部分：通用要求》.
[12] GB 17167—2006.《用能单位能源计量器具配备和管理通则》.
[13] GB 50058—2014.《爆炸危险环境电力装置设计规范》.
[14] GB/T 2624—2006.《用安装在圆形截面管道中的差压装置测量满管流体流量》.
[15] GB/T 3836.5—2017.《爆炸性环境 第5部分：由正压外壳“p”保护的设备》.
[16] GB/T 4208—2017.《外壳防护等级(IP代码)》.
[17] GB/T 4213—2008.《气动调节阀》.
[18] GB/T 13277.1—2008.《压缩空气 第1部分：污染物净化等级》.
[19] GB/T 13969—2008.《浮筒式液位仪表》.
[20] GB/T 16157—1996.《固定污染源排气中颗粒物测定与气态污染物采样方法》.
[21] GB/T 17213.《工业过程控制阀》.
[22] GB/T 17214.2—2005.《工业过程测量和控制装置的工作条件 第2部分 动力》.
[23] GB/T 18660—2002.《封闭管道中导电液体流量的测量 电磁流量计的使用方法》.
[24] GB/T 18940—2003.《封闭管道中气体流量的测量 涡轮流量计》.
[25] GB/T 20173—2013.《石油天然气工业 管道输送系统 管道阀门》.
[26] GB/T 20438—2017.《电气/电子/可编程电子安全相关系统的功能安全》.
[27] GB/T 20727—2006.《封闭管道中流体流量的测量 热式质量流量计》.
[28] GB/T 20728—2006.《封闭管道中流体流量的测量 科里奥利流量计的选型、安装和使用指南》.

[29] GB/T 21109—2007.《过程工业领域安全仪表系统的功能安全》.
[30] GB/T 21385—2008.《金属密封球阀》.
[31] GB/T 25153—2010.《化工压力容器用磁浮子液位计》.
[32] GB/T 25922—2010.《封闭管道中流体流量的测量 用安装在充满流体的圆形截面管道中的涡街流量计测量流量的方法》.
[33] GB/T 30121—2013.《工业铂热电阻及铂感温元件》.
[34] GB/T 50493—2019.《石油化工可燃气体和有毒气体检测报警设计标准》.
[35] GB/T 50770—2013.《石油化工安全仪表系统设计规范》.
[36] GB/T 50779—2012.《石油化工控制室抗爆设计规范》.
[37] SH/T 3005—2016.《石油化工自动化仪表选型设计规范》.
[38] SH/T 3006—2012.《石油化工控制室设计规范》.
[39] SH/T 3019—2016.《石油化工仪表管道线路设计规范》.
[40] SH/T 3020—2013.《石油化工仪表供气设计规定》.
[41] SH/T 3021—2013.《石油化工仪表及管道隔离和吹洗设计规范》.
[42] SH/T 3081—2019.《石油化工仪表接地设计规范》.
[43] SH/T 3082—2019.《石油化工仪表供电设计规范》.
[44] SH/T 3092—2013.《石油化工分散控制系统设计规范》.
[45] SH/T 3104—2013.《石油化工仪表安装设计规范》.
[46] SH/T 3126—2013.《石油化工仪表及管道伴热和绝热设计规范》.
[47] SH/T 3164—2012.《石油化工仪表系统防雷设计规范》.
[48] SH/T 3188—2017.《石油化工 PROFIBUS 控制系统工程设计规范》.
[49] JB/T 8803—2015.《双金属温度计》.
[50] JB/T 9244—1999.《玻璃板液位计》.
[51] JJG 310—2002.《压力式温度计检定规程》.
[52] JJG 1037—2008.《涡轮流量计检定规程》.
[53] JJG 1038—2008.《科里奥利质量流量计检定规程》.
[54] ASME PTC 19.3 TW—2016. *Thermowells Performance Test Codes*.
[55] ISO/TR 15377—2007. *Measurement of fluid flow by means of pressure-differential devices — Guidelines for the specification of orifice plates, nozzles and Venturi tubes beyond the scope of ISO 5167*.